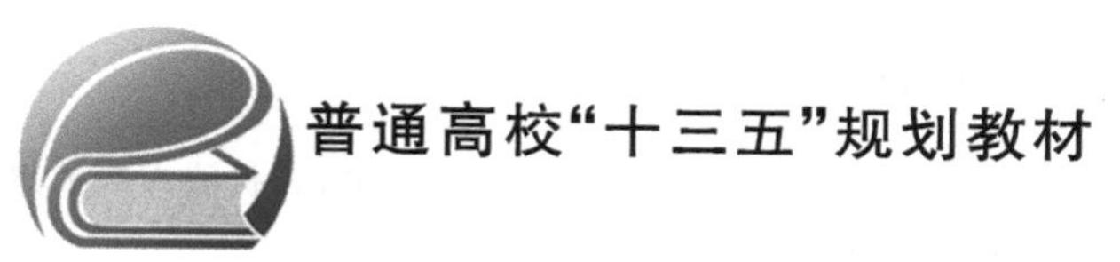

创意之星：

模块化机器人设计与竞赛

（第2版）

李卫国 张文增 梁建宏 主编

陈 巍 傅胤荣 杨学军
陆 鑫 熊培勇 曹 佳 编著

北京航空航天大学出版社

内容简介

本书主要介绍使用“创意之星”机器人套件开发制作各种智能机器人的方法和技巧，并以“机器人武术擂台赛”为例，给出使用该机器人套件制作竞赛机器人的一般思路和方法。

本书共分3篇，分别是基础篇、实践篇和竞赛篇。基础篇包括2章，介绍国内外一些典型机器人的原理及功能和主流的机器人竞赛，并形象地从机器人的“大脑”、“五官”、“肌肉”等角度介绍各种常用传感器、执行器、控制器和机器人编程语言的知识，供读者在设计制作机器人时补充背景知识。实践篇包括7章，以项目式教学的方式编排，指导读者使用“创意之星”机器人套件开发完成4个循序渐进的机器人项目。竞赛篇包括3章，详细介绍如何使用“创意之星”机器人套件开发制作“机器人武术擂台赛”参赛平台的原理和技巧。本书配套光盘中提供了精彩的视频资料，另有大量教学所需其他图文资料。

本书适合作为高等工程专业学校“机器人概论”和“智能机器人实训”等课程的教材，也可供开发机器人科技项目或参加机器人竞赛的人员参考。

图书在版编目(CIP)数据

创意之星：模块化机器人设计与竞赛 / 李卫国，张文增，梁建宏主编. -- 2版. -- 北京：北京航空航天大学出版社，2016.9

ISBN 978-7-5124-2246-9

Ⅰ. ①创… Ⅱ. ①李… ②张… ③梁… Ⅲ. ①模块式机器人—设计 Ⅳ. ①TP242

中国版本图书馆CIP数据核字(2016)第216650号

创意之星：模块化机器人设计与竞赛(第2版)

李卫国 张文增 梁建宏 主编

陈 巍 傅胤荣 杨学军 陆 鑫 熊培勇 曹 佳 编著

责任编辑 蔡 喆 李丽嘉

*

北京航空航天大学出版社出版发行

北京市海淀区学院路37号(邮编100191) http://www.buaapress.com.cn

发行部电话：(010)82317024 传真：(010)82328026

读者信箱：goodtextbook@126.com 邮购电话：(010)82316936

北京建宏印刷有限公司印装 各地书店经销

*

开本：787×1092 1/16 印张：19.25 字数：493千字

2016年9月第2版 2024年7月第5次印刷 印数：7 501～8 000册

ISBN 978-7-5124-2246-9 定价：39.80元

前　　言

机器人技术是高度综合的现代科学技术。近年来，随着智能机器人技术的飞速发展，智能机器人除了在先进制造领域发挥重要作用之外，已经越来越接近人们的日常生活，以清洁机器人为代表的家庭服务机器人已经在全世界范围内广泛应用。机器人学综合运用了基础科学和应用工程技术的最新成果，是21世纪发展最为迅速、应用前景最为广阔的科学技术领域之一。同时，由于机器人技术的综合性和趣味性，高等工程教育界已经广泛地使用教育机器人平台来开展工程综合实践和创新教育。

本书以“创意之星”模块化机器人套件为对象，首先介绍智能机器人技术的发展概况；通过介绍一些著名机器人作品、知名机器人竞赛和常用的机器人技术知识，让读者对智能机器人技术有一个粗略的了解。在此基础上，以“智能搬运机器人”、“语音问答机器人”、“基于机器视觉的足球机器人”、“机器人倒立摆”、“四足仿生机器人”5个机器人项目为线索，引导读者一步步地通过实践制作智能机器人来学习机器人技术；最后，通过“机器人武术擂台赛”这个较为复杂的机器人竞赛项目，引导读者综合运用各种工程知识和技能来完成一个竞赛机器人项目，并从中得到工程实践和自主创新的训练。

由于机器人技术综合性强，涉及的学科非常多，因此书中内容基本不涉及理论知识，而是力求以工程应用为主，以应用来引导学生学习所需的知识。在编排方式上，本书力图让学生养成“需要什么知识再去深入学习什么知识”的习惯，通过完成项目的方式来锻炼学生“探究性学习”的能力。本书适合工科机械、电子、控制、计算机等专业二至三年级的学生阅读。

本书由李卫国、张文增、梁建宏主编，第1～2章及附录由梁建宏和张文增编写，第3～5章由陈巍和杨学军编写，第6～9章由傅胤荣、熊培勇、曹佳编写，第10～12章由李卫国和陆鑫编写，全书由李卫国统稿。在本书的编写过程中，清华大学孙增圻教授给予了很大的支持与帮助，在此表示衷心感谢。

本书涉及工程领域的多个学科，由于作者水平有限，书中错漏之处，恳请读者批评指正。

关于本书的建议和疑问，请与作者联系：lux@uptech-robot.com。

编　者

2016年6月

序

2014 年，我国把机器人技术和产业提到战略高度，认为机器人有望成为“第三次工业革命”的一个切入点和重要增长点，很多人甚至把 2014 年定位成中国的机器人元年。事实上，从 20 世纪 70 年代起，工业机器人技术已经开始在工厂的生产中得到应用，但智能服务机器人技术的发展要缓慢很多。

近几年，电机驱动、语音、视觉、云计算、大数据等方面技术的迅猛发展，推动了智能服务机器人技术和产业的快速发展。消费级无人机、扫地机器人、送餐机器人、自平衡代步车、陪伴机器人、康复机器人、教育娱乐机器人等各类机器人开始进入人们的视野，甚至走进了千家万户。显而易见，机器人离大众的生活越来越近，机器人技术正推动一个全新的智能时代的到来。

当一个新的时代到来时，首先需要的就是大量的人才，尤其是需要大批具有机、电及软件等方面的综合性人才。高校是国家培养科技人才的主要场所，如何有效地培养适合时代发展的人才，是我在多年的教学、科研及机器人竞赛推广中思索的一个问题。

机器人技术是机、电及软件等学科的集大成者。近年来，很多高校逐渐将机器人作为工程创新教学的工具，让学生自主研发机器人项目，参与机器人竞赛，从中体验创新的乐趣，感受实践的魅力，从而很好地将平时学习的各种理论知识应用于机器人项目和竞赛的实践中。据粗略统计，在校期间参加过机器人项目研究和竞赛的大学生，在研究生阶段或就业后表现出来的综合素质、工程水平、创新能力要远远超出平均水平。

本书的主要作者多年来一直从事高等院校的工程创新教育和机器人研发工作，他们选择了一套可自由拼装重构、可自主编程的模块化机器人套件来进行工程创新教学，并组织学生参加机器人竞赛，取得了丰硕的成果。模块化机器人套件的开放性和可重构性，很适合培养学生的创新能力和工程能力，是很好的机器人教学的工具。

相比机器人专业教材，本书更偏向于工程实践。书中简化了理论教学，更多的是通过实践引导，以“机器人项目”为主线，让读者从“孤立学习各个知识点”转变为“在实现各个工程项目的挑战中学习知识”，最终通过中国机器人大赛的“武术擂台赛”竞赛项目，完成综合实践。我相信读者在本书的帮助下，“做中学，学中做”，一定能在实践中得到基本的机器人项目锻炼，更重要的是提升自己的实践能力和创新意识。

希望本书能让读者体验到机器人技术和创新实践的乐趣，也希望本书能吸引一批有志青年投入到智能机器人技术和产业的浪潮中。相信若干年后，他们中间的有些人还会成为中国乃至世界机器人事业的栋梁人才。

孙增圻
清华大学
2016 年 6 月

目　　录

第 1 篇　基础篇

第2篇　实践篇

第3篇　竞赛篇

第 1 篇　基础篇

“机器人”在现代人的脑海里早已不是什么新鲜事物了。同学们从小到大经常接触到机器人这个概念，比如 20 世纪 80 年代的日本动画片《铁臂阿童木》中的机器少年阿童木，就给人们留下了深刻的印象，他智慧勇敢，成了当时的时代英雄、少年儿童的偶像；读过科幻巨匠艾萨克·阿西莫夫《机器人》系列科幻作品的同学，想必对强大的机器人 R·丹尼尔·奥利瓦印象深刻；《变形金刚》电影中各式各样的金属巨人，有的正义有的邪恶，但都是活生生的智能生命。这些机器人都还是幻想，只存在于影视和文学作品中。

近几年，迅速发展的机器人技术和产品，以及在学生中非常流行的机器人竞技比赛，又让我们与机器人的距离更近了一步。其实机器人早已渗入到生活的方方面面了，比方说，大量使用的机器人吸尘器，大城市中为客人烹饪可口饭菜的机器人厨师。机器人时代已经在不知不觉中来临了。

那么，机器人技术是什么？机器人有什么用？为什么要学习机器人技术？要学习机器人技术应该具备什么样的基础知识？本篇将回答这些问题。

本篇第 1 章主要介绍机器人的概念、发展和几款有代表性的典型机器人，并介绍目前国内外的主要机器人赛事。第 2 章主要介绍学习机器人应具备的基础知识，如机械结构、电子电路和 C 语言基础。

第1章 绪 论

学习目标

- 了解机器人的基本概念和发展过程；
- 了解机器人的组成和结构，撩开机器人神秘的面纱；
- 了解几种典型机器人的构型和功能；
- 了解国内外的典型机器人赛事。

1.1 机器人概述

1.1.1 为什么要学习机器人技术

1. 对未知领域的探索需求

从古至今，人类就一直对未知领域的探索充满兴趣，如对月亮的憧憬，对太空的好奇，对大海的敬畏和对地下矿藏的渴求等。由于人的活动能力有限，所以希望能研制出各种智能机器来代替人去完成人类不能完成的任务。多年来人们一直在思考和探索一些问题：

- 能否做出替代人类枯燥繁重工作的机器人？
- 能否做出像人一样在家照看老人、护理病人的机器人？
- 能否做出像蛇一样爬行，维修狭窄管道，穿越在废墟中寻找幸存生命的机器人？

……

这些问题促使人们不断地探索机器人技术，实现自己的梦想。

2. 社会和国家的应用要求

当前，高校、研究机构乃至企业，来自各方面的研究人员对智能机器人的研究进展已经处于一个由前沿探索转向产业化、实用化的关键时期。

- 社会的要求：大量的玩具机器人和服务机器人已经推向市场，并取得良好效益，例如Wowwee. Inc推出的Robosapien机器人，国内推出的清扫机器人等。
- 国家的需求：太空探索和国家安全的需求，可携带武器在战场上替代士兵的军用地面移动机器人，自主移动车辆等广义的机器人已经在发达国家进入军队。

机器人应用的发展已处于关键阶段。

3. 未来社会发展的方向

机器人技术建立在多学科发展的基础之上，具有应用领域广、技术新、学科综合与交叉性强等特点。传统的机器人技术涉及机械学、电子学、自动控制等学科；现代机器人技术则综合了更加广泛的学科和技术领域，如计算机技术、仿生学、生物工程、人工智能、材料、结构、微机械、信息工程、遥感等。各种各样的机器人不但已经成为现代高科技的应用载体，而且自身也迅速发展成为一个相对独立的研究与交叉技术领域，形成了特有的理论研究和学术发展方向，具有鲜明的学科特色。

可以预见,机器人技术将会渗透到我们未来生活的方方面面。而且,从瞬息万变的社会发展中我们已经切身地感受到,机器人的时代已悄悄来临。

1.1.2 机器人发展简史

机器人一词的出现和世界上第一台工业机器人的问世都是近几十年的事。然而人们对机器人的幻想与追求却已有3000多年的历史。人类希望制造一种像人一样的机器,以便代替人类完成各种工作。

西周时期,我国的能工巧匠偃师就研制出了能歌善舞的伶人,这是我国最早记载的机器人。

春秋后期,我国著名的木匠鲁班,在机械方面也是一位发明家,据《墨经》记载,他曾制造过一只木鸟,能在空中飞行“三日不下”,体现了我国劳动人民的聪明智慧。

公元前2世纪,亚历山大时代的古希腊人发明了最原始的机器人——自动机。它是以水、空气和蒸汽压力为动力的会动的雕像,可以自己开门,还可以借助蒸汽唱歌。

1800年前的汉代,张衡不仅发明了地动仪,而且发明了计里鼓车。计里鼓车每行一里,车上木人击鼓一下,每行十里(5 km)击钟一下。

根据传说,三国时期的蜀国丞相诸葛亮成功地创造出了“木牛流马”,并用其运送军粮,支援前方战争。

1662年,日本的竹田近江利用钟表技术发明了自动机器玩偶,并在大阪的道顿堀演出。

1738年,法国天才技师杰克・戴・瓦克逊发明了一只机器鸭。它会嘎嘎叫,会游泳和喝水,还会进食和排泄。瓦克逊的本意是想把生物的功能加以机械化而进行医学上的分析。

1920年,捷克斯洛伐克作家卡雷尔・恰佩克在他的科幻小说《罗萨姆的机器人万能公司》中,根据Robota(捷克文,原意为“劳役、苦工”)和Robotnik(波兰文,原意为“工人”),创造出“机器人”这个词。这是现代机器人一词的来源。

1939年,美国纽约世博会上展出了西屋电气公司制造的家用机器人Elektro。它由电缆控制,可以行走,会说77个字,甚至可以抽烟,不过离真正干家务活还差得远。但它让人们对家用机器人的憧憬变得更加具体。

1942年,美国科幻巨匠阿西莫夫提出著名的“机器人三定律”。虽然这只是科幻小说里的“创造”,但现在已经成为学术界默认的机器人伦理原则。

1948年,诺伯特・维纳出版《控制论》,阐述了机器中的通信和控制机能与人的神经、感觉机能的共同规律,率先提出以计算机为核心的自动化工厂。

1954年,美国人乔治・德沃尔制造出世界上第一台可编程的机器人,并注册了专利。这种机械手能按照不同的程序从事不同的工作,因此具有通用性和灵活性。

1956年,在达特茅斯会议上,马文・明斯基提出了他对智能机器的看法:智能机器“能够创建周围环境的抽象模型,如果遇到问题,能够从抽象模型中寻找解决方法”。这个定义影响到以后30年智能机器人的研究方向。

1959年,德沃尔与美国发明家约瑟夫・英格伯格联手制造出第一台工业机器人。随后,成立了世界上第一家机器人制造工厂——Unimation公司。由于英格伯格对工业机器人的研发和宣传,他也被称为“工业机器人之父”。

1962年,美国AMF公司生产出“VERSTRAN”(意思是万能搬运),与Unimation公司生

产的 Unimate 一样成为真正商业化的工业机器人，并出口到世界各国，掀起了全世界对机器人和机器人研究的热潮。

1962—1963 年，传感器的应用提高了机器人的可操作性。人们试着在机器人上安装各种各样的传感器，1961 年恩斯特采用了触觉传感器，1962 年托莫维奇和博尼在世界上最早的“灵巧手”上用到了压力传感器，1963 年麦卡锡开始在机器人中加入视觉传感系统，并在 1965 年，帮助 MIT 推出了世界上第一个带有视觉传感器、能识别并定位积木的机器人系统。

1965 年，约翰·霍普金斯大学应用物理实验室研制出 Beast 机器人。Beast 已经能通过声呐系统、光电管等装置，根据环境校正自己的位置。20 世纪 60 年代中期开始，美国麻省理工学院、斯坦福大学、英国爱丁堡大学等陆续成立了机器人实验室。美国兴起研究第二代带传感器、“有感觉”的机器人，并向人工智能进发。

1968 年，美国斯坦福研究所公布他们研发成功的机器人 Shakey。它带有视觉传感器，能根据人的指令发现并抓取积木，不过控制它的计算机有一个房间那么大。Shakey 可以算是世界第一台智能机器人，拉开了第三代机器人研发的序幕。

1969 年，日本早稻田大学加藤一郎实验室研发出第一台以双脚走路的机器人。加藤一郎长期致力于研究仿人机器人，被誉为“仿人机器人之父”。日本专家一向以研发仿人机器人和娱乐机器人的技术见长，后来更进一步，催生出本田公司的 ASIMO 和索尼公司的 QRIO。

1973 年，世界上第一次机器人和小型计算机携手合作，诞生了美国 Cincinnati Milacron 公司的机器人 T3。

1978 年，美国 Unimation 公司推出通用工业机器人 PUMA，这标志着工业机器人技术已经成熟。PUMA 至今仍然工作在工厂第一线。

1984 年，英格伯格再推机器人 Helpmate。这种机器人能在医院里为病人送饭、送药、送邮件。同年，他还预言：“我要让机器人擦地板，做饭，出去帮我洗车，检查安全”。

1998 年，丹麦乐高公司推出机器人(Mind－storms)套件，让机器人制造变得跟搭积木一样，相对简单又能任意拼装，使机器人开始走入个人世界。

1999 年，日本索尼公司推出犬型机器人爱宝(AIBO)，当即销售一空。从此娱乐机器人成为目前机器人迈进普通家庭的途径之一。

2002 年，美国 iRobot 公司推出了吸尘器机器人 Roomba，它能避开障碍，自动设计行进路线，还能在电量不足时，自动驶向充电座。Roomba 是目前世界上销量最大、最商业化的家用机器人。

2006 年 6 月，微软公司推出 Microsoft Robotics Studio，机器人模块化、平台统一化的趋势越来越明显。比尔·盖茨预言，家用机器人很快将风靡全球。

1.1.3 揭开机器人的神秘面纱

机器人问世已有几十年，但机器人的定义仍然是仁者见仁，智者见智，没有一个统一的意见，原因之一是机器人还在发展，新的机型、新的功能不断涌现，而其根本原因主要是因为机器人涉及人的概念，成为一个难以回答的哲学问题。随着机器人技术的飞速发展和信息时代的到来，机器人所涵盖的内容会越来越丰富，机器人的定义也会不断充实和创新。

1. 机器人与普通机器的区别

很多人可能有这样的感觉，在电视上或图片上看到的机器人外形与人们在日常生活中见到的汽车、挖土机等玩具机器没有什么区别。的确,它们的外形十分相似,但人们所看到的这些机器许多都是靠人来操控,本身并不具备智能能力。

中国科学家对机器人的定义是:“机器人是一种自动化的机器,所不同的是这种机器具备一些与人或生物相似的智能能力,如感知能力、规划能力、动作能力和协同能力,是一种具有高度灵活性的自动化机器”。

所以,机器人与普通机器的最主要区别是机器人具有人或生物的某些智能能力,如看到墙壁可以躲开,可以寻找设定目标,与外界交流等。这可能就是中国科学家之所以把ROBOT意译为“机器人”而不是“智能机器”的原因之一吧。

2. 机器人的外形

事实上,大多数的机器人并不像人,有的甚至没有一点人的模样(见图1.1),这一点使很多机器人爱好者大失所望。很多人问:为什么科学家不研制像人一样的机器人呢?其实,科学家和爱好者的心情是一样的,一直致力于研制出有人类外观特征、可模拟人类行走与其基本操作功能的机器人。只是由于类人机器人的制作有许多难点,如直立行走的稳定性,手指的灵活性,图像和声音的识别等,针对这些问题,各国科学家都在致力于人形机器人的研究,并把它作为机器人研究水平高低的一个标志。

机器人不像人还有一个重要原因是,在许多场合类人机器人根本不如其他外形的机器人更适合现场工作环境。

3. 机器人的分类

机器人的分类有很多种方法,不同的领域会使用不同的划分方法。可以按用途划分,也可以按时代划分,还可以按外形来划分等。按照控制方式可分为:遥控型机器人、程控型机器人、示教再现型机器人等;按照运动方式可分为:固定式机器人、轮式机器人、履带式机器人、足式机器人、固定机翼式机器人、扑翼式机器人、内驱动式机器人、混合式机器人等;按照使用场所可分为:水下机器人、地下机器人、陆地机器人、空中机器人、太空机器人、两栖机器人、多栖机器人等;按照用途可分为:工业机器人、农业机器人、特种机器人、军事机器人、服务业机器人、医疗机器人等。

图1.1 一款车形机器人

本书主要从两方面来对机器人进行分类。

(1) 物理组成方面

从物理组成上分,机器人主要包括硬件部分和软件部分。

硬件部分包括:机器人的外壳、框架,各种传感器,行走机构,操作机构,电路,芯片,电池等。软件部分主要是指控制机器人的程序。

硬件是软件的载体,软件是硬件的灵魂。没有硬件的机器人是不存在的,而没有软件的机器人只是一堆没有任何功能的废铁。

(2) 功能方面

从功能方面来分,机器人主要由构架系统、感知系统、执行系统、决策系统、能源系统等几大部分组成。

① 构架系统：相当于人体的躯干和骨骼，它承载着机器人的所有部件，是机器人存在的物质基础。

② 感知系统：相当于人的眼睛、耳朵、鼻子、皮肤等，可以感知外界的各种信息，如距离、声音、气味、温度、湿度、形状、颜色等。

③ 执行系统：相当于人的肌肉和四肢，可以使机器人具有行走、移动等功能，并完成特定的任务，如取物、灭火、营救、排爆、踢球等人们设计的各种动作和任务。

④ 决策系统：相当于人的大脑。它将机器人从感知系统感知的各种外界信息进行处理、判断，然后做出决策，并发出信号控制执行系统按照程序预设的方式处理。决策系统常用的控制芯片有：C51 单片机、PIC 单片机、AVR 单片机（见图 1.2）等。

图 1.2　一款 MCU（单片机）

⑤ 能源系统：相当于人的心脏和肺。它给机器人的感知系统、执行系统、决策系统等部分提供能量，如电能、热能、机械能等。

4. 机器人是如何工作的

许多人都觉得机器人很神秘，觉得这是高科技的东西。的确，机器人有其高科技的一面，但它并不是普通人不能碰的，只要具备一定的知识就可以来制作机器人。如果仔细分析一下人类自己就能大概知道机器人的工作方式。

下面以“在一间屋子寻找皮球并捡起来”来说明人是如何完成一件任务的：在没有发现皮球之前，人脑会指挥腿在屋子里走动，指挥脑袋旋转寻找皮球，用眼睛反馈障碍物信息并通知大脑在指挥腿走时不要碰到墙等障碍物；一旦人眼发现皮球，就会立刻通知大脑，然后大脑再通知腰和胳膊去弯腰、伸胳膊、张开手、抓球、收胳膊……每一步细小动作都需要通过眼睛把自身的参数和外界的信息传递给大脑，大脑经过快速处理判断后给多根神经发指令并指挥相应的肌肉完成，并且要保持身体平衡、手眼协调。这其中的运算量恐怕是目前最先进电脑都难以完成的，然而如此复杂的过程都在不知不觉中完成了。

实际上机器人的工作过程与人相似（见图 1.3），也需要从外界接受信息，经过机器人的大脑运算分析判断后，告诉机器人的相应部位做出相应的动作，但机器人的每一种思维方式和每一个动作都需要人去设计，包括如何处理问题的思路和每一个细微的动作。可以想象一下，如果制造一个功能像人一样的机器人，工程有多么巨大。

图 1.3　机器人工作过程示意图

1.2　“创意之星”机器人套件简介

“创意之星”机器人套件是一套用于高等工程创新实践教育的模块化机器人套件，是一套数百个基本“积木”单元的组合套件包。这些“积木”包括传感器单元、执行器单元、控制器单元和可通用的结构零件等。

这些"积木"单元都很容易互相拼接、组装。用这些"积木"可以很方便地搭建出各种机器人,并可为搭建出的机器人编程。它具有模块化、积木式的特点,组装、编程都很方便,非常适合于创作、设计各种各样的机器人模型。

本书的第2篇、第3篇都将以"创意之星"机器人套件为器材来讲述。从第2篇开始,将用多个章节来详细讲述基于"创意之星"的机器人开发方法。

如图1.4所示为这款机器人套件所搭建出的一些典型机器人模型案例。

"小书童"
书法机器人
● 典型的6自由度并联机器人;
● 该样例可使用普通毛笔蘸墨汁写书法对联;
● 由北京航空航天大学学生阿元原创设计。

机器狗
● 20自由度仿生机器人;
● 配合MultiFLEX 2-PXA270控制器可实现机器宠物演示;
● 三、四年级及毕业设计层次。

六足蜘蛛
● 18自由度仿生机器人;
● 编辑步态,增加传感器实现自律爬行;
● 二、三年级课程设计层次。

6DOF机械臂
● 模仿工业机器人;
● 运动学、动力学学习实践对象;
● 二、三年级课程教学层次。

带视觉的全向运动小车
● 模仿足球机器人;
● 机器视觉的入门对象;
● 毕业设计和竞赛层次。

自动避碰小车
● 简单的机器人;
● 简单的4自由度人形机器人;
● 控制、传感、执行;
● 简单、趣味、典型;
● 学习传感与执行;
● 二、三年级课程教学层次。

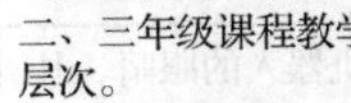

自动挖掘机
● 自动的工业模型;
● 履带式驱动;
● 可实现多种动作;
● 学习传感与执行;
● 简单的8~10自由度蛇形机器人;
● 二、三年级课程教学层次。

擂台赛机器人
● 符合擂台赛仿人组竞赛要求;
● 履带式驱动;
● 学习复杂的竞赛策略;
● 毕业设计和竞赛层次。

图1.4 创意之星机器人套件及其典型作品

1.3 著名机器人简介

1.3.1 “勇气”号火星探测器

“勇气”号(见图 1.5)和“机遇”号是迄今人类遣往其他行星上第一个大型、自动化的地面移动机器人。相比“索杰纳”号火星探测机器人,“勇气”号具备更强的功能、更可靠的移动以及更多的传感器。“勇气”号机器人连续在火星表面工作了 6 年多,而“机遇”号则工作了 10 多年,是人类迄今为止最成功的外星探测机器人。

(a) 外 观

(b) 结 构

图 1.5 “勇气”号火星探测机器人

“勇气”号采用 6 轮驱动,通过特殊的悬挂机构可获得很高的越障能力,使其能越过高于轮子的障碍物。控制方面,它的核心是一台每秒能执行约 2 000 万条指令的计算机,上部伸出一个桅杆式结构,其上装有一对可拍摄火星表面彩色照片的全景摄像机以及各种传感器,距火星车轮子底部高度约为 1.4 m。它搭载的机械手具有与人肩、肘和腕关节类似的结构,能够灵活地伸展、弯曲和转动。上面带有多种工具,其结构如图 1.5(b)所示。

“勇气”号的工具有:显微镜成像仪,以几百微米的超近距离对火星岩石纹理进行观察;穆斯鲍尔分光计和 α 粒子 X-射线分光计,可以用来进一步分析岩石构成;还有一个相当于地质学家常用的小锤子的工具,能在火星岩石上打出直径 45 mm、深约 5 mm 的洞,用于研究岩石内部。

其装载的主要传感器如下:

1. 全景摄像机

全景摄像机由 2 台高分辨率彩色立体摄像机组成,安装在车上的摄像机梁可以做 360°的水平扫描和 180°的上下扫描,以摄取火星表面和天空的全景视图。摄像机也用于形成着陆点附近的地形图、搜索感兴趣的岩石和土壤,以寻找火星远古时期存在液态水的证据。

2. 避危摄影机

火星车上分别于车体前端与后端安装两组相同的避危摄影机,避危摄影机是由一组立体影像的黑白摄影机所构成的,所拍摄的影像除了用于障碍物侦测之外,还用于探险车的路径规划。后端的避危摄影机与前端相同，并无特别的安排。

3. 微型热散射质谱仪

微型热散射质谱仪是一种红外线质谱仪，可以用来远距离探测岩石和土壤，帮助科学家识别火星的矿物，特别是识别由水的运动形成的碳酸盐和黏土。

4. α粒子 X-射线质谱仪

α粒子 X-射线质谱仪用于研究岩石和土壤放射出的α粒子和 X-射线，以确定岩石和土壤的化学元素。

5. 显微成像仪

显微成像仪由显微镜和 CCD 相机组合而成，可提供火星的岩石和土壤的微观情况，是对其他仪器的一种补充。

6. 磁铁阵列

每个火星车装有 3 个磁铁阵列用来收集火星气体、灰尘和岩石粉末中的磁性颗粒，供质谱仪进行分析研究。

所有这些传感器获得的信息均经过内置计算机处理，并发回地面站供研究人员研究。

> 我们自己的"勇气"号！
>
> 利用"创意之星"套件，你可以模仿"勇气"号的机械结构搭建出自己的火星车模型，实现一定的越野能力，也可以加装各种传感器来模拟其功能。

1.3.2 Remotec Andros F6A 排爆机器人

Remotec 公司是世界上著名的军火生产厂家，现在是美国军械制造商 Northrop Grumman 公司的成员。自 20 世纪 60 年代开始制造各种用途的遥控操作地面移动机器人产品，主要用于排爆，核放射及生化场所的检查和清理，处理有毒、有害物品，特警行动及机场保安。目前该公司为世界各国的军队、警察部门制造的机器人被全球 10 余个国家采用，大约有 1 万台在服役。

Andros 系列机器人有多个型号，例如 Mark5 - A1，MK8 等。Andros F6A 是 Mark 5 - A1 型机器人的紧凑版，如图 1.6 所示。它具有许多独特的设计功能，是安德鲁斯系列产品中功能最多的机器人。

F6A 机器人最突出的特点是具有两对可更换的轮胎，并且具有前后支臂形式的复合履带结构。采用轮式行进时，行走速度快，操作人员可以迅速执行任务；采用履带行进时通过能力强，能爬上普通楼梯，能过 40 cm 宽的壕沟，并且能上下台阶。F6A 机身较窄，尤其适合在狭窄的地方（例如飞机上）进行操作。F6A 采用了安德鲁斯系列机器人独有的活节式履带，能够跨越各种障碍，在复杂的地形上行走。

图 1.6 F6A 排爆机器人

F6A 具有一支 6 自由度的机械手。机械手采用电机驱动，电机的转动通过减速器减速后带动手臂关节旋转或伸缩。操纵该手臂可完成可疑物抓取、转移等任务，上面配备有带 2 自由度云台的摄像机，电动手爪，以及可配备各种电子点火的武器。

机器人后侧安装有 1 台可伸缩的摄像机座，上面配置了另 1 台带 2 自由度云台的摄像机。机器人尾部设有光纤控制线缆卷盘，使得机器人除了可无线遥控之外也可通过光缆进行有线控制。

"勇气"号火星探测机器人和 F6A 机器人均不具备全局的自主能力。由于这两者均属于未知、危险环境探测机器人，当前人工智能还无法保证机器人在未知环境中自行决定并可靠地完成任务。因此，这类机器人主要依靠远程操纵人员控制，并具有局部的、一定程度的自主能力，例如断电前自动收起机械手，或可按预设轨迹行进而无须人工干预等。

"创意之星"搭建排爆机器人！

利用"创意之星"套件，可以制作出与 Remotec Andros F6A 类似的机器人模型，包括 4 个轮子、前后摆臂以及机械手、云台，能够完成各种模拟动作。如何实现？学习完本书之后，相信读者一定能有自己的办法。

1.3.3 iRobot Roomba

以上介绍了 2 种典型的特种应用机器人。特种、危险环境应用机器人也是机器人的各种应用中发展最早的方向，但机器人真正走入家庭依靠的却是服务机器人、家政作业机器人等满足人们日常需要的机器人产品。

自从 1939 年，西屋电气公司在纽约举行的世界博览会上展示了该公司生产的机器人"Electro"以来，人类就开始幻想有朝一日，智能机器人能够承担起刷碗、洗衣等繁重的家务劳动，将人类从生活琐事中解脱出来。但直到 iRobot 公司推出第一款全自动家用清洁机器人 Roomba，家用服务机器人才真正使机器人技术进入社会生活。

美国的 iRobot 公司曾开发了 Packbot 军用机器人，该机器人曾在阿富汗和伊拉克执行侦察任务。2004 年，iROBOT 公司推出了智能机器人吸尘器 Roomba。iRobot Roomba 是一种智能且高效的吸尘机器人，采用许多传感器来感知周边环境，并且以每秒 67 次的速度调整运行状态，来保证智能、高效、安全地进行清扫工作，如图 1.7(a)所示。

iRobot Roomba 具有一个自动化的清洁系统。其中包括 1 个用来清扫墙边的旋转边刷，2 个相对旋转的用来捕获较大碎片的垃圾刷子，还有 1 个真空吸附装置用来收集灰尘和小碎垃圾。

研究显示，在每次清扫任务中，平均一块地方要被清扫 4 次。Roomba 能够智能地引导自己，调节清扫次数来保证足够好的清扫覆盖率。对普通人来说，家里最脏的地方往往是很难清扫到的地方，但是 Roomba 紧凑的身材使它可以钻入各种家具的底部空间，所以，相对于传统的吸尘器来说，Roomba 可以把家里打扫的更彻底。

Roomba 的内部结构如图 1.7(b)所示。机器人采用"2 驱动轮差动＋万向轮"平台结构，内部安装了 1 个真空吸尘器。机器人四周的光电开关阵列用于检测边沿障碍或楼梯边沿等。其充电插座部分作了特殊设计，通过 1 组红外传感器使机器人可以找到带红外发射源的充电基座，专门设计的机械结构使得机器人可以停泊在基座上充电。

机器人一侧还装有扬声器,可以发出各种提示音。可以想象,随着嵌入式处理器性能和语音处理、语音合成技术的进步,具有一定语音控制和交互能力的服务机器人很快也会出现。

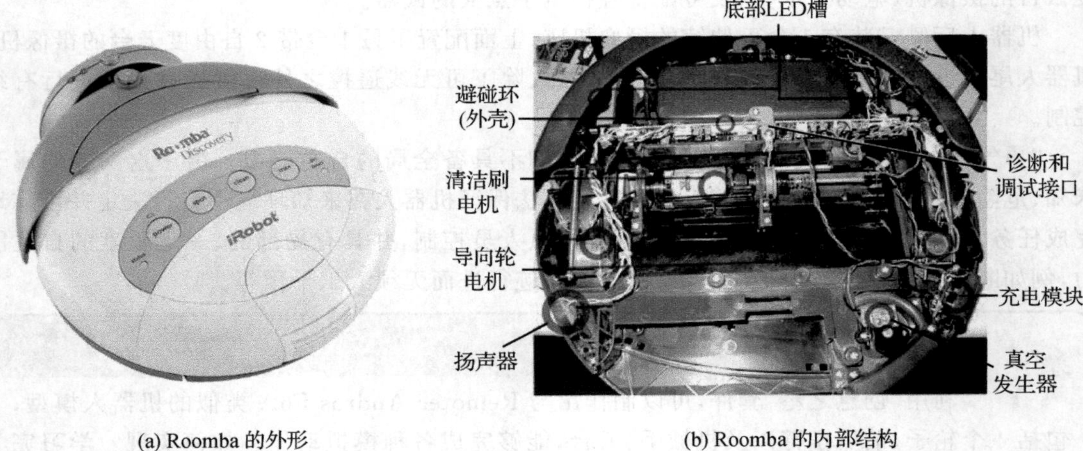

(a) Roomba 的外形　　(b) Roomba 的内部结构

图 1.7　Roomba 吸尘机器人

Roomba 机器人还配有多套"虚拟墙",即红外光对射装置,其中一个发射一定波长的红外线,另一个接收,用于感测红外光路上是否有遮挡物,此功能可用于限制 Roomba 的清扫范围,使得 Roomba 在指定的地方执行清扫任务。这也是很多自主移动机器人用于限制和设置活动范围的方法。

> "创意之星"模拟清扫机器人!
>
> 利用"创意之星"套件就完全可以制作出模拟 Roomba 功能的机器人(当然,没有漂亮的外壳,也只能用电机转动来模拟真空吸尘装置)。读者可以对控制器进行编程,让机器人能够实现扫地、回充电坞充电等动作。

1.3.4　本田 ASIMO 仿人型机器人

2011 年,本田技研工业株式会社(以下简称本田)发布了第三代 ASIMO 仿人机器人,如图 1.8 所示。它身高 1.3 m,体重 48 kg,行走速度可达 9 km/h。它可以实时预测下一个动作并提前改变重心,因此可以完成"8"字形行走、上下台阶、弯腰、踢足球、倒水等复杂动作。此外,ASIMO 还可以握手、挥手,甚至随着音乐跳舞。ASIMO 原型机具有 26 个自由度(不包括手部)。本田从 20 世纪 80 年代开始一直致力于类人型机器人的研发。1986 年着手研究机器人行走的原理,1997 年公布了第一个完全独立、依靠两条腿行走的类人型机器人 P3。

图 1.8　ASIMO 仿人机器人

ASIMO 是 P3 的进一步进化,具有与人类实际生活空间贴近的外形设计,以及更接近于人类的行走模式。另外,手臂的活动范围也有所扩大,通过使用便携控制器提高了操控性能。

第三代"ASIMO"的主要参数如表 1.1 所列。

表 1.1 第三代 ASIMO 主要参数

体 重	48 kg
身 高	1 300 mm
行走速度	0～9 km/h
动作自由度	头部自由度:2,腕部自由度:5×2=10
	手部自由度:1×2=2,足部自由度:6×2=12,合计:26 自由度
	自由度:与人类关节相当,前后、上下、回转,各 1 个自由度
执行器	伺服电机+谐波减速器+驱动单元
控制装置	行走/操作控制单元,无线发送单元
传感器	足部:6 轴向足部方位传感器
	躯体:陀螺仪和加速传感器
电源部分	38.4 V/10 AH(Ni-MH)
操作部分	操纵台和便携控制器

新一代 ASIMO 具有很高的运动能力。和以往相比,ASIMO 可以和人手拉手走路等,强化了与人配合的行动能力,而且增加了利用手推车搬运物品的功能。此外,新开发出的对这些功能进行统一控制的综合控制系统,使 ASIMO 可以自行从事接待、向导、递送等服务,并且极大地提高了移动能力,实现了时速 9km 的奔跑及迂回行走,这是仿人形机器人的一个了不起的进步。

"创意之星"仿人套件!

仿人形机器人的控制比较复杂,推荐有兴趣的读者自行尝试,可以用本书介绍的"创意之星"套件,搭建出简易仿人形机器人。本书第 8 章提供了一个简单而有趣的例子,供读者参考。

1.3.5 KUKA Titan 工业机器人

KUKA 推出的 Titan 6 自由度(6 轴)工业机器人是目前世界上最大最强壮的 6 轴工业机器人,如图 1.9 所示。这款机器人的末端最大负载达到惊人的 1 000 kg,将应用于高负重的自动化场合中。目前 Titan 已经被吉尼斯世界纪录正式记录为世界上最大负重的机器人。

图 1.9 KUKA 公司 Titan 型机器人

Titan 是一个串联式关节型机器人,包括腰部回转、肩关节旋转、肘关节旋转、腕关节回转、腕关节俯仰、末端回转共 6 个自由度。

首批 Titan 已经落户德国的一家玻璃生产厂,主要用于搬运重达 700 kg 的玻璃片。很多汽车生产商目前也对 Titan 表示了浓厚的兴趣,由于传统的汽车底盘需要 2 个或者多个机器人联动才能提起,现在一台 Titan 就解决问题,不但节约了场地,也提高了效率。由于 Titan 出色的载重能力,甚至游乐场也对 Titan 感兴趣,这台机器人的末端可以毫不费力地举起 3～4 个成年人,并做出各种惊险刺激的空中飞舞动作。

"创意之星"的关节式机器人!

利用"创意之星"套件,可以方便地搭建出 3～6 自由度的关节式机器人模型;利用 NorthStar 软件,可以方便地为搭建出的机器人编程,并且离线运行。《创意之星-组装指南》中介绍了一种 6 自由度串联机器人的搭建过程,读者可以举一反三,搭建出其他类型的机器人,例如 SCARA 型机器人。

1.3.6 SONY 机器狗 AIBO

日本 SONY 公司于 1996 年推出了划时代的娱乐机器宠物 AIBO——一只非常有趣的机器狗,如图 1.10 所示。这是第一个正式销售的宠物机器人,在日本与美国发售伊始即被抢购一空。在随后的几年里,AIBO 发展了五代,外形越来越漂亮,功能越来越强大。AIBO 已经是机器人发展史上一个里程碑式的产品。

这种全新的机器动物宠物就像普通的有生命的宠物一样,可以通过学习来增进自己的日常经验,熟悉主人的指示,并且可以像有生命的宠物一样有自己的情绪表述,会高兴、忧愁、悲哀、生气等。它所有的外界情报及信息的获取,都是从其头部的感应器得来,并经过自己处理后成为丰富其信息库的一部分而保存起来。

AIBO 内置一个生命养成程序,需要主人喂食、并陪它玩耍,AIBO 的各种功能才会逐渐发挥出来。其养成过程大约需要 3 个月左右,但是 3 个月后的 AIBO 脾气禀性则根据其养成者的调教而各不相同。

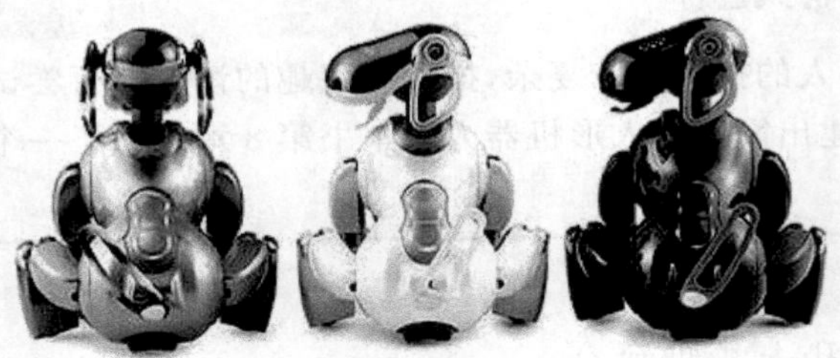

图 1.10 AIBO 机器狗

AIBO 的一些基本数据:

- 体长:27.4 cm;
- 体重:约 1.6 kg;
- 动作:可独立四足行走、发出叫声、识别颜色及对其他对象的动作做出相应的反应。

1.3.7 足球机器人

如图 1.11 所示,是一场 RoboCup(机器人世界杯足球赛)机器人足球赛的现场。一台足球机器人由三轮全向运动底盘、踢球装置、盘球装置、决策系统、视觉系统和通信系统组成,几台这样的机器人可以组成一个完全自主的足球队,和另外一支机器人足球队展开足球比赛。

图 1.11 RoboCup 中型组足球机器人

这个活动是一项重要的研究工作，人们通过机器人足球比赛，可以开发更先进的人工智能技术、识别技术和控制技术。

① 视觉传感器：如图 1.12 所示，足球机器人的全向视觉系统由全向反射镜面、USB 数字摄像机和 3 自由度安装调节机构组成。全向反射镜面是通过软件拟合仿真绘制，特别是对远处的目标进行放大，使视觉的范围覆盖整个比赛场地。3 自由度安装调节机构可以调节视觉系统的水平姿态。在图像处理软件方面，首先对图像进行颜色分割，提取场地上的白线、球门等标志物，完成球、球门、其他机器人等目标的识别，进而使用基于全向视觉和里程计信息的 Monte Carlo 定位方法完成机器人的自定位。全向视觉系统的最终输出结果是机器人自身位置坐标、方向角以及球、球门、其他机器人坐标。上层决策系统根据这些信息做出相应的决策，控制机器人按照一定的规则做出相应的动作。

图 1.12 全景摄像机

② 全向运动机构：如图 1.13 所示，全向运动机构包括全向轮、电机、驱动轴系以及运动控制器几个部分。全向轮是整个运动机构的基础，由 3 个全向轮组成的轮系，在电机驱动下，可以完成平面内 360°任意方向的运动，运动过程中可以保持任意朝向，这对于比赛中更可靠的控球以及更迅速的运动有着非常重要的意义。电机通过驱动轴系与全向轮相连接，驱动轴系除了传导电机驱动力的作用以外，还能保护电机不受外力直接冲击。运动控制器是根据上位机的控制命令，同时控制多路电机的关键部件，由 ARM 嵌入式处理器作为主要控制芯片，并配合外围电路组成。

③ 决策控制系统：作为整个机器人的“大脑”，决策控制系统要根据传感器提供的场上环境信息，做出比赛形势的判断，选择合适的比赛策略，协调机器人之间的动作、通信与信息交换等工作。决策控制系统涉及多智能体协同控制、网络通信、模式识别等多领域知识，是目前足球机器人领域研究的一个热点，也是最有挑战性的研究领域。在 RoboCup 2009 机器人世界

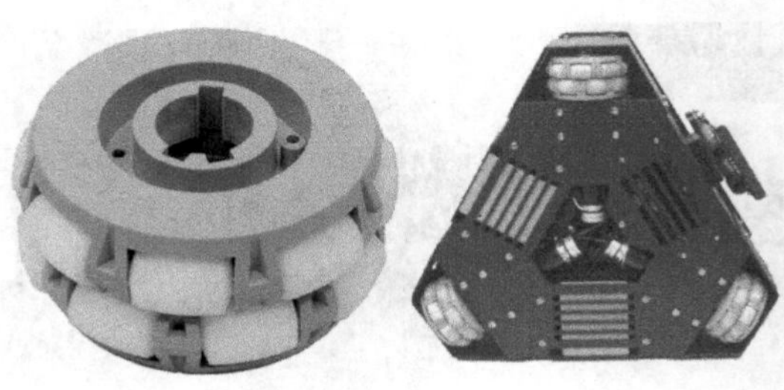

图 1.13　全向轮

杯足球赛上获得前8名的Water机器人足球队来自北京信息科技大学，该机器人已经能够实现比赛环境下的动态角色分配，并能够完成多机器人编队任务的实体试验。可靠的决策系统是顺利完成比赛任务的关键。

另外，足球机器人还包括射门机构、控球机构、电池组等部分。所有这些部分协调工作才能完成整个机器人的各种动作，实现控制思想。多机器人协同配合，才能完成比赛任务。

自己制作微型足球机器人！

利用“创意之星”机器人套件（高级版），可以搭建类似的足球机器人，具备视觉功能，能够识别、跟踪特定颜色的小圆球。

1.3.8　Segway 两轮平衡车

赛格威（Segway）是一种电力驱动、具有自我平衡能力的两轮个人用运输载具，如图1.14所示，由美国发明家狄恩·卡门与他的DEKA研发公司（DEKA Research and Development Corp.）团队发明设计，并创立赛格威有限责任公司（Segway LLC.），自2001年12月起将赛格威商业化量产销售。

Segway的运作原理主要是建立在一种被称为“动态稳定”（Dynamic Stabilization）的基本原理上，也就是车辆本身的自动平衡能力。以内置的精密固态陀螺仪（Solid-State Gyroscopes）来判断车身所处的姿势状态，透过高速的中央微处理器计算出适当的指令后，驱动电动机来做到平衡的效果。假设我们以站在车上的驾驶人与车辆的总体重心纵轴作为参考线，当这条轴往前倾斜时，赛格威车身内的内置电动电动机会产生往前的力量，一方面平衡人与车往前倾倒的扭矩，一方面产生让车辆前进的加速度；相反，当陀螺仪发现驾驶人的重心往后倾时，也会产生向后的力量达到平衡效果。因此，驾驶人只要改变自己身体的角度往前或往后倾，赛格威就会根据倾斜的方向前进或后退，而速度则与驾驶人身体倾斜的程度成正比。原则上，只要赛格威正确打开电源且具有能保持足够运作的电力，车

图 1.14　Segway 代步车

上的人就不用担心有倾倒跌落的可能，这与一般需要靠驾驶人自己进行平衡的滑板车等交通工具大大不同。

车辆的能量来源是两块镍氢(NiMH)充电电池，较后期的车款上也可以选配蓄电量更大的锂充电电池。除了前后倾修正与前进后退外，赛格威的转向可通过2种不同的方式实现，其中一种是如同大部分的脚踏车类或摩托车类交通工具一般，驾驶人在车辆持续前进或者后退的状态中将自己的身体重心往左右倾斜，利用自身重量所产生的与车身纵轴垂直的分量，作为转弯时的向心力而达到转向的目的。除此之外，驾驶人也可以扭转赛格威的龙头(把手)部份，使车辆左右两个车轮产生转速差，例如当龙头向左转时，右轮的转速会比左轮快，达到向左转的效果。必要时，赛格威甚至可以做出一轮向前一轮向后的动作，达到原地转向的效果，因此大幅提升了其机动性。这种高度的机动性，再加上玻璃纤维材料制成的车轮，其踏面面积其实比人类的双脚大不了多少，因此理论上赛格威可以到达人类所能到达的大部分地方，甚至包括路边的人行道或落差不太大的阶梯。

用“创意之星”模拟 Segway！

本书不讨论 Segway 这种形式的交通工具是否会普及，但是作为一种运用了高灵敏度传感器、高速和精密的控制算法的案例，尝试自己制作一个类似的自平衡机器人是一件很有乐趣、又充满了挑战的事情。利用“创意之星”套件可以做出类似于 Segway 的两轮自平衡小车模型。

1.4 典型机器人竞赛简介

机器人技术迅猛发展，教育理念不断更新，为了推动机器人技术的发展，培养学生的创新能力，在世界范围内相继出现了一系列机器人竞赛。

机器人竞赛融趣味性、观赏性、科普性为一体，给青少年学生们提供了越来越多充分展示聪明才智的舞台，也提供了一个充分表现科技思想和行动的舞台，培养了实际动手能力、团队协作能力，提高了创新能力。

机器人竞赛已经成为一个激发学生们的学习兴趣、引导大家积极探索未知领域、参与国际性科技活动的良好平台。

机器人竞赛实际上是高技术的对抗赛，从一个侧面反映了一个国家信息与自动化领域基础研究和高技术发展的水平。机器人竞赛使研究人员能够利用各种技术，获得更好的解决方案，反过来又促进各个领域的发展，这正是开展机器人竞赛的深远意义，同时也是机器人竞赛的魅力所在。

1.4.1 国际机器人赛事

1. 机器人足球赛

让机器人踢足球的想法是在1995年由韩国科学技术院(KAIST)的金钟焕(Jong—Hwan Kim)教授提出的。1996年11月，他在韩国政府的支持下首次举办了微型机器人世界杯足球比赛(即 FIRA MiroSot'96)，如图1.15所示。

机器人足球是人工智能领域与机器人领域的基础研究课题,是一个极富挑战性的高技术密集型项目。它涉及的主要研究领域有:机器人学、机电一体化、单片机、图像处理与图像识别、知识工程与专家系统、多智能体协调以及无线通信等。机器人足球在科学研究方面具有深远的意义,同时还是一个很好的教学平台。通过它可以使学生把理论与实践紧密地结合起来,提高学生的动手能力、创造能力、协作能力和综合能力。

图 1.15 机器人足球赛

国际上最具影响的机器人足球赛主要是 FIRA 和 RoboCup 两大世界杯机器人足球赛,这两大比赛都有严格的比赛规则,融趣味性、观赏性、科普性为一体,以下分别进行介绍。

(1) FIRA 系列机器人足球赛

FIRA(Federation of International Robot—soccer Association)是国际机器人足球联合会的缩写,于 1997 年第二届微型机器人锦标赛(MiroSot'97)期间在韩国成立的。FIRA 每年举办一次机器人足球世界杯赛(FIRA Robot—Soccer World Cup),简称 FIRARWC,比赛的地点每年都不同,至今已举办了 13 届。比赛项目主要包括:拟人式机器人足球赛(HuroSot)、自主机器人足球赛(KheperaSot)、微型机器人足球赛(MiroSot)、超微型机器人足球赛(NaroSot)、小型机器人足球赛(RoboSot)、仿真机器人足球赛(SimuroSot)等 6 项。

(2) RoboCup 系列机器人足球赛

RoboCup(Robot World Cup)是一个国际性组织,1997 年成立于日本。RoboCup 以机器人足球作为中心研究课题,通过举办机器人足球比赛,旨在促进人工智能、机器人技术及其相关学科的发展。RoboCup 的最终目标是在 2050 年成立一支完全自主的拟人机器人足球队,能够与人类进行一场真正意义上的足球赛。RoboCup 至今已组织了 13 届世界杯赛。比赛项目主要有:电脑仿真比赛(Simulation League)、小型足球机器人赛(Small—Size League(F—180))、中型自主足球机器人赛(Middle—Size League(F2000))、四腿机器人足球赛 Four—Legged Robot League)、拟人机器人足球赛(Humanoid league)等项目。除了机器人足球比赛,RoboCup 同时还举办机器人抢险赛(RoboCup Rescue)和机器人初级赛(RoboCup Junior)。机器人抢险赛是研究如何将机器人运用到实际抢险救援当中,并希望通过举办比赛能够在不同程度上推动人类实际抢险救援工作的发展,比赛项目包括电脑模拟比赛和机器人竞赛两大系列。同时,RoboCup 为了普及机器人前沿科技,激发青少年学习兴趣,在 1999 年 12 月成立了一个专门组织中小学生参加的分支赛事 Robocup Junior。

2. 机器人综合竞赛

无论是机器人足球比赛系列还是机器人灭火比赛系列,都是主要围绕着一个主题进行的机器人竞赛。在国际上,除了这些机器人单项竞赛之外,还有把各项机器人竞赛组合在一起的比赛系列,即机器人综合比赛。这些比赛主要包括国际机器人奥林匹克竞赛、FLL 世锦赛和 ABU 大学生机器人电视大赛。

(1) 国际机器人奥林匹克竞赛

国际机器人奥林匹克委员会(IROC)是一个非赢利性的国际机器人组织,成立于 1998 年,总部设在韩国。IROC 从 1999 年开始组织首届“国际机器人奥林匹克竞赛”,这是一项将科技

与教育目的融为一体的亚太地区的竞赛，目的是为了使更多青少年有更多机会参加国际间的科技交流活动、展示自己的才华和能力，激发他们对科技和机器人世界的不懈探索。

(2) FLL 世锦赛

1998 年，由美国非盈利组织 FIRST 发起，目的是激发青少年对科学与技术的兴趣。目前有 40 多个国家参加该活动。每年秋天，由教育专家及科学家们精心设计的 FLL 挑战题目将通过网络全球同步公布。各国/区域选拔赛在年底举行，总决赛于 4～5 月在美国举行。竞赛内容包括主题研究和机器人挑战 2 个项目，参赛队可以有 8～10 周的时间准备比赛。参赛者要进行主题项目研究，并用乐高机器人技术套装、乐高积木及其他组件，如传感器、电动机、齿轮等来制作全智能机器人并参加比赛。

(3) ABU 大学生机器人电视大赛(ABU robocon)

“亚广联亚太地区机器人大赛”是由“亚洲—太平洋广播联盟”(ABU)节目部发起倡导的，并于 1999 年在亚广联年会上正式通过了该项目的提案。从 2002 年开始，该赛事至今已成功举办 8 届。该项目规模较大，其宗旨是致力于培养各国青少年对开发、研制高科技的兴趣与爱好，提高各参与国的科技水平，为机器人工业的发展发掘、培养后备人才。各个亚广联成员机构都有权参加该项目的比赛，但参赛对象只限于各国的大学或工科院校的学生。

1.4.2 国内机器人赛事

全国范围内的机器人赛事主要有以下 4 项。

1. FIRA 中国机器人足球锦标赛

1997 年 7 月，国际机器人足球联盟中国分会(简称 FIRA 中国分会)成立，分会设在哈工大。同年中国人工智能学会(CAAI)下设机器人足球工作委员会，由洪炳镕教授同时担任主任。自 1999 年开始到 2008 年在 CAAI 和 FIRA 支持下，已经举办了 8 次全国锦标赛和 2 次 FIRA 世界杯机器人足球大赛，有力地推动了国内机器人足球的研究和发展。

2. 中国机器人大赛暨 RoboCup 公开赛

中国机器人大赛暨 RoboCup 公开赛是国内最权威、影响力最大的机器人技术大赛和学术大会，基本覆盖了中国现有顶级、全部的机器人专家和众多日本、美国、德国知名机器人学者，为当今中国乃至亚洲机器人尖端技术产业竞赛和国际顶尖人才汇集的活动之一。国际 RoboCup 委员会中国分会设在清华大学，由清华大学的孙增圻教授担任中国委员会主任。大赛从 1999 年第一次在重庆举行后，以后每年举办一次，已在国内重要城市举办了 10 届，北京、上海、广州、合肥、苏州、济南、中山等地成功举办了历届大赛。

3. 中国机器人大赛—机器人武术擂台赛

机器人武术擂台赛是中国机器人大赛中一项新的赛事。它的主要内容是：22 个完全自主的机器人在一个 2 m 见方的擂台上，使用各种传感器来感知自身的位置、姿态和对手的位置、方向，并利用各种执行器来互相攻击的对抗性机器人竞赛。

机器人武术擂台赛的参赛机器人需要包括各种传感器(检测自身位置、检测对手位置、检测自身姿态、检测擂台边缘等)、1 个控制器(参赛队员为其编写程序，控制整个机器人的行为和策略)，多个执行器(行走、击打、辅助等)，麻雀虽小、五脏俱全。学生需要根据比赛规则，通过机械、电子、策略等各方面的创新设计，来达到在对抗竞赛中压倒对手的目的，因此是工程创

新实践教育的理想平台。

激烈而戏剧性的机器人竞赛对抗,能够极大地激发学生的好胜心和积极性。在训练和比赛的过程中,参赛者的综合工程素质、创新能力、团队协作能力都能得到全面的培养。

虽然比赛过程仅有短短几分甚至几秒钟的时间,打擂台的机器人尺寸也不超过 30 cm,但其中包含了很高的科技含量。机器人装备了数据处理芯片,行走、格斗装置以及位置探测器,边缘探测器,红外探测器和超声波探测器等各种仪器,这些设备使机器人好像长了脑子、眼睛、耳朵和手脚,从而能够根据场地的不同情况,智能性地完成寻找敌方、格斗、防止自己掉下擂台等任务。目前,机器人武术擂台赛已成为全国最热门的智能机器人竞赛之一。

4. 全国大学生机器人电视大赛(CCTV - ROBOCON)

为了选拔中国大学生的优秀代表队参加"亚广联亚太地区大学生机器人大赛",经广电总局和中宣部批准,中央电视台于 2002 年 6 月开始举办中国"全国大学生机器人电视大赛"。这项赛事为中国大学生提供了一次探索科技、创新思维与实际行动结合的机会。它为激发广大青少年对高科技的兴趣与爱好、激励创新意识、活跃校园科技活动、培养未来科技人才提供了大舞台,也是中央电视台宣传,深化"科技兴国"战略方针的一个新举措。"全国大学生机器人电视大赛"从 2002 年的第一届起已形成每年一度的定期赛事,这将有力地激发老师和学生科技创新的意识和积极性。"全国大学生机器人电视大赛"也称"CCTV 全国大学生机器人电视大赛"。

5. 中国青少年机器人竞赛

从 2001 年举办第 1 届起,该活动在探索中逐步成熟,已发展成为汇集全国 31 个省、自治区、直辖市及港、澳地区青少年机器人技术爱好者共同参与的,颇有影响的青少年示范活动,至今已经先后成功举办了 8 届比赛。

1.4.3 机器人竞赛的特点

各种类型的机器人竞赛,一般是在上世纪末兴起的。在不到 10 年的时间里,机器人竞赛的发展是一个从无到有、从单一到综合、从简单到复杂的过程。具体地说,机器人竞赛具有以下特点:

① 比赛规模不断扩大:FIRA 从 1996 年第 1 届只有来自 10 个国家的 23 参赛队参加,发展到 2002 年第 7 届时,已经有 25 个国家的 207 支代表队参赛,充分显示了机器人竞赛的勃勃生机以及在全世界范围内的普及程度。

② 比赛项目不断完善:在第 1 届 FIRA 的时候,只有微型机器人足球赛(MiroSot)1 项比赛,发展到现在,已经扩展到 6 个比赛系列。项目设置由少到多的变化,既可以给更多层次的参赛选手提供比赛机会,又可以从多角度推动各个相关学科技术的发展。

③ 比赛的影响力不断增强:在机器人竞赛的同期,各个组委会都会举办各种机器人展览、相关论坛,旨在为参赛选手及专家提供一个交流经验、互相学习的平台,并为机器人相关技术的发展以及机器人在娱乐、教育、服务等各领域的应用起到推动作用。因此,会吸引各国科学家、科研人员、学生和企业界人士的共同参与,其影响力也相应得到提高。

④ 推动技术进步:机器人竞赛对机器人技术及其相关学科领域的发展起到了明显的推动作用。比如,在 1996 年,FIRA 大部分参赛队处理图像的速度是 10 帧/秒,机器人的运动速度

也仅在 50 cm/s;仅仅 2 年之后,图像处理速度就达到了 60 帧/秒,机器人的运动速度也相应提升到 2 m/s,技术指标翻了几倍之多。机器人竞赛使研究人员能够利用各种技术,获得更好的解决方案,从而又反过来促进各个领域的发展,这也正是开展机器人竞赛的深远意义。

⑤ 促进学校教育:机器人足球系列比赛以推动技术进步为主要着眼点,而其他综合性的比赛则更加侧重于教育意义。以机器人武术擂台赛为例,参加赛事的每个参赛队在每年的规则公布之后,会在大约 8～12 个星期的时间来做准备工作,在这些时间里,参赛选手要想赢得比赛,就必须在互联网上搜集资料、向专家请教问题、到图书馆查阅资料以及与其他伙伴交流、探讨问题等等,这同时也是一个面对实际问题、解决困难、克服障碍的过程。因此,参赛队员除了学到了机器人相关知识之外,还能够在自信心、团队合作能力、沟通能力、动手能力等方面得到提高。

1.5 小 结

通过本章学习,读者们了解了机器人的基本概念和发展史、机器人的组成和结构、几种典型机器人的应用和功能以及国内外主要的机器人赛事。思考一下:你想创造什么样的机器人?想让它有什么样的功能?该如何去做?

第2章 机器人基础知识概述

学习目标

- 了解设计和制作机器人的一般过程；
- 了解制作机器人应具备的机械结构知识、常用机械材料及零件；
- 了解机器人常用的传感、控制、执行部件；
- 了解控制机器人常用的程序语言。

上一章已经介绍过，机器人主要包括硬件部分和软件部分。

硬件部分主要包括：

- 机器人的骨骼——构成机器人身体的机械结构；
- 机器人的肌肉——产生动作的执行器；
- 机器人的心脏——电源；
- 机器人的五官——各种各样的传感器；
- 机器人的大脑——控制器和电路系统。

软件主要是指控制机器人的程序。为符合大多数机器人实际开发的需要，本书将完全以C语言来讲述机器人相关程序设计。

本章我们将对这几部分逐一进行概述，使读者在动手制作机器人之前，对机器人的软、硬件有粗略的了解和认识。

要注意的是，本章内容涉及的知识和技术比较广泛，这里只是作简要的介绍，如果读者要自行制作机器人，最好能根据本章的介绍指引，自行查阅相关参考书籍，或者在网络上找到自己需要的资料。

一个优秀的工程师不仅需要具备相关专业知识，更重要的是应该具备较强的查阅知识、获取信息的能力。请读者在阅读本书时，把这一章当作知识性的内容浏览即可，在脑中留下印象，这样就达到了目的：今后需要用到某项知识的时候，有印象到哪里去查阅，而不需要死记硬背。

2.1 机器人的骨骼——机械结构

2.1.1 设计和制作机器人的一般过程

机器人是软件和硬件的有机统一，在设计机器人时一定要全面考虑，设计硬件时要考虑软件的算法实现能力，同时在编写软件时也要考虑到硬件的执行能力。

机器人的制作过程是一个复杂而系统的工程，主要包括以下步骤。

1. 任务分析

① 充分了解要设计的机器人的应用场合和需要完成的任务；

② 根据应用场合和任务对要设计的机器人进行结构和策略规划，如机器人的外形、结构、传感方式、能源系统、完成任务方法等；

③ 确定一个比较合理的整体方案，为下一步的具体实施做准备。

2. 结构设计

机器人的整体方案确定之后就是设计和制作，其中机械结构设计是最主要的，其主要包括：行走机构（机器人的腿），操作机构（机器人的手），框架和外形（机器人的容貌），轮廓尺寸（机器人的个头），电池、传感器、主板等部分（机器人的心脏、脑袋、眼睛、耳朵等）的安装位置和造型等。

机械结构要根据实际任务来设计，其中需要考虑的几个问题：

① 任务能否完成；

② 电池能量是否够用；

③ 所安装的传感器，单片机的接口是否足够；

④ 外形和动作是否能协调、简单；

⑤ 机器人的结构件和连接件尽量选择型材和标准件；

⑥ 重量和尺寸是否超标等。

3. 机械动作设计

① 行走方式和路线的规划；

② 机械结构的承受能力；

③ 执行机构的动作编排。

4. 电路设计

① 单片机的选型；

② 电路的设计。

5. 硬件制作和组装

① 机械结构的画图和制作；

② 电路的画图和电子元件焊接；

③ 组装机械结构件和电路主板；

④ 安装传感器。

安装过程中要注意机构连接件的防松、电路与外壳及其他结构的绝缘。

6. 程序编写

① 测量电机、舵机、传感器等感知系统和执行系统部件的参数；

② 根据参数编写程序；

③ 实验室调试；

④ 现场调试。

7. 调试修改

根据实际场地实验情况反复修改程序和硬件，直到符合要求，并尽可能做到精益求精。程序的调试和修改非常重要，但这一部分的工作比较枯燥、单调。

8. 机器人能力评价标准

机器人能力的评价标准包括：

① 智能,指感觉和感知,包括记忆、运算、比较、鉴别、判断、决策、学习和逻辑推理等;

② 机能,指变通性、通用性或空间占有性等;

③ 物理能,指力、速度、连续运行能力、可靠性、联用性、寿命等。

2.1.2 机器人的机械结构

1. 选　材

适合制作机器人框架的材料非常多,有铁合金、铝合金、铜合金、钛合金等金属材料,也有橡胶、聚乙烯、尼龙、有机玻璃、树脂、木材和纸板等非金属材料,这些材料有的价格昂贵,有的质量较大,有的强度较低,在制作机器人的构架系统时,可根据需要全面考虑后再作出合理的选择。

选材应遵循以下原则:

① 实用原则:选材时,首先要计算机器人构架的强度和刚度,选择符合要求的材料;

② 经济原则:材料不宜过度追求高质量而增加机器人的成本;

③ 优先原则:制作构架时应优先使用型材和标准件,以节约成本并缩短制作周期;

④ 美观原则:在不影响以上原则的前提下,制作出的机器人要尽量美观大方。

2. 型　材

① 制作框架的材料:角钢和角铝,槽钢和工字钢,方钢和方铝,钢管、铝管和铜管等;

② 制作外壳和底板的材料:铁皮、铝皮和不锈钢板等。

在无合适的型材可选时,可以考虑自己制作。

3. 标准件和常用件

① 螺栓:六角头、内六角圆柱头、十字槽螺栓等;

② 螺母:六角螺母、蝶形螺母;

③ 垫圈:平垫圈、弹簧垫圈;

④ 弹簧:压缩弹簧、拉伸弹簧、钢丝弹簧;

⑤ 轴承:分滚动轴承、滑动轴承等;

⑥ 齿轮:直齿轮、斜齿轮、蜗轮蜗杆等。

2.1.3 机器人的执行机构

机器人的执行系统主要包括行走机构(相当于人的腿)和操作机构(相当于人的手),目前常用的执行元件主要有直流电动机和舵机。

1. 机器人的行走机构

机器人的行走机构首先要体现稳定性,其次是灵活性。目前,常见机器人的行走方式主要有以下几种:足式、履带式、轮式和特殊行走方式。

(1) 足式机器人

足式机器人的关节部一般采用空间开链连杆机构,其中的运动副(转动副或移动副)常称为关节,关节个数通常即为机器人的自由度数。根据关节配置形式和运动坐标形式的不同,可分为直角坐标式、圆柱坐标式、极坐标式和关节坐标式等类型。出于拟人化的考虑,常将机器人本体的有关部位分别称为基座、腰部、臂部、腕部、手部等。

采用几个足来交替迈步行走的机器人主要有两足式(见图 2.1(a))、三足式(见图 2.1(b))、四足式、多足式(见图 2.1(c))等。

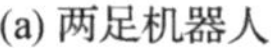
(a) 两足机器人

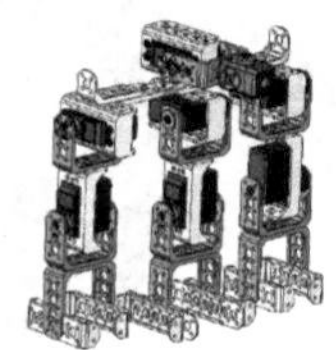
(b) 三足机器人

(c) 多足机器人

图 2.1　足式机器人

足式机器人的腿部关节：单关节，即只有髋关节；双关节，即只有髋关节和膝关节(见图 2.2(a))或只有髋关节和踝关节；三关节，即有髋关节、膝关节和踝关节；多自由度关节，即髋关节和踝关节都有 2 个自由度(见图 2.2(b))。足式机器人的关节自由度越多，行动就越灵活，但控制起来难度会成倍增大。

(a) 双关节机器人

(b) 多自由度机器人

图 2.2　足式机器人的腿部关节

- 优点：可以在不平坦的路面行走，如爬楼梯、跨越障碍等。
- 缺点：动作缓慢，转身不灵活。

仿人型机器人是多门基础学科、多项高技术的集成，代表了机器人的尖端技术。因此，仿人形双足步行机器人研究是一个很诱人的研究课题，但难度相当大。

由于在目前科技的水平下，双足机器人行走时的平衡问题还不够成熟，容易摔倒，且行走缓慢，动作不灵活，所以在大部分机器人中采用较少。

(2) 轮式机器人

轮式机器人有两轮式(见图 2.3(a))、三轮式(见图 2.3(b))、四轮式、多轮式(见图 2.3(c))等。

- 优点：结构简单，动作灵活，定位准确。
- 缺点：不适合在不平坦的路面行走，特别是有楼梯时就更困难。

机器人常用的轮子主要有：普通轮(主动轮)(见图 2.4(a))、万向轮(从动轮)(见图 2.4(b))、全向轮等(主动轮)(见图 2.4(c))。

由于轮式机器人结构简单，行走速度快，所以目前的绝大部分机器人都采用这种行走方式。

轮式机器人轮子的基本布置方式：

① 2 个普通轮 1 个支点(见图 2.5(a))；

② 2 个普通轮 1 个万向轮(见图 2.5(b))；

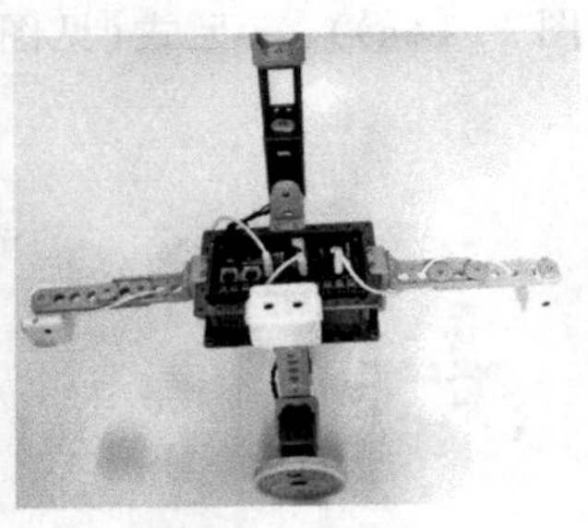

(a) 两轮机器人

(b) 三轮机器人

(c) 多轮机器人

图 2.3　轮式机器人

(a) 普通橡胶轮

(b) 万向轮

(c) 全向轮

图 2.4　轮式机器人常用轮

(a) 两个普通轮一个支点

(b) 两个普通轮一个万向轮

图 2.5　轮式机器人轮子的基本布置方式

③ 2 个普通轮 2 个万向轮(见图 2.6);

④ 4 个普通轮(见图 2.7);

图 2.6　2 个普通轮 2 个支点的 2 种布置方法

图 2.7　4 个普通轮

⑤ 3 个全向轮(见图 2.8)；

⑥ 4 个全向轮(见图 2.9)。

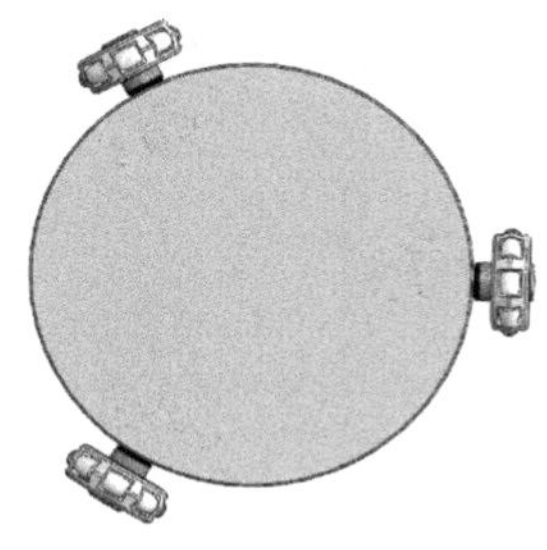

图 2.8　3 个全向轮的布置

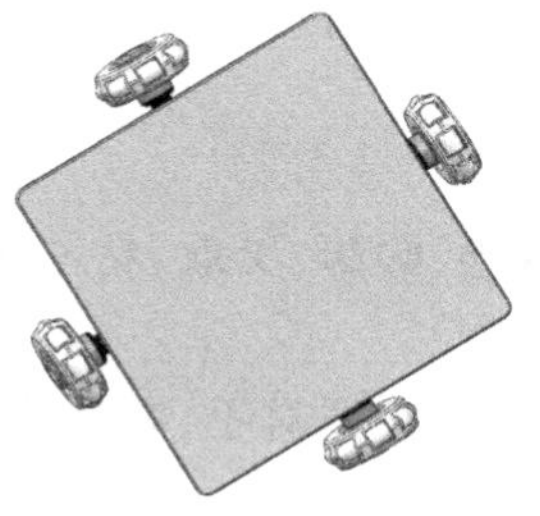

图 2.9　4 个全向轮的布置

(3) 履带式机器人

履带布置方式：双履带和多履带(见图 2.10)。

- 优点：兼有轮式和足式的优点，如越坑、爬楼梯等，其与地接触面大所以稳定性较好。
- 缺点：同时兼有轮式和足式的缺点。

图 2.10　履带机器人

目前有部分机器人采用这种方式，如月球车，部分军用机器人等。

(4) 特殊行走方式机器人

像蛇一样的蠕动行走方式(见图 2.11(a))、像鱼一样的尾巴游动方式(见图 2.11(b))及像飞机一样的翅翼飞行方式(见图 2.11(c))。

(a) 蛇形机器人

(b) 鱼形机器人

(c) 飞行机器人

图 2.11　特殊行走方式机器人

这种行走方式的机器人主要应用在一些特殊场合。

2. 机器人的操作机构

操作机构实际上是对人手的延伸,相当于人手与工具的组合。这一部分是能够充分发挥大家想象力的地方。要根据不同的机器人任务设计出合理的机构,用最简单的办法实现题目的要求。

(1) 取　物

可采用机械手、吸附、叉取、粘连等方法。

(2) 接　力

可采用手对手、容器对手、翻倾装置对容器等。

(3) 灭　火

可采用风扇、气球、扣罩等方法。

(4) 擂　台

可采用挤、推、铲、击打、诱导等方法。

(5) 其　他

机器人能实现的功能多种多样,我们可以根据不同的实际设计出不同的操作机构。

(6) 灵巧手

人类与动物相比,除了拥有理性的思维能力、准确的语言表达能力外,拥有一双灵巧的手,这也是人类的骄傲。正因如此,让机器人也拥有一双灵巧的手成了许多科研人员的目标。

近日,由哈尔滨工业大学机器人研究所与德国宇航中心合作开发的具有多种传感功能的新一代机器人灵巧手在哈尔滨问世。该机器人灵巧手有 4 个手指,13 个活动部位,装有机械零件 600 多个,表面的电子元器件有 1 600 多个,整体重量 2.7 kg(见图 2.12)。

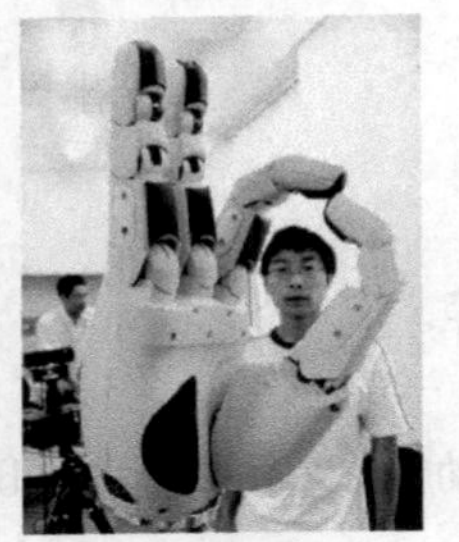

(a) 按照指令摆出“OK”手势

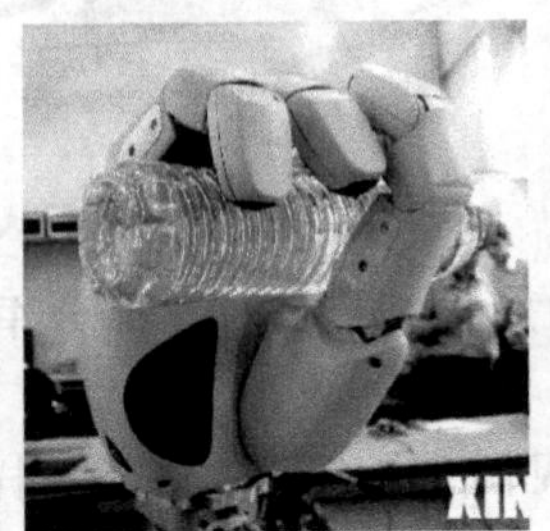

(b) 抓住一个饮料瓶

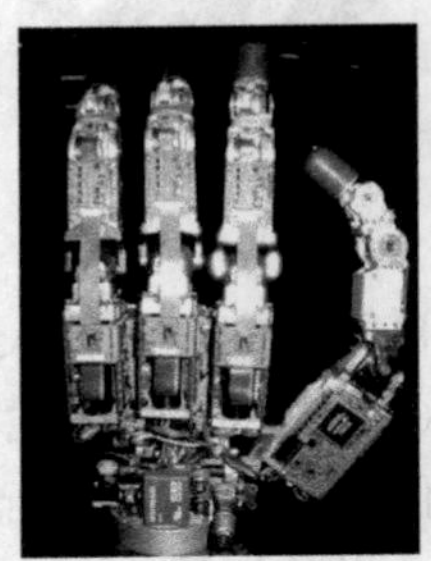

(c) 内部结构

图 2.12　机器人灵巧手

2.2　机器人的肌肉——执行器

机器人区别于计算机的一个重要特征,就是机器人能够运动。要运动就必须有动力部件,以及由这些动力部件驱动的结构。机器人的驱动子系统、传感子系统和控制决策子系统是一个机器人最基本的 3 个组成部分。本节重点介绍在小型、微型机器人上常用的一些驱动部件,以及相关的一些机械结构方面的知识。

机器人的机构和执行器技术的涉及面相当广泛,由于篇幅所限,本书只做概略介绍。如有需要,请自行查阅相关参考书。

2.2.1　直流电机概述

采用直流电作为动力来源的各种电机，统称为直流电机。其工作原理都是利用带有数个起电磁铁作用的线圈转子，线圈转子通电后，与励磁单元（可以是励磁线圈或者永磁体）的磁场作用而运动；不断地按照合适的规律改变通电顺序，使得转子的运动一直持续，形成转动。

通常线圈转子都是绕在铁心上的。也有没有铁心，线圈本身做成杯状，励磁装置（永磁体）做成柱状放置在转子内部的电机，称为"空心杯电机"。

2.2.2　直流有刷电机

这里仅对直流有刷电机的运行原理作一个简单的介绍，有关直流有刷电机的详细知识，请参阅《电机拖动》、《电机的单片机控制》等专业教材。

直流电机有定子和转子两大部分组成，定子上有磁极（绕组式或永磁式），转子上有绕组，通电后，转子上也形成磁场（磁极），定子和转子的磁极之间有一个夹角，在定转子磁场（N 极和 S 极之间）的相互吸引下，形成电机旋转。改变电刷的位子，就可以改变定转子磁极夹角的方向（假设以定子的磁极为夹角起始边，转子的磁极为另一边，由转子磁极指向定子磁极的方向就是电机的旋转方向），从而改变电机的旋转方向。

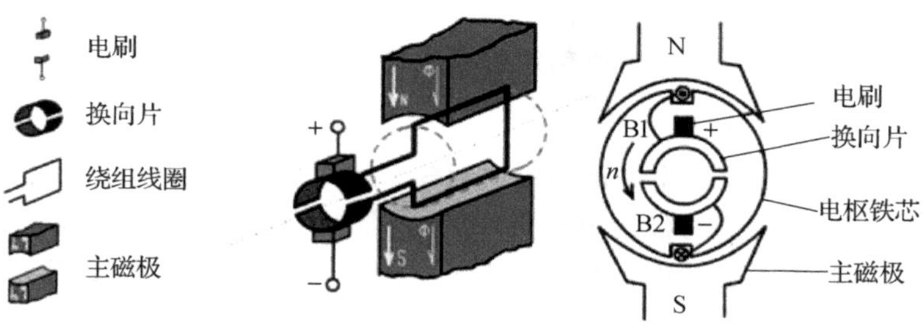

图 2.13　直流电机模型

如图 2.13 所示为一台最简单的两极直流电机模型。其中固定部分有磁铁（主磁极）和电刷。转动部分有环形铁心和绕在其上的绕组。它的固定部分（定子）上，装设了一对直流励磁的静止主磁极 N 和 S，在旋转部分（转子）上装设电枢铁心。定子与转子之间有一气隙。在电枢铁心上放置了由 a 和 x 两根导体连成的电枢线圈，线圈的首端和末端分别连到两个圆弧形的铜片上，此铜片称为换向片。由换向片构成的整体称为换向器。换向器固定在转轴上，换向片间及换向片与转轴之间均互相绝缘。在换向片上放置着一对固定不动的电刷 B1 和 B2，当电枢旋转时，电枢线圈通过换向片和电刷与外电路接通。

上面仅仅是一个理论上的直流有刷电机模型。实际的直流有刷电机结构如图 2.14 所示。

直流有刷电机的转速是与电压成正比的，而转矩是与电流成正比的。对于同一台直流有刷电机，电压、电流、转矩这三者之间的关系大致如图 2.15 所示。

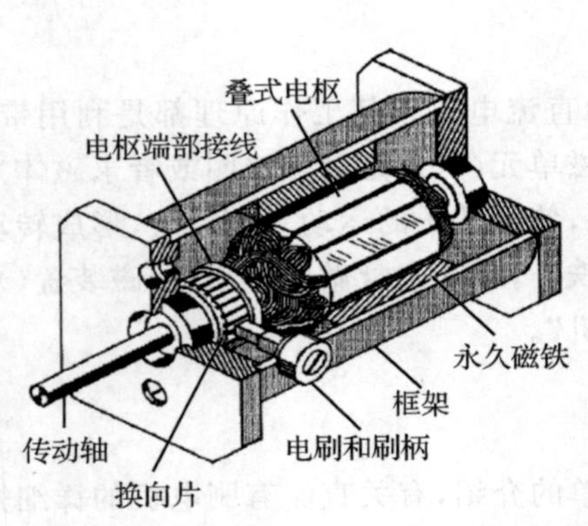

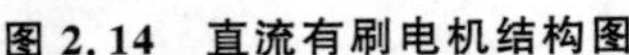
图 2.14　直流有刷电机结构图

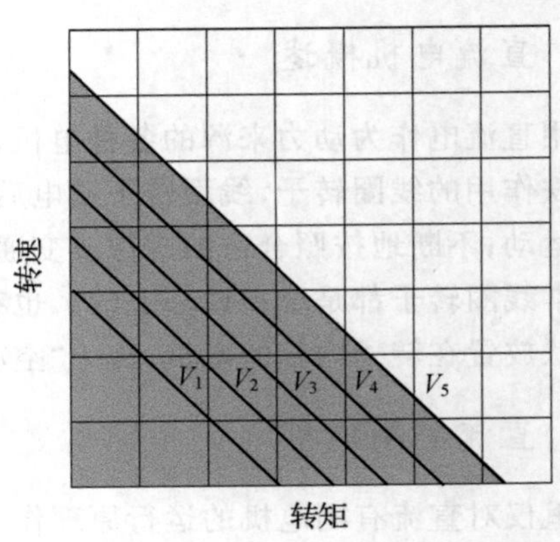

图 2.15　电压、电流、转矩关系图

其中 V1～V5 代表 5 个不同的电压，V1 最低，V5 最高。可以看到，在相同的电压下，速度越低，转矩越大；在相同的转矩下，电压越高，速度越大；在相同的速度下，电压越高，转矩越大。但是电压并非越高越好。一般直流电机的额定电压为 3～24 V，再大一些可达 30 V 或更大。不能让额定 6 V 的电机工作在 20 V、甚至 100 V，那样就可能会损坏电机。直流电机在额定电压下工作效率最高，如果电压值过低，它就不会工作；如果电压过高，它将过热，线圈将会熔化。因此，一般尽可能采用接近电机额定的电压。

1. 电　流

在买电机时，一定要注意两个电流额定值问题。一个是工作电流，这是电机工作在预期一般转矩时电流的平均值，该值与额定电压的乘积就是电机运行的平均功率；另一个是停转电流，这是起动电机但转矩不足以致它停止转动，是电机工作的最大电流，也是最大功率。此外，如果打算长时间运转电机，或者在高出额定电压时运行，最好给电机加上散热器以避免线圈过热熔化。

2. 额定电压

电机能承受多大的电压？一般所有的电机都受（或至少应该受）一定的功率限制。功率转换中的损失直接变为热量输出，太多的热量会使电机线圈（的绝缘部分）熔化，所以优秀的电机制造商知道多大的电压会使电机失效，并且在电机性能表中给予说明。

3. 转　矩

在购买直流电机时，要注意有关转矩的 2 个额定值。一个是工作转矩，这是电机设计时所决定的，一般是标称值；另一个是停转力矩，这是电机从转动到停止时的力矩。一般仅考虑工作转矩，但是有些情况下，可能需要知道电机的极限转矩。如果设计一个轮式机器人，良好的转矩意味着加速性能好。一个普遍采用的经验公式是：如果机器人有 2 个电机，那么尽量确保每个电机的堵转转矩＞机器人的重量×轮子半径。

直流有刷电机的最大弱点就是电流的换向问题，消耗有色金属或石墨较多，成本高，运行中的维护检修也比较麻烦。因此，电机制造业正在努力改善交流电机、无刷电机的性能，并且大量代替直流有刷电机，但是在移动机器人等场合，直流有刷电机由于其功率密度大、尺寸小、控制相对简单、不需要交流电等优点，仍然被大量使用。

2.2.3　直流无刷电机

直流无刷电机的原理如图2.16所示。

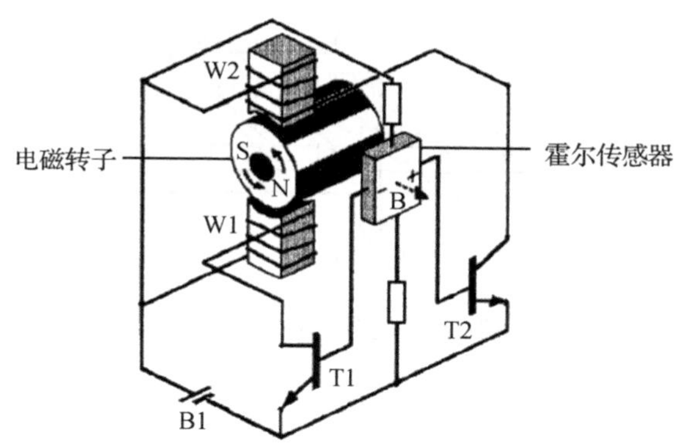

图2.16　直流无刷电机原理图

无刷电机将绕组(W1,W2)作为定子,永久磁铁(S/N)作为转子。它不再采用电刷作为换向装置,而是用霍尔传感器(Hall-effect device)作为换向检测元件,通过晶体管的放大,来实现电流换向功能。

典型的直流无刷电机(含位置传感器)结构如图2.17所示。

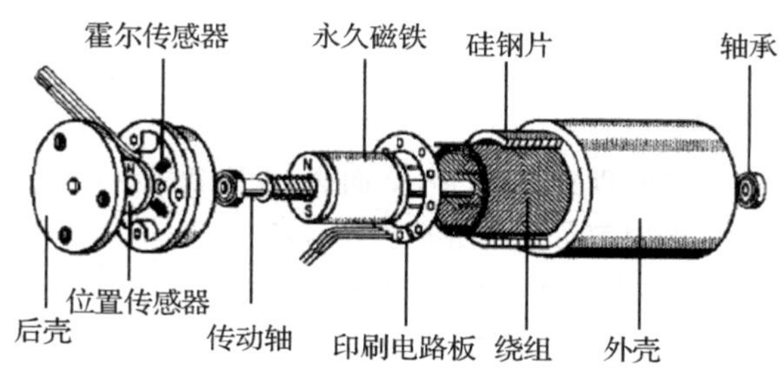

图2.17　直流无刷电机结构图

直流无刷电机利用电子换向器代替机械电刷和机械换向器,使其不仅保留了直流电机的优点,而且具有交流电机结构简单、运行可靠、维护方便等优点,因此一经出现就以极快的速度发展和普及。但是,由于电子换向器较为复杂,通常尺寸也较机械式换向器大,加上控制较为复杂(通常无法做到一通电就工作),因此在要求功率大、体积小、结构简单的场合,直流无刷电机还是无法取代有刷电机。

2.2.4　直线电机

普通电机产生的运动都是旋转。如果需要得到直线运动,就必须通过丝杠螺母机构或者齿轮齿条机构来把旋转运动转变为直线运动,这样显然增加了复杂性和成本,降低了运动的精度。直线电机是一种特殊的无刷电机,可以理解为将无刷电机沿轴线展开、铺平,定子上的绕组被平铺在一条直线上,而永久磁钢制成的转子放在这些绕组的上方。

给这些排成一列的绕组按照特定的顺序通电,磁钢就会受到磁力吸引而运动。控制通电

的顺序和规律,就可以使磁钢作直线运动。其原理如图 2.18 所示。

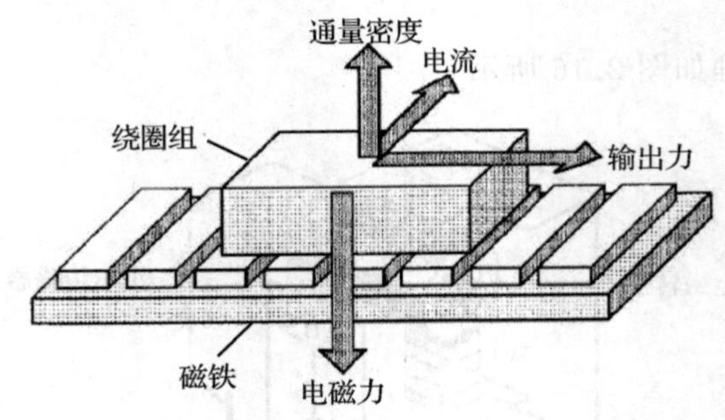

图 2.18 直线电机原理图

2.2.5 步进电机

步进电机是将电脉冲信号转变为角位移或线位移的开环控制元件。在非超载的情况下,电机的转速和停止的位置只取决于脉冲信号的频率和脉冲数,而不受负载变化的影响,即给电机加一个脉冲信号,电机则转过一个步距角。这一线性关系的存在,加上步进电机只有周期性误差而无累积误差等特点,使得在速度、位置等控制领域使用步进电机来控制变的非常简单。虽然步进电机已被广泛应用,但它并不能像普通的直流电机、交流电机那样在常规下使用。它必须由双环形脉冲信号、功率驱动电路等组成控制系统方可使用。以下以广泛使用的感应子式步进电机为例,介绍其基本工作原理。

1. 反应式步进电机原理

由于反应式步进电机工作原理比较简单,下面叙述三相反应式步进电机原理。

如图 2.19 所示,电机转子均匀分布着很多小齿,定子齿有三个励磁绕阻,其几何轴线依次分别与转子齿轴线错开 0、1/3て、2/3て(相邻两转子齿轴线间的距离为齿距以て表示),即 A 与齿 1 相对齐,B 与齿 2 向右错开 1/3て,C 与齿 3 向右错开 2/3て,A′与齿 5 相对齐,(A′就是 A,齿 5 就是齿 1)

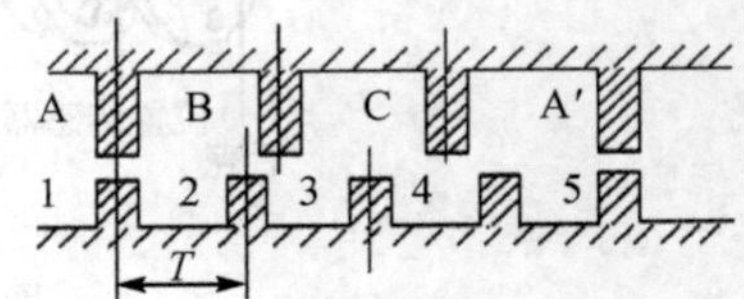

图 2.19 反应式步进电机原理图

① 如 A 相通电,B、C 相不通电时,由于磁场作用,齿 1 与 A 对齐(转子不受任何力,以下均同)。

② 如 B 相通电,A、C 相不通电时,齿 2 应与 B 对齐,此时转子向右移过 1/3て,齿 3 与 C 偏移为 1/3て,齿 4 与 A 偏移(て−1/3て)=2/3て。

③ 如 C 相通电,A、B 相不通电,齿 3 应与 C 对齐,此时转子又向右移过 1/3て,齿 4 与 A 偏移为 1/3て。

④ 如 A 相通电,B,C 相不通电,齿 4 与 A 对齐,转子又向右移过 1/3て。

这样,经过 A、B、C、A 分别通电状态,齿 4(即齿 1 前一齿)移到 A 相,电机转子向右转过一个齿距。如果不断地按 A,B,C,A……通电,电机就每步(每脉冲)1/3て,向右旋转;如按 A,C,B,A……通电,电机就反转。由此可见,电机的位置和速度与导电次数(脉冲数)和频率成一一对应关系。而方向由导电顺序决定。不过,出于对力矩、平稳、噪音及减少角度等方面考虑。往往采用 A-AB-B-BC-C-CA-A 这种导电状态,这样将原来每步 1/3て改变为 1/6

て。甚至通过二相电流不同的组合，使其 1/3て变为 1/12て，1/24て，这就是电机细分驱动的基本理论依据。

不难推出：电机定子上有 m 相励磁绕阻，其轴线分别与转子齿轴线偏移 1/m，2/m……(m－1)/m，1，并且按一定的相序导电，就能控制电机正反转——这是步进电机旋转的物理条件，只要符合这一条件，理论上就可以制造任何相的步进电机，但出于成本等多方面考虑，市场上一般以二、三、四、五相为多。

步进电机的力矩：电机一旦通电，在定转子间将产生磁场（磁通量 Φ），当转子与定子错开一定角度，产生的力 F 与(dΦ/dθ)成正比。其中磁通量 Φ＝Br×S，Br 为磁密，S 为导磁面积，F 与 L×D×Br 成正比，L 为铁心有效长度，D 为转子直径。Br＝N·I/R，N·I 为励磁绕阻安匝数（电流乘匝数），R 为磁阻。力矩＝力×半径，力矩与电机有效体积×安匝数×磁密成正比（只考虑线性状态）。因此，电机有效体积越大，励磁安匝数越大，定转子间气隙越小，电机力矩越大，反之亦然。

2. 步进电机的指标术语

① 相数：产生不同对极 N、S 磁场的激磁线圈对数，常用 m 表示。

② 拍数：完成一个磁场周期性变化所需脉冲数或导电状态，用 n 表示，或指电机转过一个齿距角所需脉冲数，以四相电机为例，有四相四拍运行方式，即 AB—BC—CD—DA—AB；四相八拍运行方式，即 A—AB—B—BC—C—CD—D—DA—A。

③ 步距角：对应一个脉冲信号，电机转子转过的角位移用 θ 表示。θ＝360°（转子齿数 J×运行拍数），以常规二、四相，转子齿为 50 齿电机为例，四拍运行时步距角为 θ＝360°/(50×4)＝1.8°（俗称整步），八拍运行时步距角为 θ＝360°/(50×8)＝0.9°（俗称半步）。

④ 定位转矩：电机在不通电状态下，电机转子自身的锁定力矩（由磁场齿形的谐波以及机械误差造成的）

⑤ 静转矩：电机在额定静态电作用下，电机不作旋转运动时，电机转轴的锁定力矩。此力矩是衡量电机体积（几何尺寸）的标准，与驱动电压及驱动电源等无关。虽然静转矩与电磁激磁安匝数成正比，与定齿转子间的气隙有关，但过份采用减小气隙、增加激磁安匝来提高静力矩是不可取的，这样会造成电机的发热及机械噪音。

⑥ 步距角精度：步进电机每转过一个步距角的实际值与理论值的误差。用百分比表示：误差/步距角×100%。不同运行拍数其值不同，四拍运行时应在 5%之内，八拍运行时应在 15%以内。

⑦ 失步：电机运转时运转的步数，不等于理论上的步数，称之为失步。

⑧ 失调角：转子齿轴线偏移定子齿轴线的角度。电机运转必存在失调角，由失调角产生的误差，采用细分驱动是不能解决的。

⑨ 最大空载启动频率：电机在某种驱动形式、电压及额定电流下，在不加负载的情况下，能够直接启动的最大频率。

⑩ 最大空载的运行频率：电机在某种驱动形式、电压及额定电流下，电机不带负载的最高转速频率。

⑪ 运行矩频特性：电机在某种测试条件下测得运行中输出力矩与频率关系的曲线称为运行矩频特性，这是电机诸多动态曲线中最重要的，也是电机选择的根本依据，如图 2.20 所示。

其他特性还有惯频特性、起动频率特性等。电机一旦选定，电机的静力矩确定，而动态力

矩却不然，电机的动态力矩取决于电机运行时的平均电流(而非静态电流)，平均电流越大，电机输出力矩越大，即电机的频率特性越硬，如图2.21所示。

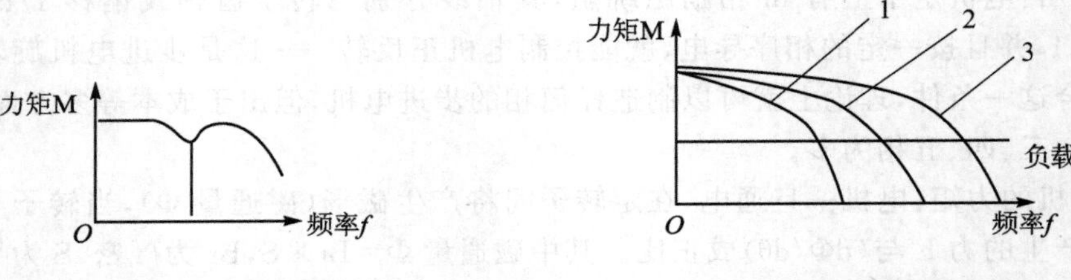

图2.20　运行频率特性图　　图2.21　电机的频率特性

其中，曲线3电流最大或电压最高；曲线1电流最小或电压最低，曲线与负载的交点为负载的最大速度点。要使平均电流大，尽可能提高驱动电压，使采用小电感大电流的电机。

3. 步进电机的特点

如图2.22所示，是一张简明的感应子式步进电机的结构图。

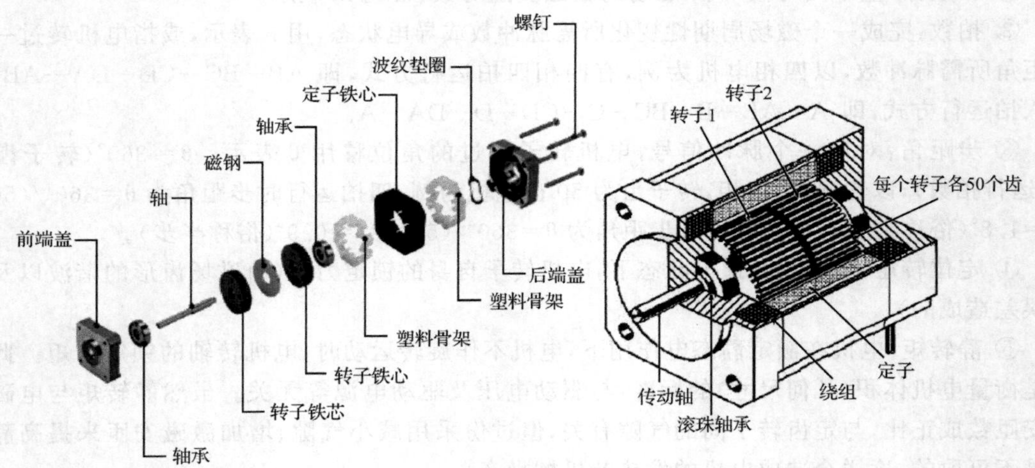

图2.22　感应式步进电机结构图

步进电机是纯粹的数字控制电机，它将电脉冲的信号转化为角位移，即给一个脉冲信号，步进电机就转动一个角度，非常适合于用单片机来控制。步进电机具有如下特点：

① 在负载合适、控制合适的前提下，步进电机的角位移与输入脉冲数严格成正比，因此，它在旋转中没有累计误差，且具有良好的跟随性；

② 由步进电机与驱动电路组成的开环数控系统，既简单、廉价，又非常可靠。同时，它也可以与角度反馈环节组成高性能的闭环数控系统；

③ 步进电机的动态响应快，易于启停、正反转和变速；

④ 速度可以在相当大的范围内平滑调节，低速下仍能保证比较大的转矩，因此，一般可以不用减速器而直接驱动负载；

⑤ 步进电机只能通过脉冲电源供电才能运行，它不能直接使用交流电源和直流电源；

⑥ 当负载较大、冲击负载或者控制不合适的情况下，步进电机会存在震荡和失步的现象，所以必须对控制系统和机械负载采取相应措施；

⑦ 步进电机自身的噪声和振动较大，带惯性负载的能力较差。

2.2.6　空心杯直流电机

空心杯直流电机属于直流永磁电机，与普通有刷、无刷直流电机的主要区别是，它采用无铁心转子，也叫空心杯型转子。该转子直接采用导线绕制而成，没有任何其他结构支撑这些绕线，绕线本身做成杯状，构成转子的结构，如图 2.23 所示。

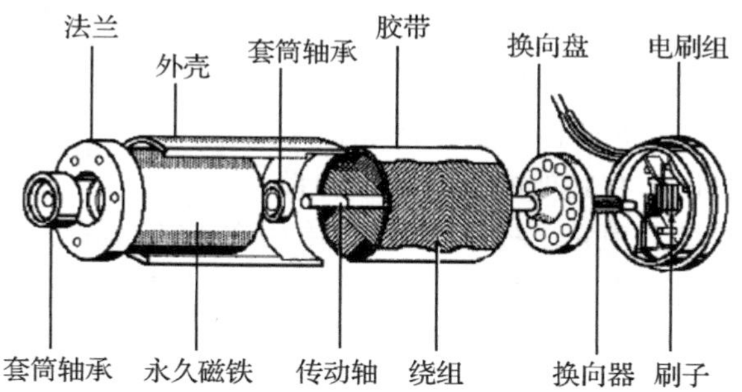

图 2.23　空心杯直流电机结构示意图

空心杯电机具有以下优势：

① 由于没有铁心，极大地降低了铁损（电涡流效应造成的铁心内感应电流和发热产生的损耗），获得最大的能量转换效率（衡量其节能特性的指标），其效率一般在 70%以上，部分产品可达到 90%以上（普通铁心电机在 15%～50%）；

② 激活、制动迅速，响应极快：机械时间常数小于 28 ms，部分产品可以达到 10 ms 以内，在推荐运行区域内的高速运转状态下，转速调节灵敏；

③ 可靠的运行稳定性：自适应能力强，自身转速波动能控制在 2%以内；

④ 电磁干扰少：采用高品质的电刷、换向器结构，换向火花小，可以免去附加的抗干扰装置；

⑤ 能量密度大：与同等功率的铁心电机相比，其重量、体积减轻 1/3～1/2；转速－电压、转速－转矩、转矩—电流等对应参数都呈现标准的线性关系。

空心杯技术是一种转子的工艺和绕线技术，因此可以用于直流有刷电机和无刷电机。如图 2.24 所示是一个典型的有刷空心杯电机剖面示意图，以及空心杯转子绕组的实物照片。

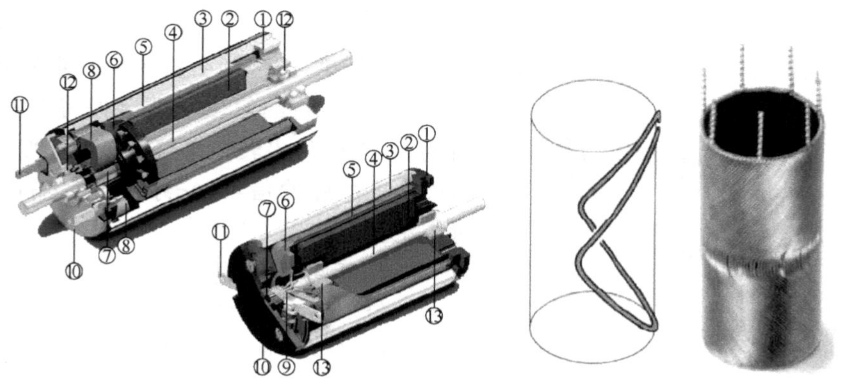

1—端面法兰；2—永磁体定子；3—外壳（磁回路）；4—转子轴；5—转子绕阻；6，7—换向器；
8—石墨电刷；9—稀有金属电刷；10—外壳；11—电路连接端子；12—滚珠轴承；13—轴承

图 2.24　有刷空心杯电机剖面及空心杯转子绕组

2.2.7 舵 机

舵机，顾名思义是控制舵面的电机。舵机的出现最早是作为遥控模型控制舵面、油门等机构的动力来源，但是由于舵机具有很多优秀的特性，在制作机器人时也时常能看到它的应用。如图 2.25 所示是一些舵机的实物照片。

图 2.25 舵机实物图

舵机最早出现在航模运动中。在航空模型中，飞机的飞行姿态是通过调节发动机和各个控制舵面来实现的。不仅在航模飞机中，在其他的模型运动中都可以看到它的应用，如船模上用它来控制舵，车模中用它来转向等等。

一般来讲，舵机主要由以下几个部分组成，舵盘、减速齿轮组、位置反馈电位计(5 kΩ)、直流电机、控制电路板等，如图 2.26 所示。

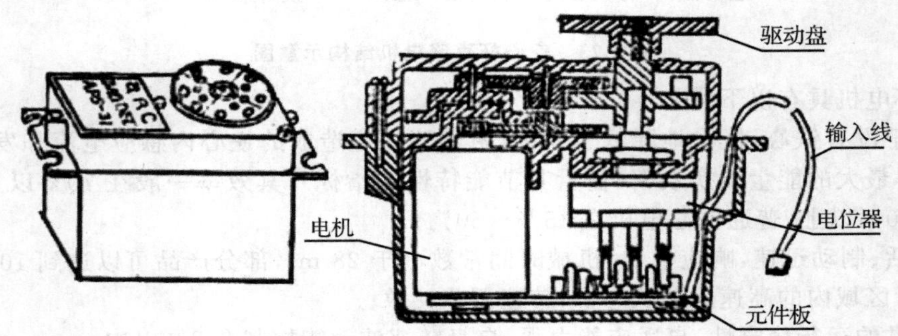

图 2.26 舵机结构图

舵机的输入线共有 3 条，中间红色的是电源线，一边黑色的是地线，这两根线给舵机提供最基本的能源保证，主要用于电机的转动消耗，电源有两种规格，4.8V 和 6.0V，分别对应不同的转矩标准；另外一根线是控制信号线，Futaba 的一般为白色，JR 的一般为桔黄色。

舵机的控制信号为周期是 20 ms 的脉宽位置调制(PPM)信号，其中脉冲宽度通常从 0.5～2.5 ms(也有少量型号的脉冲宽度范围不一样，如图 2.27 所示，为 1.25～1.75 ms)，相对应输出轴的位置为 0°～180°，呈线性变化。也就是说，给控制引脚提供一定的脉宽(TTL 电平，0V/5V)，它的输出轴就会保持在一个相对应的角度上，无论外界转矩怎样改变，直到给它提供一个另外宽度的脉冲信号，它才会改变输出角度到新的对应位置上。

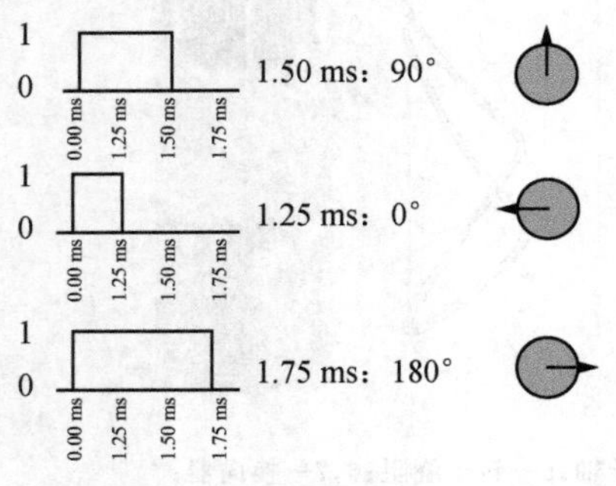

图 2.27 舵机 PPM 信号

由此可见，舵机是一种位置伺服的驱动器，转动范围一般不能超过 180°，适用于那些需要不断变化角度并可以保持的驱动当中。比如机器人的关节、飞机的舵面等。不过也有一些特殊的舵机，转动范围可达到 5 周之多，主要用于模型帆船的收帆，俗称帆舵。

实际上，舵机的控制电路处理的并不是脉冲的宽度，而是其占空比，即高低电平之比。以周期 20 ms、高电平时间 2.5 ms 为例，实际上如果给出周期 10 ms、高电平时间 1.25 ms 的信号，对大部分舵机也可以达到一样的控制效果。但是周期不能太小，否则舵机内部的处理电路可能紊乱；周期也不能太长，例如如果控制周期超过 40 ms，舵机就会反应缓慢，并且在承受扭矩的时候会抖动，影响控制品质。

2.2.8　常见减速器

减速器是指原动机与工作机之间的独立封闭式传动装置，用来降低转速并相应地增大转矩。此外，在某些场合，也有用作增速的装置，称为增速器。减速器是一种动力传递机构，利用各种机械速度转换器（齿轮、链轮、摩擦轮等），将电机等制动器的回转数减速到所要的回转数，并得到较大转矩。

移动机器人大多使用直流电机作为原动机，驱动关节、轮子、履带等作为执行机构。按型号不同，各种直流电机的额定转速约为 1 000～10 000 转/分钟，额定扭矩约为 0.01～5 N·m。如果直接驱动各执行机构会导致速度过快而扭矩不足，因此需要在电机输出端串联减速器，以获得适当的转速和扭矩。

有关减速器的基础知识，以及扭矩、减速比、转动惯量、机械效率等概念请查阅《机械设计》、《动力学》等书籍。一般减速器的特点是：

① 减速的同时提高了输出扭矩，输出扭矩等于电机输出扭矩乘减速比（但不能超出减速器额定扭矩）；

② 减速同时降低了负载的惯量，输出惯量反比于减速比的平方。

常见的减速器有斜齿轮减速器（包括平行轴斜齿轮减速器、蜗轮减速器、锥齿轮减速器等）、行星齿轮减速器、摆线针轮减速器、蜗轮蜗杆减速器、行星摩擦式机械无级变速机等。对机器人应用而言，相对于传统机械，考虑减速器的主要方面通常依次是：单位体积输出扭矩（扭矩密度）、传动精度、价格、效率。以下介绍四种机器人常用的减速器，其性能比较如表 2.1 所列。

① 正齿轮减速器是应用历史最长的减速器，采用多级齿轮副啮合，传递动力，实现减速。其特点是转动效率较高，精度也很高，加工较方便，价格适中，但输出扭矩较同尺寸的行星齿轮减速器小。以减速比 $i=30$（2 级减速齿轮）为例，高精度的单级正齿轮减速器能达到 98%以上的机械效率。

② 行星齿轮减速器的优点是结构比较紧凑，回程间隙小、精度较高，减速比较大，使用寿命较长，额定输出扭矩较大，但价格略贵。由于多个行星轮的存在，效率较正齿轮减速器略低。以减速比 $i=30$（2 级减速齿轮）为例，高精度的单级行星齿轮减速器能达到 95%以上的机械效率。

③ 蜗轮蜗杆减速器的主要特点是具有反向自锁功能，可以有较大的减速比，输入轴和输出轴不在同一轴线上，也不在同一平面上，但是一般体积较大，传动效率不高，精度不高。以减速比 $i=30$（1 级蜗轮蜗杆）为例，高精度的蜗轮蜗杆减速器也可达到 70%以上的机械效率，但高精度的蜗轮蜗杆减速器通常比行星齿轮减速器价格更高，多用于需要机械自锁能力的场合，例如机器人肢体关节。

④ 谐波减速器的谐波传动是利用柔性元件可控的弹性变形来传递运动和动力的，传递扭矩很大、精度很高，但缺点是柔轮寿命有限，刚性相对较差，效率较低（采用摩擦传动），并且最

小减速比>60,输入转速不能太高(通常应小于10000转/分钟)。以减速比 $i=100$ 为例,谐波减速器能达到80%以上的机械效率,并且能提供比同等体积的行星减速器高1.5~2倍的额定输出扭矩。

表 2.1 各种典型减速器性能比较

	正齿轮减速器	行星减速器	蜗轮蜗杆减速器	谐波减速器
同等扭矩的体积	大	较小	中	小
同等扭矩的体积	大	较小	中	小
传动精度	通常较低	中(也可较高)	中	很高
刚性	中	高	中	很高
寿命	较短	长	中	较短
效率	很高	高	低	高
输入转速(减速器直径<100 mm)	12000以下	10000以下	20000以下	10000以下
典型生产厂家	Bayside Neugart Maxon 上海思壮	Bayside Neugart alpha GmbH 湖北汉星减速机有限公司	日本帝人减速器 北京勇光 高特微电机有限公司	Hamonic Drive 北京中技克美谐波传动有限公司

2.3 机器人的心脏——电源

机器人的能源子系统是为机器人所有的控制子系统、驱动及执行子系统提供能源的部分。通常小型或微型机器人采用直流电作为电源,而机器人大多要移动,在这里重点介绍和对比一下当今常见的电池技术。

2.3.1 机器人常用电池概述

电池是指能将化学能、内能、光能、原子能等形式的能直接转化为电能的装置。最早的电池可以追溯到200年以前意大利物理学家伏打发明的伏打电池,它使人们第一次获得了比较稳定且持续的电流,具有划时代的意义。在伏打电池原理和研发精神的指引下,人们通过不断努力,开发出一代又一代新型电池,从普遍使用的干电池到新型的太阳能电池、锂聚合物电池(Li-polymer)和燃料电池等,不仅在电池容量、体积、使用方便程度等方面有很大突破,更重要的是在这些新型电池的研发过程中,渗透着强烈的绿色环保意识,电池的开发、发展正以绿色环保作为重要的指导精神。

在化学电池中,根据能否用充电方式恢复电池存储电能的特性,可以分为一次电池(也称原电池)和二次电池(又名蓄电池,俗称可充电电池,可以多次重复使用)两大类。由于需要重复使用,机器人上通常采用二次电池。

如前所述,小型机器人由于体积、尺寸、重量的限制,对其采用的电源有严格要求。例如:移动机器人通常不能采取线缆供电的方式(除一些管道机器人、水下机器人外),必须采用电池或内燃机供电;相对于汽车等应用,要求电池体积小、重量轻、能量密度大,并且要求在各种震动、冲击条件下接近或者达到汽车电池的安全性、可靠性。

由于电池技术发展的限制，当前任何电池和电机系统都很难达到内燃机的能量密度及续航时间，因此对机器人系统的电源管理技术也提出了更高的要求。通常，一台长宽高尺寸在 0.5 m 左右、重 30～50 kg 的移动机器人总功耗约为 50～200 W(用于室外复杂地形的机器人可达到 200～400 W)，而 200 W・h(瓦特・小时)的电池重量可达 3～5 kg。因此，在没有任何电源管理技术的情况下要维持机器人连续 3～5 h 运行，就需要 600～1 000 W・h 的电池，重达10～25 kg。

本节重点介绍机器人上常见的各种能源供给装置，主要介绍常用的可充电电池：镍镉电池、镍氢电池、锂离子/锂聚合物电池以及铅酸蓄电池等，然后会介绍 2 种常用的“交流-直流”电源转换器。

2.3.2　干电池

生活中经常用到干电池，电子闹钟、电动剃须刀、手电筒等都是以干电池为电源的设备。干电池属于化学电源中的原电池，或者称为一次电池。因为这种化学电源装置其电解质是一种不能流动的糊状物，所以叫做干电池，这是相对于具有可流动电解质的电池说的。干电池不仅适用于手电筒、半导体收音机、收录机、照相机、电子钟、玩具等，而且也适用于国防、科研、电信、航海、航空、医学等国民经济中的各个领域。

随着科学技术的发展，干电池已经发展成为一个大家族，到目前为止已经有 100 多种。常见的有普通锌-锰干电池、碱性锌-锰干电池、镁-锰干电池、锌-空气电池、锌-氧化汞电池、锌-氧化银电池、锂-锰电池等。

由于干电池属于一次性使用，成本相对较高，并且不管是普通的锌锰电池还是碱性电池，其内阻都比较大(通常在 0.5～10 Ω 级别)，当负载较大时，电压下降很厉害，无法实现大电流连续工作，因此干电池并不是机器人系统的理想电源。本书对干电池的特性不作详细介绍，有兴趣的读者可以参考介绍电池技术的相关书籍。

2.3.3　铅酸蓄电池

铅酸蓄电池是一种具有一百多年应用历史的蓄电池，如图 2.28 所示。构成铅酸蓄电池之主要成份如下：

- 阳极板(过氧化铅. PbO_2)⟶ 活性物质；
- 阴极板(海绵状铅. Pb)⟶ 活性物质；
- 电解液(稀硫酸)⟶ 硫酸. H_2SO_4＋水. H_2O；
- 隔离板、电池外壳等附件。

图 2.28　铅酸蓄电池

铅酸蓄电池的工作原理是：电池内的阳极(PbO_2)及阴极(Pb)浸到电解液(稀硫酸)中，两极间会产生 2 V 的电动势。

铅酸蓄电池最大的特点是价格较低，支持 20C 以上的大电流放电(20C 意味着 10Ah 的电池可以达到 10×20＝200 A 的放电电流)，对过充电的耐受强，技术成熟，可靠性相对较高，没有记忆效应，充放电控制容易，但寿命较低(充放电循环通常不超过 500 次)，质量大，维护较困难，是一种优点和缺点都很突出的电池。其突出的优点是大电流放电能力、没有记忆效应、可靠性高；突出的缺点是质量大、维护困难。为了解决由于电解液需要补充、维护困难的问题,人们开发了免维护铅酸蓄电池。

免维护蓄电池的工作原理与普通铅蓄电池相同。放电时,正极板上的二氧化铅和负极板上的海绵状铅与电解液内的硫酸反应生成硫酸铅和水,硫酸铅沉淀在正负极板上,而水则留在电解液内;充电时,正负极板上的硫酸铅又分别还原成二氧化铅和海绵状铅。

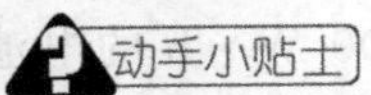

铅酸蓄电池技术非常成熟,也是最容易使用的充电电池,国内有很多厂商提供价格便宜、技术成熟可靠的蓄电池产品,并且铅酸蓄电池的尺寸基本上都是标准系列的。

2.3.4 镍镉/镍氢电池

镍镉电池的负极为金属镉,正极为三价镍的氢氧化物 NiOOH,电解质为氢氧化钾溶液。电池在放电过程中,负极镉被氧化,生成 $Cd(OH)_2$;充电时 $Cd(OH)_2$ 还原为 Cd。

镍镉电池是最早应用于手机、笔记本电脑等设备的电池种类,它具有良好的大电流放电特性、耐过充放电能力强、维护简单等优势,但其最致命的缺点是,在充放电过程中如果处理不当,会出现严重的“记忆效应”,使得电池容量和使用寿命大大缩短。所谓“记忆效应”就是电池在充电前,电池的电量没有被完全放尽,久而久之将会引起电池容量的降低,在电池充放电的过程中(放电较为明显),会在电池极板上产生微小气泡,日积月累这些气泡减少了电池极板的面积,也间接影响了电池的容量。此外,镉是有毒金属,因此镍镉电池不利于环境保护,废弃后必须严格回收。众多缺点使得镍镉电池的应用越来越少。

镍氢电池是早期的镍镉电池的替代产品,不再使用有毒的镉,可以避免重金属元素对环境的污染问题。它使用氧化镍作为阳极,吸收了氢的金属合金作为阴极。由于此合金可吸收高达本身体积100倍的氢,储存能力极强。另外,它内阻较低,一般可进行500次以上的充放电循环。镍氢电池具有较大的能量密度比,这意味着在不为设备增加额外重量的情况下,使用镍氢电池代替镍镉电池能有效地延长设备的工作时间。同时,镍氢电池在电学特性方面与镍镉电池亦基本相似,在实际应用时完全可以替代镍镉电池,而不需要对设备进行任何改造。镍氢电池另一个优点是大大减小了镍镉电池中存在的“记忆效应”,可以更方便地使用。

镍氢电池较耐过充电和过放电,具有较高的比能量,是镍镉电池比能量的1.5倍,循环寿命也比镍镉电池长,通常可达600～800次。

市场上能买到的镍氢电池有多种型号,外形上有圆柱形和方形两种,其原理和结构类似,但圆柱形较为普遍,有AAA(七号)、AA(五号)、2/3AA、4/3AA、B、C、D型等不同尺寸和不同容量的电池。这些电池的标称电压都是1.2 V。

镍镉电池含有金属镉,是有毒的。该种电池报废后请妥善处置,最好交由专业回收机构处理,随意丢弃会造成环境污染。

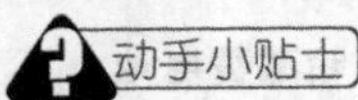

镍氢电池不宜串联、并联过多,否则内阻大,无法大电流放电,且容易过热、起火,一般不能超过10节串联、4节并联。

2.3.5　锂离子/锂聚合物动力电池

铅酸蓄电池和镍氢电池都有其固有的缺点，例如能量密度较低、大电流放电能力不足、自放电率较高等。当前广泛使用的可充电电池化学技术是锂离子电池技术(Li-ion battary)。锂离子电池因其极低的自放电率、低维护性和相对短的充电时间，已被广泛应用在数码娱乐产品、通信产品等领域。

常见的锂离子电池主要是锂-亚硫酸氯电池。此系列电池具有很多优点，例如单元标称电压达 3.6～3.7 V，其在常温中以等电流密度放电时，放电曲线极为平坦，整个放电过程中电压平稳。另外，在－40 ℃的情况下这类电池的电容量还可以维持在常温容量的 50%左右，远超过镍氢电池，具有极为优良的低温操作性能，再加上其年自放电率为 2%左右，所以一次充电后储存寿命可长达 10 年以上。

锂离子电池具有重量轻、容量大、无记忆效应等优点，因而得到普遍应用——现在的许多数码设备都采用锂离子电池作电源，尽管其价格相对来说比较昂贵。锂离子电池与镍氢电池相比，重量较镍氢轻 30%～40%，比能量却高出 60%，正因为如此，锂离子电池生产和销售量正逐渐超过镍氢电池。锂离子电池的能量密度很高，它的容量是同重量的镍氢电池的 1.5～2 倍，充放电次数可达 500 次以上，而且具有很低的自放电率。此外，锂离子电池几乎没有"记忆效应"以及不含有毒物质等优点也是它广泛应用的重要原因。

虽然锂离子电池高能量密度、低自放电率相对其他电池是巨大的优势，但它并非是一种完美的电池，它依然面临一些影响使用寿命和安全性的因素。

首先影响锂离子电池使用的是其安全性。相对于铅酸蓄电池、镍氢电池等具备较强的抗过充、过放电能力的电池，锂离子电池的充电和放电必须严格小心。一方面，锂离子电池具有严格的放电底限电压，通常为 2.5 V，如果低于此电压继续放电，将严重影响电池的容量，甚至对电池造成不可恢复的损坏；另一方面，电池单元的充电截止电压必须限制在 4.2 V 左右，如果过充，锂离子电池将会过热、漏气甚至发生猛烈的爆炸。因此，通常在使用锂离子电池组的时候必须配备专门的过充电、过放电保护电路。

其次是价格。锂离子电池价格较高，并且需要配备保护电路，因此，相同能量的锂离子电池的价格是免维护铅酸蓄电池的 10 倍以上。

为了解决这些问题，最近出现了锂聚合物电池(Li-Polymer)，如图 2.29 所示。其本质同样是锂离子电池，而所谓聚合物锂离子电池是在电解质、电极板等主要构造中至少有 1 项或 1 项以上使用高分子材料的电池系统。

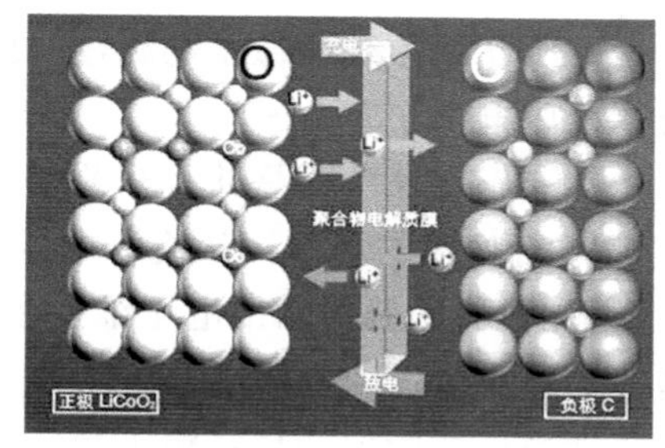

图 2.29　锂聚合物电池内部结构

新一代的聚合物锂离子电池在聚合物化的程度上已经很高，所以形状上可做到很薄(最薄 0.5 mm)，任意面积化和任意形状化，大大提高了电池造型设计的灵活性，从而可以配合产品需求，做成任何形状与容量的电池。同时，聚合物锂离子电池的单位能量比目前的一般锂离子电池提高了 50%，其容量、充放电特性、安全性、工作温度范围、循环寿命与环保性能等方面都较锂离子电池有大幅度的提高。

目前常见的液体锂离子电池在过度充电的情形下,容易造成安全阀破裂,进而起火爆炸的情形,这是非常危险的,所以必需加装保护电路以确保电池不会发生过度充电的情形。而高分子聚合物锂离子电池,相对液体锂离子电池而言具有较好的耐充放电特性,因此,对外加保护IC线路方面的要求可以适当放宽。此外,在充电方面,聚合物锂离子电池可以利用IC定电流充电,与锂离子二次电池所采用的CCCV(constant currert-constant voltage,恒流-恒压)充电方式所需的时间比较起来,可以缩短充电等待时间。

锂电池由于采用了碱金属等活泼材料,并且充电、放电时电池内部的物质会结晶或者释放气体,如果使用不当,具有一定的危险性。必须严格使用专用充电器进行充电,并且在充电时必须有人值守,以免由于保护电路失效而发生起火、甚至爆炸事故。

针对移动机器人所需的电源特性,总结以上所列的各种电池特性优缺点如表2.2所列(干电池没有列入其中)。

表2.2 各种电池特性优缺点

内 容	铅酸蓄电池	镍镉电池	镍氢电池	锂离子电池	锂聚合物电池
能量密度	30~50 Wh/kg 差	35~40 Wh/kg 差	60~80 Wh/kg 一般	90~110 Wh/kg 较好	≥130 Wh/kg 非常好
大电流放电能力	非常好	非常好	较好	较好	较好
可维护性	非常好	较好	好	一般	较好
放电曲线性能	好	好	一般	非常好	较好
循环寿命	400~600次	300~500次	800~1 000次	500~600次	500~600次
安全性	非常好	较好	较好	一般	较好
价格	低	低	较低	高	高
记忆效应	轻微	严重	较轻	轻微	轻微

2.3.6 线性稳压电源

本书所介绍的线性稳压电源,主要是指集成式线性稳压器件(例如三端稳压器),以及桌面式线性稳压电源。

线性稳压电源主要是针对开关电源而言的,指的是使用在其线性区域内运行的晶体管或FET来进行稳压的电源。从输入电压中减去超额的电压,产生经过调节的输出电压。所谓压降电压,是指稳压器将输出电压维持在其额定值上下100 mV之内所需的输入电压与输出电压差额的最小值。

线性稳压器能保持稳定输出额定电压的原理,均是工作在线型区的晶体管电路中引入负反馈,保证当输出电压过高时能降低输出电压,当输出电压过低时提高输出电压。详细的原理这里不作介绍,以下重点介绍LDO(低亚降)稳压器件。

常见的线性电源主要是三端稳压器件,例如78xx/79xx系列三端稳压器件是最常用的线性降压型DC/DC转换器,目前也有大量先进的DC/DC转换器层出不穷,如低压差线性稳压器 LDO 等(例如,National Semiconductor 的 LM1085、LM1086、LM2940、LM2651、LM5020,MAXIAM 的 MAX1747 等)。

78xx/79xx 系列简单易用、价格低廉,直到今天还在大多电路中采用。实际的稳压电路中应注意以下事项:

① 输入输出压差不能太大,太大则转换效率急速降低,而且容易击穿损坏;

② 输出电流不能太大,1.5 A 是其极限值,大电流的输出,散热片的尺寸要足够大,否则会导致高温保护或热击穿;

③ 输入输出压差也不能太小,大小效率很差。

至于桌面型的线性稳压电源,通常是将交流电变压、整流得到较低电压,再利用可调节的行星稳压器件搭建出稳压电路,并配以各种保护和电流电压显示部分形成的电源仪器。这种仪器使用方便、安全可靠、电源品质好,非常适合调试机器人使用,但是它们通常体积很大,很笨重,并且需要交流电源,因此无法作为机器人的工作电源。

2.3.7 开关电源概述

开关电源是利用现代电力电子技术,控制开关晶体管开通和关断的时间比率,维持稳定输出电压的一种电源。开关电源一般由脉冲宽度调制(PWM)控制 IC 和 MOSFET 构成。开关电源和线性电源相比,通常具有允许较高的输入输出压差、效率高(满载效率通常可达到 75%以上,甚至可达到 95%～97%)、体积小等优势。但是,由于开关电源是依靠开关晶体管不断导通和关断的原理工作的,因此也带来了电源品质以及瞬态响应特性等通常不如线性电源的缺点。

2.3.8 交流—直流开关电源

AC/DC 变换是将交流变换为直流,其功率流向可以是双向的,功率流由电源流向负载的称为“整流”,功率流由负载返回电源的称为“有源逆变”。AC/DC 变换器输入为 50/60 Hz 的交流电,因必须经整流、滤波,因此体积相对较大的滤波电容器是必不可少的,同时因遇到安全标准(如 UL、CCEE 等)及 EMC 指令的限制(如 IEC、、FCC、CSA),交流输入侧必须加 EMC 滤波及使用符合安全标准的元件,这样就限制 AC/DC 电源体积的小型化。另外,由于内部的高频、高压、大电流开关动作,使得解决 EMC 电磁兼容问题难度加大,也就对内部高密度安装电路设计提出了很高的要求;由于同样的原因,高电压、大电流开关使得电源工作损耗增大,限制了 AC/DC 变换器模块化的进程,因此必须采用电源系统优化设计的方法才能使其工作效率基本达到满意程度。

AC/DC 变换按电路的接线方式可分为半波电路、全波电路;按电源相数可分为单相、三相、多相;按电路工作象限又可分为一象限、二象限、三象限、四象限。

市场上的 AC－DC 开关电源很多,例如我们日常使用的手机充电器就大多是 220V·AC 输入、5～12 V 输出的开关电源。常见的 AC－DC 开关电源可以具有 2.5 V、3.3 V、5 V、12 V、24 V 等输出,电流从 0.5 A 直到 50～100 A。常见的品牌包括上海衡孚、新星电源,还有国外的 Densi-Lamda、VICOR 等品牌。

如果是自己制作机器人,一个很经济的方法是使用台式PC机的ATX电源。很多淘汰的PC机上都有这种电源。PC机电源安全系数高,输出稳定,电源品质好,输出功率大,并且有3.3 V、5 V、12 V等多种输出电压,对于制作机器人来讲是非常理想的。

2.3.9 直流—直流开关电源

直流—直流开关电源,即DC/DC变换器,是将固定的直流电压变换成可变的直流电压,也称为直流斩波。斩波器的工作方式有2种,一是脉宽调制方式Ts不变,改变ton(通用),二是频率调制方式ton不变,改变Ts(易产生干扰)。其具体的电路有以下几类:

① Buck电路——降压斩波器,其输出平均电压U0小于输入电压Ui,极性相同;

② Boost电路——升压斩波器,其输出平均电压U0大于输入电压Ui,极性相同;

③ Buck-Boost电路——降压或升压斩波器,其输出平均电压U0大于或小于输入电压Ui,极性相反,电感传输;

④ Cuk电路——降压或升压斩波器,其输出平均电压U0大于或小于输入电压Ui,极性相反,电容传输。

当今软开关技术使得DC/DC发生了质的飞跃,美国VICOR公司设计制造的多种ECI软开关DC/DC变换器,其最大输出功率有300W、600W、800W等,相应的功率密度为6.2 W/cm³、10 W/cm³、17 W/cm³,效率为80%~90%。日本NemicLambda公司最新推出的一种采用软开关技术的高频开关电源模块RM系列,其开关频率为200~300 kHz,功率密度已达到27 W/cm³,采用同步整流器(MOS-FET代替肖特基二极管),使整个电路效率提高到90%。图2.30所示为一种典型的DC-DC模块电源。

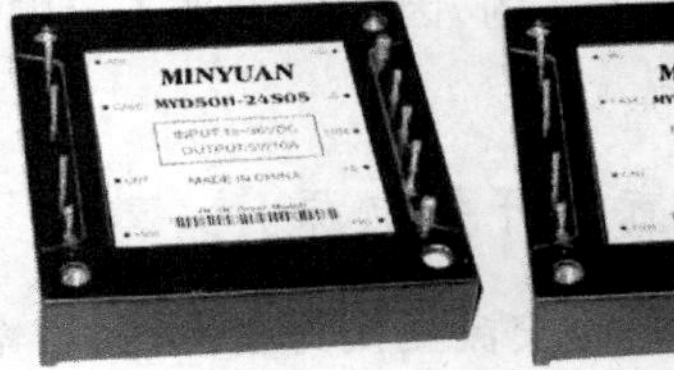

图 2.30 DC-DC模块电源

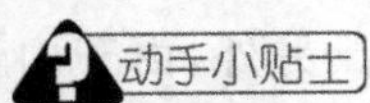

DC-DC种类非常繁多,无法一一列举。高可靠性、比较著名的几个品牌包括:Densi-Lamba,VICOR,Erricsion,AT&T,朝阳电源,等等。

2.4 机器人的五官——机器人传感器

前面已经对机器人的"肌肉"和"心脏"进行了简要介绍。本节主要针对机器人的"眼睛"、"鼻子"等感知部件进行描述。

机器人要自主地运动或工作,必须依赖于对外界环境的感知和判断。机器人的传感子系统包括各种用于感知外界位置信息、距离信息、温度、湿度、光线、声音、颜色、图像、形状等的传感器,以及处理这些信息的电路。这些外界信息必须经过传感器的换能器变成电信号,进而通过处理电路变成控制子系统能够识别和处理的信号,才能被控制子系统所使用,作为控制机器

人行为的依据。

例如，为了使机器人不会在行走的时候撞到墙壁，可以采用一个测距声纳不断地感知机器人与墙壁的距离，并把这个距离信号以电信号的形式发送给控制系统。当控制系统监测到这个距离很近时，控制机器人行走的装置停止动作，避免撞墙。

本节对常见的传感器机器信号处理电路作扼要的简介。由于传感器的种类非常多，型号非常丰富，本节只挑选一些在机器人领域常用的、有代表性的传感器。有关其他传感器和智能传感单元的资料，请读者查阅相关文献。

2.4.1　测距声呐

探测周围环境、障碍物信息是很多自主移动机器人必须具备的功能。测距声呐是移动机器人上经常采用的测距传感器。

移动机器人要实现在未知和不确定环境下运行，必须具备自动导航和避障功能。在移动机器人的导航系统中，传感器起着举足轻重的作用。视觉、激光、红外、超声传感器等都在实际系统中得到了广泛的应用。其中，测距声呐以其信息处理简单、速度快和价格低等优点，被广泛用作移动机器人的测距传感器，以实现避障、定位、环境建模和导航等功能。

使用声呐的时候要注意的是，所有超声波原理的声呐传感器均有近距离盲区，600 系列传感器的近距离盲区为 0～15 cm，即在距离传感器 15 cm 以内的障碍物，该传感器无法探测到，或者探测精度很差。这是由传感器的响应频率决定的，其原因是距离太近，传感器无法分辨发射波束与反射波束。超声波还有其他几个缺点，比如回波衰减、折射，尤其是使用超声波阵列的时候，还有交叉感应(A 传感器的发射回波被 B 传感器接收到)，扫描频率低(一般不超过 100 Hz，轮询扫描式不超过 10 Hz)等问题，不过对于移动机器人来说，超声波还是目前最廉价和有效的传感器。

2.4.2　红外测距传感器

日本 SHARP 公司推出了一系列的红外测距传感器(infrared range finder)，用来测量前方物体和传感器探头之间的距离。这些传感器体积小(手指大小)、重量轻(不到 10 g)，接口简单，用于微型机器人的测距是非常理想的选择，如图 2.31 所示。

GP2D12 是该系列传感器中的典型。它的输出为：0～2.5 V 模拟量(电压值随距离变化)；量程范围 10～80 cm。这个型号的传感器足矣作为大多数微型移动机器人的避碰和漫游测距用传感器，另外还可以用于检测机器人各关节位置、姿态等。

GP2D12 主要是由红外发射器、PSD(位置敏感检测装置)及相关处理电路构成，红外发射器发射一束红外光线，红外光线遇到障碍物被反射回来，通过透镜投射到 PSD 上，投射点和 PSD 的中心位置存在偏差值 a，GP2D12 根据如图 2.32 所示的 a、b、α 三个值就可以计算出 H 的值，并输出相应电平的模拟电压。

由上述原理可知红外测距传感器的几个重要的特性：

① 与障碍物的反射角度基本无关：图 2.33 所示为 GP2D12 在以不同角度面对反射面时，实际距离与测得距离的偏差。实际距离均为 40 cm，反射物为一块 40 cm×40 cm 的白色木板。可以看到，在反射物垂直于光路 20°、40°、60°夹角时，输出值误差很小。

图 2.31 红外测距传感器外形图

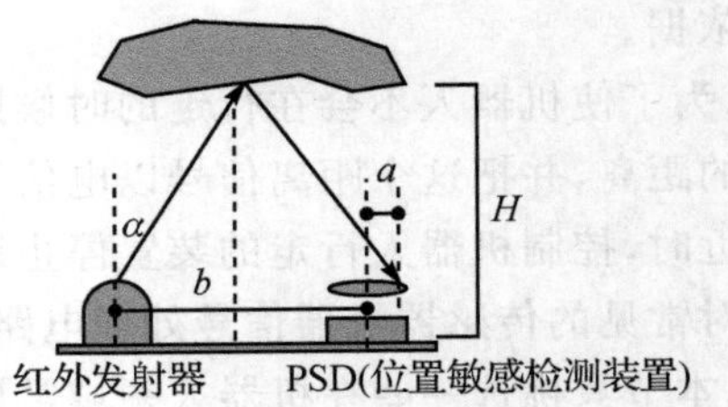

图 2.32 GP2D12 及其原理图

② 与反射物体的颜色及材质基本无关：图 2.34 所示为 GP2D12 面对距离为 50 cm 的棕色卡片纸、蓝色塑料、黑色皮革、白纸四种不同材质时的输出值。可以看到，该种传感器对反射物的材质并不敏感，实际输出并不随材质而变化。但是，有效测量距离是随被测物体材质而不同的，例如对于白纸，最大有效测量距离可达到 80 cm；但是对于黑色皮革，有效测量距离可能只能达到 60～70 cm。这是由于不同材质的反射率不同所致。

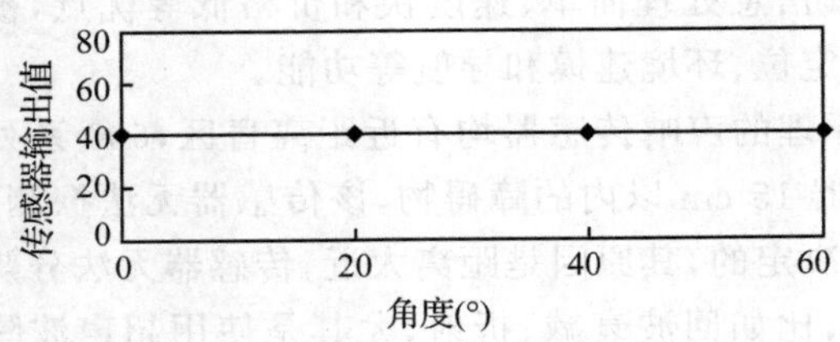

图 2.33 GP2D12 测距结果与障碍物夹角的关系

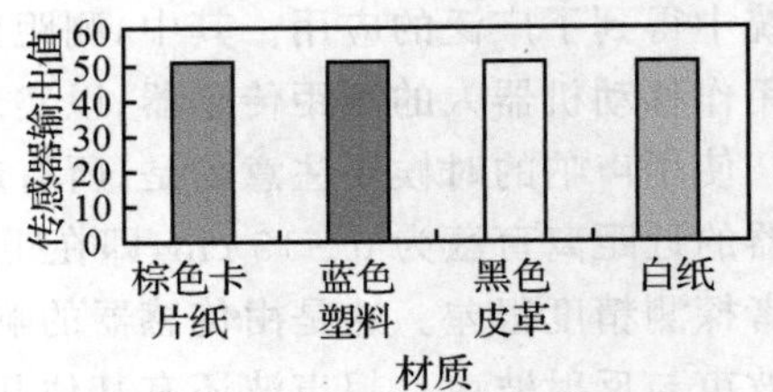

图 2.34 GP2D12 测距结果与障碍物颜色的关系

③ 图 2.35 所示为不同距离下，采用一个 16 位 A/D 转换器对传感器的输出信号进行

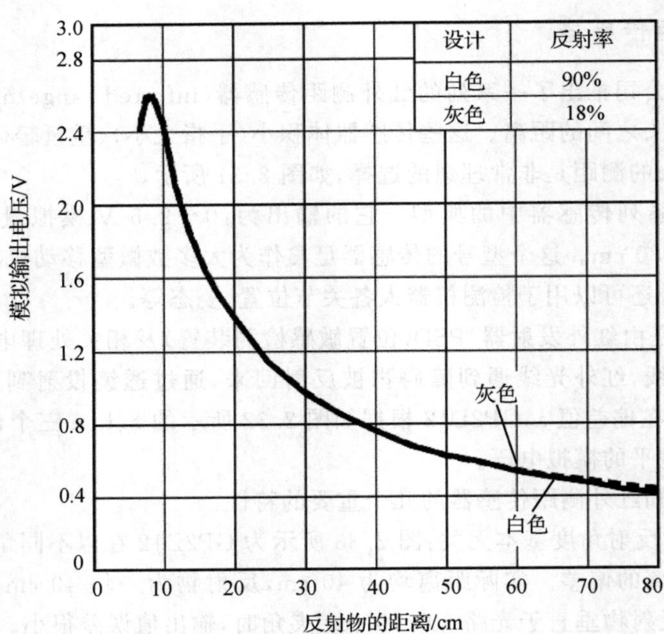

图 2.35 GP2D12 测距结果与障碍物距离的关系

A/D转换后的结果。注意这种传感器的输出不是线性的，也就是说，输出值与实际反射物距离并非成反比或正比关系，在使用的时候，要对传感器的这一特性进行标定，多测量一些数据，并采用查表的方式来得到输出数据与实际距离的对应关系。

如图 2.36 所示为 SHARP 出品的该系列传感器中，不同型号传感器的性能参数对比。

型　号	输出形式	最小感测距离/cm	最大感测距离/cm	工作电流/mA	待机电流/mA
GP2D02	模拟	10	80	~22	~3
GP2D05	数字	—	24	~10	~3
GP2D12	模拟	10	80	~33	~3
GP2D15	数字	—	24 cm±3cm	~33	~3
GP2D120	模拟	4	30	~33	~3
GP2Y0A02YK	模拟	20	150	~33	~3
GP2Y0D02YK	数字	—	80	~33	~3

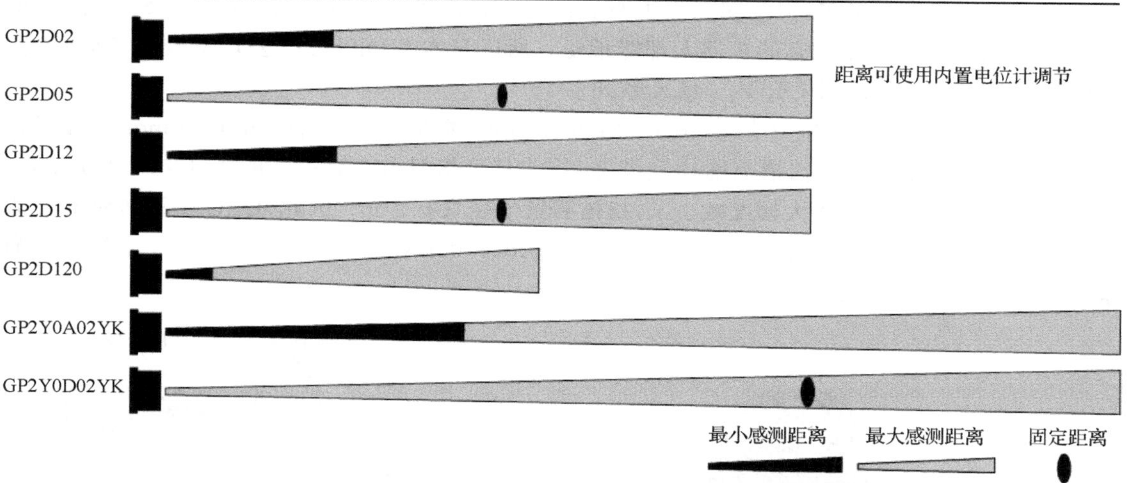

图 2.36　SHARP 红外测距系列产品

2.4.3　激光扫描测距传感器

在很多场合，需要精确地感知机器人周围的环境，不仅仅是为了避开障碍物，更是为了得到周围环境的精确信息，例如画出周围环境的平面电子地图，并由此确定机器人所处的位置。

对于这类应用，超声声呐和红外测距传感器都难以胜任。声呐的问题主要是两点：一是距离有限，对于尺寸较大的环境无法探测到四周；二是由于多次反射带来串扰，会严重影响测量的精度。前面讲到的红外测距传感器的有效距离更是不足。这种情况下激光扫描测距传感器(激光雷达，laser range finder)是最理想的传感器。这类传感器的优点如下：

① 测量范围广，扫描频率高：例如 SICK 公司的 LMS200 激光雷达可以扫描 180°以上的范围，每秒对前方 180°范围、半径 80 m 的区域扫描 75 次，并返回 720 个测距点数据(角度分辨率 0.25°)；相对比的是，超声声呐通常距离不超过 15 m，测量频率不高于每秒 10 次；

② 精度高：由于激光的方向性非常好，且能量集中，可以获得很高的精度。在最大量程的条件下，LMS200 的典型分辨率可以达到 10 mm。

这类传感器的原理通常是利用旋转的激光光源，经过反射镜发射到环境中，反射光束被传感

器的敏感元件接收到，通过计算发射光束和接收光束的时间差来达到测距的目的。如图 2.37 所示为 SICK LMS200 激光雷达的外形图以及工作原理示意图。

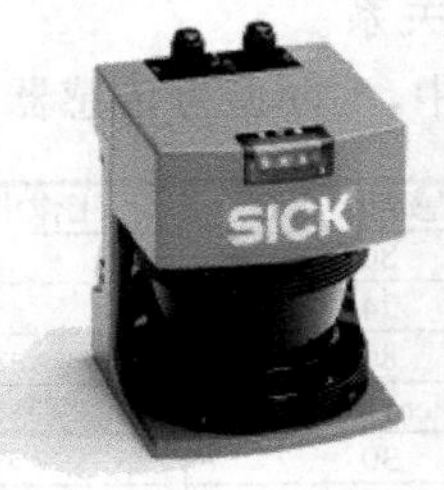

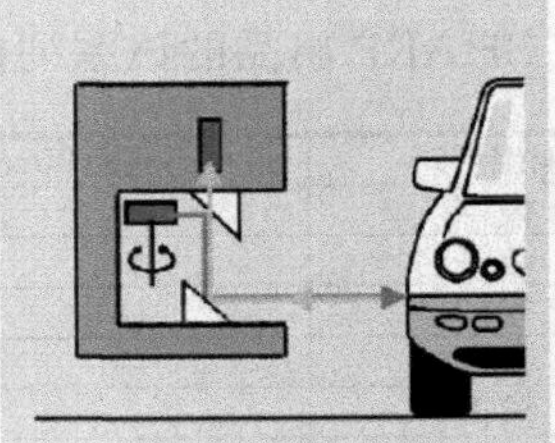

图 2.37　SICK LMS200 激光雷达外形及原理图

激光雷达的优点很多，但是缺点也很明显：价格昂贵，尺寸大，重量较重。LMS200 的单价在 7000 美元以上，并非所有的机器人都能承受。所以日本 HOKUYO 公司也推出了简化的、更廉价的激光扫描传感器 URG-04LX 系列。

该传感器的长宽高分别只有 50 mm、50 mm、70 mm，重量 160 g，精度达到 10 mm，功耗只有 2.5 W，角度分辨率 0.36°，扫描范围达到了 240°，并且价格只有 LMS200 的 1/3，约 2000 美元。但是相应地，有效测量距离大幅度减小了，扫描测量半径只有 4 m。因此，URG 系列传感器更适合应用在那些工作在狭小空间的小型机器人上。URG-04LX 的外形和在一个房间里的实际测量示意图如图 2.38 所示。

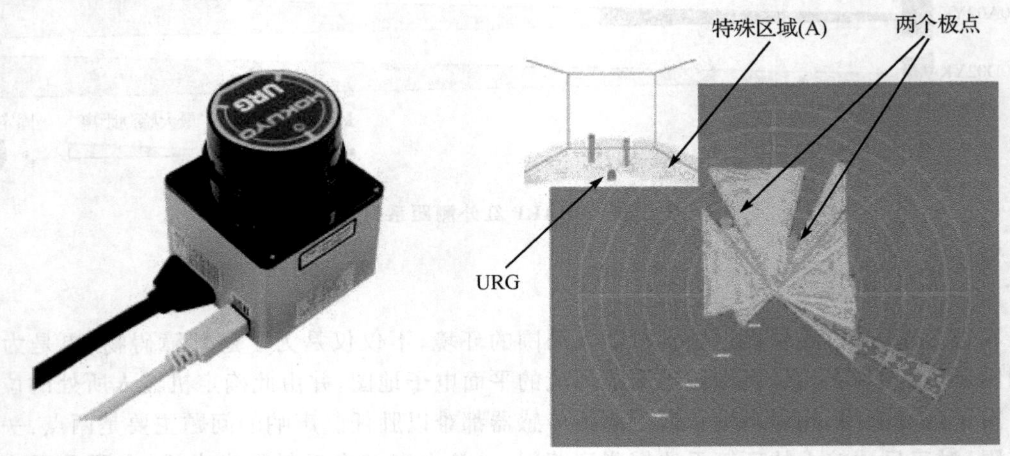

图 2.38　URG-04LX 外形和实际测量示意图

另外，HOKUYO 公司还推出了类似 URG 系列的红外扫描传感器，价格低，但是性能也较低。

2.4.4　旋转编码器

旋转编码器是一种角位移传感器，分为光电式、接触式和电磁式三种，光电式旋转编码器是闭环控制系统中最常用的位置传感器。旋转编码器可分为增量式编码器和绝对式编码器两种。

顾名思义，绝对式编码器能提供运转角度范围内的绝对位置信息，也就是表示其精确位置的一种模式或编码。与之相比，增量式编码器则可为每个运动增量提供输出脉冲。为了计算绝对位置，增量式编码器通常需要集成一个独立的通道——索引通道，它可以在每次旋转到定义的零点或原点位置时提供一个脉冲。通过计算来自这个原点的脉冲，可以计算出绝对位置。一旦断电，安装了增量式编码器的系统必须在重新设置机械原点之后，才能再一次恢复绝对位置。绝对式编码器的工作原理如图 2.39 所示。图 2.39(a)所示为从发光管经过分光滤镜等光学组件，通过编码盘的透射光被光学敏感器件检测到的原理。图 2.39(b)所示为一个 8 位(256 点分辨率)绝对式编码盘的示意图，编码盘具有 8 个同心圆，分别代表 8 个有效位。黑色表示不透光，白色表示透光，发光管发出的光线经过分光组件后变成 8 组平行光，穿过编码盘的光投射到光学敏感器件上，就可以得到编码盘当前的角度信息。

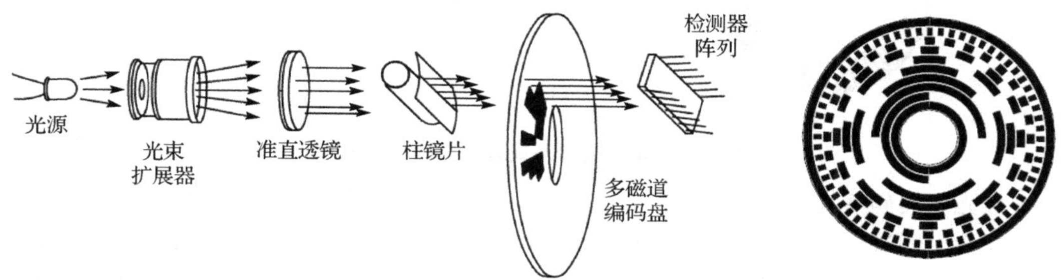

图 2.39　8 位绝对式编码盘

目前机器人等伺服系统上广泛应用的是增量式编码器。绝对式编码器由于成本较高等原因，正在越来越多地被增量式编码器所替代。

典型的增量式编码器由一个红外对射式光电传感器和一个由遮光线和空隔构成的码盘组成。当码盘旋转时，遮光线和空隔能阻拦红外光束或让其通过。同样，目前市场上的反射式光电编码器也是在同一平面上安装了 LED 和光电检测器。这些编码器都能感应到来自旋转码盘遮光线的红外光束的反射。其原理如图 2.40 所示。

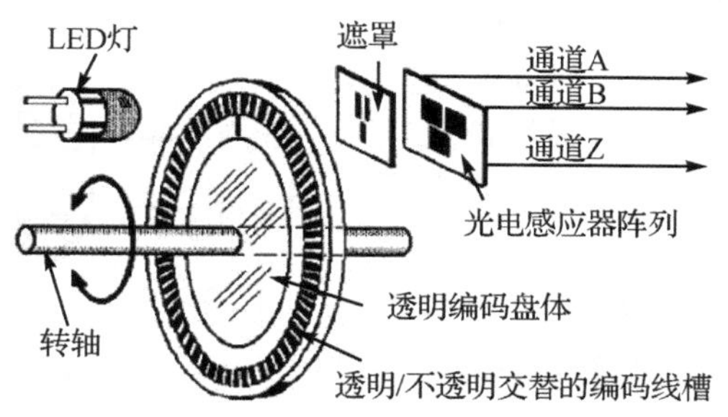

图 2.40　增量式编码器原理图

根据机械接触的原理，接触式传感器的固有缺点在于使用寿命和可靠性有限。因此，非接触式旋转编码器和角编码器在很多领域得到了应用，特别是工业和汽车领域，因为这些领域要求在恶劣的环境下仍然确保高可靠性。

目前，非接触式传感器普遍采用光电、感应或磁技术。光电传感器的应用已经有几十年的历史，市场上有各种类型和尺寸的产品。

典型的光电式增量编码器测量系统由光源、聚光镜、光电码盘、光电码盘狭缝、光栏板、光敏元件和信号处理电路组成。当光电码盘随工作轴一起转动时，光源通过聚光镜，透过光电码盘和光栏板形成忽明忽暗的光信号，光敏元件将光信号转换成电信号，然后通过信号处理电路的整形、放大、分频、计数、译码后输出或显示。为了测量旋转方向，光栏板的两个狭缝距离应为 $m+(1/4)\tau$（τ 为码盘两个狭缝之间的距离，即节距，m 为任意整数），这样，两个光敏元件的输出信号就相差了 $\pi/2$ 相位；将输出信号送入鉴相电路，即可判断码盘的旋转方向，如图 2.34 所示。

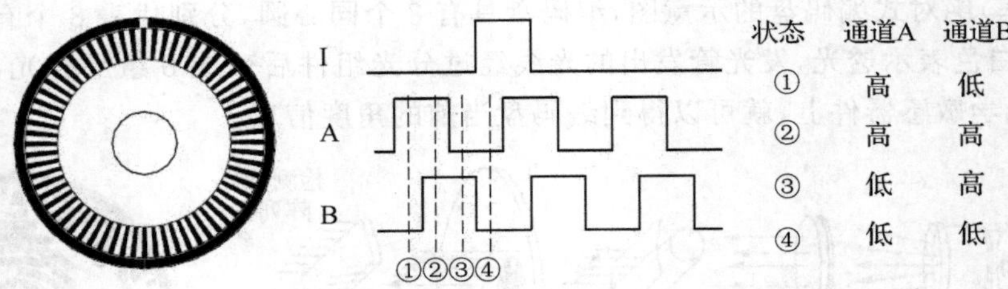

图 2.41　光电式增量编码器旋转方向判断原理

虽然光电编码器性能优秀，但它仍然存在一些明显的缺点。一方面，对射式光电传感器不仅会被码盘上的遮光线和空隔触发，也会受灰尘和污物颗粒的影响，这在遮光和空隔细小的高精度码盘上尤为明显。要想解决这个问题，就需要对编码器系统环境进行密封。即使如此，传感器内的湿度也会因温度的变化而上升，可能会阻塞码盘，使编码器在高湿度的情况下无法使用。另一方面，红外 LED 的使用寿命有限，在一些高安全性要求的应用中，例如医疗设备等，预防性的更换周期通常为 6～12 个月。

目前市场上有各种精度的增量式编码器可供选择，2.5～5 cm(1～2 in)直径的编码器每转的计数范围在 32～2 500 之间。主要的编码器生产厂商包括 Agilent Inc.(安杰伦)、OMRON(欧姆龙)、Tamagawa(多摩川)等品牌。这些编码器的内部结构和安装方式大都如图 2.42 所示，编码盘安装在电机尾端伸出的轴上，而其他部件则安装在电机尾端外壳上。

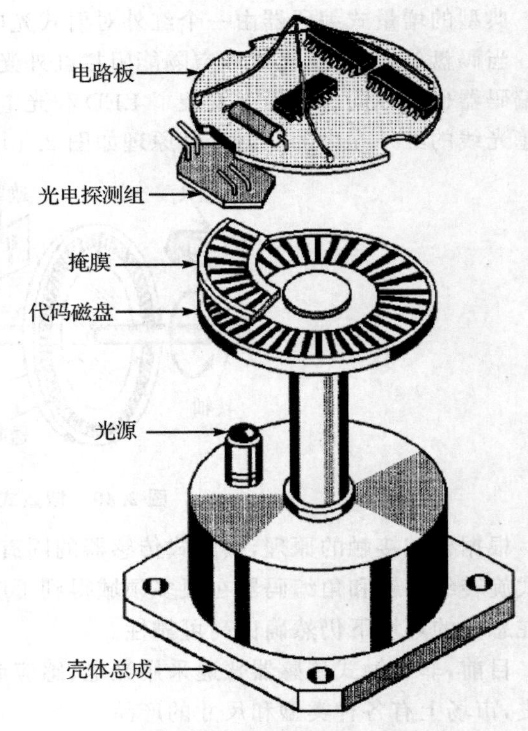

图 2.42　编码器安装示意图

由于光电编码器的一些性能限制，近年来还出现了磁传感器原理的旋转编码器。利用测量磁场原理的磁传感器有很多优于光电系统的地方，特别是在一些灰尘、污物、油脂、潮湿的恶劣环境下，因为磁场不会受这些污染物的影响。目前，包括 Agilent Inc.(安杰伦)、OMRON(欧姆龙)等公司都推出了自己的 MR 旋转编码器产品。

典型的与 MCU 的接口与检测方式：

如果传感器是 TTL 输出，需要用斯密

特触发器进行电平兼容处理，A通道信号送MCU计数器计数，D触发器用于判断A、B间的相位差方向，即电机的转动方向。通过定时读取计数值计算出转速，反馈到调速控制。如果传感器是RS-422差分电平输出，通常可以用26LS31差分接收器芯片将RS-422电平转换为TTL电平后，再按照TTL电平处理，典型电路如图2.43所示。

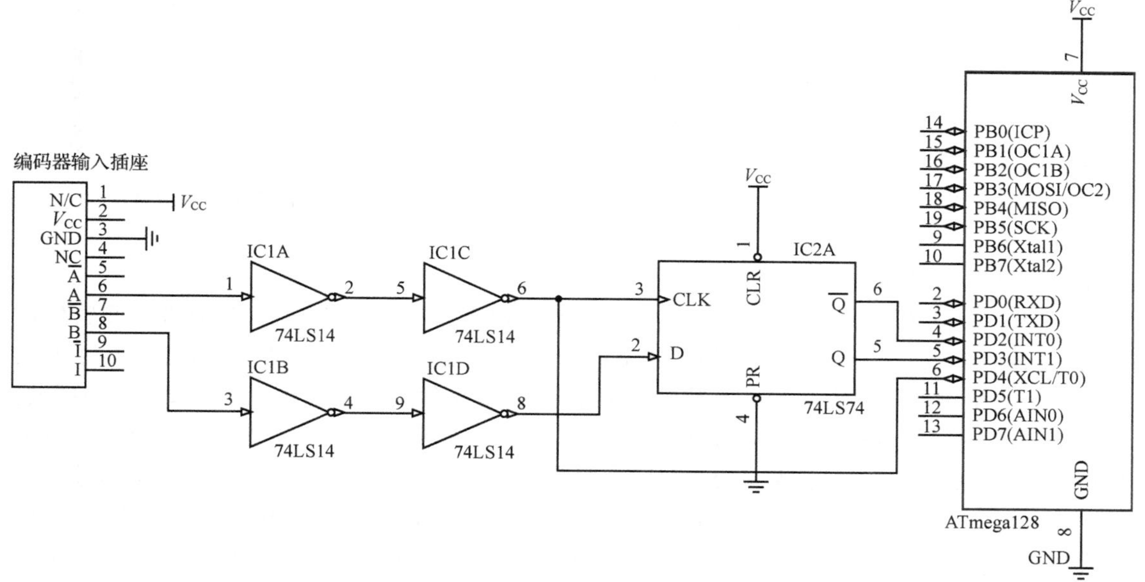

图2.43 典型编码器接口电路原理图

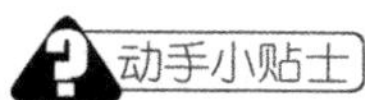

对于伺服驱动器来说，编码器的原理是光学原理还是磁原理并不重要，选择能够正常安装、线数符合要求的编码器就可以。

2.4.5 旋转电位计

电位计就是带中心抽头的可变电阻。旋转电位计通常具有1个轴，轴旋转的时候电位计的抽头会在电阻丝上移动；电位计带有3个端子，2个是电阻的两端，电阻值固定；另外1个是抽头输出端，其与两端的电阻值随着旋转角度的变化而变化。因此可以利用旋转电位计测量转动角度等信息。

市场上的旋转电位计很多，有单圈（最大转动角度360°）、多圈（最大转动角度超过360°）等。旋转电位计的价格很便宜，最便宜的不到1元人民币，高档的也不过几十元人民币。但是使用它们作为角位移传感器的时候要注意两点：

① 旋转电位计都是采用电阻丝作为传感元件，属于接触式测量，会有磨损，寿命有限，因此不宜用在高速频繁旋转的场合；

② 由于制造工艺原因，同一型号的多个旋转电位计会有一定误差，通常这个误差在5%～10%，因此无法用于高精度的角位移测量。

2.4.6 光电开关传感器

光电开关(光电传感器)是光电接近开关的简称，它是利用被检测物对光束的遮挡或反射，由同步回路选通电路，从而检测物体的有无。物体不限于金属，所有能反射光线的物体均可被检测。光电开关将输入电流在发射器上转换为光信号射出，接收器再根据接收到光线的强弱或有无对目标物体进行探测。工作原理如图2.44所示。多数光电开关选用的是波长接近可见光的红外线光波型，因此也称为红外开关。

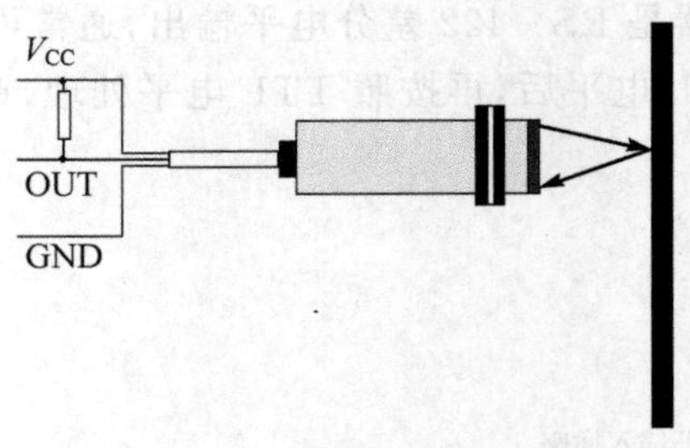

图2.44 光电开关工作原理图

光电开关可以分类如下：

① 漫反射式光电开关：它是一种集发射器和接收器于一体的传感器，当有被检测物体经过时，物体将光电开关发射器发射的足够量的光线反射到接收器，于是光电开关就产生了开关信号。当被检测物体的表面光亮或其反光率极高时，漫反射式的光电开关是首选的检测模式。

② 镜反射式光电开关：它亦集发射器与接收器于一体，光电开关发射器发出的光线经过反射镜反射回接收器，当被检测物体经过且完全阻断光线时，光电开关就产生了检测开关信号。

③ 对射式光电开关：它包含在结构上相互分离且光轴相对放置的发射器和接收器，发射器发出的光线直接进入接收器，当被检测物体经过发射器和接收器之间且阻断光线时，光电开关就产生了开关信号。当检测物体为不透明时，对射式光电开关是最可靠的检测装置。

④ 槽式光电开关：它通常采用标准的U字型结构，其发射器和接收器分别位于U型槽的两边，并形成一光轴，当被检测物体经过U型槽且阻断光轴时，光电开关就产生了开关量信号。槽式光电开关比较适合检测高速运动的物体，并且它能分辨透明与半透明物体，使用安全可靠。

⑤ 表面反射率：漫反射式光电开关发出的光线需要经检测物表面才能反射回漫反射开关的接受器，所以检测距离和被检测物体的表面反射率将决定接受器接收到光线的强度。粗糙的表面反射回的光线强度必将小于光滑表面反射回的强度，材料的反射率是影响光电开关有效距离的重要参数。常用材料的反射率如表2.3所列。

表2.3 常用材料的反射率

材 料	反射率/%	材 料	反射率/%
白画纸	90	不透明黑色塑料	14
报纸	55	黑色橡胶	4
餐巾纸	47	黑色布料	3
包装箱硬纸板	68	未抛光白色金属表面	130
洁净松木	70	光泽浅色金属表面	150
干净粗木板	20	不锈钢	200
透明塑料杯	40	木塞	35
半透明塑料瓶	62	啤酒泡沫	70
不透明白色塑料	87	人手掌心	75

红外开关是红外线光电开关的简称，利用被检测物体对红外光束的遮光或反射，由同步回路选通而检测物体的有无，其物体不限于金属，对所有能反射光线的物体均可检测。现有的光电传感器优先使用的是波长 780 nm～3 μm 的近红外光，并已有比较稳定的集成化产品，与数字电路的接口也非常简单。

光电开关输出是开关量，只能判断在测量距离内有无障碍物，不能给出障碍的实际距离。但是通常该类传感器带有一个灵敏度调节旋钮，可以调节传感触发的距离。

2.4.7　电感式、电容式、霍尔效应接近开关

接近开关是一种非接触传感器，是用来代替传统的微动开关等机械式触觉传感器的。由于接近开关不需要接触被测物体，因此具有可靠性高、寿命长、容易防水、防尘等优点。

接近开关是一个笼统的称谓，按照不同的工作原理，可分为以下几种：

1. 电感式接近开关

电感式接近开关由 3 部分组成：振荡器、开关电路及放大输出电路。振荡器产生一个交变磁场，当金属目标接近这一磁场，并达到感应距离时，在金属目标内产生涡流，从而导致振荡衰减，以至停振。振荡器振荡及停振的变化被后级放大电路处理并转换成开关信号，触发驱动控制器件，从而达到非接触式之检测目的。电感式接近开关原理如图 2.45 所示。

电感式接近开关只能感测导电物体的接近，无法感测塑料、木材等非导电材料。其典型有效距离为 1～20 mm。

2. 电容式接近开关

电容式传感器的感应面由两个同轴金属电极构成，很像“打开的”电容器电极，如图 2.46 所示。该两个电极构成一个电容，串接在 RC 振荡回路内。

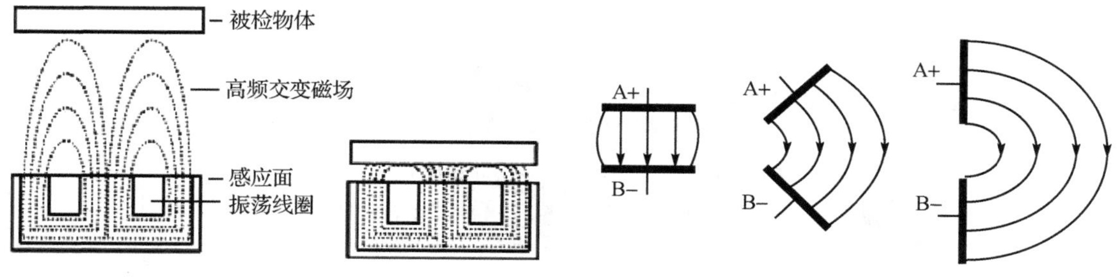

图 2.45　电感式接近开关原理图　　**图 2.46　电容式接近开关**

电源接通时，RC 振荡器不振荡，当一目标朝着电容器的电靠近时，电容器的容量增加，振荡器开始振荡，通过后级电路的处理，将不振和振荡两种信号转换成开关信号，从而起到了检测有无物体存在的目的。该传感器能检测金属物体，也能检测非金属物体，对金属物体可以获得最大的动作距离，对非金属物体的距离决定于材料的介电常数，材料的介电常数越大，可获得的动作距离越大。电容式接近开关原理如图 2.47 所示。

电容式接近开关是依靠检测被测物体与空气的介电常数有差别的原理，因此不仅可以检测金属。通常市场上常见的电容式接近开关检测距离约为 1～20 mm。

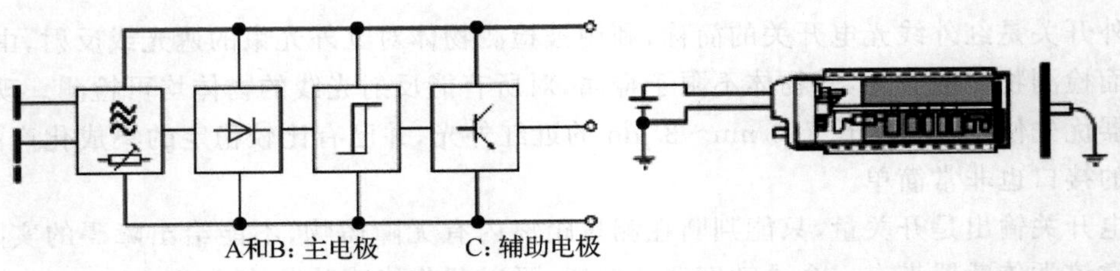

图 2.47　电容式接近开关原理图

3. 霍尔效应接近开关

霍尔效应接近开关是利用霍尔效应(Hall effect)制成的接近开关,主要用于检测磁性物体。通常市场上常见的霍尔效应接近开关的检测距离约为10mm左右。

图2.48所示为一些常见的接近开关的外形特点和安装方式,其种类非常丰富,安装方式也很多样。不管是电感式、电容式还是霍尔效应式,其外观都有类似,接口也基本上都是三线制:信号输出(通常为OC输出),电源(通常5～30 V),地。

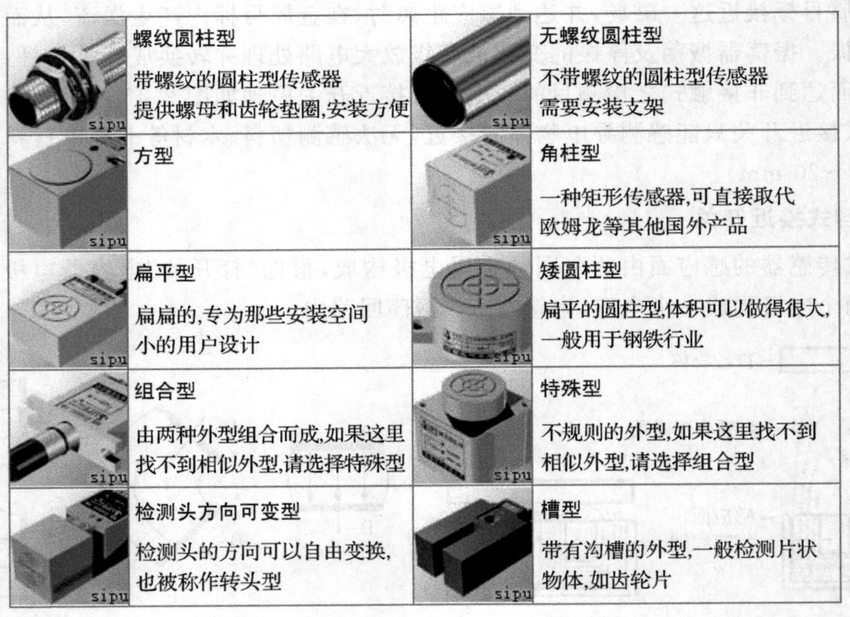

螺纹圆柱型
带螺纹的圆柱型传感器
提供螺母和齿轮垫圈,安装方便
无螺纹圆柱型
不带螺纹的圆柱型传感器
需要安装支架
方型
角柱型
一种矩形传感器,可直接取代
欧姆龙等其他国外产品
扁平型
扁扁的,专为那些安装空间
小的用户设计
矮圆柱型
扁平的圆柱型,体积可以做得很大,
一般用于钢铁行业
组合型
由两种外型组合而成,如果这里
找不到相似外型,请选择特殊型
特殊型
不规则的外型,如果这里找不到
相似外型,请选择组合型
检测头方向可变型
检测头的方向可以自由变换,
也被称作转头型
槽型
带有沟槽的外型,一般检测片状
物体,如齿轮片
sipu

图 2.48　霍尔效应接近开关

2.4.8　磁性开关

这里讲到的磁性开关不是前面提到的霍尔效应接近开关。前面介绍的电感式、电容式和霍尔效应接近开关都是有源传感器,必须有电源才能工作,而这里讲到的磁性开关更类似于干簧管,只有两个端子:如果有磁性物体接近,两个端子之间的电阻为零,即导通;一旦磁性物体远离,两个端子就断开,即电阻无穷大。

这种特性可以用来直接代替传统的微动开关或按钮,不需要更改电路设计,这是磁性开关的一个很大优点。由于磁性开关也属于非接触式传感器,没有机械活动部分,因此具有防水、防尘、高可靠性等优点。

市场上常见的磁性开关也有多种安装方式，与接近开关类似。其有效距离一般在 10～30 mm 左右。

2.4.9　电子磁罗盘

几个世纪以来，人们在导航中一直使用磁罗盘。有资料显示早在 2000 多年前我国人民就开始使用天然磁石——一种磁铁矿，来指示水平方向。电子罗盘(数字罗盘，电子指南针，数字指南针)是一种较经济的测量方位角(航向角)电子仪器。如今，电子罗盘已广泛应用于汽车和手持电子罗盘，手表，手机，对讲机，雷达探测器，望远镜，探星仪，寻路器，武器/导弹导航(航位推测)，位置/方位系统，安全/定位设备，汽车、航海和航空的高性能导航设备，移动机器人设备等需要方向或姿态传感的设备中。

电子磁罗盘的原理是利用磁传感器测量地磁场，如图 2.49 所示。地球的磁场强度为 0.5～0.6 Gs，与地平面平行，永远指向磁北极，磁场大致为双极模式：在北半球，磁场指向下，赤道附近指向水平，在南半球，磁场指向上。无论何地，地球磁场的方向的水平分量，永远指向磁北极，由此，可以用电子罗盘系统确定方向。电子罗盘有以下几种传感器组合：

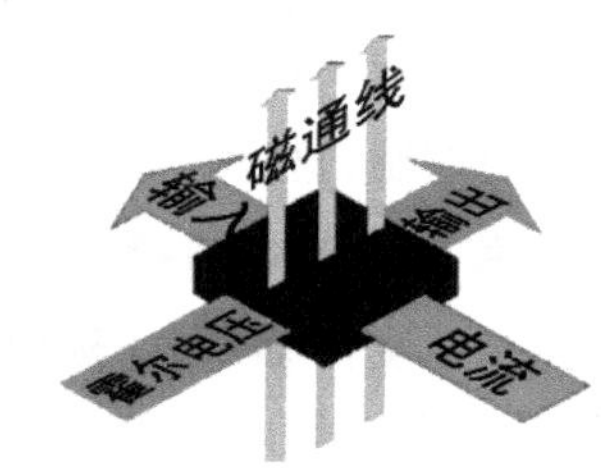

图 2.49　电子磁罗盘原理

① 双轴磁传感器系统：由两个磁传感器垂直安装于同一平面组成，测量时必需持平，适用于手持、低精度设备。

② 三轴磁传感器双轴倾角传感器系统：由三个磁传感器构成 x、y、z 轴磁系统，加上双轴倾角传感器进行倾斜补偿，除了测量航向还可以测量系统的俯仰角和横滚角。适合于需要方向和姿态显示的精度要求较高的设备。

③ 三轴磁传感器三轴倾角传感器系统：由三个磁传感器构成 x、y、z 轴磁系统，加上三轴倾角传感器(加速度传感器)进行倾斜补偿，除了测量航向，还可以测量系统的俯仰角和横滚角，适合于需要方向和姿态显示的精度要求较高的设备。

2.4.10　姿态/航向测量单元

姿态/航向测量单元，简称 AHRS，是一种集成了多轴加速度计、多轴陀螺仪以及电子磁罗盘等传感器的智能传感单元。AHRS 依靠这些传感器的数据，通过捷联航姿解算，可以以 50～200 Hz 的速率输出实时测量的 x、y、z 三轴的加速度、角速率，以及航向角、滚转角和俯仰角。具备 AHRS 的机器人可以实时地知道自己的姿态和航向，也可以获得实时的角速率、加速度等信息，对于机器人的决策有很大的意义。尤其是对于工作在三维空间的无人机和水下机器人等，其航行控制算法更依赖于实时的姿态信息获取。如果无法实施得到准确的姿态和航向信息，无人机就可能坠毁，水下机器人可能迷航。

2.4.11　温度传感器

温度传感器被广泛用于工农业生产、科学研究和生活等领域，数量高居各种传感器之首。近百年来，温度传感器的发展大致经历了以下 3 个阶段：传统的分立式温度传感器(含敏感元件)、模拟集成温度传感器/控制器、智能温度传感器。目前，国际上新型温度传感器正由模拟式向数字式,由集成化向智能化、网络化的方向发展。

1. 模拟集成温度传感器

集成传感器采用硅半导体集成工艺制成,因此亦称硅传感器或单片集成温度传感器。模拟集成温度传感器是在20世纪80年代问世的,它是将温度传感器集成在一个芯片上,可完成温度测量及模拟信号输出功能的专用IC。模拟集成温度传感器的主要特点是功能单一(仅测量温度)、测温误差小、价格低、响应速度快、传输距离远、体积小、微功耗等,适合远距离测温、控温,不需要进行非线性校准,外围电路简单。它是目前在国内外应用最为普遍的一种集成传感器,典型产品有AD590、AD592、TMP17、LM135等。

2. 模拟集成温度控制器

模拟集成温度控制器主要包括温控开关、可编程温度控制器,典型产品有LM56、AD22105和MAX6509。某些增强型集成温度控制器(如TC652/653)中还包含了A/D转换器以及固化好的程序,这与智能温度传感器有某些相似之处,但它自成系统,工作时并不受微处理器的控制,这是二者的主要区别。

3. 智能温度传感器

智能温度传感器(亦称数字温度传感器)是在20世纪90年代中期问世的。它是微电子技术、计算机技术和自动测试技术(ATE)的结晶。目前,国际上已开发出多种智能温度传感器系列产品。智能温度传感器内部都包含温度传感器、A/D转换器、信号处理器、存储器(或寄存器)和接口电路。有的产品还带多路选择器、中央控制器(CPU)、随机存取存储器(RAM)和只读存储器(ROM)。智能温度传感器的特点是能输出温度数据及相关的温度控制量,适配各种微控制器(MCU),并且它是在硬件的基础上通过软件来实现测试功能的,其智能化程度也取决于软件的开发水平。

2.4.12 声音传感器

机器人上最常用的声音传感器就是麦克风。常见的麦克风包括动圈式麦克风、MEMS麦克风和驻极体电容麦克风。其中,驻极体电容麦克风尺寸小,功耗低,价格低廉且性能不错,是手机、电话机等常用的声音传感器。大量具有声音交互功能的机器人,例如SONY AIBO,本田ASIMO,均采用这类麦克风作为声音传感器。图2.50所示为一些声音传感器。

驻极体式电容麦克风由一片很轻的振动膜及驻极电荷的背极板组成。构成驻极体式电容麦克风的内部零件相当精密,对外部的杂音很敏感,因此为预防灰尘或异物的侵蚀及电器杂音,要紧紧密封在只有音波可流入的圆形金属壳中。

当音波流入使金属振动板振动时,振动板与电极板会随音波的振动,产生距离上的变化,这种物理变化为静电容量的变化。因驻极体式电容麦克风的静电容量值很小,电器的耗电流量较大,故不可直接使用于一般的放大器(扩大器)上。为符合放大器所要求的输入信号耗电流量,必须要经由JFET使电流量转换成放大器可接受的程度。

驻极体式电容麦克风随振动板与背极板极化蓄电荷的类型及构造,可区分为三大类:

① 背极式麦克风(Back Electret Type Condenser Microphone);

② 薄膜式麦克风(Foil Electret Type Condenser Microphone);

③ 前极式麦克风(Front Electret Type Condenser Microphone)。

其内部构造如图 2.51 所示。

图 2.50　声音传感器

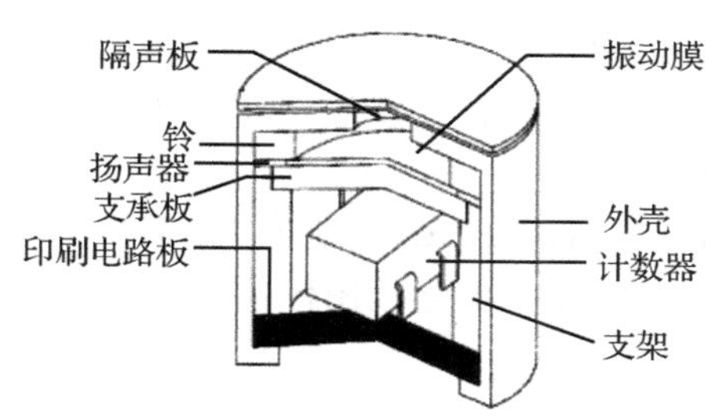

图 2.51　麦克风内部结构图

2.4.13　GPS 接收机

GPS 是美国军方研制的卫星导航系统，即 Global Positioning System 全球定位系统的简称。

24 颗 GPS 卫星在离地面 12 000 km 的高空上，以 12 h 的周期环绕地球运行，任意时刻在地面上的任意一点都可以同时观测到 4 颗以上的卫星。

由卫星的位置精确可知，在 GPS 观测中，可得到卫星到接收机的距离，利用三维坐标中的距离公式和 3 颗卫星，就可以组成 3 个方程式，解出观测点的位置(x、y、z)。考虑到卫星的时钟与接收机时钟之间的误差，实际上有 4 个未知数——x、y、z 和钟差，因而需要引入第 4 颗卫星，形成 4 个方程式进行求解，从而得到观测点的坐标和高度。

而实际上，接收机往往可以锁住 4 颗以上的卫星，这时，接收机可按卫星的星座分布分成若干组，每组 4 颗，然后通过算法挑选出误差最小的一组用作定位，从而提高精度。

由于卫星运行轨道、卫星时钟存在误差，大气对流层、电离层对信号的影响，以及人为的 SA 保护政策，使得民用 GPS 的定位精度只有 10 m。为提高定位精度，普遍采用差分 GPS (DGPS)技术，建立基准站(差分台)进行 GPS 观测，利用已知的基准站精确坐标，与观测值进行比较，从而得出一修正数，并对外发布。接收机收到该修正数后，与自身的观测值进行比较，消除大部分误差，得到一个比较准确的位置。通常情况下，利用差分 GPS 可将定位精度提高到米级，但需要自行建立基准站，费用较高，一般需要数万至十多万人民币。DGPS 的原理如图 2.52 所示。

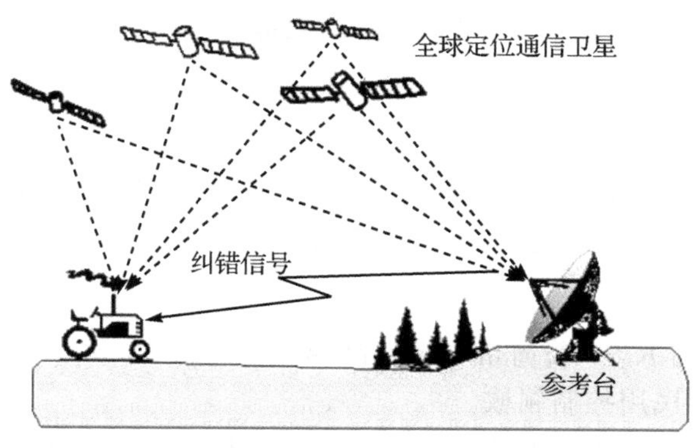

图 2.52　DGPS 原理图

2.4.14 视觉传感器

视觉传感器通常是一个摄像机，有的还包括云台等辅助设施。也有一些视觉传感器已经对采集到的视觉信号进行了预先处理，可以把采集到的图像中的颜色、物体坐标、方位等信息直接提供给控制器。

摄像机接口通常是USB接口或IEEE1394接口，配合专用驱动程序，即可在机器人控制器中读取摄像机采集到的连续图像信息。

2.4.15 气体传感器

气体浓度检测依赖于气体检测变送器，传感器是其核心部分，按照检测原理的不同，主要分为金属氧化物半导体式传感器、催化燃烧式传感器、定电位电解式气体传感器、迦伐尼电池式氧气传感器、红外式传感器和PID光离子化传感器等。

2.5 机器人的大脑——控制器

2.5.1 基于单片机(MCU)的控制器

单片机也被称为微控制器（microcontroller），是因为它最早被用在工业控制领域。单片机由芯片内仅有CPU的专用处理器发展而来。最早的设计理念是通过将大量外围设备和CPU集成在一个芯片中，使计算机系统更小，更容易集成到复杂的对体积要求严格的控制设备当中。单片机把一个计算机系统集成到一个芯片上，也就是说一块芯片就成了一台计算机。单片机技术是计算机技术的一个分支，是大量机器人系统的核心元件。

以下列举一些常见的单片机。

1. STC单片机

STC公司的单片机主要是基于8051内核，是新一代增强型单片机，指令代码完全兼容传统8051，速度快8～12倍，带ADC，4路PWM，双串口，有全球唯一ID号，加密性好，抗干扰强。

2. PIC单片机

PIC是MICROCHIP公司的产品，其突出特点是体积小，功耗低，精简指令集，抗干扰性好，可靠性高，有较强的模拟接口，代码保密性好，大部分芯片有其兼容的FLASH程序存储器的芯片。

3. EMC单片机

EMC单片机是台湾义隆公司的产品，有很大一部分与PIC 8位单片机兼容，且相兼容产品的资源相对比PIC的多，价格便宜，有很多系列可选，但抗干扰较差。

4. AVR单片机

AVR是一种典型的RISC精简指令集的高速8位单片机，由ATMEL公司推出，现在已经广泛地应用于工业和民用控制领域。

本书使用的“创意之星”机器人套件，其控制器采用了AVR单片机，以下对AVR单片机作简要介绍。

单片机在军事、工业、家用电器、智能玩具、便携式智能仪表和机器人制作等领域的广泛应用，使产品功能、精度和质量大幅度提升，且电路简单，故障率低，可靠性高，成本低廉。单片机种类很多，在简易机器人制作和创新活动中，为什么选用 AVR 单片机呢？

对于机器人应用来说，AVR 单片机有以下几个显著优点：

① 简便易学，费用低廉。

- 进入 AVR 单片机开发的门槛非常低，只要会操作电脑就可以学习。单片机初学者只需一条 ISP 下载线，把编辑、调试通过的软件程序直接在线写入 AVR 单片机，即可开发 AVR 单片机系列中各种封装的器件；
- AVR 单片机便于升级，其程序写入是直接在电路板上进行程序修改、烧录等操作，这样便于产品升级；
- AVR 单片机费用低廉，学习 AVR 单片机可使用 ISP 在线下载编程方式，不需购买仿真器、编程器、擦抹器和芯片适配器等，即可进行所有 AVR 单片机的开发应用，可节省很多开发费用。

② 高速、低耗、保密。

- AVR 单片机是高速嵌入式单片机，每个时钟周期可执行一条指令；
- AVR 单片机耗能低，对于典型功耗情况，WDT 关闭时为 100 nA，更适用于电池供电的应用设备；
- AVR 单片机保密性能较好。

③ I/O 口功能强，具有 A/D 转换等电路。

- AVR 单片机的 I/O 口是真正的 I/O 口，能正确反映 I/O 口输入/输出的真实情况，具有大电流(灌电流)10～40 mA，可直接驱动继电器，节省了外围驱动器件；
- AVR 单片机内带模拟比较器，I/O 口可用作 A/D 转换，可组成廉价的 A/D 转换器；ATmega48/8/16 等器件具有 8 路 10 位 A/D。

④ 部分 AVR 单片机可组成零外设元件单片机系统，使该类单片机无外加元器件即可工作，简单方便，成本又低。

⑤ AVR 单片机可重设启动复位，以提高单片机工作的可靠性；有看门狗定时器实行安全保护，可防止程序走乱(飞)，提高了产品的抗干扰能力。

⑥ 有功能强大的定时器/计数器及通信接口。

⑦ 定时/计数器(T/C)有 8 位和 16 位，可用作比较器；计数器外部中断和 PWM(也可用作 D/A)用于控制输出，某些型号的 AVR 单片机有 3～4 个 PWM，是作为电机无级调速的理想器件。

⑧ AVR 单片机有串行异步通信 UART 接口，不占用定时器和 SPI 同步传输功能，因其具有高速特性，故可以工作在一般标准整数频率下，而波特率可达 576 Kb/s。

2.5.2　基于嵌入式系统的控制器

根据 IEEE(国际电机工程师协会)的定义，嵌入式系统是“控制、监视或者辅助机器和设备运行的装置”(devices used to control, monitor, or assist the operation of equipment, machinery or plants)。可见嵌入式系统是软件和硬件的综合体，还可以涵盖机械等附属装置。目前国内一个普遍被认同的定义是：以应用为中心、以计算机技术为基础、软件硬件可裁剪，适应应用系统对功能、可靠性、成本、体积、功耗严格要求的专用计算机系统。

与功能简单的单片机相比,嵌入式系统的核心是嵌入式微处理器,通常具备比普通8位单片机更高的速度、更强的功能和更丰富的接口。基于嵌入式系统的机器人控制器一般具备以下5个特点:

① 采用嵌入式多任务操作系统,控制器具有多任务运行能力;

② 具有以太网、USB、WiFi、SD卡存储等较高级的接口功能;

③ 运算速度较快,处理能力通常在200MIPS以上,比普通单片机系统有显著的提高,通常可以完成实时处理语音、视频编解码等复杂任务;

④ 功耗较低,通常其功耗高于单片机系统,但显著低于PC机;

⑤ 实时性较好,通常其实时性低于单片机系统,但显著高于PC机。

本书介绍的"创意之星"机器人套件可选配 MultiFLEX™2-RAS700 控制器,它是一种典型的基于嵌入式系统的机器人专用控制器。本书第8章和第9章将介绍如何利用该控制器开发图像识别、语音识别机器人。

2.5.3 基于PC架构的控制器

常用的PC个人电脑也可用作机器人的控制器。基于PC架构的控制器具有以下优点:

① 处理能力强,可多任务运行;

② 开发方便:Basic语言、C语言和各种图形化语言都可用作开发机器人软件;

③ 容易获得:PC机相当普及,容易获取;

④ 软件资源丰富:有大量基于PC机和Windows、Linux系统开发的范例程序可供参考。

但是,基于PC架构的机器人控制器也有明显缺点:

① 体积大、功耗高,难以用于小型或者微型机器人;

② 操作系统复杂,启动慢,常用的Windows操作系统实时性较差;

③ 价格较高;

④ 通常的PC机不具备电机驱动接口,也不具备传感器输入接口,需要配合各种接口电路板才能工作。

由于本书讨论的主要是微型、小型机器人,因此不对基于PC架构的控制器进行详细介绍。

2.6 机器人的C语言编程基础

2.6.1 机器人软件知识概述

如前所述,机器人是一种自动化的机器,该类机器具备与人或生物相似的智能,如感知能力、规划能力、动作能力和协同能力等。实际上,机器人也是一类计算机系统,只不过其输入、输出设备与常规计算机系统的输入、输出设备有所不同而已,其核心处理部件及其功能是完全一致的。

像计算机一样,要控制机器人也需要有控制软件,要编写软件就需要用计算机语言。计算机语言分为以下几类:机器语言,指计算机中用二进制表示的数据或指令,计算机可以直接执行;自然语言,类似于人类交流使用的语言,常用于表示算法;高级语言,介于机器语言与自然

语言之间的编程语言。用于控制机器人的软件常用自然语言编写流程，用高级语言实现算法。

程序设计语言大致可以分为面向过程的程序设计语言和面向对象的程序设计语言两大类。面向过程的程序设计语言中，程序的执行总是从一个主控模块开始，该主控模块就像是一个家庭的户主，负责整个程序执行流程的管理，包括程序开始执行、运行过程以及运行结果的最终输出等；而面向对象的程序设计语言则模拟现实世界对象的交流方式，先定义同类对象的模板，即程序设计语言中的类，然后由类产生对象，通过对象之间的消息通信及交互实现整个程序的功能。通常，面向过程的语言在解决小规模的问题上非常精确、方便，但对于大型、复杂问题有点力不从心；而面向对象的程序设计语言对于解决大规模的问题，比较方便和快捷。

根据机器人控制方法的不同，所用的程序设计语言也有所不同，如机器鱼、FIRA 等比赛，主要用场外的台式机来控制，用面向对象的设计语言，而其他大部分比赛，如擂台赛、足球赛、舞蹈比赛等常由机器人自身来控制，常用的是面向过程的设计语言——C 语言。

2.6.2　C 语言简介

C 语言是一种面向过程的高级编程语言，它的功能十分强大，用法十分灵活，是控制机器人常用的设计语言，其程序的设计思路为：

① 针对要求解的问题，提出解题思路，即算法；

② 按照 C 语言程序的特点，将算法对应改写为程序；

③ 编译、调试程序，形成可执行文件；

④ 运行可执行文件，给出问题结果。

1. 简单的 C 语言程序介绍

例：求两数之和。

```
#include<stdio.h>
void main()                //求两数之和
{
int a,b,sum;               //这是声明部分，定义变量 a,b,sum 为整型
a = 123;b = 456;           //以下 3 行为 C 语句
sum = a + b;
printf("sum is %d\n",sum);
}
```

由此例可以看到：

① C 程序是由函数构成的。一个 C 源程序至少且仅包含一个 main 函数，也可以包含一个 main 函数和若干个其他函数。因此，函数是 C 程序的基本单位。被调用的函数可以是系统提供的库函数（例如 printf 和 scanf），也可以是用户根据自己编制设计的程序（例如上例中的 max 函数）。C 语言的这种特点使其容易实现程序的模块化。

② 一个函数由两部分组成：

a）函数的首部，即函数的第一行，包括函数名、函数类型、函数属性、函数参数名、参数类型。

例如: int max (int x, int y)

函数类型 函数名 参数类型 函数参数名

一个函数名后面必须跟一对圆括号,括号内写函数的参数名及其类型。函数可以没有参数,如 main()。

b) 函数体,即函数首部下面花括号内的部分,函数体一般包括两部分:

● 声明部分:在这部分定义所用到的变量和对所调用函数的声明,如上例中对变量的定义“int a,b,sum”;

● 执行部分:由若干个语句组成。

③ 一个C程序总是从 main 函数开始执行,不论 main 函数在整个程序中的位置如何。

④ C程序书写格式自由,一行内可写几个语句,一个语句可以分写在多行上。

⑤ 每个语句和数据声明的最后必须有一个分号。

⑥ C语言本身没有输入输出语句,输入输出的操作是由库函数 scanf 和 printf 等函数来完成的。

⑦ 可以用/*………*/对C程序中的任何部分做注释,以增加程序的可读性。在大多数现代编译器中,也可以使用“//”符号来标明单行注释。

2. 运行C程序的步骤及方法

C语言编写程序的步骤为:首先选择某个编辑环境输入程序代码,并保存为*.c的文件格式,然后进行编译和调试,并生成可执行的*.exe文件。其编辑、编译、链接以及生成可执行文件的过程如图2.53所示。

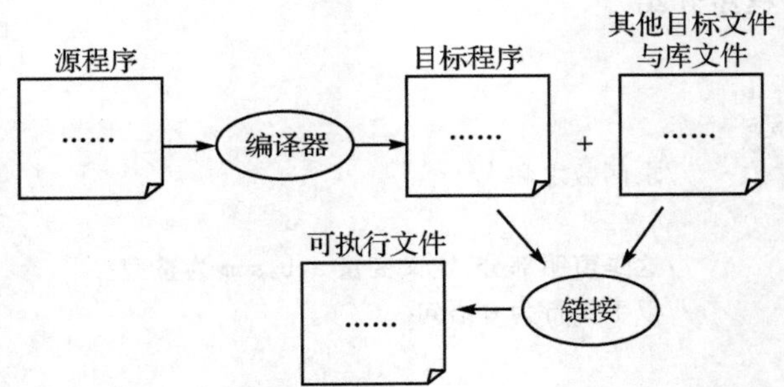

图2.53 C语言程序编辑、编译、链接以及生成可执行文件的过程

面向过程的C语言程序的基本组成可以概括为以下形式:

```
#include 包含需要的库函数的头文件
Main()
{
    程序中用到的变量的声明部分
    接收输入部分
    数据处理部分(把输入变换成需要的输出)
    输出结果部分
}
```

3. 程序的灵魂——算法

现在,用一道简单的计算题来回想一下人脑的工作方式。题目很简单:8+4/2=?

看到这个题目,想到的是什么?

四则混合运算、运算优先级、九九乘法口诀。

经过思考,大脑完成的计算过程:先用脑算出 4/2=2 这一中间结果,并记录于纸上,然后再用脑算出 8+2=10 这一最终结果,并记录于纸上。

如果让机器人来求解上述问题,需要更详细的操作步骤,比如:四则混合运算的规则是:乘除法优先于加减法;从输入设备接收一串运算表达式'8+4/2';按照四则混合运算的规则计算上述表达式;将上述计算结果输出到输出设备中。

上述步骤序列就称为算法。人能够看明白如何计算,但机器人还不能执行,因为机器人只认识机器语言。所以需要把上述算法步骤转化为软件程序并翻译为机器语言,机器人才能进行计算并给出结果。

机器人的计算能力从何而来?当然是人赋予的,机器人本身没有任何智能,机器人的所有智能都来自于人。要让机器人帮助人类解决问题,需要把求解问题的详细过程都安排好,然后机器人才能按部就班地完成工作。

把人类规划出的求解问题的算法转化成机器人能够识别的程序,这些完成特定功能的程序就是软件。

算法是一系列解决问题的清晰指令。算法可以理解为由基本运算及规定的运算顺序所构成的完整的解题步骤,或者看成按照要求设计好的有限的确切的计算序列,并且这样的步骤和序列可以解决一类问题。也就是说,能够对一定规范的输入,在有限时间内获得所要求的输出。如果一个算法有缺陷,或不适合于某个问题,执行这个算法将不会解决这个问题。

同一问题可用不同算法解决,不同的算法可能用不同的时间、空间或效率来完成同样的任务,而一个算法的质量优劣将影响到算法乃至程序的效率。算法分析的目的在于选择合适算法和改进算法。一个算法的优劣评价主要从时间复杂度和空间复杂度来考虑。

算法的时间复杂度是指算法需要消耗的时间资源。一般来说,机器人算法是问题规模 n 的函数 $f(n)$,算法的时间复杂度也因此记做 $T(n)=O(f(n))$。

因此,问题的规模 n 越大,算法执行的时间的增长率与 f(n)的增长率正相关,称作渐进时间复杂度。

算法的空间复杂度是指算法需要消耗的空间资源。其计算和表示方法与时间复杂度类似,一般都用复杂度的渐近性来表示。同时间复杂度相比,空间复杂度的分析要简单得多。

一个算法应该具有以下 5 个重要的特征:

① 有穷性:一个算法必须保证执行有限步之后结束;

② 确切性:算法的每一步骤必须有确切的定义;

③ 输入:一个算法有 0 个或多个输入,以反映运算对象的初始情况,所谓 0 个输入是指算法本身定义了初始条件;

④ 输出:一个算法有一个或多个输出,以反映对输入数据加工后的结果。没有输出的算法是毫无意义的;

⑤ 可行性:算法原则上能够精确地运行,而且人们用笔和纸做有限次运算后即可完成。

4. 数据类型

算法处理的对象是数据，而数据是以某种特定的形式存在的(例如整数、实数、字符等形式)。

(1) 常量与变量

在程序中对用到的所有数据都必须指定其数据类型。数据有常量和变量之分，例如整型数据包括整型常量和整型变量。

常量是在程序运行过程中值不能被改变的量。如12、0、−8为整型常量，4.6、−1.23为实型常量，'a'、'b'为字符常量。

变量代表内存中具有特定属性的一个存储单元，它用来存放数据，也就是变量的值，在程序运行期间，这些值是可以改变的。

在C语言中用来对变量、符号常量、函数、数组、类型等数据对象命名的有效字符序列统称为标识符(identifier)。简单地说，标识符就是一个名字。C语言规定标识符必须为字母或下划线。

(2) 整型数据

1) 整型常量的表示方法

C语言中整常数可用以下3种形式表示：十进制整数，如123。八进制整数，以0开头的数是八进制。如0123表示八进制数123，即(123)8，其值为1×8^2＋2×8^3＋3×8^0，等于十进制数83。十六进制整数，以0x开头的数是十六进制整数。如0x123，代表十六进制数123，即(123)16＝1×16^2＋2×16^1＋3×16^0＝291。

2) 整型变量的定义

C语言程序中所有用到的变量都必须在程序中定义。例如：

```
int a,b;                    //(指定变量 a,b 为整型)
unsigned  short c,d;        //(指定变量 c,d 为无符号短整型)
long  e,f;                  //(指定变量 e,f 为长整型)
```

对变量的定义一般是放在一个函数开头的声明部分(也可以放在函数中某一段程序内，但作用域只限它所在的分程序)

整型变量的分类如表2.4所列。

表2.4 整型变量的分类

类　型		比特(位)数	取值范围
有符号基本整型	[signed]　int	16	−32768～32767
无符号基本整型	Ungned　int	16	0～65535
有符号短整型	[signed]　short　[int]	16	−32768～32767
无符号短整型	Ungned　short　[int]	16	0～65535
有符号长整型	Long　[int]	32	−2147483648～2147483647
无符号长整型	Unsigned long [int]	32	0～4294967295

(3) 数　组

数组是有序数据的集合。数组中的每一个元素都属于同一个数据类型。

1）一维数组的定义方式

类型说明符　　数组名[常量表达式]；

例如：int　a[10]；

它表示定义了一个整型数组，数组名为 a，此数组有 10 个元素。

2）一维数组元素的引用

数组必须先定义，然后使用。C 语言规定只能逐个引用数组元素而不能一次引用整个数组。

数组元素的表示形式为：

数组名[下标]

例如：

```
int  a[10];      /*定义数组长度为10*/
t=a[6];          /*引用a数组中序号为6的元素。此时6不代表数组长度*/
```

5. C 语言运算符简介

C 语言的运算符范围很宽，把除了控制语句和输入输出以外的几乎所有的基本操作都作为运算符处理。C 语言的运算符有以下几类：

① 算术运算符（+、-、*/、%）；

② 关系运算符（>、<、==、>=、<=、! =）；

③ 逻辑运算符（!、&&、||）；

④ 位运算符（<<、>>、~、|、&）；

⑤ 赋值运算符（=）；

⑥ 条件运算符（?:）；

⑦ 逗号运算符（,）；

⑧ 指针运算符（* 和 &）。

下面着重讲一下自增、自减运算符，其作用是使变量的值增 1 或减 1，

例如：

① ++i、--i：　表示在使用 i 之前，先使 i 的值加（减）1；

② i++、i--：　表示在使用 i 之后，使 i 的值加（减）1。

粗略地看，++i，i++的作用相当于 i=i+1。两者不同在于，如果 i 的原值等于 3：

① j=++i：　表示 i 的值先变为 4，再赋给 j，j 的值为 4；

② j=i++：　表示先将 i 的值 3 赋给 j，j 的值为 3，然后 i 变为 4。

2.6.3　C 程序结构概述

通常，算法（或程序）的基本结构形式有三种：顺序结构、选择结构和循环结构。这三种结构形式也是结构化程序设计的基本组成方式。

1. 顺序结构

顺序结构就是按照程序的书写顺序一句句执行。

C 语言中几个常用输入输出函数：

(1) putchar 函数

putchar 函数(字符输出函数)的作用是向终端输出一个字符。其一般形式为 putchar(c)它输出字符变量 c 的值,c 可以是字符型变量或整型变量。

(2) getchar 函数

getchar 函数(字符输入函数)的作用是从终端(或系统隐含指定的输入设备)输入一个字符。getchar 函数没有参数,其一般形式为 getchar (),函数的值就是从输入设备得到的字符。

(3) printf 函数

在上面的内容中已用到 printf 函数(格式输出函数),它的作用是向终端(或系统隐含指定的输出设备)输出若干个任意类型的数据(putchar 只能输出字符,而且只能是一个字符,而 printf 函数可输出多个数据,且为任意类型)。printf 的一般格式为 printf(“格式控制”,输出列表)

例如:

```
printf(“%d,%c\n”,i,c)
```

(4) scanf 函数

作用是按格式控制符的要求将终端传送到变量地址所指定的内存空间。scanf 的一般格式为 scanf(“格式控制”,变量地址列表)。

例如:

```
scanf(“%d%d%d”,&a,&b,&c);
```

“&a,&b,&c”中的“&”是“地址运算符”,“&a”指 a 在内存中的地址。scanf 函数的作用是:按照 a、b、c 在内存的地址将 a、b、c 的值存进去。

2. 选择结构

选择结构程序的作用是,根据所指定的条件是否满足,决定从给定的两组操作选择其一。

(1) if 语句的 3 种形式

在 C 语言中选择结构通常是用 if 语句实现的。if 语句是用来判定所给定的条件是否满足,根据判定的结果(真或假)决定执行给出的两种操作之一。

① if(表达式)语句;

例如:

```
if(x>y)printf(“%d”,x);
```

② if(关系表达式)语句 1 else 语句 2;

例如:

```
if(x>y)
  printf(“%d”,x)
else
  printf(“%d”,y);
```

③ if(表达式 1)语句 1;

```
else if(表达式 2)语句 2
else if(表达式 3)语句 3
……
else if(表达式 m)语句 m
else 语句 n
```

(2) switch 语句

switch 语句是多分支选择语句。if 语句只有两个分支可供选择,而实际问题中常常需用到多分支的选择。例如,红外传感器是否检测到障碍。

它的一般形式如下:

```
switch(表达式)
{
    case 常量表达式 1   :      语句 1
    case 常量表达式 2   :      语句 2
    ……
    case 常量表达式 n   :      语句 n
    default:                   语句 n+1
}
```

说明:当表达式的值与某一个 case 后面的常量表达式的值相等时,就执行此 case 后面的语句,若所有的 case 中的常量表达式的值都没有与表达式的值相匹配的,就执行 default 后面的语句。

3. 循环控制

(1) goto 语句

goto 语句为无条件转向语句,它的一般形式为:

goto　语句标号;

它一般有 2 种用途:

① 与 if 语句一起构成循环结构;

② 从循环体中跳转到循环体外,但在 C 语言中可以用 break 语句和 continue 语句跳出本循环和结束本次循环。goto 语句一般不宜采用,只在不得已时(例如能大大提高效率)才用。

(2) 用 while 语句实现循环

while 语句用来实现“当型”循环结构。其一般形式如下:

while(表达式)　语句

当表达式为非 0 值时,执行 while 语句中的内嵌语句。其特点是先判断表达式,后执行语句。

(3) 用 do…while 语句实现循环

do…while 语句的特点是先执行循环体,然后判断循环条件是否成立。其一般形式为:

do

循环体语句

while(表达式)

先执行一次指定的循环体语句,然后判别表达式,当表达式的值为非 0(真)时,返回重新

执行循环体语句，如此反复，知道表达式的值等于0为止，此时循环结束。

(4) 用for语句实现循环

C语言中的for语句使用最为灵活，不仅可以用于循环次数已经确定的情况，而且可以用于循环次数不确定而只给出循环结束条件的情况，它完全可以代替while语句。

for语句的一般表达式为：

for(表达式1;表达式2;表达式3)　语句

for语句最简单的应用形式也就是最容易理解的如下形式：

for(循环变量赋初值;循环条件;循环变量增值)　语句

它的执行过程如下：

① 先求解表达式1；

② 求解表达式2，若其值为真(非0)，则执行for语句中指定的内嵌语句，然后执行下面第③步。若为假(值为0)，则结束循环，转到第⑤步；

③ 求解表达式3；

④ 转回上面第②步骤继续执行；

⑤ 循环结束，执行for语句下面的一个语句。

以上对C语言的知识进行了介绍。对于机器人，由于机器人具有惯性、不一定具备完善的显示屏幕输出等因素，因此机器人的C语言程序与PC机上的C语言程序略有差别。例如，机器人中的C语言编程常用delay()函数来进行延时操作，机器人的C语言编程常常使用位操作来处理控制器I/O端口的输入输出信息等。

从本书第2篇开始，读者将在制作机器人实例的过程中，一步步学习C语言在机器人控制编程中的应用。

2.7 小　结

本章学习了制作机器人应具备的机械结构知识、常用机械材料及零件，机器人常用的传感、控制、执行部件，以及机器人常用的程序语言。当然，由于机器人技术涉及的领域太广，这里也只能介绍一部分，感兴趣的读者可以自己阅读相关书籍。

第 2 篇　实践篇

学习过上一篇的内容之后，相信读者已经对机器人的概念及发展有了一个基本的认识，大家一定很想亲自动手实践一下，做一个属于自己创意的机器人。的确，机器人技术是一项实践性很强的技术，只有理论还是远远不够的，因为理论和实际有时还有着巨大的差距，不亲自动手，只能了解其皮毛。

下面就以“创意之星”套件为例，亲自动手体验一下机器人技术。

“创意之星”是一款专门面向广大青年学生和机器人爱好者的机器人套件。它是一种模块化机器人组件，其特点是组成机器人的各种零件是通用的、可重组的，零件之间有统一的连接方式并且可以自由组合，从而构建出各种各样的机器人构型。它不需要读者有深入的机器人理论基础，只要有一定的机械结构基础和 C 语言编程基础就可以完成本篇的所有实践内容，特别适合于机器人的初学者。

购买“创意之星”套件，可选择两种控制器：以 AVR 系列 ATmega128 单片机为控制核心的 MultiFLEX™2－AVR 控制器和以 STM32 与 ARM1176JZF－S 核心组合的 MultiFLEX™2－RAS700 控制器。之所以要以核心处理器来命名和区分“创意之星”控制器，是因为处理器是这两个控制器的本质区别。机器人控制器可以被看作一种“计算机系统”，它和家用计算机一样，都是由能够进行高速数据运算的 CPU（中央处理器）和其他外围设备组成，能够运用事先存储的程序，自动、高速地进行大量数值计算和各种信息处理的现代化智能电子设备，其性能强弱主要的衡量标准就是 CPU 的运算能力。

本篇的主要内容如下：

第 3～5 章，通过“智能搬运机器人”的实践学习，熟悉创意之星套件的内容、MultiFLEX™2－AVR 控制器的使用方法和 NorthSTAR 的编程方法。

第 6 章和第 7 章，通过语音和图像处理两个实例来了解高级版控制器的使用方法。

第 8 章和第 9 章，通过两个综合实例，学习设计和制作机器人的一般方法。

第 3 章　数字信号的输出和输入

学习目标

➢ 数字信号理论；
➢ 数字信号的输出控制；
➢ 数字信号的输入采集；
➢ “创意之星”的 IO 口使用方法；
➢ NorthStar 的编译环境；
➢ 控制 LED 灯的亮、灭。

第 3 章至第 5 章将通过“智能搬运机器人”(见图 3.1)的制作和控制，学习机器人的最基本控制技术：开关量传感器和模拟量传感器的信号采集、输出数字信号控制 LED 灯、电机和舵机的运动控制，并学习如何使该机器人具备如下功能：

① 长着“腿”，能自由的前进、后退和转弯；

② 长着“胳膊”，能搬运简单的物品；

③ 长着“眼睛”，能自动避开前面的障碍物和感知地面的黑色和白色；

④ 长着“皮肤”，能感知外界温度的变化。

图 3.1　智能搬运机器人最终效果图

本章将通过“绚丽的霓虹灯”这一实例来说明如何利用 IO 口输出数字信号控制 LED 灯，并在此基础上，利用 IO 口的数字输入信号来控制 LED 灯的闪烁。

3.1　绚丽的霓虹灯

1. 任务背景

走在夜晚的大街上，建筑物上的霓虹灯随处可见，它们变幻着花样闪烁。或许大多数人并没有仔细地去考虑过这些霓虹灯是如何控制的，因为都已经司空见惯了，但也有人心中充满疑惑，这是如何控制的呢？其实，这种控制方法在机器人领域是很普遍的，其理论和实践都很简

单。本章将通过对4个LED灯的控制,来揭开霓虹灯闪烁的神秘面纱,从而迈出机器人学习的第一步(见图3.2)。

2. 任务要求

准备编号为0,1,2,3的4个LED灯(见图3.2),编写程序实现这4个灯的灭和亮。

具体要求是:开机—4个灯全亮—按下碰撞传感器—0亮,1灭,2亮,3灭—0.5 s后—0灭,1亮,2灭,3亮—0.5 s后—(重复)0亮,1灭,2亮,3灭—0.5 s后—(重复)0灭,1亮,2灭,3亮……放开碰撞传感器,4个灯全亮,没有闪烁。

图3.2 绚丽的霓虹灯最终效果图片

3. 硬件需求

① MultiFLEX™ 2-AVR控制器,1块;

② 多功能调试器和电缆,1套;

③ LED灯,4个;

④ 碰撞开关,1个。

3.2 数字信号简介

在控制霓虹灯之前,首先需要理解几个概念:信号、模拟信号、数字信号、开关信号、总线、通信协议等。本章主要应用数字信号。

1. 信　号

信号是随时间变化的物理量(光、电、文字、符号、图像、数据等),可以认为它是一种传载信息的函数。人们通过一定的手段获取信号,进行适当的信息分析和处理,从而取得所需的信息。比如,用MultiFLEX™ 2-AVR控制器采集温度传感器的输出信号,通过解析提取到所需要的温度信息。

根据信号的自变量(多指时间或空间等参数)和信号函数的取值不同,可以分为连续时间信号和离散时间信号两类。根据函数取值是否连续可分为模拟信号、量化信号、抽样信号、数字信号等。

2. 模拟信号

在时间和数值上均是连续的物理量称为模拟量,如电压、电流、声音、速度、压力、温度等,表示这些物理量的信号称为模拟信号,输出信号为模拟信号的传感器称为模拟量传感器。

3. 数字信号

有些物理量在时间和数值上均是离散的,它们的变化在时间上是不连续的,总是发生在一系列离散的瞬间。同时,它们的数值大小和每次增减变化量都是某个最小单位的整数倍,小于这个最小数量单位的任何值都是没有意义的。这类物理量称为数字量,其信号称为数字信号,输出数字信号的传感器称为数字量传感器。

4. 开关信号

计算机的数据结构是由 0 和 1 构成的，所以 0 和 1 两种状态的数据是最容易处理的。数字信号中，最简单的信号就是只有低电平和高电平构成的 0 和 1 信号。只有 0 和 1 的数字信号称为开关信号，同理，只能输出高电平或低电平的传感器称为开关量传感器。

5. 数据总线

所谓总线，就是指能为多个功能部件服务的一组信息传输线，是计算机系统与系统之间或者各部件之间进行信息传送的公共通路。如 RS－422 总线、CAN 总线、I^2C 总线、USB 总线等。

RS－422 总线只有 4 根信号线，其接口采用平衡驱动差动接收电路。因为采用差动接收方法，起作用的是两个输入端的电位差，所以信号的电平幅度不必太高，用 TTL 电平即可有很强的抗干扰能力，直接相连时距离可达 1 200 m。

这种接口电路形式还能实现一个驱动器同时接多个接收器，因此可利用 RS－422 实现多台 422 设备的互联，构成主、从式通信网络。主机(指在整个网络系统中起主导作用的机器)的 RS－422 发送端与所有从机(指在整个网络系统中处于从属地位的机器或设备)的 RS－422 接收端相连，所有从机的 RS－422 的发送端连在一起，接到主机的 RS－422 接收端。这样连接使得主机发送信号时从机都可以收到，而从机也都可以向主机发送信息。为避免 2 个或多个从机同时发送信息而引起冲突，通常采用主机呼叫，从机应答方式，即只有被主机呼叫的从机(每一台从机都有自己的地址)才能发送信息。

6. 通信协议

协议(protocol)一词常用来表示“外交礼仪”、“条约”等。由此可见，通信协议也就是为进行数据通信而事先约定的章程。

通信协议由表示信息结构的格式和信息交换的进程组成。格式规定了数据为何种类型、如何排列，进程则规定了数据以怎样的步骤和流向来实现信息交流。数据通信时，为了保证双方能够正确的收发信息，应遵循相同的通信协议。

3.3 霓虹灯硬件搭建

3.3.1 MultiFLEX™2－AVR 控制器

控制霓虹灯需要一个控制器，也就是一般所说的机器人的大脑。它的核心部件是单片机。单片机就相当于人的脑组织，需要一些外围组织来保护、辅助它工作，如外围的保护电路、驱动放大电路等。MultiFLEX™2－AVR 控制器就是一款小型机器人通用控制器，其处理器是 ATMEL 公司出品的 AVR 系列 ATmega128 单片机。ATmega128 能够在 16 MHz 的频率下运行，对于轻量级的自动控制系统有足够的数据处理能力。AVR 系列单片机是当前最为流行的单片机种类之一，接口丰富、开发简单是它最显著的特点。

MultiFLEX™2－AVR 控制器功能高度集成，具有众多 IO、AD 接口，能够控制 R/C 舵机、机器人舵机，具有 RS－232 接口和 RS－422 总线接口，能够胜任常规机器人的控制。MultiFLEX™2－AVR 控制器开发简单，它使用图形化集成开发环境，只需编写程序逻辑流程就

能够自动生成C代码，将其下载到控制器后便可实现机器人的各种功能控制。另外，它开放所有底层函数接口，如果读者熟悉嵌入式C代码开发，就可以直接调用这些函数，从而专注于机器人上层算法的研究和编写。

1. 功能概述

对照示意图(见图3.3)，MultiFLEX™2-AVR控制器功能如下：

① 主处理器ATmega128@16MHz，协处理器ATmega8@16 MHz；

② 8个机器人舵机接口，完全兼容Robotis Dynamixel AX12+；

③ 8个R/C舵机接口；

④ 12个TTL电平的双向I/O口，GND/V_{CC}/SIG三线制；

⑤ 8个AD转换器接口(0～5 V)；

⑥ 2个RS-422总线接口(可挂接1-127个422设备)；

⑦ 1个无源蜂鸣器；

⑧ 通过RS-232与上位机通信，可选无线通信模组；

⑨ 使用USB接口的AVR-ISP下载调试器。

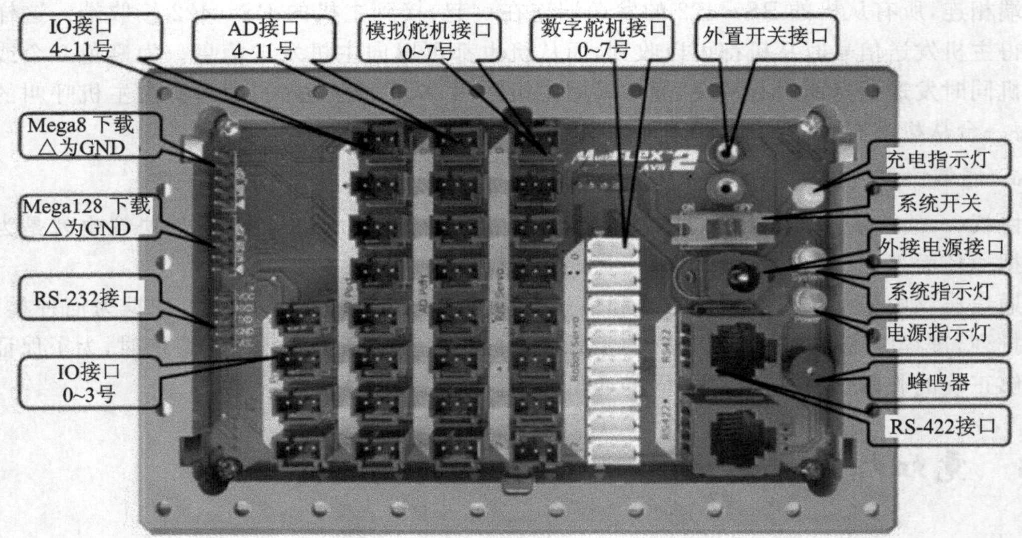

图3.3 MultiFLEX™2-AVR控制器功能示意图

2. 外部接口及电气规范

在“创意之星”使用过程中，会频繁操作MultiFLEX™2-AVR控制器，因此要熟练掌握其各种输入/输出接口的电气规范，错误的操作可能会导致危险。MultiFLEX™2-AVR控制器的电气规范如表3.1所列。

表 3.1　MultiFLEX™ 2 - AVR 控制器的电气规范

项　目	数　据	说　明
电池电压	6.5～8.4VDC	建议使用 2 节锂聚合物电池，或 6 节镍氢电池，使用过程中电压范围为 6.5～8.4 V，电池组放电能力 5～10 A
充电电压	—	与电池匹配的智能充电器，充电过程控制器自动切断电池输出
外接电源	8 V	直流稳压电源。可用电压范围 7～12 V，正常使用电流 0～5A
保护	反接保护 过流保护	警告 • 长时间电源反接仍可能损坏控制器； • 过流保护生效后，需要重新上电才能工作
静态功耗	0.5 W	无外接设备下的静态功耗
保护电流	6～8 A	超过此电流后，自动切断，约 10 s 后才能再次工作
I/O 电平		低电平<GND+1.5 V 高电平>VCC+1.5 V
数字通信接口	RS-232 接口	TX/RX/GND 三线制
数字量输入/输出	12 个	GND/V_{CC}/SIG 三线制（SIG 可以配置为输入或者输出）
模拟量输入	8 个	GND/V_{CC}/SIG 三线制，10 位精度
机器人舵机接口	8 个	1M 速率的半双工异步串行总线，理论上可接 255 个机器人舵机，由于供电能力限制，建议同时使用时不超过 30 个，舵机工作电压等于控制器工作电压
R/C 舵机接口	8 个	GND/V_{CC}/SIG 三线制（SIG 为信号输出），工作电压 5 V
ISP 功能	支持	GND/RST/MOSI/MISO/SCK 五线，配套提供 ISP 编程电缆
无线通信	支持	可选配 ZigBee 无线通信模块，57.6 KBps

3. 控制器接口

本章将主要用到 12 个 TTL 电平的双向 I/O 口，如图 3.4 所示。控制器上 IO0 - IO11 为 12 路 IO 输入\输出接口，控制器上白色三角标记端为地，实际传感器插头也有黑色凸起的小三角标，对应的引脚也为地，接入传感器时三角标对三角标就不会插反。传感器的线序为：V_{CC}\SIG\GND(+5V\信号\地)。

图 3.4　"创意之星"控制器传感器接口

3.3.2 数字信号输出设备——LED灯

LED灯即发光二极管,其工作原理与普通二极管相似。本例中使用的LED灯如图3.5(a)所示,其正极连着V_{CC},负极外接信号端(见图3.5(b)),当CPU给信号端发出一个指令为0的信号时,LED的负极电压与地相同,这时二极管两端施加了一个值为V_{CC}的电压,二极管点亮。当CPU给信号端发出一个指令为1的信号时,其负极电压为V_{CC},这时二极管两端电压为0,LED灯灭。LED灯的亮和灭对应着数字信号的0和1。

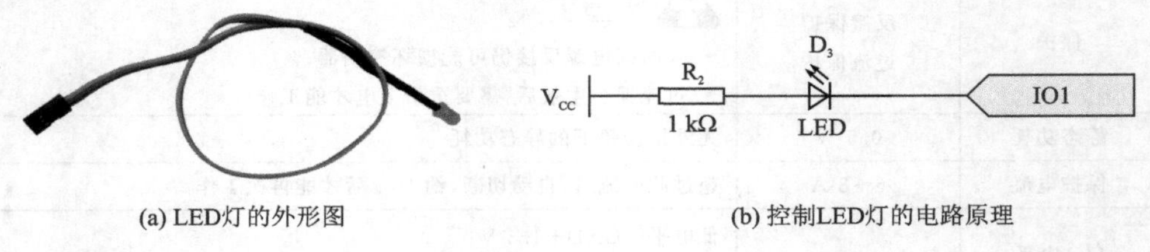

图3.5 LED灯

3.3.3 L型结构件

"创意之星"共包含6种L型结构件,如图3.6所示,从左至右分别是L1-1、L2-1、L3-1、L3-2、L5-1、L5-2。它是根据结构件的形状和孔的个数来命名的,如L1-1表示该结构件外形为L形,它的两个垂直边各有一个孔。

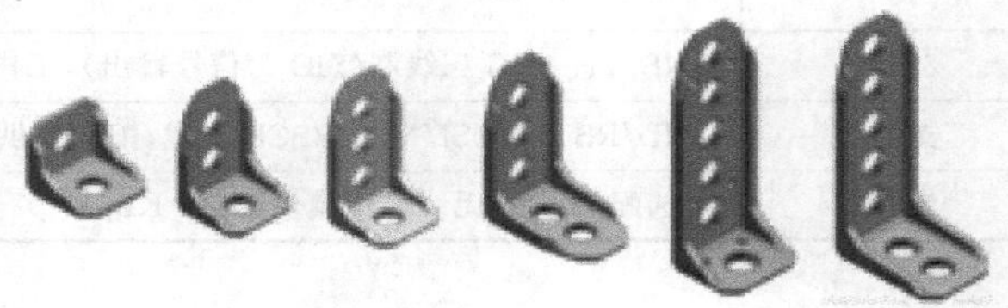

图3.6 六种L形结构件图

» 操作步骤

步骤1 把LED灯插到控制器对应的接口上

① 取出控制器,将保护控制器开关的橡皮筋取下,注意保存好这个橡皮筋,在使用完控制器后请用橡皮筋将控制器开关原样系好。这个保护措施可以避免控制器的电源被误打开,使电池过度放电而损坏。

② 把4个LED灯的插头按照0、1、2、3的顺序分别插入MultiFLEX™2-AVR控制器的IO0~IO3口。

3.3.4 多功能调试器

UP-Debugger多功能调试器(见图3.7)是MultiFLEX™2-AVR控制器的主要下载、调试工具。多功能调试器集成了USB转RS-232、半双工异步串行总线、AVRISP下载器3种功能,在"创意之星"套件里,可以用它进行程序下载、串口通信和CDS55xx调试。这里主要用到其程序下载功能。

图 3.7　多功能调试器

如图 3.8 所示为 MultiFLEX™2 - AVR 控制器专用调试器配线，用来连接控制器和调试器。如图 3.9 所示为 USB 线缆，用来连接 PC 机和调试器。

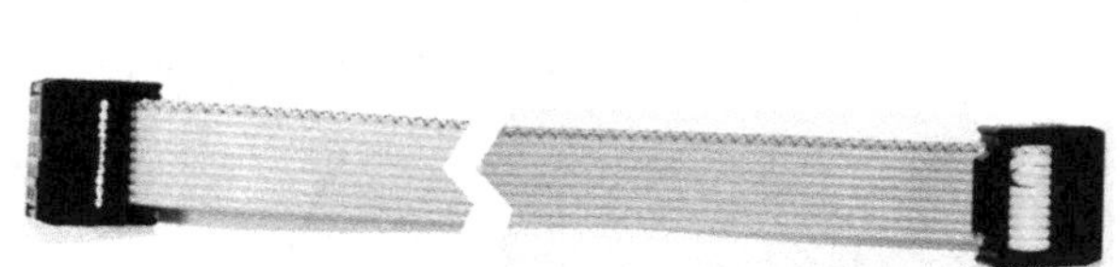

图 3.8　双端都是 10 针 IDC 头的线

图 3.9　连接 PC 机线

3.3.5　电池和电源

"创意之星"推荐使用 7.2 V 的锂聚合物电池组（见图 3.10），或者 7.2 V 镍氢电池组。在电池的使用过程中需要注意以下几点：

① 电池输出电压会随着电池电量的下降而下降，充满电时电池电压约为 8.4 V，使用过程中可能会降低到 6.5 V。

图 3.10　锂聚合物电池

② 电池电压过低时（低于 6.5 V），控制器电源指示灯会以 2 s 的时间间隔闪烁，蜂鸣器会发出短促的鸣叫。这时请切断电源，给电池充电，继续使用会使电池过度放电，造成永久性损伤，也可以选择使用外接直流稳压电源为控制器供电。

③ 请使用与电池组相匹配的充电器给电池充电，非标准充电器可能会充不满电量或者充坏电池。

④ 电池已经内置到控制器里面，请不要自行拆卸。

注意

充电接口和直流稳压电源接口是同一个,用外接电源供电的同时可以给电池充电,非常方便。

在电池电量不足的情况下,可以使用直流稳压电源给控制器供电。

如图 3.11 所示,"创意之星"配置了一个直流稳压电源。电源的输出为 12 V/5 A,峰值电流可达 8 A。此直流稳压电源使用中,需要注意以下情况:

① 电源的正常输出能力是 12 V/5A,峰值可达到 8 A,但是长时间工作在 5 A 以上会导致电源过热,缩短电源使用寿命。

② 使用自己的外置电源时,请保证电源输出电压范围在 7.4~12 V 之间,低于 7.4 V 时控制器会出现欠压报警,高于 12 V 可能会损坏控制器。

③ 欠压报警症状是蜂鸣器短促鸣叫,控制器电源指示灯以 2 s 的时间间隔闪烁,过压报警症状是蜂鸣器短促鸣叫,控制器电源指示灯以 200 ms 的时间间隔闪烁。

操作步骤

步骤 2 把调试器和电源连接到控制器

将多功能调试器及其两根电缆连接好,其中一头插入 PC 机的 USB 接口,另一头插入 AVR 控制器的"下载和通信接口"。下载接口为 5 针扁平头,通信接口为 3 针扁平头,接头上都有凸起的小三角标记端,代表"地",和控制器上的白色三角标或者 GND 对应即可。把外接稳压电源线插入 AVR 控制器外接电源线插座。最终连接好的所有硬件,如图 3.12 所示。

图 3.11 直流稳压电源

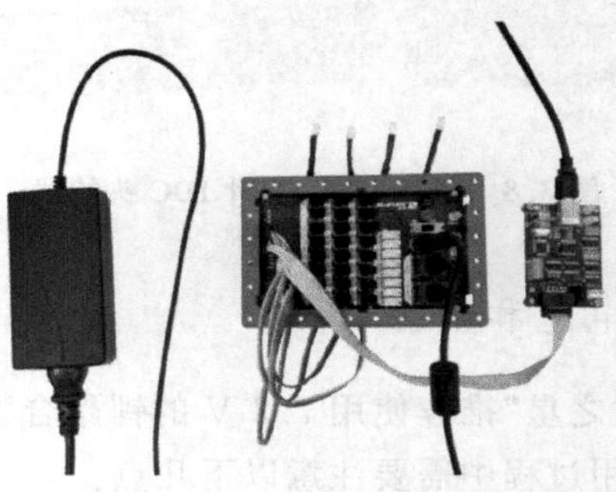

图 3.12 最终连好的硬件图片

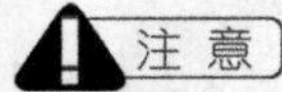

在调试机器人的过程中,应尽量使用外接电源,以延长电池的使用寿命。

3.4 让霓虹灯闪烁起来

3.4.1 NorthSTAR 图形化开发环境

NorthSTAR 是一个图形化交互式机器人控制程序开发工具。在 NorthSTAR 中,通过鼠标拖动模块和对模块做简单的属性设置,就可以快捷地编写机器人控制程序。程序编辑完后,可以编译并下载到机器人控制器中运行。NorthSTAR 编程环境具有操作简便、功能强大等

特点，能在图标拖动中创建复杂的逻辑，让机器人按照设计者的意愿动作。其典型的程序界面如图 3.13 所示。

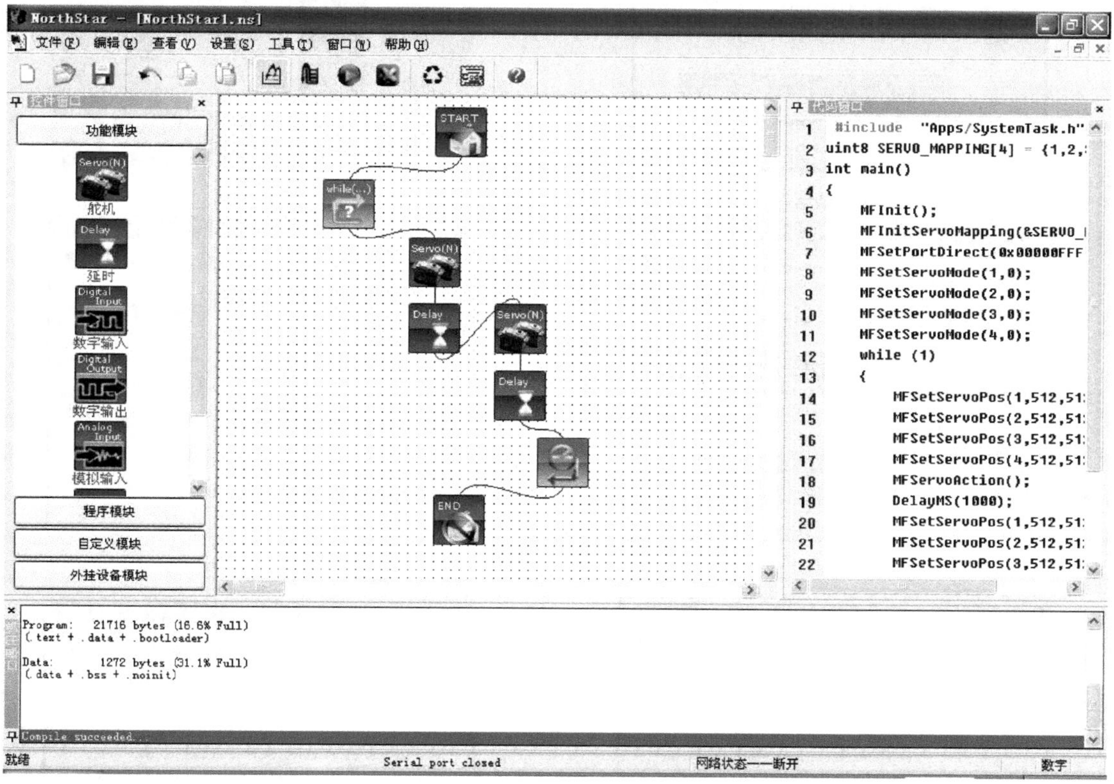

图 3.13　NorthSTAR 典型程序界面

NorthSTAR 对电脑的要求如下：

① 系统要求：Windows XP、Windows Vista、Windows 7；

② 硬件要求：处理器(CPU)PIII 以上，硬盘可用空间 100 MB 以上，内存 128 MB 以上，1 个空余的 USB 通信口，1 个空余的以太网口。

更多内容，请查看帮助文件。

操作步骤

步骤 3　安装 NorthSTAR 图形化开发环境

本书附带光盘有 NorthSTAR 安装程序，运行后按照提示操作即可。具体安装过程如图 3.14 所示。

图 3.14(a)中可以选择安装组件，NorthSTAR 是主程序，Stk500_tool 是下载工具。如果已经安装了 AVRStudio，就不需要安装 Stk500_tool。

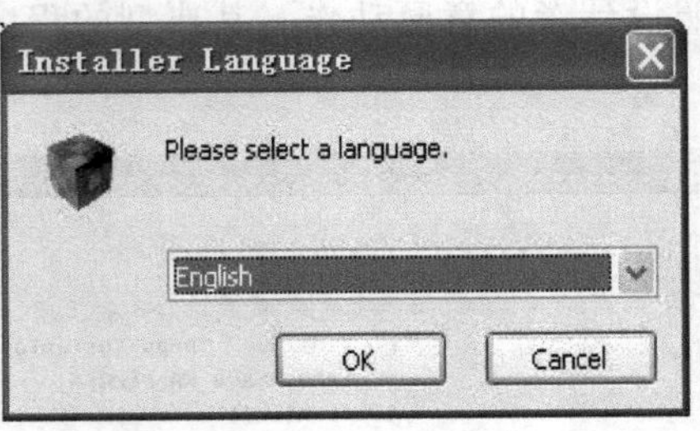

(a) 选择安装语言

(b) 欢迎界面

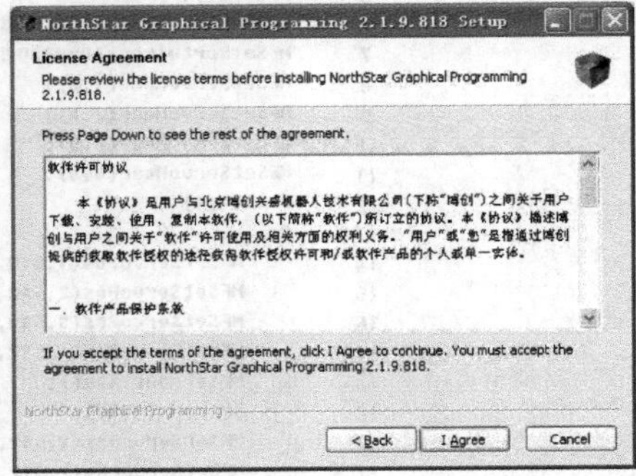

(c) 许可协议

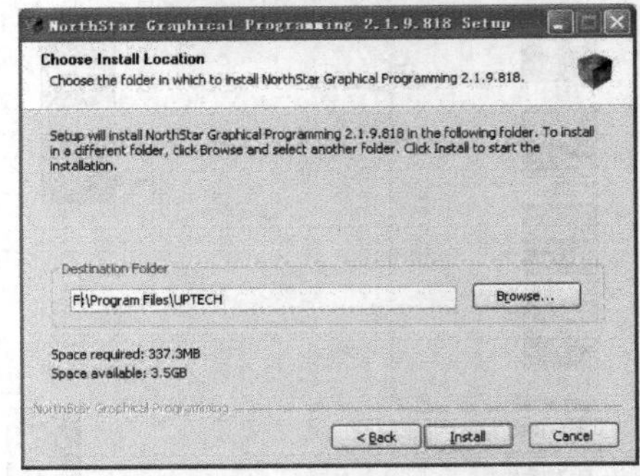

(d) 安装路径选择

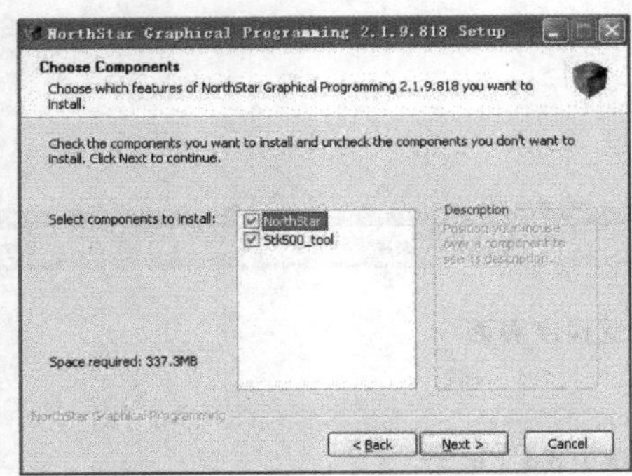

(e) 安装组件选择

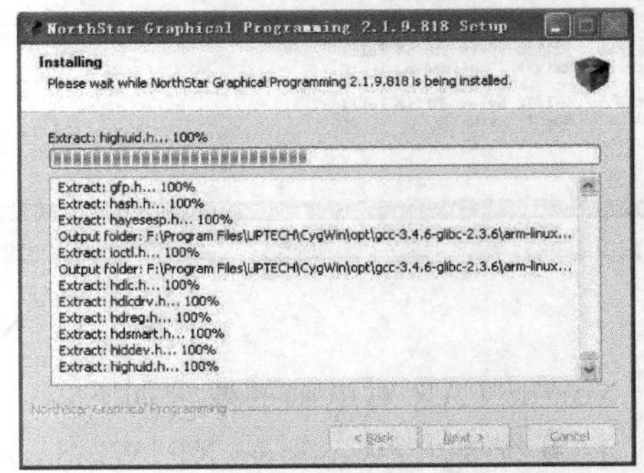

(f) 安装过程

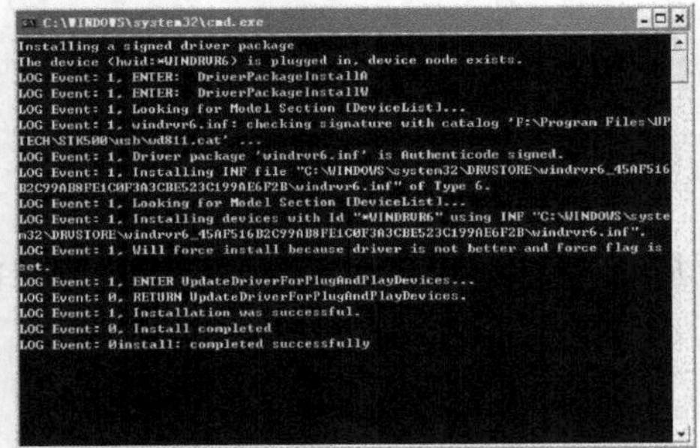

(g) 安装Stk500_tool下载工具

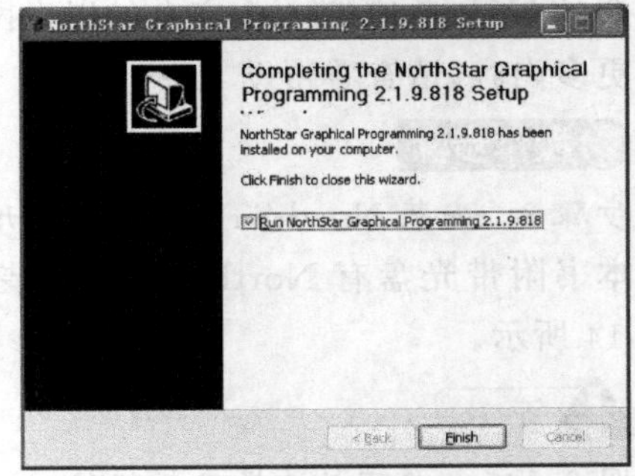

(h) 完成安装

图 3.14　NorthSTAR 安装过程

3.4.2　IO方向设置

IO是input和output的缩写，意思是数字信号的输入和输出。

IO口是机器人控制中很重要的接口，它的控制是双向的，既可以输入控制也可以输出控制。使用时首先对IO口进行方向设置，告诉控制器当前IO口是作为输出还是输入使用。

新建一个NorthSTAR文档后，要进行IO口设置。如图3.15所示，"当前构型使用的通道个数"是指控制器的IO接口数量。由于AVR控制器只有12个IO接口，所以该处最多只能输入12。"当前构型使用的通道列表"是指当前开通的IO口的通道值和状态，channel是当前开通的通道值，双击可修改为"0～11"的任意一个值，mode是指输入或输出状态，默认为输入，双击可修改为输出。

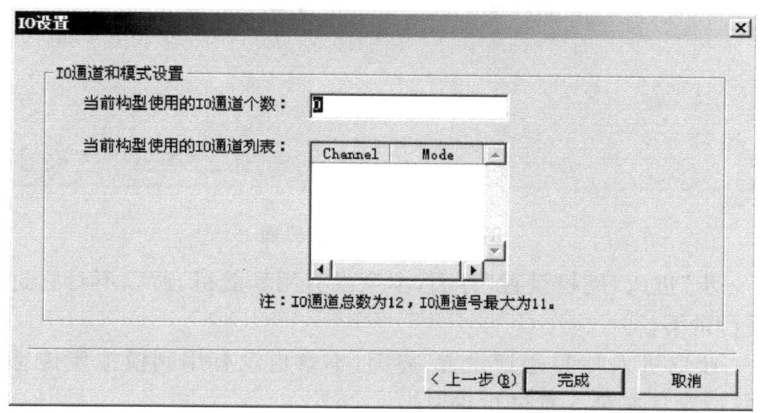

图3.15　IO设置

操作步骤

步骤4　新建NorthSTAR文档

① 双击NorthSTAR图标，进入NorthSTAR软件的人机界面，如图3.16所示。

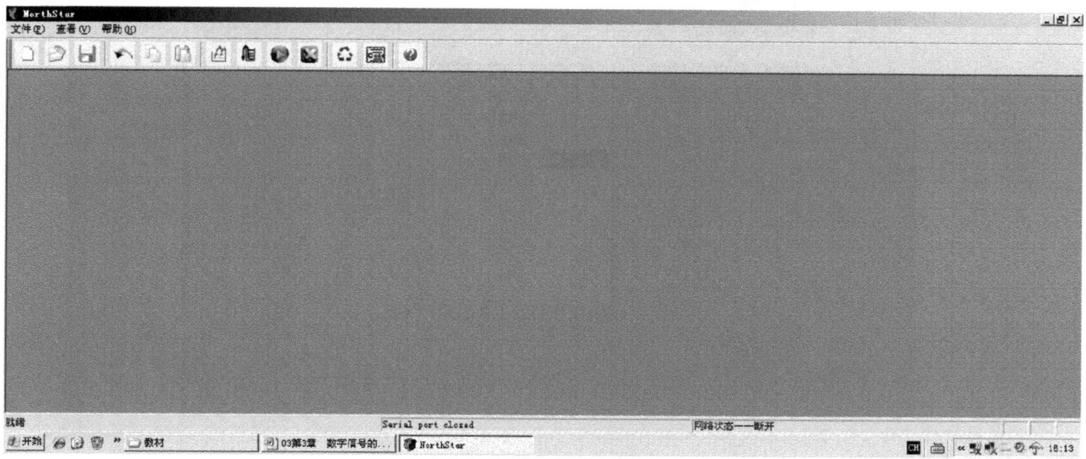

图3.16　NorthSTAR界面

② 单击新建命令,进入工程设置界面如图 3.17 所示。首先选择控制器类型。在"控制器选项"中选择 MultiFLEX2 - AVR 选项,在"构型选项"中选择"自定义";

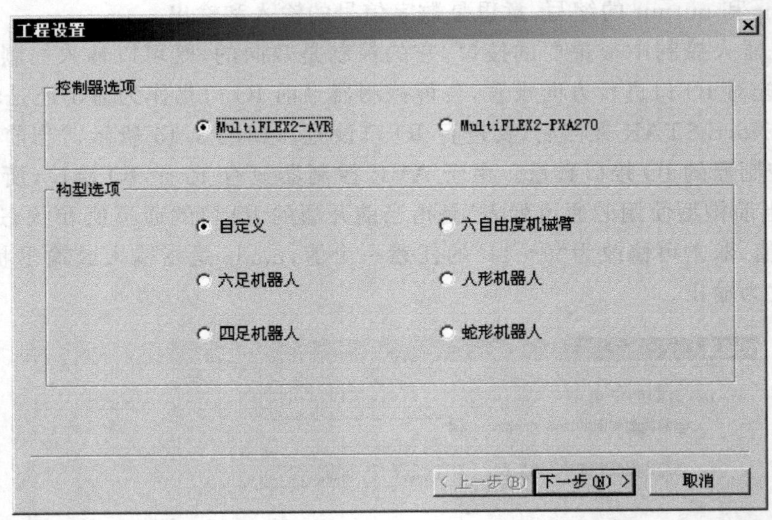

图 3.17 工程设置界面

③ 单击"下一步"进入"舵机设置"界面,本章没有用到舵机,所以不对它进行设置,它的设置将在第 4 章进行讲解。

④ 单击"下一步",进入"AD 通道设置"界面,本章也没有用到模拟量传感器,所以也不对它进行设置,它的设置将在第 5 章进行讲解。

⑤ 单击"下一步"进入"I/O 通道和模式设置"界面,如图 3.18 所示;在"当前构型使用的 IO 通道个数"选项中输入 4,把"当前构型使用的 IO 通道列表"中 channel 标签号为 0,1,2,3 的 4 个选项的 Mode 选卡设置为"输出"。

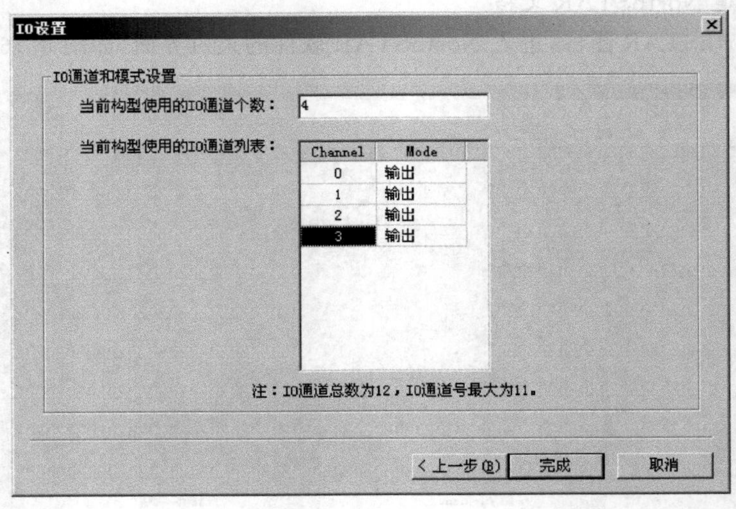

图 3.18 IO 设置

⑥ 至此,已完成新建文件的设置,单击"完成"进入主界面,如图 3.19 所示。

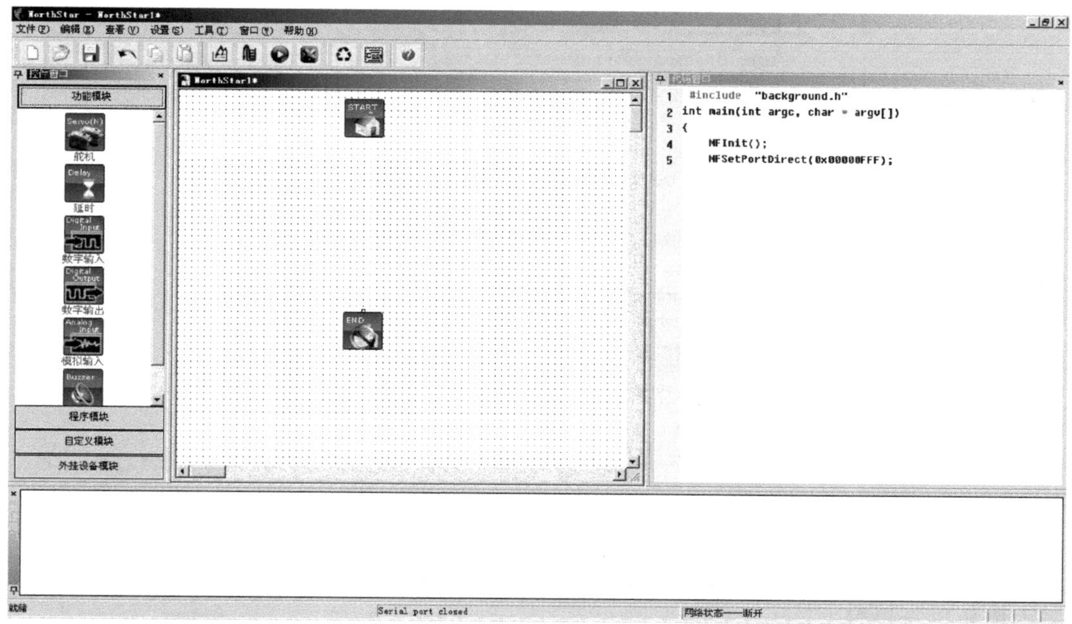

图 3.19　NorthSTAR 主界面

⑦ 创建完成后单击“保存”，选择路径，保存文件名为“绚丽的霓虹灯.ns”。

3.4.3　数字输出模块——Digital output

在主界面的左边是模块窗口，这里面包含了所有控制机器人的模块，分别为功能模块、程序模块、自定义模块和外挂设备模块。工程设置中控制器类型选择为 MultiFLEX™2 - AVR 后，外挂设备模块不可用。

主界面的中间为编辑窗口，就是进行图形化编程的区域。在这个区域已经自动产生了 1 个 START 图标和 1 个 END 图标，表示程序开始和结束的位置。编程时，单击模块窗口相应的标签，并拖出相应的模块图标到主窗口，然后双击图标进行属性设置，最后把所有主窗口内的图标按照逻辑程序进行连线，就可以在右边的代码窗口生成相应的 C 代码，不需要一字一行地输入代码，这种编程方法既快捷又不易出现语法错误。

数字输出模块(Digital output)位于功能标签下，单击功能标签，用鼠标左键拖动数字输出图标到编辑窗口后放开，双击进入数字输出模块属性窗口进行设置，如图 3.20 所示。

① 注释框：可以写入解释语句，对该模块进行说明，方便程序的阅读。勾选右侧的“显示”复选框可以在主窗口中图标的右侧显示解释语句。注释框内的文字将会出现在图标的旁边，便于阅读。如图 3.21 所示为在注释内填入“0 号 LED 灯”后的效果。

② 属性框：单选按钮，选择需要使用的通道值，也就是说，一个图标只能设置一个 IO 口。在这个属性框中，有的通道可用，有的通道不可用，通道是否可用和在 IO 设置中的“当前构型使用的 IO 通道个数”以及通道的模式设置有关。

③ 输出值：可以是常数，也可以是变量。当程序执行到这个模块会把该值赋给相应的 IO 口，如果是 1 则输出高电平，如果是 0 则输出低电平。可在文本框内直接填入数值，也可点开

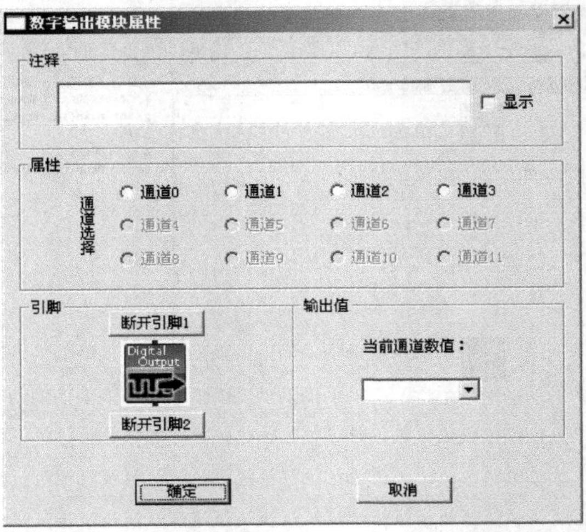

图 3.20　数字输出模块属性

右边三角,选择定义好的变量来给它赋值。在这里变量必须先于本模块进行设置。

④ 引脚框:单击相应的按钮可按图示将连接好的引线断开,以便于重新设计逻辑。NorthSTAR 中所有的模块都有这个功能,在以后的模块中将不再介绍这一部分。

图 3.21　数字输出模块

操作步骤

步骤 5　拖动输出图标模块,并设置各图标的属性

在功能模块组中选中"数字输出",拖入图形编程界面,在适当位置松开鼠标。双击该图标,进入该图标的属性界面,如图 3.22 所示。在注释框中输入 A0 并选中"显示",在属性框中

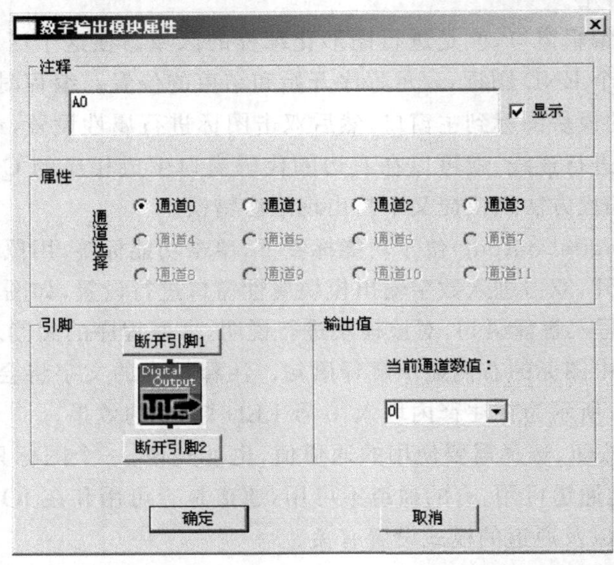

图 3.22　数字输出模块属性

选择“通道 0”，在输出值的“当前通道数值”设置为 0(表示 LED 亮)。注释框中的 A0，A 表示第一种状态，0 表示通道编号，也就是对应着编号为 0 的 LED 灯。当然，读者也可以根据自己的喜好去进行注释。这部分主要是为了便于对程序的阅读。

再拖出 7 个，并依此在各自的注释框中输入 A1、A2、A3、B0、B1、B2、B3，分别双击这 7 个图标，做如下设置：

- A1：选择“通道 1”，输出值设置为 1(LED 灭)；
- A2：选择“通道 2”，输出值设置为 0(LED 亮)；
- A3：选择“通道 3”，输出值设置为 1(LED 灭)；
- B0：选择“通道 0”，输出值设置为 1(LED 灭)；
- B1：选择“通道 1”，输出值设置为 0(LED 亮)；
- B2：选择“通道 2”，输出值设置为 1(LED 灭)；
- B3：选择“通道 3”，输出值设置为 0(LED 亮)。

3.4.4　延时模块——Delay

在功能模块中有一个延时模块，其功能是让程序执行到该模块时暂停下来，并保持原来的程序状态；同时开始计时，当计时结束后，接着往下执行。其属性窗口的设置方法如下：

① 注释框和引脚框的使用方法与数字输出模块相同，如图 3.23 所示。

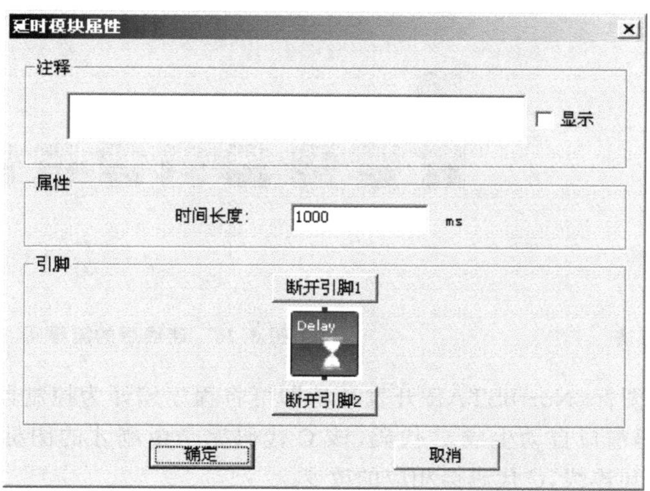

图 3.23　延时模块属性

② 属性框：输入值的单位为 ms，如输入 1000 表示延时 1 s，其能输入的最小值为 1 ms，最大值为 32 767 ms。

操作步骤

步骤 6　拖入 2 个延时模块

拖入 2 个延时模块图标，属性值均设置为 500。用鼠标拖住图标进行调整，调整所有图标，如图 3.24 所示。

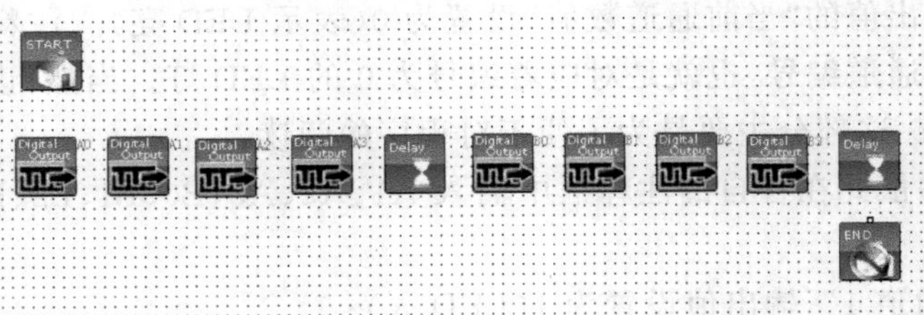

图 3.24 连线前的模块

3.4.5 连 线

连线是把所有图标按照一定的逻辑连接到一起，是图形化编程的重要一步。

逻辑连线方法：要连接某两个图标，先单击前一个图标，这时会在这个图标的下面出现一个或多个小方框(见图 3.25)，拖动该图标下方的小方框到另一个图标上方的小方框上，然后松开鼠标即可，这时就会有一根线将两个图标连在了一起。

程序执行时，总是从 STAR 开始，然后沿线执行，到 END 结束，与图标的位置无关。

操作步骤

步骤 7 连接各图标并保存文件

① 从 START 图标开始依此连接 A0、A1、A2、A3、Delay，B0、B1、B2、B3、Delay，最后连接 END 图标(见图 3.26)。

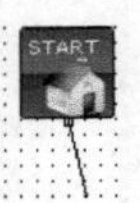

图 3.25 连线方法

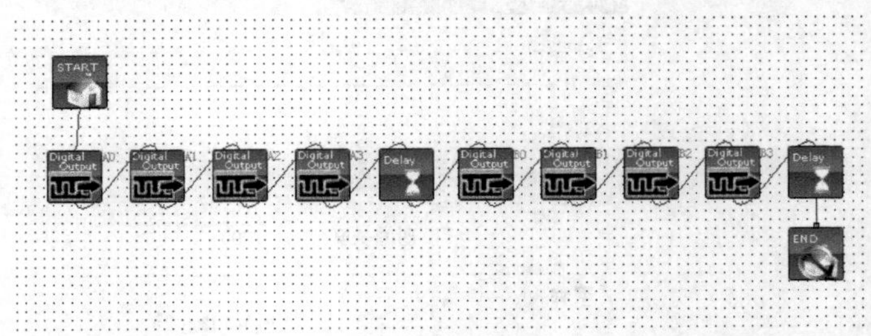

图 3.26 连线后的流程图

② 单击“编译”图标，NorthSTAR 开发环境即可将程序编译为控制器使用的二进制机器语言。这时会在代码窗口自动生成 C 代码，该 C 代码完全由刚才的图标参数和连线顺序决定，改动图标的参数和连线，C 代码会相应的改变。

③ 至此已完成 8 个 LED 灯一次亮灭显示的程序编写，单击保存。

代码窗口自动生成的程序代码如下：

```
#include  "Apps/SystemTask.h"                //调用头文件
uint8 SERVO_MAPPING[1] = {0};                //舵机 ID 数组，此处没有用到
int main()
{
    MFInit();                                //主板初始化
    MFInitServoMapping(&SERVO_MAPPING[0],0); //舵机初始化
```

```
        MFSetPortDirect(0x00000FFF);           //IO 输入输出方向初始化,参数低 12 位表示 IO
                                               //方向,1 表示输出,0 表示输入,从低位到高位依
                                               //次对应 IO0——IO11
        MFDigiOutput(0,0);                     //实现 IO0 口输出 0,即编号为 0 的灯亮,由 A0
                                               //图标生成
        MFDigiOutput(1,1);                     // IO1 口输出 1, 1 灯灭
        MFDigiOutput(2,0);                     // IO2 口输出 1, 2 灯亮
        MFDigiOutput(3,0);                     // IO3 口输出 1, 3 灯灭
        DelayMS(500);                          //延时 500 ms
        MFDigiOutput(0,1);
        MFDigiOutput(1,0);
        MFDigiOutput(2,1);
        MFDigiOutput(3,0);
        DelayMS(500);
    }
```

3.4.6　while 循环

在上一步生成的程序中,当 4 个灯执行完一次亮和灭操作后,程序就会执行到 END 图标,从而结束程序,如果让灯再次闪烁就得重新启动机器人。为了实现 4 个灯的不断闪烁,就应该增加 While(1)语句,使程序反复执行这段代码,让灯永远闪烁下去。

While()语句在机器人控制中使用得非常频繁,也很重要。语句中括号内的数值为逻辑判断值,即真或假;当为真时,执行循环语句,为假时,跳出循环。

由于控制机器人的某些语句需要不断反复运行,所以经常采用 While(1)语句,使机器人不停地运转。

在程序模块中,有一个条件循环模块,用鼠标拖出它后,会自动生成 2 个图标,如图 3.27 所示。

这 2 个图标成对使用,表示循环的开始,表示循环的结束,使用时循环体放在这 2 个图标中间即可。

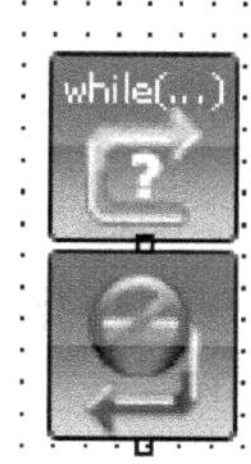

图 3.27　while 模块

操作步骤

步骤 8　增加循环实现 LED 灯的循环亮灭

在"程序模块"中拖入 While 条件循环,断开 A0 图标的上引线,并将其连接在 START 和 A0 图标之间,将"循环结束"连接在 Delay 和 END 之间,如图 3.28 所示。

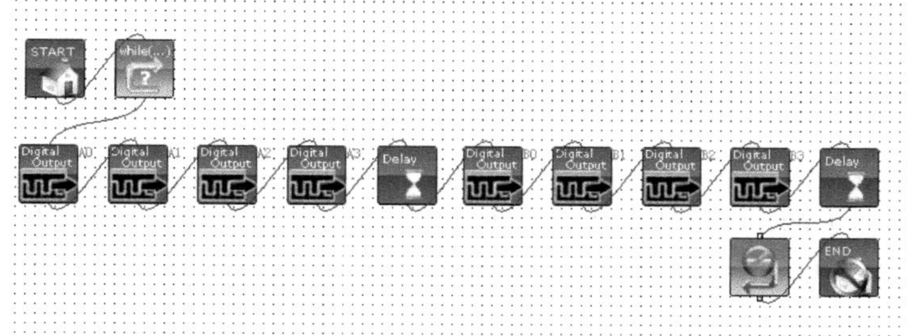

图 3.28　增加 while 模块后的流程图

至此已完成8个LED灯循环亮灭显示的程序编写。

生成的程序代码如下:

```
#include  "Apps/SystemTask.h"
uint8 SERVO_MAPPING[1] = {0};
int main()
{
        MFInit();
        MFInitServoMapping(&SERVO_MAPPING[0],0);
        MFSetPortDirect(0x00000FFF);
        while (1)              //实现无限循环
        {
        MFDigiOutput(0,0);
            MFDigiOutput(1,1);
        MFDigiOutput(2,0);
            MFDigiOutput(3,1);
            DelayMS(500);
            MFDigiOutput(0,1);
            MFDigiOutput(1,0);
            MFDigiOutput(2,1);
            MFDigiOutput(3,0);
            DelayMS(500);
        }
}
```

3.4.7 编译和下载

C代码属于高级语言,机器人的大脑——单片机是无法识别的,编译就是通过NorthSTAR图形化编译环境将C代码"翻译"成Hex文件。

下载就是将PC机编译Hex文件输入到机器人的大脑中去,从而可以让机器人按照你所写的程序去运行,实现你的愿望。所以,你对机器人的付出程度就代表了你的机器人的智能程度。

»操作步骤

步骤9 编译程序

编译程序:在菜单栏中选择"工具"选项,在其菜单中选择"编译",这时NorthSTAR会自动完成编译,直到出现Compile succeeded字样为止,如图3.29所示。

»操作步骤

步骤10 下载程序

下载:打开AVR卡的电源,调节多功能调试器的Function Select按键使AVRISP的指示灯亮,然后在菜单栏中选择"工具"选项,在其菜单中选择"下载",这时NorthSTAR会自动完成下载。

第一次使用多功能调试器下载之前,需要安装驱动程序,如图3.30所示,方法如下:

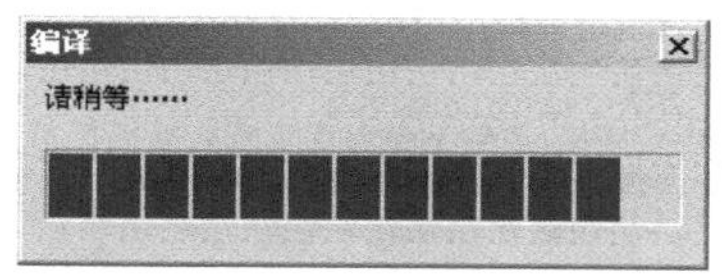

(a) 编译过程

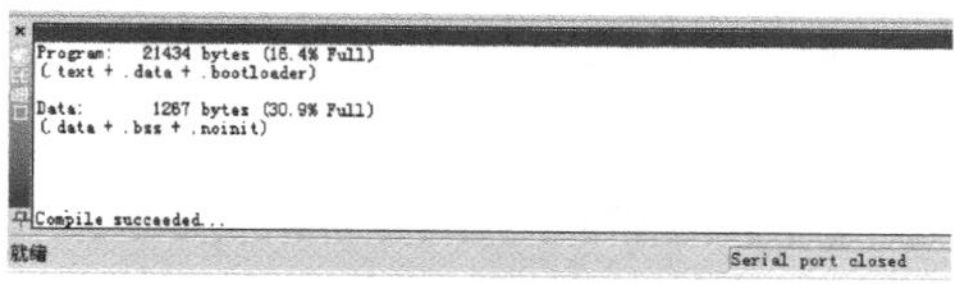

(b) 编译成功

图 3.29 编译程序

① 将调试器接入电脑的 USB 接口。如果之前没有安装过驱动，会弹出对话框提示安装驱动。用户可以通过指定路径来安装驱动。过程如下：选择“否、暂时不”，单击“下一步”，选择“从列表或指定位置安装（高级）”，单击“下一步”，点浏览定位到 NorthStar 安装目录下的 AVRISP_driver 文件夹，单击“确定”开始安装驱动。

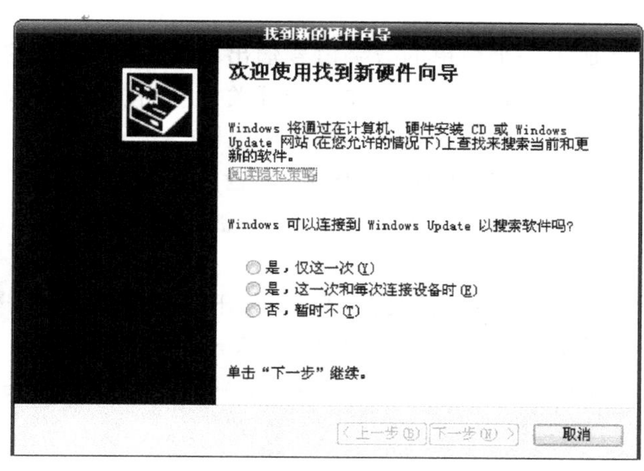

图 3.30 安装驱动

② 驱动安装成功后（见图 3.31）会在设备管理器中出现这个调试器的端口号。设备管理器的路径是：“我的电脑”点右键，选择“管理”—“设备管理器”—“端口 COM 和 LPT”，即可看到端口号“USB Serial Port（COM1）”。

图 3.31 驱动安装成功

此处若显示的 COM 端口号大于 9，则需要将其设置到 0～9 范围内，方法如下：单击选中“USB Serial Port”项，右键选择属性，在属性窗口选择“Port Settings”，然后单击“Advanced …”按钮，在弹出的对话框中，左上角有一个“COM port Number”下拉框，选择 0～9 之间的端口后单击“OK”即可。

下载完后（见图 3.32），为了防止程序乱跑，关闭电源重新开机。

这时将看到先是 0 灯和 2 灯亮，0.5 s 后，1 灯和 3 灯亮，这样反复循环。

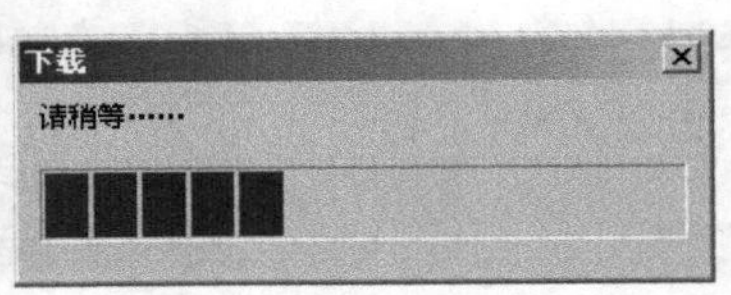

(a) 下载过程

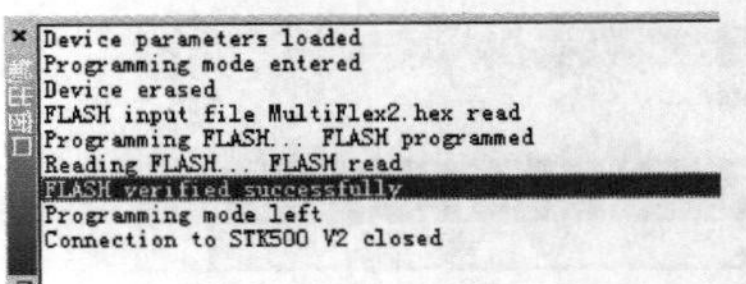

(b) 下载成功

图 3.32　下载程序

3.5　给霓虹灯增加开关

3.5.1　数字信号输入设备——碰撞传感器

到现在为止，已经完成了一个简单的数字信号输出，实现了霓虹灯的绚丽闪烁，但只能看着它闪烁，却不能控制它。下面将要给它增加一个开关，使它按下开关闪烁，放开开关停止闪烁，因此先得了解一下最简单的控制设备——碰撞传感器。

碰撞传感器由一个按钮开关和外围电路构成，其输出信号为数字信号。当按钮按下时，信号输出端输出低电平；按钮被释放时，信号输出高电平。

图 3.33　碰撞传感器

图 3.33 所示是“创意之星”的碰撞传感器，输出开关量信号。将其接在 IO0～IO11 的任意一个接口，都可以通过 NorthSTAR 进行数值读取和编程。碰撞传感器也可以当成机器人的触角，或某些位置的限位开关。

»操作步骤

步骤 11　安装碰撞传感器

取出一个碰撞传感器，把这个传感器插入控制器的 IO11 口。

3.5.2　修改工程设置

在搭建机器人的时候，由于种种原因会不断增加和减少传感器或其他硬件，这时就需要对工程的设置进行修改，以适应硬件的变化。

由于在 IO 口增加了一个传感器，所以需要对工程设置进行修改，增加 IO 口的可使用数。

工程设置就是在新建文档时进行的类型设置/舵机设置/AD 设置和 IO 设置，可通过菜单进入该界面进行设置，方法是单击菜单中的设置/工程设置进入工程设置窗口，如图 3.34 所示。

该窗口把新建文档时的 4 个设置全部放在了一起，可通过单击标签名称进行切换。

»操作步骤

步骤 12：修改工程设置

单击菜单中的“设置”—“工程设置”，进入“工程设置”界面，单击“IO 设置”标签，对参数进行如下修改，把 channel 值为 4 的通道修改为 11，mode 保持为输入不变，如图 3.35 所示。

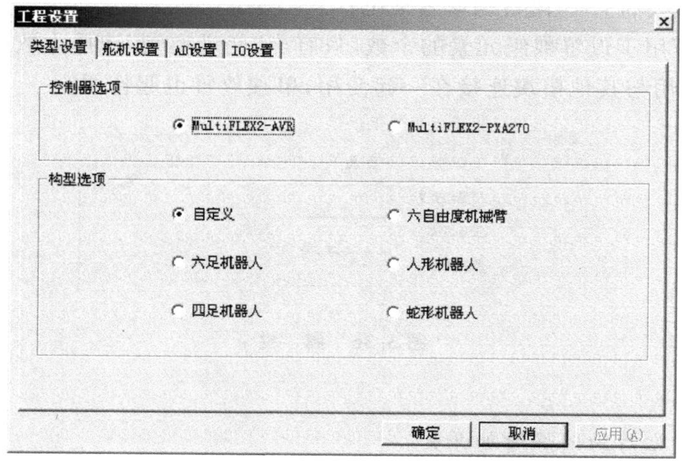

图 3.34 工程设置修改界面

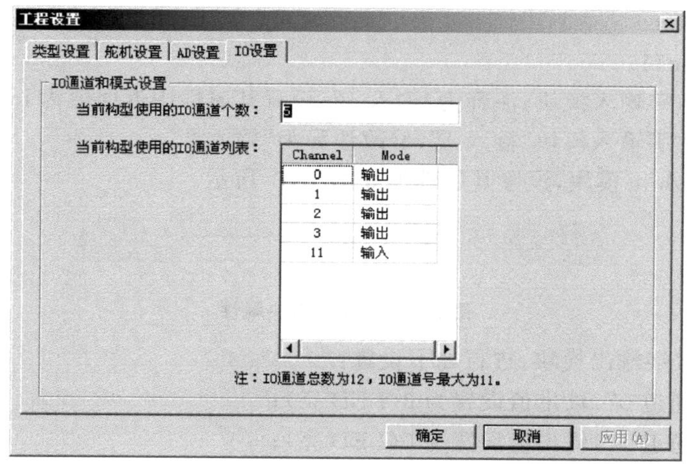

图 3.35 工程设置

3.5.3 数字输入模块——Digital input

数字输入模块——Digital input 位于数字输出模块 Digital output 的上方，其功能与数字输出模块正好相反。当程序执行到这里时，CPU 会从端口处读取一个值，这个值代表输入设备的状态。如，当按下碰撞传感器时，传感器会给单片机的相应端口发出一个低电平，在控制器内部以 0 表示低电平。

其属性窗口的设置与数字输出模块基本相同，只是用返回值代替了输出值。

3.5.4 变量模块——Variable

变量模块是给程序设置变量的，是为了存放传感器的值或其他值，如图 3.36 所示。

- "变量类别"有单个变量、指针变量和数组三种；
- "变量类型"有整型 int 和逻辑型 bool 两种；

- “变量名称”要符合C语言的取名规范；
- “元素个数”用于设置数组元素的个数，只有当“变量类别”选择为数组时可用。

该模块可以不用与其他模块连接在一起使用，单独放置也起作用。

图3.36　属　性

操作步骤

步骤13　给霓虹灯的闪烁增加开关

① 拖入1个变量模块，用于存放碰撞传感器的值，设置其属性值为：

- 变量类别：变量；
- 变量类型：Int；
- 变量名称：io11。

② 拖入1个数字输入模块，注释为“输入1”，设置其属性中返回值为io11。

③ 复制1个数字输入模块“输入1”，修改注释为“输入2”。

④ 拖入1个while模块，设置其属性值如图3.37所示。

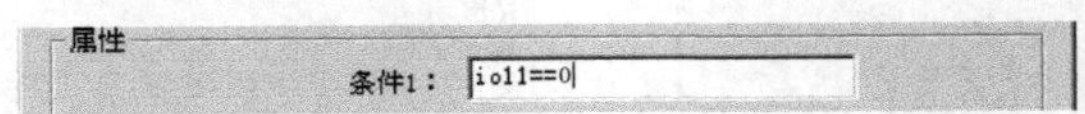

图3.37　while模块属性

⑤ 复制4个数字输出模块，进行如下设置：

- C0：选择“通道0”，输出值设置为0(LED亮)；
- C1：选择“通道1”，输出值设置为0(LED亮)；
- C2：选择“通道2”，输出值设置为0(LED亮)；
- C3：选择“通道3”，输出值设置为0(LED亮)。

⑥ 复制1个Delay模块。

⑦ 将这些模块按如图3.38所示摆放和连线。

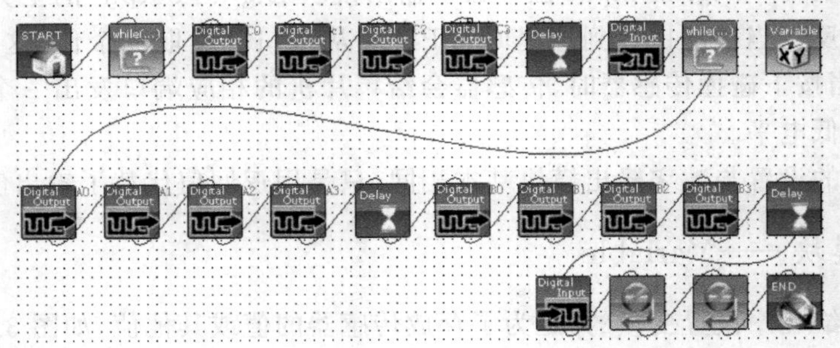

图3.38　最终完成图

```
#include   "Apps/SystemTask.h"
uint8 SERVO_MAPPING[1] = {0};
int main()
{
    int  io11 = 0;
    MFInit();
    MFInitServoMapping(&SERVO_MAPPING[0],0);
    MFSetPortDirect(0x000007FF);
    while (1)
    {
        //C0
        MFDigiOutput(0,0);
        //C1
        MFDigiOutput(1,0);
        //C2
        MFDigiOutput(2,0);
        //C3
        MFDigiOutput(3,0);
        DelayMS(1000);
        io11 = MFGetDigiInput(11);
        while (io11 = = 1)                        //当开关没有按下时循环
        {
            //A0
            MFDigiOutput(0,0);
            //A1
            MFDigiOutput(1,1);
            //A2
            MFDigiOutput(2,0);
            //A3
            MFDigiOutput(-1,1);
            DelayMS(1000);
            //B0
            MFDigiOutput(0,1);
            //B1
            MFDigiOutput(1,0);
            //B2
            MFDigiOutput(2,1);
            //B3
            MFDigiOutput(-1,0);
            DelayMS(1000);
            io11 = MFGetDigiInput(11);
        }
    }
}
```

操作步骤

步骤14　重新编译和下载

选择编译和下载,等完成后关闭电源。拔掉多功能调试器,并开启电源。

这时灯并没有闪烁。按下碰撞开关不放,灯开始闪烁;松开开关,灯停止闪烁。

3.5.5　其他数字量传感器

在"创意之星"套件中,还有许多与碰撞传感器输出信号相似的传感器,只是它们的原理与碰撞传感器不同。

1. 红外接近传感器

(1) 原　理

红外接近传感器又称为红外光电开关,其原理和一般性应用请参考2.4.6小节。

(2) 使　用

图3.39所示为"创意之星"机器人所使用的红外光电开关,型号为E18-B0,规格数据为:

图3.39　红外接近传感器

- V_{CC}:5 V;
- 工作电流:<100 mA;
- 输出形式:NPN三极管OC输出;
- 封装形式:工程塑料。

红外接近传感器是开关量传感器,接IO0～IO11的任意一个接口都可以通过NorthSTAR进行数值读取和编程。由于输出是开关量,只能判断在测量距离内有无障碍物,不能给出障碍物的实际距离。但是该传感器带有一个灵敏度调节旋钮,可以调节传感触发的距离。"创意之星"套件在出厂前已经将感应触发距离调整到约20 cm。

红外接近传感器是机器人最常用的传感器之一,用于躲避周围障碍,或在无需接触的情况下检测各种物体的存在。它的用途非常多,第4章将利用红外接近传感器设计一个避碰小车,读者可以根据这一章的指导,实际使用一下红外接近传感器。

2. 霍尔接近传感器

(1) 原　理

霍尔效应接近传感器是利用霍尔效应(Hall Effect)制成的接近开关,主要用于检测磁性物体。其原理和一般性应用请参考,第2.4.7小节。

(2) 使　用

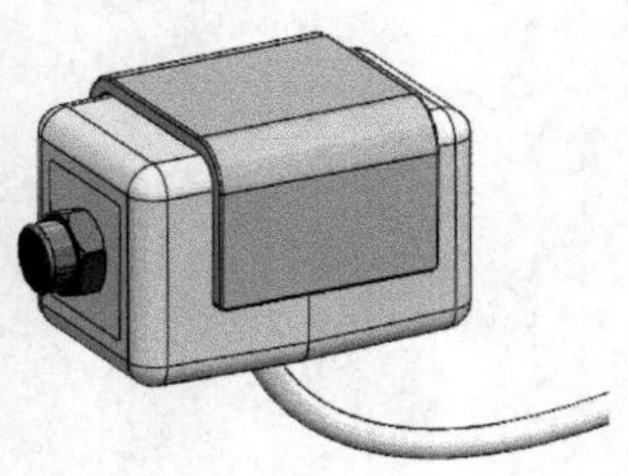

图3.40　霍尔接近传感器

霍尔接近传感器是开关量传感器,接IO0～IO11的任意一个接口都可以通过NorthSTAR进行状态读取和编程,使用方法和红外接近传感器一致。

霍尔接近传感器对磁场或磁性物体很敏感,工厂自主导引车(AGV)的行车轨迹就是基于这一原理铺设的,在水泥地面上镶嵌磁化的铁条,自主导引车可以检测预铺设的铁条,确定行车方向。

如图3.40所示为"创意之星"使用的霍尔接近传感器,

前方突起是传感器的探头。

3. 声音传感器

(1) 原　理

驻极体式电容麦克风构造与原理

机器人上最常用的声音传感器就是麦克风。关于麦克风的原理和构造简介，请参考 2.4.12 小节。

(2) 使　用

图 3.41 所示为“创意之星”的声音传感器，声音传感器是开关量传感器，接 IO0～IO11 的任意一个接口都可以通过 NorthSTAR 进行数值读取和编程。

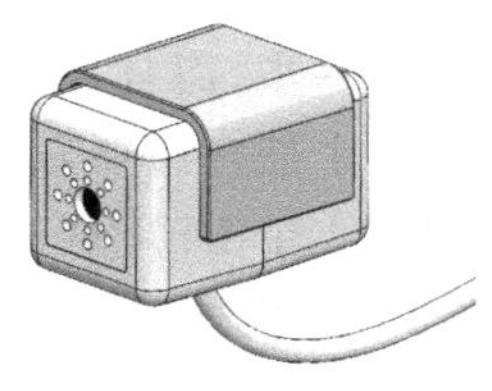

图 3.41　声音传感器

声音传感器是一种很好的人机交互设备，可以借此让机器人响应人的动作，比如拍下手掌——机器狗站起来，快速拍手——机器狗往前跑。高级版“创意之星”有麦克风，它和这里的声音传感器不一样，麦克风接在音频输入接口上，可以采集人耳朵能够听到的所有声音，输出连续的电平信号。声音传感器是 IO 量传感器，输出只有 0 或 1 两种电平状态，比如声音高过 60 dB 时输出为 1，低于 60 dB 输出为 0。

4. 姿态传感器

姿态传感器采集的是机器人的姿态信息。专业的姿态传感器（电子罗盘、陀螺仪等）价格昂贵，“创意之星”机器人套件提供了一个基本的姿态传感器——水银开关（输出开关量信号）。

水银开关里的玻璃管内有一个可自由移动的水银粒。水银开关输出的不同信号与水银粒在玻璃管的位置相关。比如水银粒位于玻璃管 A 端时，水银开关输出高电平；当传感器由于某种原因姿态改变过大，移动到玻璃管 B 端，水银开关输出低电平。水银开关这种输出信号与其本身姿态有关的特性，可以用来检测机器人的姿态。水银开关在测量机器人是否倾覆上非常好用且成本低廉，所以也常将之称为倾覆传感器。

图 3.42　姿态传感器

图 3.42 所示为“创意之星”的姿态传感器，其输出开关量信号，接 IO0～IO11 的任意一个接口都可以通过 NorthSTAR 进行数值读取和编程。

5. 开关量传感器总结

以上介绍了几种开关量传感器，每种传感器都有自己的用途，如红外接近传感器用来测量是否距离物体很近，碰撞传感器用来测量是否接触到物体，声音传感器用来测量声音的强度是否高于某一值，姿态传感器用来测量传感器是否倒置等。但机器人是不能区分它们的，因为它们传输给机器人的只是一个低电压或高电压，也就是 0 和 1，机器人并不能知道是哪种传感器传来的值，它们在 CPU 内部的处理都是一样的。

»操作步骤

步骤 15　认识其他传感器

关掉控制器开关，拔掉碰撞传感器，换上红外接近传感器，打开开关，用手遮挡启动红外接近传感器,看看有什么现象发生,是否也可以当开关使用。

重复上面的过程,试验“创意之星”配套的碰撞传感器、姿态传感器和声音传感器,记录数据,看看在什么状态是 0,什么状态是 1,以及为什么是这样。

3.6 小　结

通过第一个项目任务,现在已经大致了解了机器人的工作过程及其原理,但这只是制作机器人的第一步,而且目前看到的似乎只是一个“会眨眼睛”的机器人,还没有看到机器人的手和脚。下一个任务就要做一个属于自己的会动的机器人。

本章 4 个 LED 灯的闪烁功能比较简单,看看能否编写程序实现如下功能:

① 首先使所有灯都灭,然后,只是 0 灯亮—只是 1 灯亮……只是 3 灯亮—只是 0 灯亮,如此循环,这就是著名的跑马灯程序。

② 想一想,如果有 12 个 LED 灯,还能如何控制灯的闪烁方式,就像晚上大街上变化多端的美丽霓虹灯。

③ 想一想如何用传感器实现不同闪烁方式之间的转换。

第 4 章　电机和舵机的控制

学习目标

- 舵机控制原理；
- R/C 舵机控制原理；
- CSD55xx 舵机控制原理；
- 轮式机器人的运动控制；
- 机械手的动作规划。

4.1　有趣的搬运车

本节将制作一个简单的搬动小车和机械手，并在第 3 章的基础上实现用声音或碰撞开关控制小车的启动和停止。

1. 任务背景

四轮机器人是目前最常见的机器人构型，许多比赛都采用这种构型搭建机器人，如灭火比赛、擂台比赛、搜救比赛、巡线比赛等。四轮机器人的最大优势是结构简单、控制容易、行走灵活。

串联式机械手是一种最典型的工业机器人形式。时至今日，已经有数以万计的串联关节式机械手（工业机器人）工作在各种自动化生产线上，代替人类完成焊接、搬运、涂胶等各种工作。本章通过一个 3 自由度机械手的控制，学习机械手的基本使用方法。

2. 任务要求

搭建一个安装有机械手的四轮小车，需要完成如下任务：

① 打开电源开关时小车并不运动，通过拍手（利用声音传感器）启动小车，并按照规定的动作行进；

② 前进 5 s，0 号灯亮；左转 90°，1 号灯亮；再前进 5 s，0 号灯亮；停止前进，所有灯灭；

③ 手拿物品接近机械手，所有灯亮（利用红外接近传感器），机械手张开 3 s 后夹持住；

④ 后退 5 s，2 号灯亮；左转 90°，1 号灯亮；前进 5 s，0 号灯亮；停止前进，所有灯灭；

⑤ 机械手张开，所有灯亮，放下物品，完成所有任务，机械手恢复原状，等待。

再拍一次手，再次启动机器人重复上面的运动。

3. 硬件需求

① MultiFLEX™2 - AVR 控制器，1 块；

② 多功能调试器和线，1 套；

③ 红外接近传感器，1 个；

④ LED 灯，4 个；

⑤ KD 舵机连接件，4 个；

⑥ 小车底板，2个；
⑦ 舵机，7个；
⑧ 橡胶轮子，4个；
⑨ 声强传感器，1个；
⑩ 连接件，若干。

4.2 舵机控制原理

舵机，顾名思义是控制舵面的电动机。舵机的出现最早是作为遥控模型控制舵面、油门等机构的动力来源，但是由于舵机具有很多优秀特性，在机器人领域得到了广泛应用。关于舵机的原理和应用介绍，请参考本书第2章2.2.7小节。

4.3 搬运车的搭建

4.3.1 底板、舵机结构件和连接件

搬运车框架：搬运车是由控制器加结构件组成的。

操作步骤

步骤1 安装搬运车框架

连接控制器和支撑结构件，如图4.1所示。

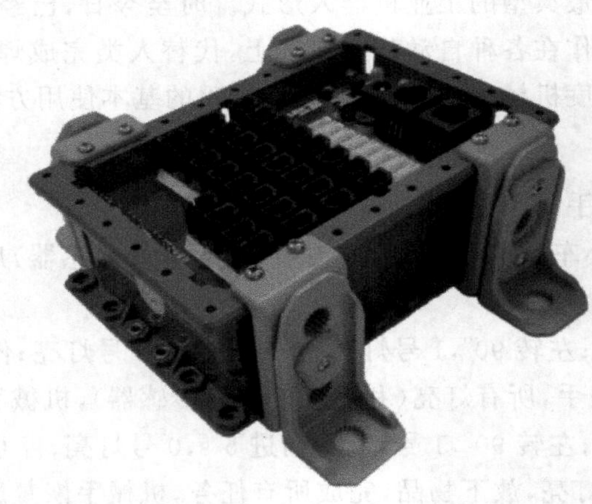

图4.1 在控制器上连接好支撑结构件

4.3.2 CDS55xx机器人舵机

静止不动的机器人是没有任何意义的，人类设计机器人的初衷，就是让机器人可以代替人来做一些事情。因此，机器人首先需要具备运动能力。

机器人常用的运动执行机构有直流电机、步进电机、舵机等。这里主要讨论创意之星配套的机器人舵机——CDS55xx机器人舵机，如图4.2所示。

CDS 系列机器人舵机属于一种集电机、伺服驱动、总线式通信接口为一体的集成伺服单元，它可以工作在舵机模式和电机模式。舵机模式时，它可以在 0°～300°的范围内摆动；电机模式时，它可以像电机一样整周旋转。因此，CDS 系列机器人舵机既具备舵机的性能，也具备电机的性能，既能用作机器人的关节，也可以用来驱动轮子，是一种拥有广泛应用前景的执行机构。

图 4.2　CDS55xx 机器人舵机

CDS55xx 机器人舵机的特点如下：

① 大扭矩：10Kgf cm 的持续转动输出扭矩，大于 20 kgf · cm 位置保持扭矩。

② 高转速：最高 0.16s/60°输出转速。

③ DC 6.5V～8.4V 宽电压范围供电。

④ 0.32°位置分辨率。

⑤ 双端输出轴，适合安装在机器人关节。

⑥ 高精度全金属齿轮组，双滚珠轴承。

⑦ 连接处 O 型环密封，防尘防溅水。

⑧ 位置伺服控制模式下转动范围 0°～300°。

⑨ 在速度控制模式下可连续旋转，调速。

⑩ 总线连接，理论可串联 255 个单元。

⑪ 高达 1M 通信波特率。

⑫ 0.25KHz 的伺服更新率。

⑬ 兼容 Robotis Dynamixel 通信协议。

⑭ 具备位置、温度、电压、速度反馈。

接下来学习如何使用 CDS55xx 机器人舵机。

1. CDS55xx 机器人舵机的总线通信

CDS55xx 机器人舵机采用半双工串行异步总线通信，控制器可以通过一个 UART 接口，控制多达 255 个的 CDS55xx 机器人舵机。这里借用现实中的一个例子来解释。

某学校接到上级要来视察工作的通知，校长为了给领导留个好印象，决定举行一个隆重的欢迎仪式。他让宣传部编排了一些欢迎动作，这些欢迎动作需要 10 个方阵的学生共同表演，并且需要步骤协调，每个方阵由一个老师带领，所有的方阵由宣传部长指挥。带队老师和部长都发一个对讲机，校长要求：

① 部长的对讲机调在讲话模式，带队老师的对讲机调在接听模式；

② 部长统一发布方阵的动作指令，比如 A 方阵下蹲、B 方阵摇手、C 方阵站立等。每个带队老师都能听到这些命令，A 方阵带队老师只关心与 A 方阵有关的命令，不理会和 B 方阵有

关的命令,否则动作就乱套了。同样,其他方阵的老师也只关心自己方阵的命令,除了要求所有方阵都执行的指令之外;

③ 命令只能由部长发布,任何带队老师不能给其他带队老师发布动作命令;

④ 带队老师不能随便将对讲机调为讲话模式,向部长咨询事情,否则大家都调为讲话模式,就会造成混乱,无法听清指令。只有在部长要求回答的时候才能回答,回答完毕后立刻将对讲机调回接听模式。

某个风和日丽的日子,领导终于来了。部长按照剧本对方阵老师下命令:所有方阵听指令,我先发布各个方阵的动作,各个方阵记住自己的动作之后先不执行,等我说执行,所有方阵一起执行。现在开始,A 方阵向前走 5 步,B 方阵摇手,C 方阵放气球……,现在所有方阵执行动作。

欢迎仪式动作整齐,配合默契,步骤协调,获得了领导的赞赏。

总线是指能为多个功能部件服务的一组信息传输线,它是计算机中系统与系统之间、或者各部件之间进行信息传送的公共通路。它由一定的物理线路和接口、数据协议规范所构成。

① 部长和各个带队老师的对讲机就是这样的物理线路,它让指挥者和执行者之间的通信成了可能。校长发布的几个规定就是总线协议,这个协议让总线不会出现冲突、紊乱,让通信能够正常完成。CDS55xx 机器人舵机的半双工串行异步总线的物理线路是舵机线、UART 接口等,CDS55xx 机器人舵机也有一套总线协议,可以在《CDS55xx 机器人舵机数据手册》里看到具体描述。

② 部长发布命令,其他带队老师只能接受命令,不能发布命令,因此可以称部长为主机,其他带队老师是从机,这个总线上只能有一个主机,否则多人发布命令会导致带队老师(从机)不知道听谁的命令好。从机可以有很多,现在有 10 个方阵,如果欢迎仪式的剧本复杂点,也可能需要 255 个方阵。在 CDS55xx 机器人舵机的总线上,“创意之星”控制器就是主机,发布 CDS55xx 机器人舵机需要执行的命令,比如 ID 为 1 的舵机转 50°,其他舵机不动。CDS55xx 机器人舵机就是从机,这个总线可以串联很多 CDS55xx 机器人舵机。

③ 这个总线是半双工总线,部长在说的时候,带队老师只能听,带队老师要说话必须将接收机调为讲话模式,部长需要调成收听模式,带队老师说完之后需要立刻切换为收听模式,否则会影响部长发布命令。“创意之星”控制器作为主机,发布 CDS55xx 机器人舵机的动作指令,舵机在控制器要求应答时才发送应答数据,发送完成后立刻将自己的接口状态调整为接收状态。

④ 每个方阵都有自己的代号,这就是从机的 ID(地址),主机发布的命令所有从机都可以接收到,但某从机只响应和自己 ID 匹配的命令。CDS55xx 机器人舵机都有自己的 ID 号,出厂默认都是 1,可以使用 RobotServo Terminal 软件进行修改,具体操作请查阅《RobotServo Terminal 使用说明》。

⑤ 部长可以让带队老师逐个执行动作,比如让 A 方阵先转向,再让 B 方阵蹲下,也可以让所有的方阵记住他们要执行的动作,然后同时执行,这样效果会比较整齐。“创意之星”控制器也可以让 CDS55xx 机器人舵机工作在上述两种模式,这是由总线协议规定的。例如可以给 1 号 CDS55xx 机器人舵机下达转 50°的命令,2 号舵机转 30°的命令,然后下达一个命令让所有总线上的 CDS55xx 机器人舵机同时开始执行刚才发布的命令。详细协议可以查阅《CDS55xx 机器人舵机数据手册》。

这个例子阐明了 CDS55xx 机器人舵机的半双工异步串行总线的原理及其特点。那么总线式的机器人舵机和 R/C 舵机相比有什么优点呢？接下来再用上述例子来说明。

R/C 舵机不是总线式的，只能直接接到控制器上，并且占用一个专有端口。这就要求部长必须长 10 张嘴，拿着 10 个对讲机才能给 10 个方阵下命令。如果要控制 20 个 R/C 舵机，则控制器必须具备 20 个 R/C 舵机接口。“创意之星”控制器有 8 个 R/C 舵机接口，能够同时控制 8 个 R/C 舵机。但总线式舵机不一样，只有一个 CDS55xx 机器人舵机接口，理论上就能控制 255 个 CDS55xx 机器人舵机。之所以说是理论上，是因为 CDS55xx 机器人舵机是需要消耗电能的，在工作的时候最高可能有 2 000 mA 的电流需求，如果在这个总线上接入 255 个舵机的话，同时工作起来，总线上的电流将达到 400A 的可怕程度。实际上也不可能搭建一个具有 255 个舵机的构型。

2. CDS55xx 机器人舵机的使用

CDS55xx 机器人舵机采用半双工串行异步总线进行控制，每个舵机都有自己单独的 ID 号，在机器人构型搭建时需要对 ID 号进行配置，以免机器人某些关节的 ID 号重叠。CDS55xx 机器人舵机出厂时默认 ID 为 1，在“创意之星”包装盒里有 CDS55xx 机器人舵机 ID 编号标签，设好 ID 后可以将 ID 标签贴到舵机后盖上，避免遗忘。

CDS55xx 机器人舵机有专用的调试环境 RobotServoTerminal，在这个环境下，可以设置舵机 ID、波特率、工作模式、速度限制、角度限制、电压限制等。

如前所述，CDS55xx 机器人舵机采用总线式通信，可以串联使用，因此可以将机械手的 6 个关节串联成一串，最后一根线接到控制器上，连线方式非常简单、清晰，可靠性也高很多，如图 4.3 所示。

需要注意的是：每个 CDS55xx 机器人舵机需要使用不同的 ID；每串 CDS55xx 机器人舵机的数量不能太多，最好是 6 个以下。正常工作下单个 CDS55xx 机器人舵机的电流可能达到 500mA～1 A，堵转电流可达到 2.5 A，单组 6 个 CDS55xx 机器人舵机的工作电流可能达到 3～8 A。这样的电流会让舵机线发热，并产生比较大的压降。这时，总线上离控制器最远的一个 CDS55xx 机器人舵机可能因为沿途舵机线的分压而导致工作电压过低，从而出现复位、数据通信不正常等状况。

3. CDS55xx 机器人舵机的自我保护

CDS55xx 机器人舵机具有自我保护功能，如角度限制、扭矩限制等。在搭建机器人过程中，这些功能很重要，某些时候需要根据构型进行重新配置。

在使用传统 R/C 舵机时，经常出现舵机长时间堵转，导致过热烧毁的现象，这是舵机自我保护功能不完善的一种表现。在实际使用过程中，每一个舵机的使用条件都是不一样的，有些舵机的使用环境非常良好，有些则工作条件恶劣。比如机械手根部关节（见图 4.3 的①、②关节），负载远远高于机械手爪（见图 4.3 的⑦关节）。

CDS55xx 机器人舵机会实时检测工作电流、负载、温度，借此判断各种工作状态。当出现过载、过热、过压、指令错误等就会发出报警信息，甚至直接卸载以保护舵机。如表 4.1 所列，CDS55xx 机器人舵机定义了 7 种错误、危险的工作状态，可以设置 CDS55xx 机器人舵机对这 7 种工作状态的应对措施，比如报警、指示灯闪亮、卸载等。

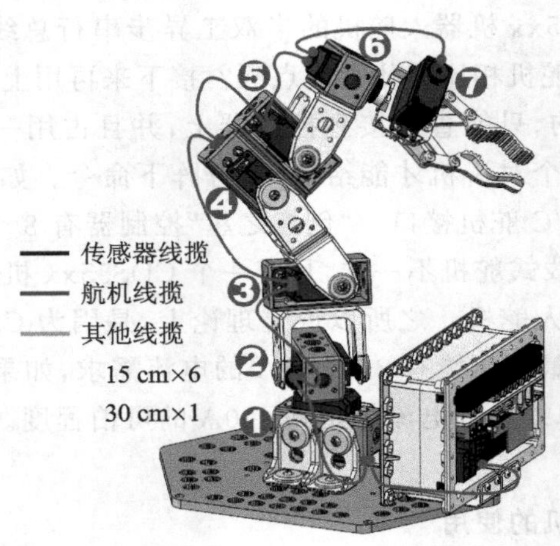

图 4.3 CDS55xx 机器人舵机的串联使用

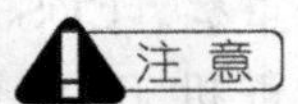

上文提到的“卸载”这个概念，可以将其理解为“切断扭矩输出”。CDS55xx 机器人舵机卸载进入保护模式，即 CDS55xx 机器人舵机由于出现错误工作状态，进入保护模式，切断舵机的扭矩输出，舵机处于没有力量的状态。“卸载”这个概念在接下去的章节里还会重复出现。

表 4.1 CDS55xx 机器人舵机保护状态说明

名 称	详细说明
0	—
指令错误	收到一个未定义的指令或收到 ACTION 前未收到 REG WRITE 指令
过 载	位置模式运行时负载大于最大输出扭矩
校验和错	指令校验和错误
指令超范围	指令超过指定范围
过 热	温度超过指定范围
角度超范围	角度超过设定范围
过压欠压	电压超过指定范围

可以对以上的保护措施进行参数调节，以达到适合使用条件又能保护 CDS55xx 机器人舵机的目的。

① 角度限制：CDS55xx 机器人舵机在舵机模式下，有效角度控制范围是 0°～300°，对应控制量为 0～1023。在某些运用场合，可能需要限制舵机的转角，比如舵机转过 200°之后可能出现堵转，需要将角度限制设置为 0～682（控制量 682，对应角度 200°），当控制指令在 0～682 之间，舵机能够按照给定的指令运动；当给定的指令超过 682，舵机将保持到 682 位置，不会继续运转。

② 电压限制：可以设置 CDS55xx 机器人舵机的工作电压范围，由于硬件设计的限制，CDS55xx 机器人舵机的工作电压是 6.5～10.5 V，低于 6.5 V 它将不能正常工作，高于 10.5 V会被烧毁。设定好电压限制之后，当 CDS55xx 机器人舵机上的加载电压高于或低于此范围，舵机将会置位错误标志位，软件的“电压超范围”指示灯会点亮。

③ 转矩限制："转矩限制"限制了 CDS55xx 机器人舵机的最大工作电流，起到限制 CDS55xx 机器人舵机的最大输出扭矩的作用。在机器人手掌关节或需要长时间堵转的场合常常用到这个功能，默认为最大值 1023，即为最大扭矩输出。通过限制扭矩大小，可以让机械手爪能够抓起草莓，而又不会将草莓捏碎。

4. CDS55xx 机器人舵机的调试软件

RobotServoTerminal 具备以下功能：

① 总线上的舵机 ID 搜索；

② 设置参数，如 ID、波特率、加速度以及位置限制等；

③ 查看舵机状态，如舵机当前温度，位置，载荷、电压等；

④ 速度、位置、负载等关键参数动态曲线观测；

⑤ 舵机固件升级；

⑥ 舵机性能展示。

如图 4.4 所示为舵机调试界面，详细的使用方法请参考软件的使用帮助。

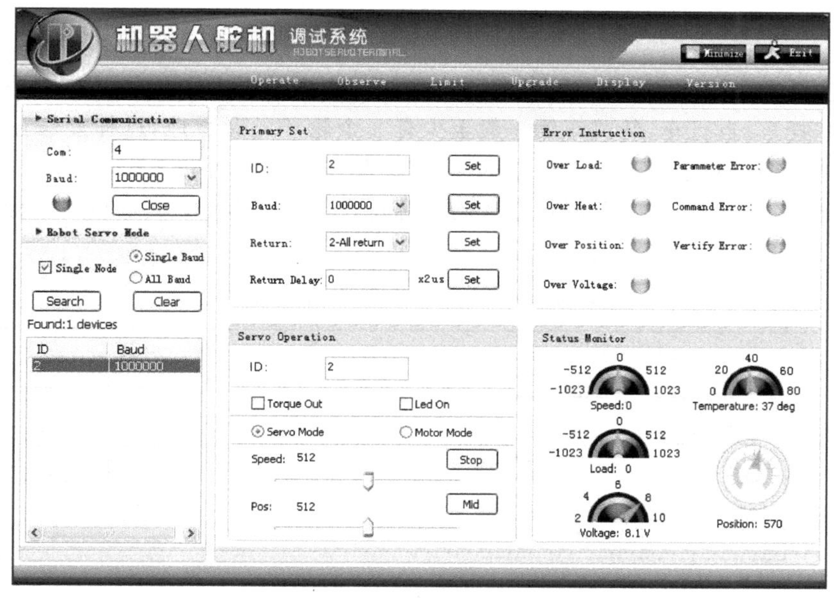

图 4.4　RobotSevoTerminal 舵机调试软件界面

步骤 2：安装舵机

将舵机装入舵机架中用螺丝钉固定，如图 4.5 所示。

注 意

舵机安装时需要对称分布，不要装反。另外，最好在安装舵机前先插入舵机线，否则装上舵机后，舵机线可能会出现不方便插入的情况。

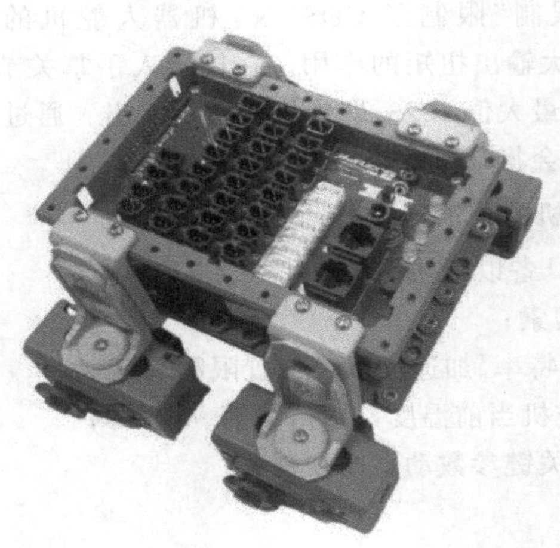

图 4.5　安装 4 个舵机

4.3.3　轮　子

在现实生活中，轮式机构是一种很常见的机构。轮式机器人底盘可以看做是轮式车辆的缩微。除了摩托车、自行车，轮式车辆一般至少有 3 个轮子同时着地，这样能够让车辆在任何时候都能保持平衡。对于只有 2 个轮子的结构，让其平衡是最大的工作，要完成本章的任务，两轮的结构显然不符合要求。两轮机器人的内容将在第 9 章学习。到底应该设计怎样的轮式底盘呢？下面先来分析常见的轮式结构。

表 4.2　常见轮子底盘结构对照表

序　号	结构类型	说　明
1	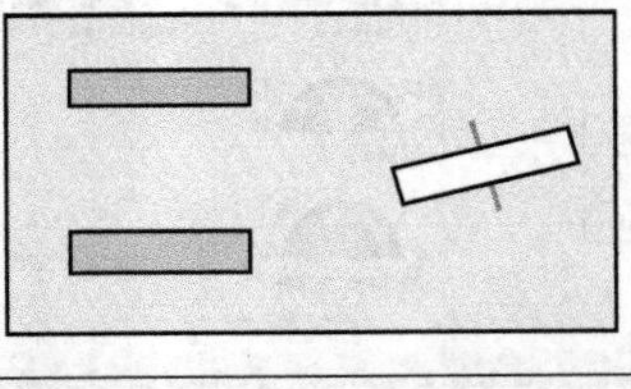	后面两个独立驱动的轮子，前面一个转弯用无驱动轮子
2	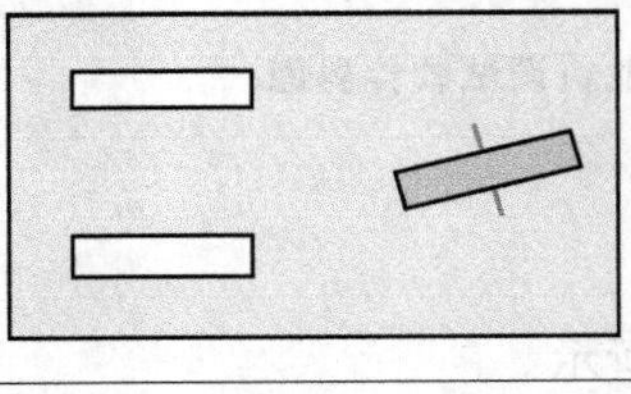	后面两个无动力轮子，前面一个有动力的转向轮
3	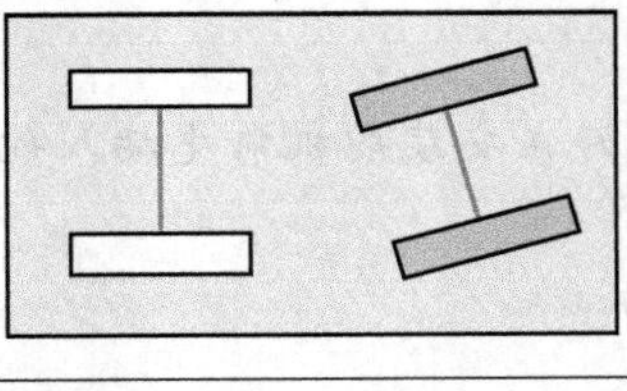	前面两轮驱动，后面两轮从动，前后都带差速器

续表 4.2

序　号	结构类型	说　明
4	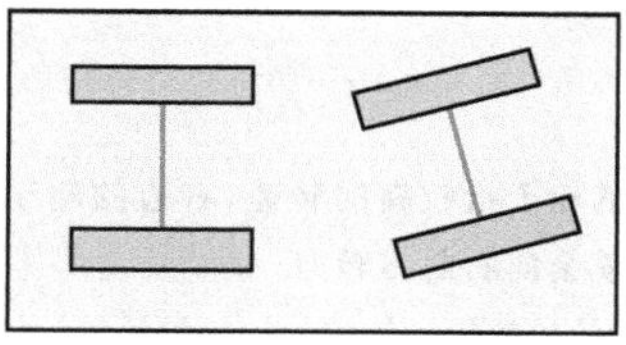	前后都是驱动轮，带差速器。越野车的驱动方式
5	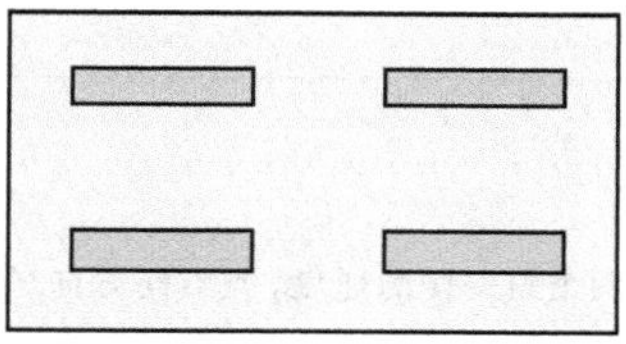	四轮独立驱动，模型四驱车的驱动方式
6	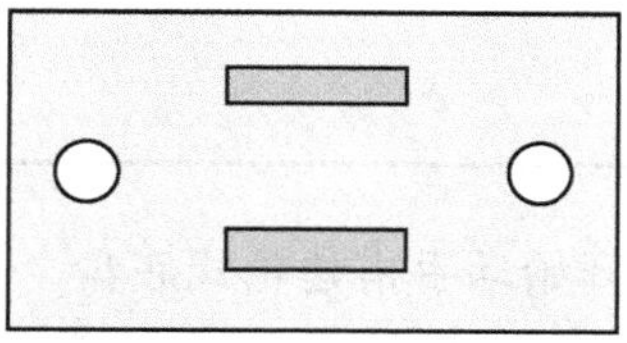	中间两个独立驱动的轮子，前后各有一个万向轮
7	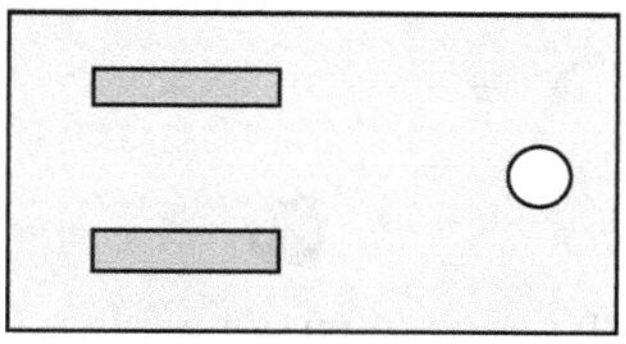	前面一个万向轮，后面两个独立驱动的轮子

注：▭表示有动力的驱动轮；▭表示无动力的随动轮；○表示万向轮。

表 4.2 列出了 7 种常见的轮式底盘结构。由于“创意之星”标准版没有万向轮和差速器，我们排除 3、4、6、7 结构。1、2 结构需要有比较大的转弯半径，5 结构的 4 个轮子可以单独驱动控制，具有很强的机动能力，并且动力比较强劲，所以采用 5 结构。

控制 4 个电机，让机器人能够灵活运动，4 个电机转向和机器人底盘的运动方向对应关系如表 4.3 所列。

表 4.3　电机与底盘的运动关系对照表

状　态	驱动方式	说　明
前进和后退	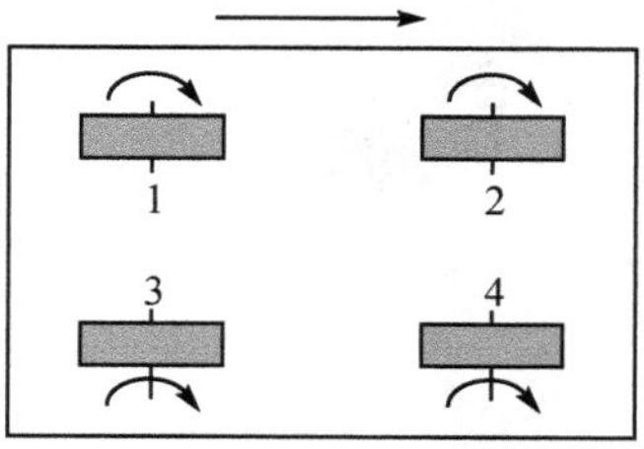 1　2 3　4	给左右两边的轮子同样向前或向后的电机转速，底盘就会前进或者后退

续表 4.3

状 态	驱动方式	说 明
有转弯半径的转向	1 2 3 4	左边的轮子给较高的转速,右边的轮子给较低的转速,底盘就会向右前方转向
无转弯半径的转向	1 2 3 4	左右两个给一样的速度,但不同方向的电机转动,底盘就会原地转向

至此,搭建怎样的底盘已经心中有数了,接下来开始动手搭建轮式底盘。

"创意之星"套件提供了两种轮子,如图 4.6(a)和 4.6(b)所示,4.6(c)为橡胶轮的连接件。

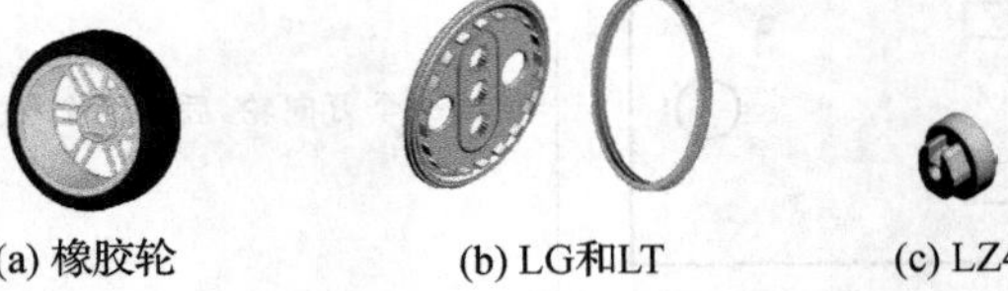

(a) 橡胶轮　(b) LG和LT　(c) LZ4

图 4.6 "创意之星"套件两种轮子及连接件

橡胶轮和地面接触面积大,负载能力强,因此这里选择橡胶轮作为机器人的轮子。

操作步骤

步骤 3　安装橡胶轮

用图 4.6(c)所示的连接件安装橡胶轮,如图 4.7 所示,并用螺丝钉固定。

图 4.7　安装橡胶轮

4.3.4　设置舵机 ID

舵机出厂时 ID 默认为 1，使用之前，一般需要修改 ID。

具体操作步骤如下：

① 连接调试器、舵机和直流电源；

② 启动 RobotServoTerminal 软件；

③ 在 Com 输入框输入调试器所对应的端口号，Baud 选择 1 000 000（默认值），单击 Open 按钮打开串口；打开成功后，右侧的绿灯会变成红色，如图 4.8 所示；

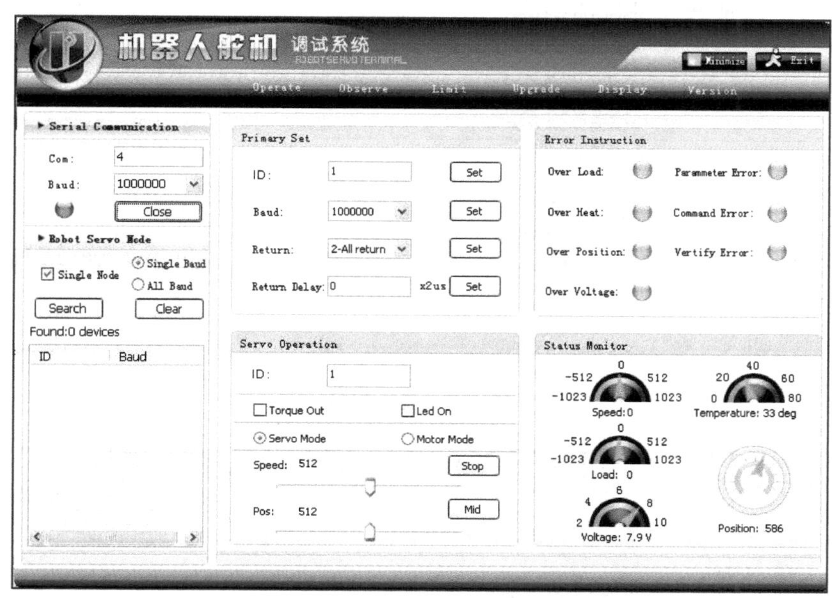

图 4.8　打开串口

④ 根据需要选择查询模式，如果只连接了一个舵机，请勾选 Single Node 复选框。如果没有改变舵机的波特率，请选择 Single Baud，否则选择 All Baud；

⑤ 设置好模式后，单击 Search 开始搜索，右侧会出现搜索信息；如果连接正确，相应的舵机 ID 和波特率会出现在列表框。此时 Search 会变成 Stop，如图 4.9 所示；

⑥ 当所有舵机节点都出现在列表框中或者扫描结束时，可以单击 Stop 停止查询，如图 4.10 所示，单击 Stop 后，即可隐藏右侧的搜索信息框；

⑦ 在列表框中单击选择要操作的舵机，这里选择 ID 为 22 的舵机，如图 4.11 所示；

⑧ 切换到 Operate 操作页面（默认），在 Primary Set 组 ID 输入框中选择要设置的舵机 ID（范围 0～253），假设输入 2，单击设置即可修改舵机 ID，如图 4.12 所示；此时列表框中选中的舵机 ID 会相应修改为设定值，如图 4.13 所示；需要注意的是，此步操作之前，必须先在列表框中单击选择要设置 ID 的舵机；

⑨ 再次单击 Search 搜索舵机，如果设置成功，就会看到新设置的舵机 ID 出现在列表框，如图 4.14 所示；单击 Stop 结束搜索，如图 4.15 所示。

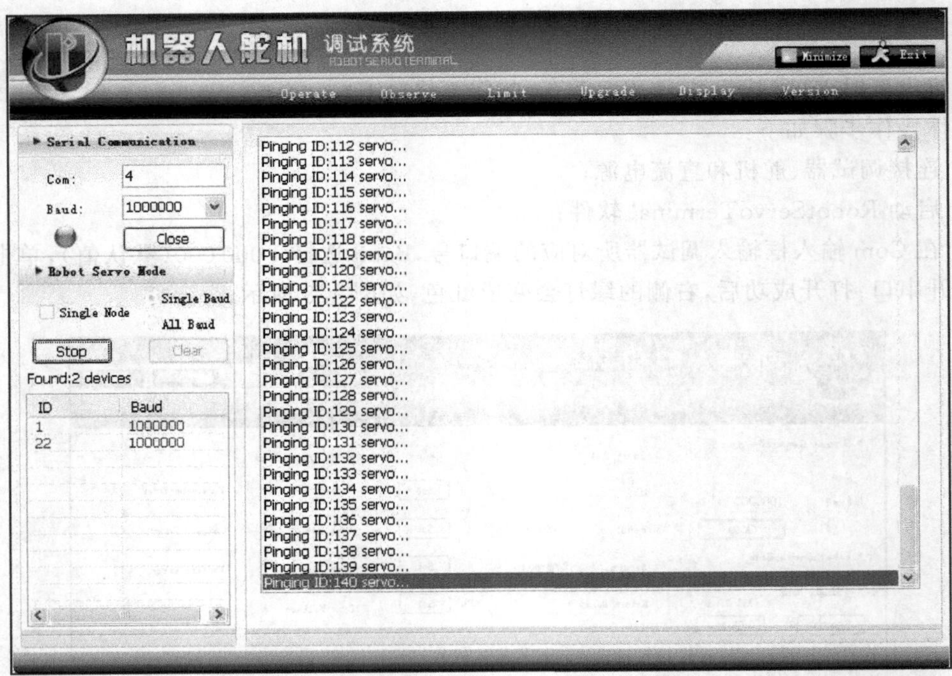

图 4.9　查找舵机

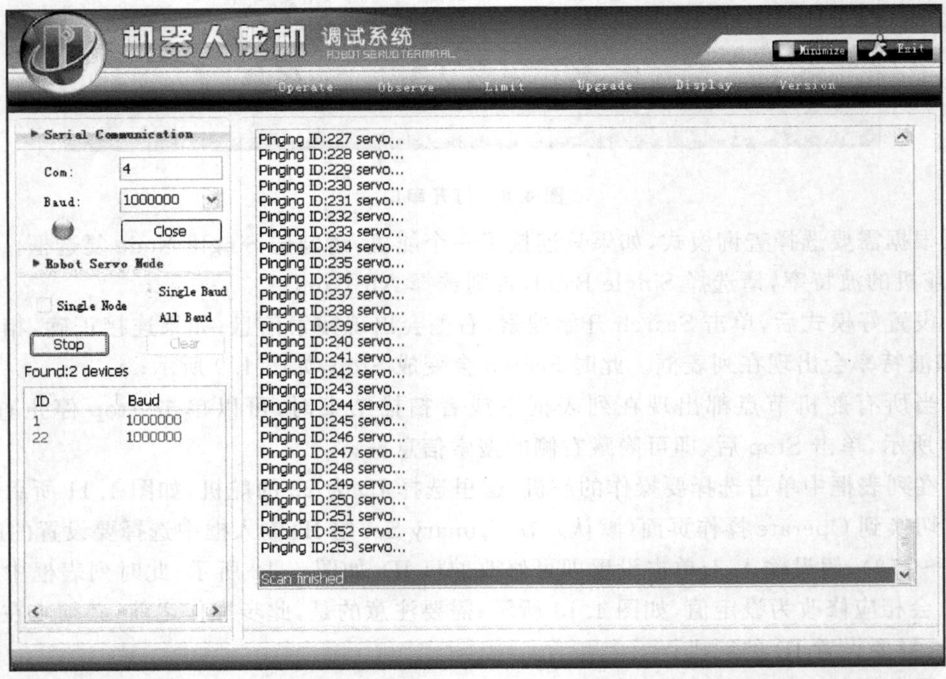

图 4.10　搜索结束

图 4.11　单击“Stop”并在列表框中选择舵机“22”

图 4.12　在 ID 输入框中输入要设置的 ID 值“2”并单击“Set”

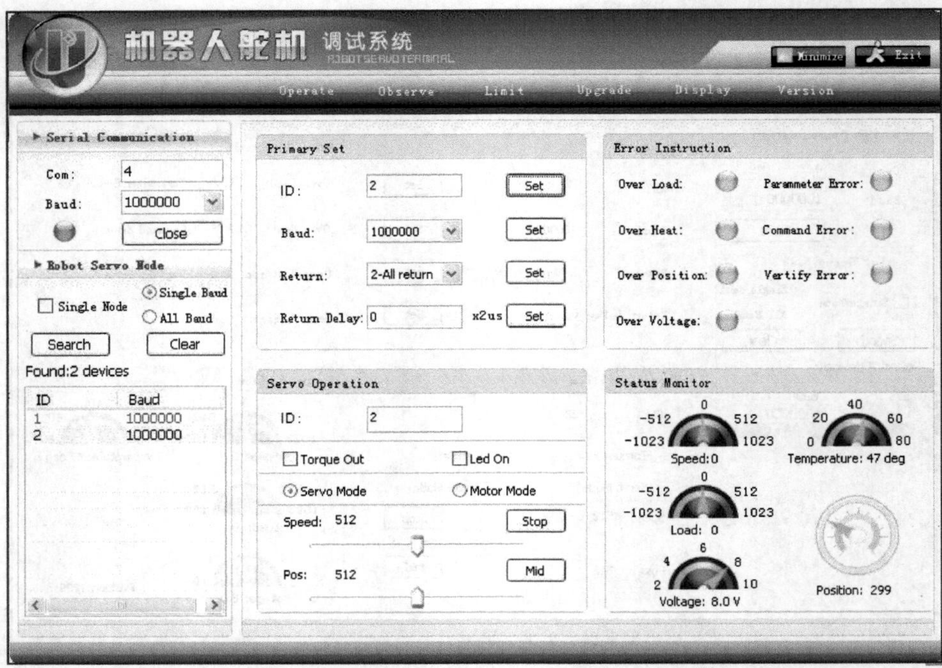

图 4.13 设置 ID 后

图 4.14 搜索舵机

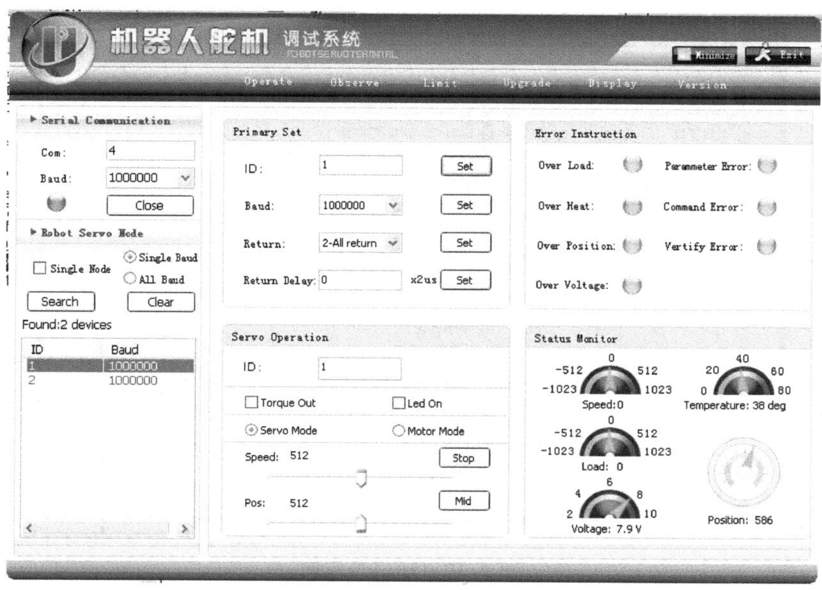

图 4.15　结束搜索

操作步骤

步骤 4　修改 ID 号

① 取出多功能调试器，电源，连接好左前轮舵机，如图 4.16 所示。

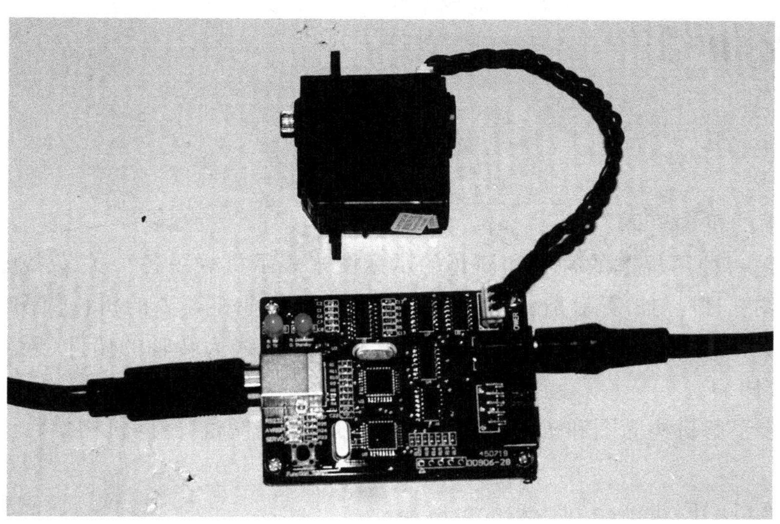

图 4.16　舵机/多功能调试器/电源接线图

② 查看端口号并打开串口

③ 右键单击“我的电脑”，选择“管理”—“设备管理器”—“端口 COM 和 LPT”，即可看到端口号 USB Serial Port (COM4)，如图 4.17 所示。

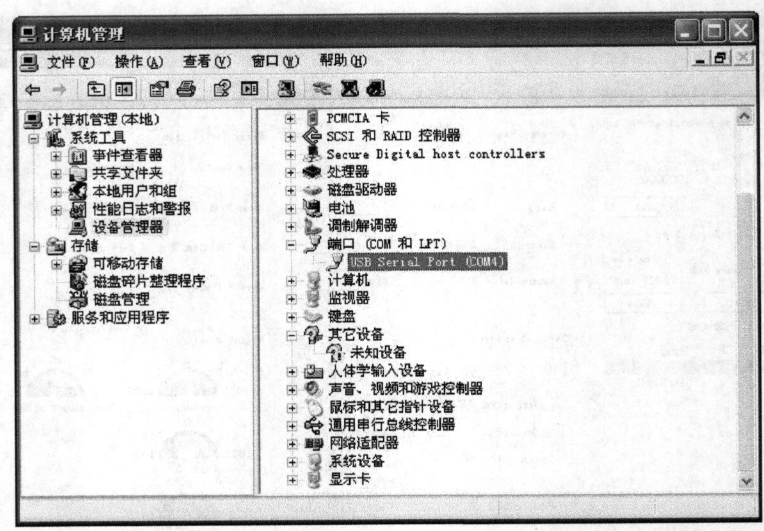

图 4.17　端口号查询

在这里的端口号为 com4,实际的端口号要根据自己的 PC 机来定。

④ 在 RobotServoTerminal 的 Com 框中输入端口号 4,单击 Open 按钮打开串口。

⑤ 查询,然后修改该舵机 ID 为 1。

⑥ 更换舵机,重复以上操作,将右前轮舵机 ID 设置为 2,左后轮舵机 ID 设置为 3,右后轮舵机 ID 设置为 4。

4.3.5　机械手

1. 预备知识

(1) 机械手的机构简图

机构简图是一种用规范的符号和简化的示意图来表示机械手各个关节之间运动关系和约束关系的示意图。图 4.18 所示是一个典型的 5 自由度工业机器人的机构简图,其结构形式为 R-P-P-S-R。其中,R 代表沿轴线的回转,P 代表以轴线为转轴的俯仰(旋转),S 代表沿轴线的直线运动(伸缩)。

如想进一步了解机构简图和机构学方面的相关知识,请阅读《空间机构学》、《机器人学》等书籍。

(2) 自由度(DOF:degree of freedom)

自由度指的是力学系统的独立坐标的个数。

力学系统由一组坐标来描述。比如一个质点的三维空间中的运动,在笛卡儿坐标系中,由 x、y、z 三个坐标来描述;或者在球坐标系中,由 r、θ、ϕ 三个坐标描述。描述系统的坐标可以自由的选取,但独立坐标的个数总是一定的,即系统的自由度。一般,N 个质点组成的力学系统由 $3N$ 个坐标来描述,但力学系统中常常存在着各种约束,使得这 $3N$ 个坐标并不都是独立的。对于 N 个质点组成的力学系统,若存在 m 个约束,则系统的自由度为:

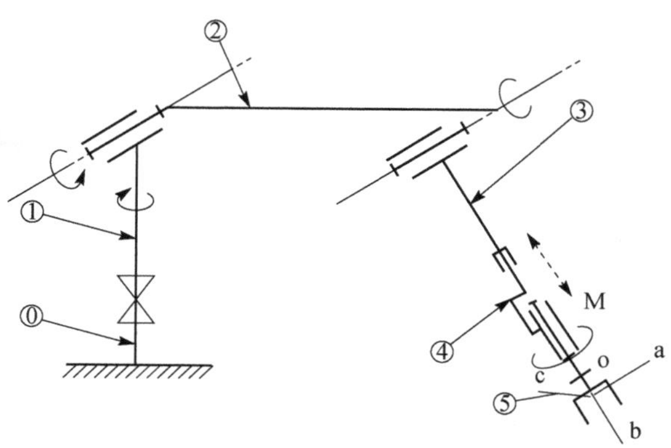

图 4.18　机械手各个关节之间运动关系和约束关系

$$S = 3N - m$$

比如，在一个平面上运动的一个质点，其自由度为 2：x 向的平移和 y 向的平移。另外质点还具有 z 方向的约束。

在机械手的结构上，通常 1 个关节只有 1 个原动机（电机或者舵机），因此只允许有 1 个自由度。如果多于 1 个自由度，则会有某些不受控制的运动。例如，1 个关节具有绕轴旋转和俯仰 2 个自由度；但是只有 1 个电机能够控制关节的绕轴旋转，那么，关节的俯仰自由度就是不受控的。

通常对于机械手来说，有多少个原动机（电机或液压缸、舵机）就有多少个自由度。但是手部的夹持器或者其他工作装置，通常不计算为手臂的自由度。

（3）正向运动学和逆向运动学

在机械手的使用过程中，经常碰到两类问题：

① 已知机械手的各关节位姿，想知道机械手末端的坐标和姿态；

② 已知机械手末端的坐标和姿态，想知道各关节的位姿；

正向运动学和逆向运动学就是分别解决以上两类问题的。“创意之星”机器人套件可以组装成很多种形式的机械手，因此无法提供求解正向运动学和逆向运动学的功能，有需要的读者可以自行求解，或者编写程序求解。机器人运动学的计算需要读者掌握基本的空间几何学知识及一定的矩阵知识。任何一本《机器人运动学》教材都会详细地讲解这些内容。

2. 任务分析和策略规划

为了搭建本章任务中的机械臂，可以先分析人类是如何完成物品的抓取和转移动作的。经过分析做如下规划：用一个舵机做“轴”关节，执行机械手相对于底盘的运动；用一个舵机做“腕”关节，执行“手掌”旋转的运动；再用一个舵机作为手掌，执行“手指”张合的运动。这里我们只需要 3 个舵机就可以搭建出一个机械手。当然，读者可以自己设计更多自由度的机械手。

接下来开始搭建机械手。

3. “创意之星”机械手结构件组

机械手组件是“创意之星”提供的一种专门搭建机械手的组件，它主要包括如图 4.19 所示的 6 个结构件，把它们和舵机组装起来，就可以组成一个机械手，如图 4.20 所示。

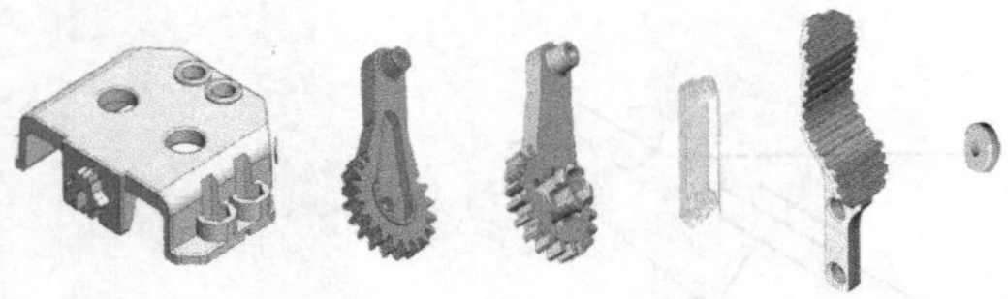

图 4.19 创意之星机械手组件

图 4.20 安装好的机械手

操作步骤

步骤5 组装机械手

在这里组装的是一个3自由度的机械手,即手掌、腕关节、肘关节。

① 打开 RobotServoTerminal 软件,把机械手的3个舵机ID设置为机械手端7,腕关节6,肘关节5,并把这3个舵机调到中位。

注 意

舵机调到中位是很重要的一步,这样才能保证舵机安装后,机械手的各个关节位置处于中间状态,两边都有可活动的余地;如果安装时舵机已处于极限状态,安装后舵机就无法再向某个方向运动。

② 参照图4.21和图4.22组装机械手。

图 4.21 组装手掌

图 4.22 组装手腕和手掌

③ 把安装好的机械手装在另外一个底板上,如图4.23所示。

图 4.23 在底盘上安装机械手

操作步骤

步骤6 安装传感器、控制器

安装声音传感器、红外接近传感器、控制器,如图4.24所示。

最后的组装效果如图4.25所示。

图 4.24　安装传感器、LED 灯和控制器

图 4.25　最终完成的搬运车

操作步骤

步骤 7　接线

① 将声音传感器接到 IO11，红外接近传感器接到 IO10。

② 将机械手上的舵机串联后接入控制器上的任意一个机器人舵机接口，将轮子上的 4 个舵机两两相连，然后接入控制器空余的机器人接口。

③ 连接好多功能调试器、控制器和 PC 机。

④ 将连接直流稳压电源连接到控制器。

4.4　让搬运车动起来

4.4.1　工程设置修改

在搭建机器人的时候，轮子用的是舵机，机械手用的也是舵机，它们之间有什么区别，应该如何使用？

其实，4.3.2 节介绍 CDS55xx 舵机时已经提到，CDS55xx 机器人舵机有两种模式，即电机模式和舵机模式，电机模式时，它可以整周旋转，舵机模式时，它只能在 0°～300°的范围内转动。

在使用 NorthSTAR 编程时，需要根据实际情况设置好舵机的工作模式。如图 4.26 所示，在工程设置下的舵机设置窗口中，双击列表中的“舵机模式”即可修改为“电机模式”。

操作步骤

步骤 8　新建工程及参数设置

① 新建工程，进入舵机设置界面，在“当前构型的舵机个数”中填入 7。在“当前构型的舵机列表”中，将前 4 个 Mode 设置为“电机模式”，如图 4.27 所示。

② 单击“下一步”进入 AD 设置，这一步不作设置。

③ 单击“下一步”进入 IO 设置界面，IO 设置如图 4.28 所示。

④ 单击完成进入主界面。

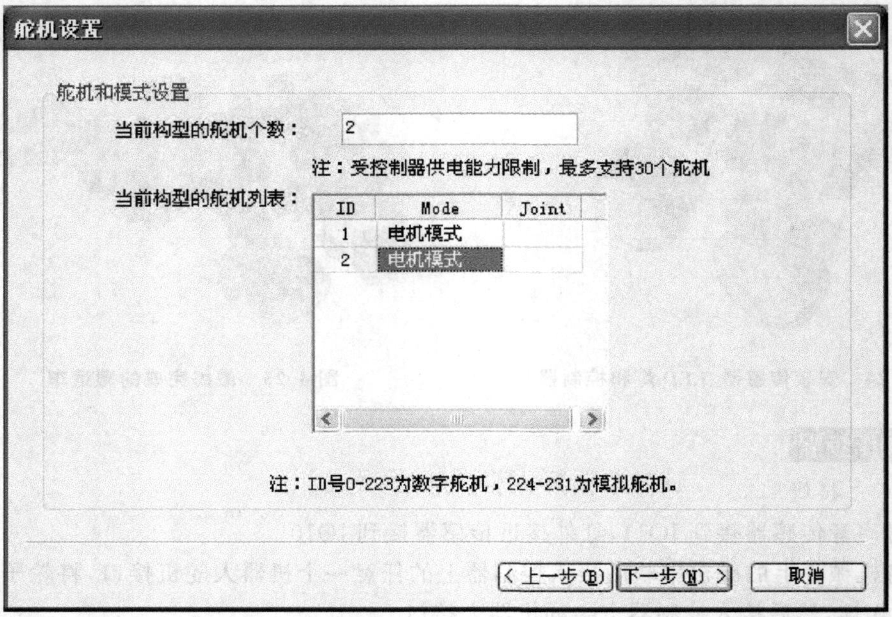

舵机设置

舵机和模式设置

当前构型的舵机个数: 2

注:受控制器供电能力限制,最多支持30个舵机

当前构型的舵机列表:

ID	Mode	Joint
1	电机模式	
2	电机模式	

注:ID号0-223为数字舵机,224-231为模拟舵机。

< 上一步(B)　下一步(N) >　取消

图 4.26　电机模式设置

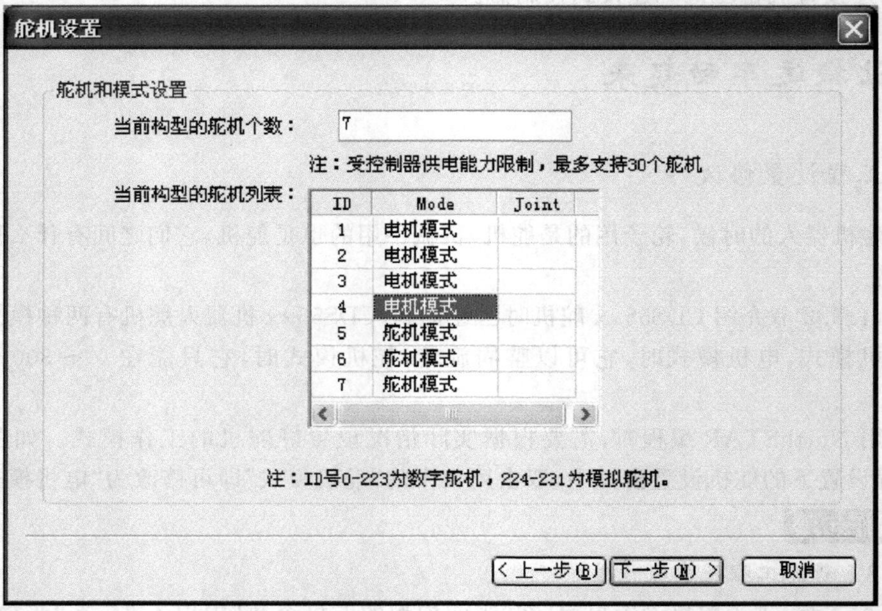

舵机设置

舵机和模式设置

当前构型的舵机个数: 7

注:受控制器供电能力限制,最多支持30个舵机

当前构型的舵机列表:

ID	Mode	Joint
1	电机模式	
2	电机模式	
3	电机模式	
4	电机模式	
5	舵机模式	
6	舵机模式	
7	舵机模式	

注:ID号0-223为数字舵机,224-231为模拟舵机。

< 上一步(B)　下一步(N) >　取消

图 4.27　舵机设置

操作步骤

步骤 9　增加 while 循环模块

拖入一个 while 模块,放在 START 和 END 之间,组成一个死循环,这样可以让整个程序永远运行。

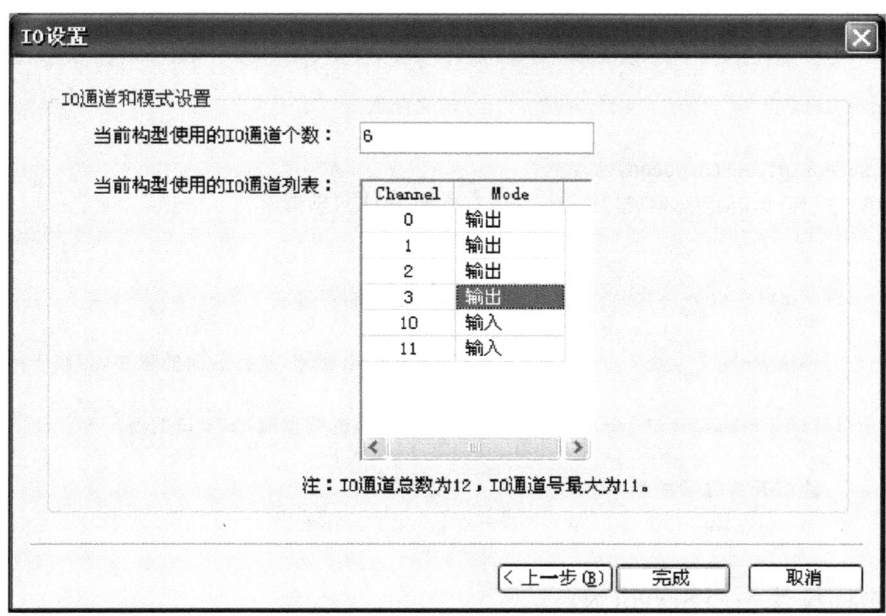

图 4.28　IO 设置

4.4.2　IF 模块和 Break 模块

IF 模块位于程序模块中，如图 4.29 所示。IF 模块对应于 C 语言中的 if 语句，它总是与 end if 语句成对出现，对此不熟悉的读者可以阅读本书 2.6 节内容或者参考 C 语言编程书籍。

图 4.29　IF 模块

在 IF 模块图标上有两个向下的前头，也就是说有个走向，左边黄色箭头表示判断为真时程序的分支，右边蓝色前头表示判断为假时程序的分支。Break 模块的作用是跳出循环。

操作步骤

步骤 10　增加启动开关

拖入 1 个 while 模块，2 个数字输入模块，1 个 IF 模块，1 个 Break 模块，1 个 Variable 模块，组成一个"软"开关。该开关与声强传感器相对应，可以实现拍手启动机器人。最后连接各模块，如图 4.30 所示。

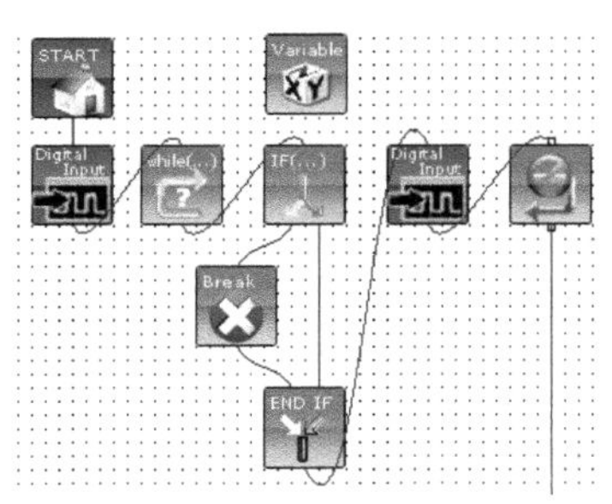

图 4.30　开关流程图

各图标的属性设置如下：

① Variable：变量，int，io11；

② Digital Input：通道 11，io11；

③ while 条件 1：1；

④ IF 条件 1：io11＝＝0；

生成的开关程序代码如下：

```
#include "background.h"
int main(int argc, char * argv[])
{
    int  io11 = 0;                      //定义函数
    MFInit();
    MFSetPortDirect(0x000007FF);
    io11 = MFGetDigiInput(11);          //读取 io11 口的值
    while (1)
    {
        if (io11 == 0)                  //判断是否有声音
        {
            break ;                     //有声音跳出循环,执行后面的程序,相当于一个开关
        }
        io11 = MFGetDigiInput(11);      //没有声音,继续读取 io11 口的值
    }
    //跳出开关之后的程序
}
```

4.4.3 舵机模块——Servo(N)

1. 电机模式

功能模块中的第一个模块就是舵机模块,把它拖入编辑窗口后,双击它可以对其进行属性设置,如图 4.31 所示,其意义与其他模块相似。

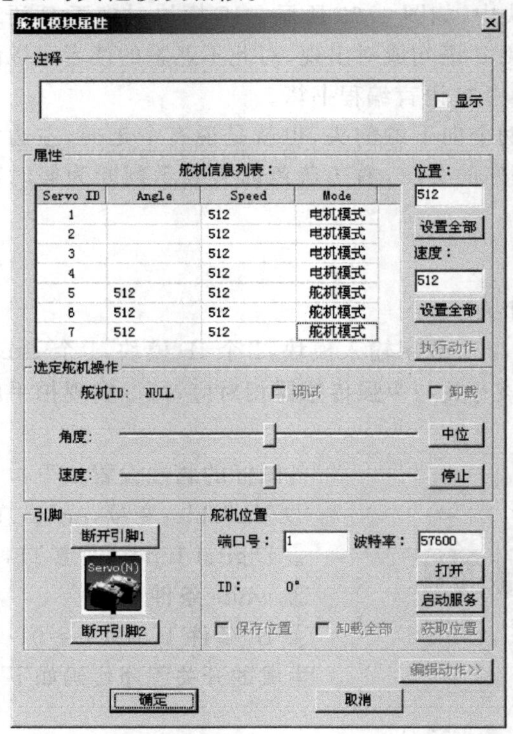

图 4.31 舵机模块设置

① 注释：使用方法与其他模块相同。

② 属性：属性中 4 个标签的意义如表 4.6 所列。

表 4.6　标签的意义

名　称	意　义	取值范围
Servo ID	舵机 ID	此处不可修改
Angle	舵机位置	0～1023（电机模式时不可用）
Speed	舵机速度	0～1023
Mode	舵机模式	此处不可修改

③ 设置全部：属于一种快捷设置方式。当需要把所有舵机的位置或者速度设置为同一个值时，可以更改位置或速度的值，然后单击设置全部即可，默认值为 512。

④ 执行动作：调试时使用，目前是灰色的不可用。调试时，让列表中所有舵机以列表中指定的速度运动到列表中指定的位置。

⑤ 选定舵机操作：在列表框中，可以直接双击舵机的角度值和速度值，输入要设置的值，也可以通过下方的滑动条来设置。（当在属性框中选中某个舵机时，其 ID 号会出现在标签上，角度和速度的滑动条同时也显示当前值，可以拖动滑动条来改变当前值，电机模式下的角度滑动条不可用）。

⑥ 中位：角度滑动条后面有中位按钮，单击即可让列表中选中的舵机恢复中位。

⑦ 停止：设置当前选中的舵机速度为 0。

⑧ 调试和卸载在调试状态下可用。

2. 小车的运动

搭建完机器人后，就得让它运动起来，那么如何让小车前进和转弯呢？4.3.3 节讨论轮式底盘的结构时，已经做了分析。这里需要知道舵机的正负速度对应的转向，可以通过实际调试来观察。如图 4.32 所示，当给电机一个正值时，其逆时针转动，当值为 0 时，停止转动，当值为负值时，其顺时针转动。给定速度的绝对值越大，转速越快。其取值范围是－1023～1023。当取值为 1023 时，其每分钟的转速约为 62 转/分钟。

图 4.32　当给电机一个正值时电机的转向

操作步骤

步骤 11　小车前进

从上面的分析可知，如果要让小车前进，左边舵机的速度应该设置为正值，右边舵机的速度应该设置为负值。

① 拖入一个舵机模块，属性设置如图 4.33 所示，1、3 轮为左前和左后，设置其值为 512，2、4 轮为右前和右后，设置其值为－512；

② 拖入一个数字输出模块，选择通道 0，输出值设置为 0；

③ 拖入一个 Delay 模块，延时设置为 5000；

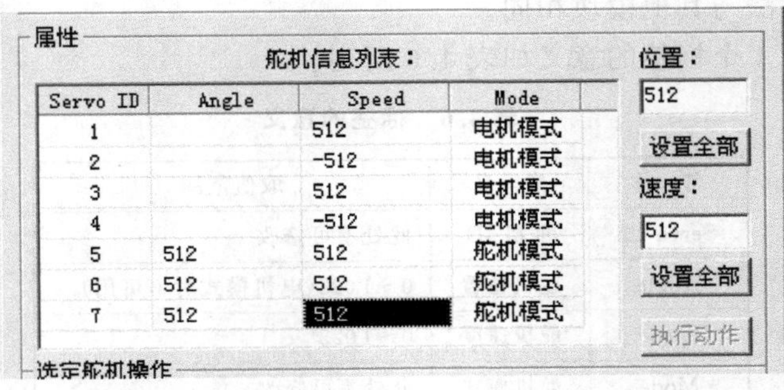
属性

舵机信息列表：

Servo ID	Angle	Speed	Mode
1		512	电机模式
2		-512	电机模式
3		512	电机模式
4		-512	电机模式
5	512	512	舵机模式
6	512	512	舵机模式
7	512	512	舵机模式

图 4.33　前进设置

操作步骤

步骤 12　小车左转和前进

● 左转：

① 拖入一个舵机模块，属性设置如图 4.34 所示，设置 ID 为 1、3 的舵机速度值为－512，ID 为 2,4 的舵机速度值为－512；

② 拖入一个数字输出模块，选择通道 0，输出值设置为 1；

③ 拖入一个数字输出模块，选择通道 1，输出值设置为 0；

④ 拖入一个 Delay 模块，延时设置为 3 000。

属性

舵机信息列表：

Servo ID	Angle	Speed	Mode
1		-512	电机模式
2		-512	电机模式
3		-512	电机模式
4		-512	电机模式
5	512	512	舵机模式
6	512	512	舵机模式
7	512	512	舵机模式

位置：512　设置全部　速度：512　设置全部　执行动作

图 4.34　转弯设置

● 前进：

① 拖入一个舵机模块，按照步骤 11 设置；

② 拖入一个数字输出模块，选择通道 0，输出值设置为 0；

③ 拖入一个数字输出模块，选择通道 1，输出值设置为 1；

④ 拖入一个 Delay 模块，延时设置为 5 000。

操作步骤

步骤 13　小车停止

① 拖入一个舵机模块，设置 1、2、3、4 号舵机速度为 0，如图 4.35 所示。

② 拖入一个数字输出模块，选择通道 0，输出值设置为 1；

③ 连接各模块如图 4.36 所示。

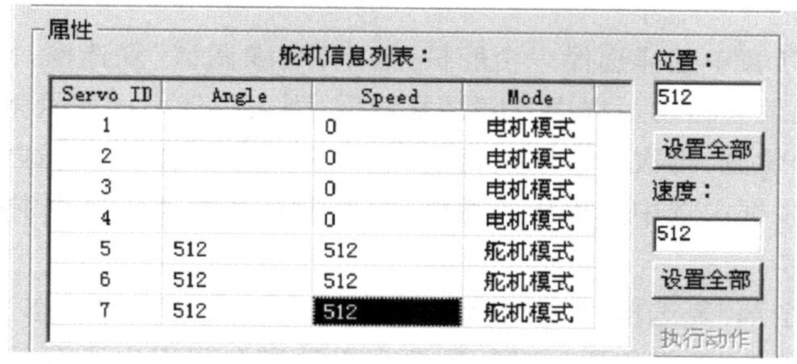

Servo ID	Angle	Speed	Mode
1		0	电机模式
2		0	电机模式
3		0	电机模式
4		0	电机模式
5	512	512	舵机模式
6	512	512	舵机模式
7	512	512	舵机模式

图 4.35　停止设置

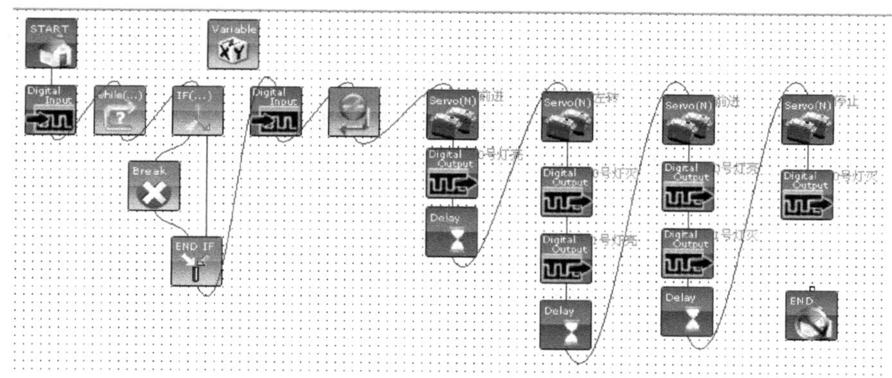

图 4.36　前进转弯流程图

3. 舵机模式

(1) 舵机模块

接下来给机械手编写动作。NorthSTAR 提供了 CDS55xx 机器人舵机的位置获取功能，使用该功能可以方便地编写机械手动作。首先来介绍获取舵机当前位置的方法。

舵机的位置获取需要在控制器中运行服务程序，所以首先下载服务程序。连接 PC 机，调试器和控制器，切换调试器到 AVRISP 模式，打开控制器电源，然后单击“启动服务”下载服务程序。下载结束后，将调试器切换到 RS232 模式，在窗口中输入正确的端口号和波特率后打开串口。

为什么需要下载服务程序呢？这是由于获取舵机位置时，需要控制器返回舵机的位置。一般情况下，控制器不需要返回舵机的位置，其内部运行的程序不具备返回位置的能力，所以在获取位置时，就需要一个程序来执行“返回舵机位置”的任务。举个例子，一位局长工作非常繁忙，他没有时间接听外界打给他的电话，因此就需要给他配备一个秘书，秘书可以接听外界电话，并对外界的咨询进行解答。这里局长就类似于控制器，秘书就类似于“服务程序”，要让控制器返回舵机位置信息，就需要把“秘书”——服务程序下载到控制器里，来完成返回舵机位置的工作。NorthSTAR 里多处都具有“启动服务”功能，其实执行的都是相同的操作，完成相同的任务。

串口打开成功后，窗口中的“保存”、“卸载全部”、“查询位置”按钮都恢复可用状态；如果打开失败，这些按钮都不可用。需要注意的是，下载服务程序之前如果已经打开了串口，下载时会自动关闭。

打开端口后，在列表中选择选择一个舵机，选中“在线调试”复选框，拖动角度或者速度滑动条，相应ID的舵机就会运动。选中“卸载”复选框，列表中选中的舵机将会被设置为卸载态，可以用手扳动到一个位置，再次单击取消复选，舵机恢复力矩输出。对这两个复选框进行操作的前提是，首先在列表框中选中要操作的舵机，如果没有在列表中选中舵机，这里的操作没有任何效果。

单击选中“卸载全部”复选框，列表中所有舵机都会被设置为卸载态。用手扳动各个舵机到合适的位置，然后单击“查询位置”按钮，软件会自动查询列表中所有舵机的当前位置，并滚动显示，此时如果单击“保存”复选框，当前舵机位置会自动保存到列表中；单击之后，“查询位置”按钮标题会变为“停止”，此时单击会停止位置查询。取消“卸载全部”复选框，则所有舵机恢复力矩输出。取消“保存”复选框，则只滚动显示舵机当前位置，并不保存到列表中。

获取完所有舵机位置后，单击“停止”，然后单击“确定”即可保存设置。

如果工程设置中选择了除“自定义”构型外的其他构型，“编辑动作”按钮就会处于可用状态。单击后会出现构型的三维窗口，三维窗口下面的“在线调试”和“卸载”复选框用法和左边窗口中用法相同。

(2) 调试舵机

除了在舵机模块属性中调试舵机外，NorthSTAR中还提供了单独调试舵机的窗口，如图4.37所示。

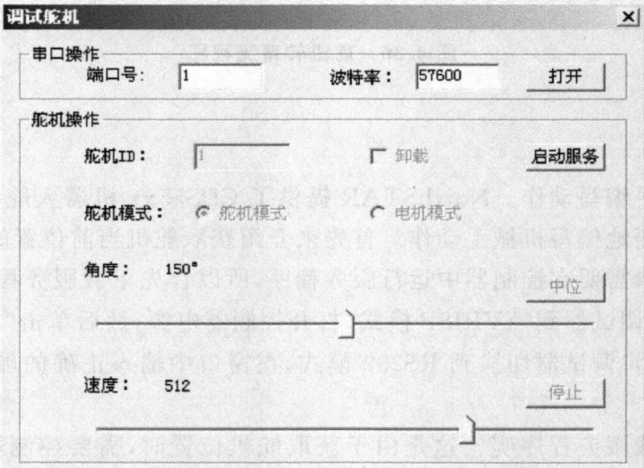

图4.37 舵机调试

舵机调试用于测试舵机的性能，设置舵机模式，查询舵机位置的操作。操作之前需要按照“舵机模块”中介绍的方法下载服务程序。下载完毕后，切换调试器到RS232模式，在设备管理器中查看当前端口号，然后在对话框中输入端口号，打开端口。

调试时，在舵机 ID 输入框中输入要调试舵机的 ID，单击“舵机模式”、“电机模式”即可设置相应的舵机模式。单击复选“卸载”可以设置舵机为卸载态，单击取消复选可以让舵机恢复力矩输出。拖动“位置”滑动条可以改变舵机的位置，拖动“速度”滑动条可以改变舵机的速度。单击“查询”可以查询舵机的当前位置，此后单击“停止”可以停止查询。

接下来开始实际编写机械手的动作。

操作步骤

步骤 14　增加开关，等待夹持物的到来

参考步骤 10，拖入 1 个 while 模块，2 个数字输入模块，1 个 IF 模块，1 个 Break 模块，1 个 Variable 模块，组成一个“软”开关。该“软”开关通过红外接近传感器来触发，可以实现物体靠近机械手时启动机器人。最后连线的效果图如图 4.38 所示。

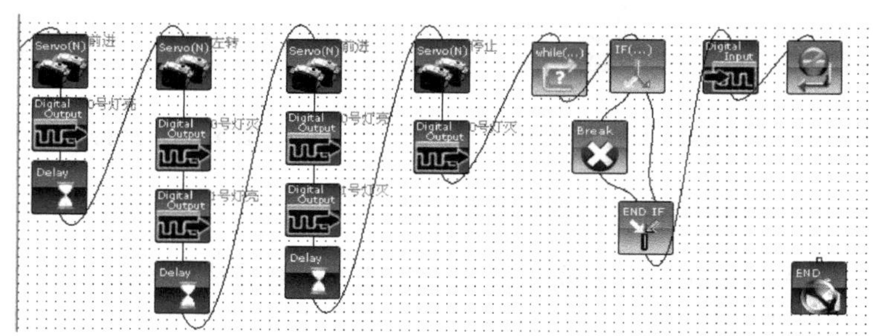

图 4.38　夹持物体流程图

各图标的属性设置如下：

① Variable：变量，int，io10；

② Digital Input：通道 10，io10；

③ while 条件 1：1；

④ IF 条件 1：io10==0。

操作步骤

步骤 15　张开机械手

① 打开控制器电源，设置调试器到 AVRISP 模式。

② 拖入 1 个舵机模块，双击打开属性对话框，单击“启动服务”，开始下载服务程序，下载完毕后，从设备管理器查看端口号，在舵机属性对话框的端口号中输入该端口号，然后单击“打开”按钮打开串口，将调试器切换到 RS232 模式。单击“卸载全部”关闭所有舵机的力矩输出。

③ 用手扳开机械手的钳口到合适的位置，扳动腕关节、肘关节的多节到合适的位置。

④ 单击“查询”按钮开始查询当前舵机位置，舵机位置会滚动显示在窗口中。勾选“保存”复选框，保存当前位置到列表中，如图 4.39 所示，单击“确定”保存设置。

注 意

图 4.39 中的 7 号舵机(即控制手指的舵机)的角度值 481 仅供参考，其具体数值要根据自己安装的机械手来定。

⑤ 拖入一个 Delay 模块，延时设置为 5 000。让机械手张开后，有足够的时间等待物体放入钳口。

操作步骤

步骤16　夹持物体

① 拖入1个舵机模块,双击打开属性对话框。

② 把待搬运物体放到机械手钳口中,用手扳动机械手的钳口,让机械手夹住物体。

③ 单击“查询”按钮开始查询当前舵机位置,舵机位置会滚动显示在窗口中。勾选“保存”复选框,保存当前位置到列表中,如图4.40所示,此处的值根据实际待夹持物体的大小来定。单击“确定”保存设置。

Servo ID	Angle	Speed	Mode
1		0	电机模式
2		0	电机模式
3		0	电机模式
4		0	电机模式
5	352	512	舵机模式
6	0	512	舵机模式
7	481	512	舵机模式

图4.39　张开到最大位置

Servo ID	Angle	Speed	Mode
1		0	电机模式
2		0	电机模式
3		0	电机模式
4		0	电机模式
5	352	512	舵机模式
6	0	512	舵机模式
7	313	512	舵机模式

图4.40　夹持物体

注意

如果步骤15完毕后关闭了控制器或者NorthSTAR,则需要重新打开串口,然后卸载全部舵机后才可以按照步骤16操作。如果步骤15完毕后下载了别的程序,则需要重新“启动服务”并打开串口。

④ 拖入1个delay模块,延时设置为1000。延时时间根据舵机的速度设定,需要保证舵机能够完成动作。

4.4.4　再谈Delay模块

机器人程序编写过程中,会频繁使用Delay模块。Delay模块到底有什么作用呢?

可以这样理解,程序执行到Delay模块后,循环等待,一直等到延时结束才继续往下执行。在这个过程中,机器人将保持延时之前的状态。

这里来举例说明,代码如下:

```
① MFSetServoPos(1,200,512);      //让1号舵机以512的速度运动到200的位置
② MFSetServoPos(2,200,512);      //让2号舵机以512的速度运动到200的位置
③ MFServoAction();               //舵机开始运动
④ DelayMS(100);                  //延时100 ms
⑤ MFSetServoPos(1,600,512);      //让1号舵机以512的速度运动到600的位置
⑥ MFServoAction();               //舵机开始运动
⑦ DelayMS(1000);                 //延时1000 ms
```

上面代码中有两次延时,第一次延时称作延时1(延时100 ms),第二次延时称作延时2(延时1000 ms)。当程序执行到延时1时,会暂停往下执行,等待100 ms,在这个过程中,两个舵机都以512的速度向200的位置运动。当100 ms时间过去之后,程序向下执行,即执行到语句⑤,让1号舵机以512的速度运行到600的位置。此时,两个舵机可能都还没有运动到200的位置,但是执行语句⑤后之后,1号舵机将以512的速度向600的位置运动,而“抛弃”原

来运行到 200 的位置的目标，由于 2 号舵机没有接受到任何命令，所以会继续向 200 的位置运行。

如果把延时 1 修改为 2 000 ms，程序运行到语句③之后，暂停执行，等待 2 000 ms，2 000 ms的时间过去之后，程序向下执行，即执行到语句⑤。此时，两个舵机都可能早已运动到了 200 的位置。但是由于没有新的“命令”，舵机会在 200 的位置上休息，等待下一个“命令”。执行语句⑤之后，1 号舵机将以 512 的速度运动向 600 的位置运动，而 2 号舵机将停止在原来的位置不再运动。

为了通俗化，下面再举一个形象的例子。

有 2 个士兵参加训练，教官为了考察他们的反应能力，随时发出命令让其执行。假设训练场上有两个位置 A 和 B。

开始时，教官发出命令——预备。此时，士兵立正，集中精力等待下一个命令。

接着，教官发出命令——跑步到 A。此时，士兵立刻起跑，向 A 位置跑动。

等待片刻，教官发出命令——第 1 个士兵跑步到 B。此时，不管第 1 个士兵是否到达位置 A，都必须立即向位置 B 跑动，而第 2 个士兵则没有接受到任何命令，他可以继续完成跑向位置 A 的命令。这里有 2 种情况：2 个士兵早已跑到了 A 位置，在 A 位置等待教官命令；2 个士兵仍然在跑向 A 位置的途中。这 2 种情况是由“片刻”和士兵的速度决定的。“片刻”表示的时间越长，士兵的速度越快，第 1 种出现的情况越大；反之，第 2 种情况出现的情况越大。

对应到机器人上，舵机就如同士兵，控制器就如同教官。“片刻”就是延时，“片刻”对应的时间的长短对应延时的长短。

操作步骤

步骤 17　后退 5 秒

先拖入一个舵机模块，设置其参数为后退，其设置方法可参考“前进”的设置，只是数值相反而已。再拖入一个 delay 模块，延时设置为 5 000。注意此处机械手上的舵机位置必须保持为夹持状态，不能为默认的 512。

操作步骤

步骤 18　左转，前进，回到原处

参考步骤 12 实现。

操作步骤

步骤 19　松开机械手恢复原状

参考步骤 15，松开机械上，放下物体。

操作步骤

步骤 20　连线，编译，下载

① 连线：按照逻辑连接各个模块。

② 编译程序：在菜单栏中选择“工具”选项，在其菜单中选择“编译”，这时 NorthSTAR 开始编译程序，出现 Compile succeeded 字样表示编译成功。如果出现编译错误，则需要根据错误提示修改程序后再次编译。

③ 下载：打开控制器电源，设置调试器到 AVRISP 模式，然后在菜单栏中选择“工具”选项，在其菜单项中单击“下载”，这时 NorthSTAR 开始下载程序。

下载完成后,程序开始运行,即看到 4.1 节规定的任务的完成过程。

4.4.5 编辑代码

使用流程图进行编辑是 NorthSTAR 软件的优点,如果读者习惯于使用手写编辑代码,不习惯使用流程图,或者觉得流程图不灵活,可以在流程图编辑过程中,从 Tools 菜单或者工具栏单击 Edit Code,软件就会切换到代码编辑模式,如图 4.41 所示。此时可在流程图自动生成的代码基础上进行修改,或手动输入新代码,然后编译、下载,即可运行程序。可以通过 File 菜单下的 Save Code 将代码窗口的代码保存成.c 或者.cpp 文件,或者通过 Load Code 来加载代码文件到代码窗口。

但要注意,如果在代码窗口修改了代码,再次切换回流程图窗口并编辑之后,代码窗口的内容就会被自动生成的代码覆盖。

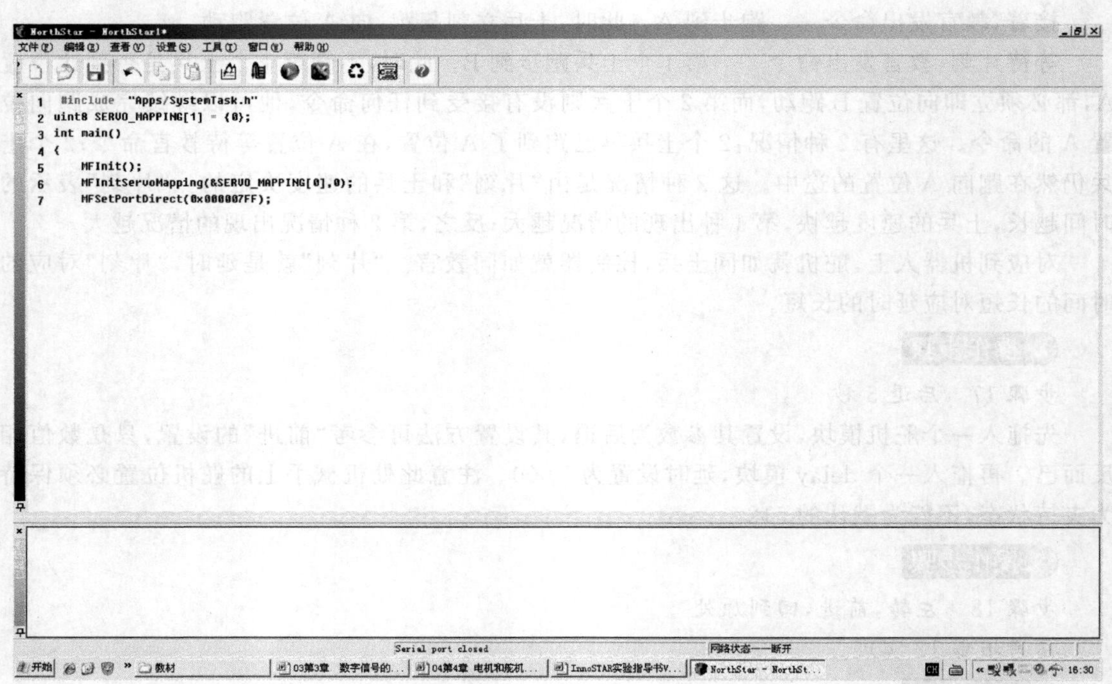

图 4.41 切换到代码窗口

操作步骤

步骤 21 编辑代码

单击工具栏上的▣,进入代码窗口,如图 4.42 所示。

修改第 20 行代码为 if(io11==1),如图 4.43 所示。

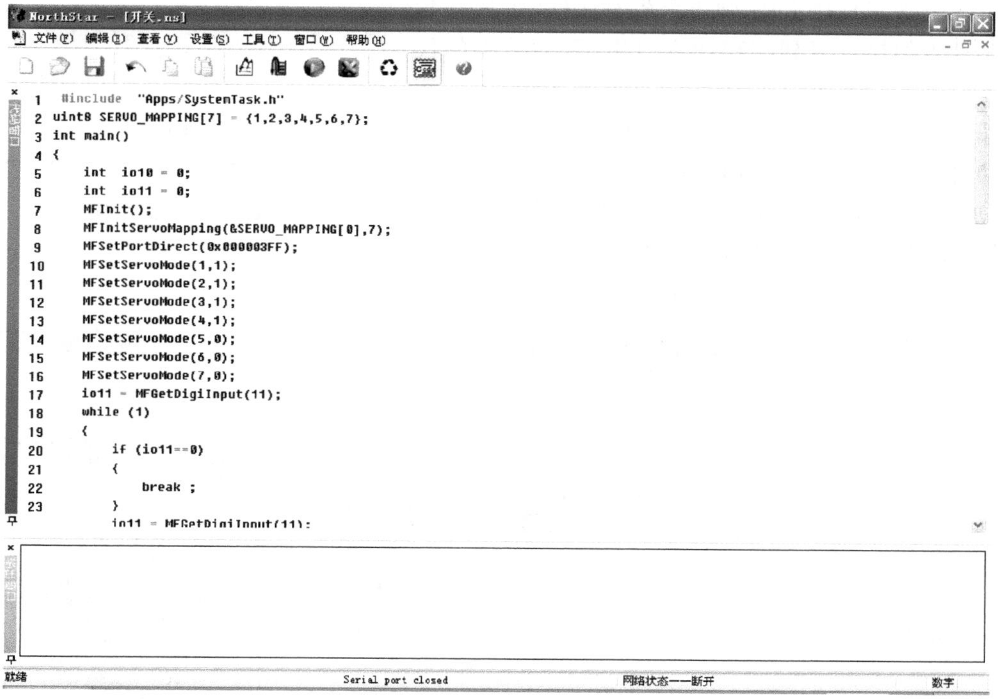

NorthStar - [开关.ns]

```
#include  "Apps/SystemTask.h"
uint8 SERVO_MAPPING[7] = {1,2,3,4,5,6,7};
int main()
{
    int  io10 = 0;
    int  io11 = 0;
    MFInit();
    MFInitServoMapping(&SERVO_MAPPING[0],7);
    MFSetPortDirect(0x000003FF);
    MFSetServoMode(1,1);
    MFSetServoMode(2,1);
    MFSetServoMode(3,1);
    MFSetServoMode(4,1);
    MFSetServoMode(5,0);
    MFSetServoMode(6,0);
    MFSetServoMode(7,0);
    io11 = MFGetDigiInput(11);
    while (1)
    {
        if (io11==0)
        {
            break ;
        }
        io11 = MFGetDigiInput(11);
```

就绪　Serial port closed　网络状态——断开　数字

图 4.42　代码窗口

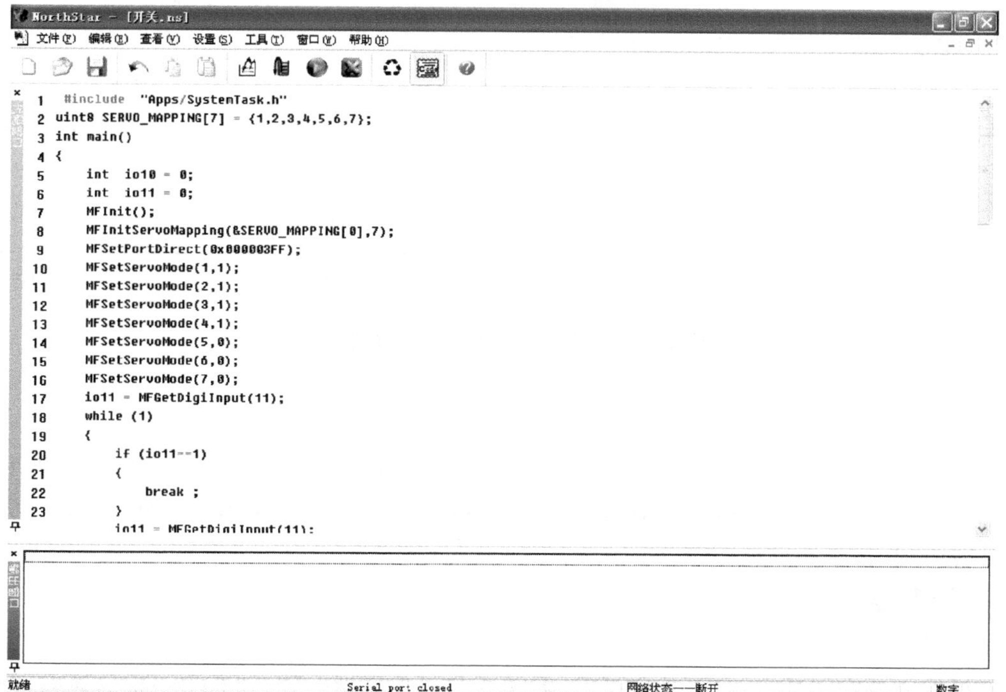

NorthStar - [开关.ns]

```
#include  "Apps/SystemTask.h"
uint8 SERVO_MAPPING[7] = {1,2,3,4,5,6,7};
int main()
{
    int  io10 = 0;
    int  io11 = 0;
    MFInit();
    MFInitServoMapping(&SERVO_MAPPING[0],7);
    MFSetPortDirect(0x000003FF);
    MFSetServoMode(1,1);
    MFSetServoMode(2,1);
    MFSetServoMode(3,1);
    MFSetServoMode(4,1);
    MFSetServoMode(5,0);
    MFSetServoMode(6,0);
    MFSetServoMode(7,0);
    io11 = MFGetDigiInput(11);
    while (1)
    {
        if (io11==1)
        {
            break ;
        }
        io11 = MFGetDigiInput(11);
```

就绪　Serial port closed　网络状态——断开　数字

图 4.43　修改代码

再次单击工具栏上▣，弹出警告对话框，如图 4.44 所示。警告如果恢复到流程图窗口中，手动输入的代码可能被覆盖。需要说明的是，返回流程图窗口后，如果不编辑流程图，代码不会重新生成。这里的编辑包括拖动、修改属性、连线、端口连线、添加模块、删除模块、添加变量、删除变量等导致流程图变化的操作。

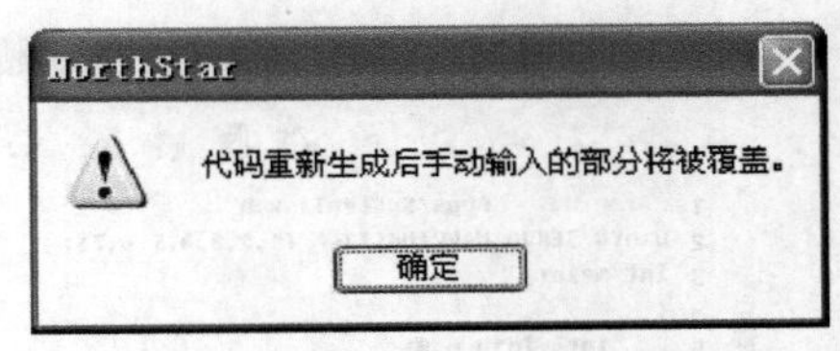

图 4.44　提示框

返回流程图后，随便拖动一个模块，代码会重新生成，覆盖所做的修改，如图 4.45 所示。

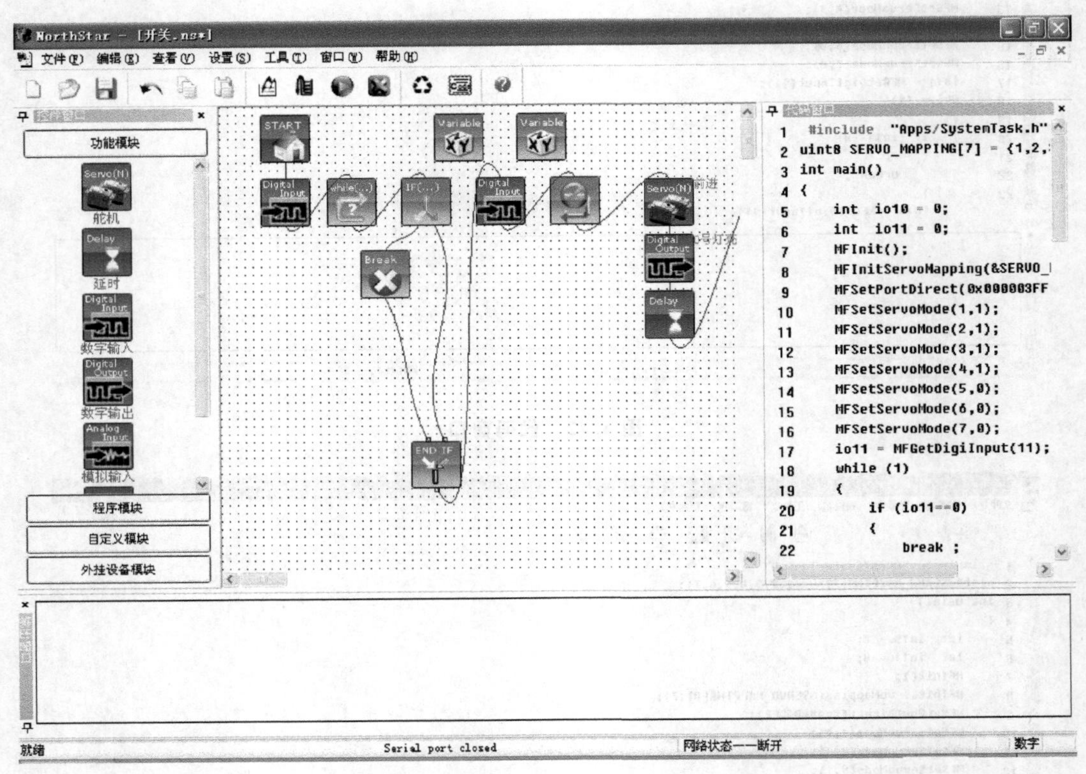

图 4.45　重新生成的代码覆盖掉原代码

4.4.6　程序调试

程序调试是编程过程中最重要的一部分，调试程序花费的时间要远远超过编程所用的时间。这是因为要让机器人适应实际的环境，就得修改各个参数和程序结构，如舵机或电机的速度及延时时间、传感器的阈值等。

》操作步骤

步骤 22　调试

把机器人放在场地上，打开让它运行，看是否与任务规划一致，如有不一致的地方，修改程序，再次编译下载运行后查看效果。

在前面编写程序的过程中，步骤 12 中添加的 Delay 模块属性设置为 3 000，即延时

3 000 ms。机器人运行时，3 000 ms 的延时并不能保证机器人刚好旋转 90°。此时可以修改步骤 12 中添加的 Delay 模块的属性，然后再次编译、下载、运行程序，查看机器人实际运行效果。

另外，步骤 16 中设置的机械手夹持物体的动作，可能会出现夹持过松导致物体掉出的情况，此时可以修改步骤 16 中舵机模块的属性，然后编译、下载、运行程序，查看机器人运行效果。

不断修改、编译、下载、运行程序，查看机器人运行效果的过程，是机器人程序调试中必不可少的环节。这个过程需要反复进行直至机器人实现规定的任务。

4.5　小　结

通过这个项目任务，读者们已经了解了轮式机器人的控制方法和机械手的工作原理，但这个机器人目前只能按照事先编好的程序去运行，在前进的路上不管发生什么事情都不会理会。下一章就要动手制作一个有“眼睛”，有“耳朵”，能感受外界环境变化并进行处理的智能搬运机器人。

本章完成的机械手功能比较简单，能不能让它完成更复杂的动作呢？例如：

① 如何给机械手增加旋转和俯仰功能，让它能够自由运动？

② 如何增加机械手的自由度，让它执行更多的动作？

第 5 章 模拟信号的输入

学习目标

- 模拟量传感器原理；
- 模拟信号的输入采集；
- 控制器的 AD 口使用方法；
- 智能机器人的编程方法。

5.1 聪明的机器人

1. 任务背景

给机器人增加智能是从一开始接触机器人就有的梦想。目前的机器人比赛，大部分都实现了机器人的智能化，所以需要给机器人增加智能，让机器人在运动、行进和执行任务的过程中能自己处理突发事件。

给机器人装上“眼睛”，让机器人能“看”到东西；给机器人增加智慧，让机器人能在复杂的环境中进行自我决策，是设计者们最想做的事情。

2. 任务要求

本章将在第 4 章的基础上给机器人增加“眼睛”，让机器人能看到墙，区分地面颜色；增加“触觉器官”，感知冷热，如图 5.1 所示。

图 5.1 聪明的机器人最终效果图

具体内容为：

搭建一个通过红外接近传感器启动或者通过温度传感器启动的智能搬运机器人，该机器人能辨别墙壁和地面的颜色。

① 打开电源开关，小车并不运动，利用手的接近或热源启动小车。

- 启动方法 1：用手接近机械手旁边的红外接近传感器，机器人出发；
- 启动方法 2：用热源接近温度传感器，在温度不断升高过程中，LED 灯从 0 到 3，逐个被点亮，当所有灯都点亮时，机器人出发。

② 在一个地面为黑色、两端有白色线条、一边有墙的 Z 字形通道（见图 5.2）内实现如下运动：从 Z 字形通道一端的白色线条处出发，使机器人右侧靠墙前进，当遇到墙壁时能自动避开，这样一直走到 Z 字形的另一端，当遇到另一端的白色线条时，能够自动停下来。

图 5.2 Z 字通道示意图

③ 停止 1 s 后，转身 180°，并后退 1.5 s 等待被夹持物的到来。手拿物品接近机械手，利用红外接近传感器感知，机械手张开 3 s 后夹持住；

④ 参照第二步的方法使机器人左侧靠墙回到出发点，当检测到白色线条时停止。

⑤ 停止 1 s 后，转身 180°，后退 1.5 s，俯身放下物品，所有的灯闪烁 5 次，准备下一次出发。

3. 硬件需求

① MultiFLEX™2－AVR 控制器，1 块；

② 多功能调试器和电缆，1 套；

③ LED 灯，4 个；

④ 各种结构件，若干；

⑤ 红外接近传感器，1 个；

⑥ 温度传感器，1 个；

⑦ 灰度传感器，2 个；

⑧ 红外测距传感器，3 个；

⑨ 舵机，7 个；

⑩ 橡胶轮，4 个。

5.2　模拟信号简介

在很多场合，需要准确知道机器人和目标物的距离，这样的要求是不能通过接近传感器来实现的，因为接近传感器是开关量，只能传达"有无"，不能传达"多少"。在实际生活中，可以用尺子来测量距离，而机器人不能，机器人用于测量的标尺是声波、红外线或者激光。在生物界里，蝙蝠是用超声波进行测距和定位的高手，超声波测距传感器、雷达等设备就是根据蝙蝠使用超声波的原理进行设计的。

能够输出模拟量信号的传感器叫模拟量传感器。"创意之星"中使用的红外测距传感器和超声波测距传感器都属于模拟量传感器。

MultiFLEX™2－AVR 控制器的模拟量传感器精度为 10 位精度，取值范围为 0～1 023，这比只用 1 和 0 表示的 IO 量传感器要精确得多。

5.3　搭建聪明的机器人

5.3.1　红外测距传感器

图 5.3 所示为"创意之星"使用的 GP2D12 红外测距传感器，与常见 GP2D12 不同的是，这里的 GP2D12 具有类似机器人头部的外壳，可以方便地安装到"创意之星"零件上。红外测距传感器为模拟量传感器，接 AD0～AD7 的任意一个接口都可以通过 NorthSTAR 进行数值读取和编程。传感器的规格数据如下：

① 探测距离：10～80 cm；

② 工作电压：4～5.5 V；

③ 标准电流消耗：33～50 mA；

④ 输出量：模拟量输出，输出电压和探测距离非比例相关。

MultiFLEX™2-AVR 控制器的 AD 精度为 10 位,测量电压范围 0～5 V,对应输出值 0～1 023。如果要得到真实的距离值需要做 2 次换算,假设从 NorthSTAR 读取的 AD 值为 491,换算为真实电压值为 5×(491/1023)=2.4 V,参见对照图 2.35 可知当前传感器探头到障碍物的距离是 10 cm。

操作步骤

步骤1　添加红外测距传感器

① 取出第 4 章制作好的机器人。

② 在机器人的前方、左方、右方各安装 1 个红外测距传感器。安装样式如图 5.4 所示,前边传感器朝正前方,左边和右边的传感器都与前方成大约 90°角。

这 3 个传感器的作用是通过探测前方和侧面是否有墙壁,从而避开墙壁。

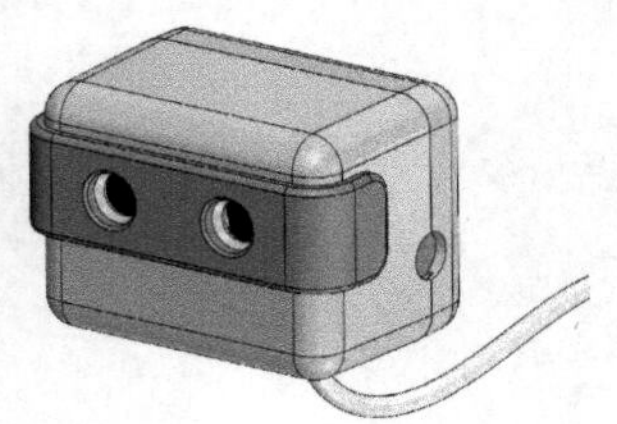

图 5.3　创意之星红外测距传感器

图 5.4　红外测距传感器安装图

5.3.2　其他模拟量传感器

"创意之星"还配备了许多其他模拟量传感器,如温度传感器、光强传感器、灰度传感器等。

1. 温度传感器

温度传感器是一种检测温度的部件,其核心是美国 National Semiconductor 公司的 LM35 温敏传感器。这款传感器的标称温度检测范围是 0～70 ℃。为了传感器的安全,不要将传感器放置在超过 80 ℃的环境中,该传感器并不具备防水能力,不要用其测量水温。

图 5.5 所示是"创意之星"的温度传感器,输出模拟量信号,接 AD0～AD7 的任意一个接口都可以通过 NorthSTAR 进行数值读取和编程。

2. 光强传感器

光强传感器对可见光波长的光照强度(专业术语即"照度")很敏感,其核心元件是一只光敏电阻,其输出信号为与光强相关的模拟信号。

图 5.6 所示为"创意之星"的光强传感器,输出模拟量信号,接 AD0～AD7 的任意一个接口都可以通过 NorthSTAR 进行数值读取和编程。

图 5.5　温度传感器

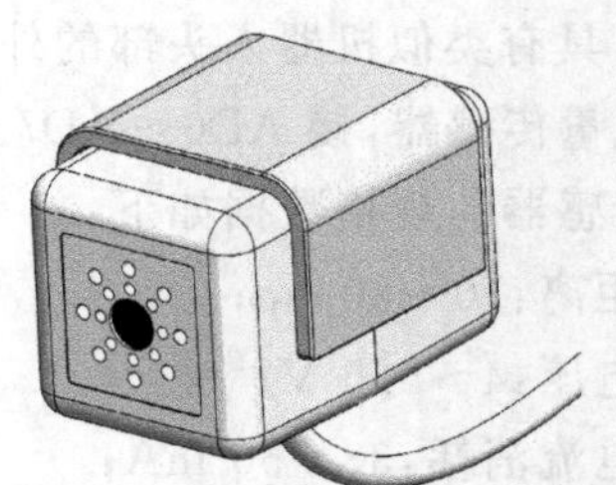

图 5.6　光强传感器

3. 灰度传感器

灰度传感器通过自身的高亮白色 LED 照亮被检测物体，被检测物体反射 LED 的白光。不同的颜色对白光的反射能力不一样，同样材质白色反射度最高，黑色反射度最低。灰度传感器前端有一个光敏电阻，用于检测反射光的强弱，据此可以推断出被检测物体的灰度值。

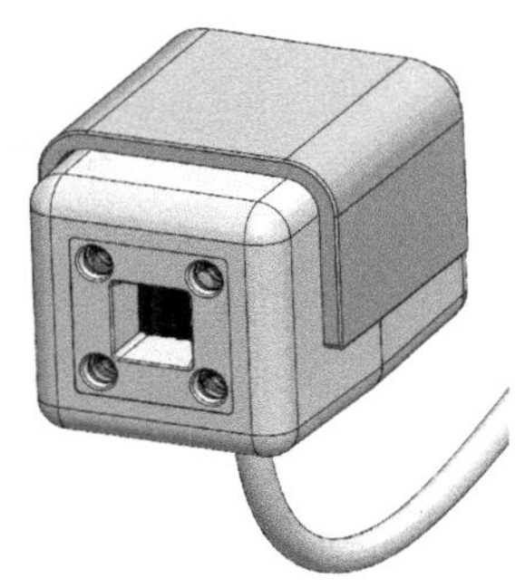
图 5.7　灰度传感器

图 5.7 所示为“创意之星”的灰度传感器，输出模拟量信号，接 AD0～AD7 的任意一个接口都可以通过 NorthSTAR 进行数值读取和编程。在机器人武术擂台赛中或者足球机器人比赛中，使用多个灰度传感器组成阵列就可以判断比赛场地的颜色梯度。在巡线机器人案例中，可以作为区别白线与周围地面的传感器。

操作步骤

步骤 2　添加灰度传感器和温度传感器

① 在机器人的底部最前端增加两个灰度传感器，如图 5.7 所示。灰度传感器的作用是检测地面的黑色和白色；

② 去掉声音传感器，更换为温度传感器。温度传感器感知外界温度，并将温度用 LED 灯显示出来，起到启动机器人的作用。

操作步骤

步骤 3　连接线缆

① LED 灯、红外接近传感器和 7 个舵机的连接方法与上章相同；

② 将 3 个红外测距传感器连接到 AD 口，顺序为：左—AD0，前—AD1，右—AD2；

③ 左灰度传感器连接到 AD3，右灰度传感器连接到 AD4，将温度传感器连接到 AD5；

④ 将多功能调试器及其外接稳压电源线连接好。

5.4　让机器人动起来

5.4.1　AD 设置

AD 设置与舵机设置及 IO 设置基本相同，只是 AD 没有模式设置，只能作为输入，如图 5.8 所示。

“当前构型使用的 AD 通道个数”最多只能设置 8 个通道，而且全部为输入。

操作步骤

步骤 4　新建工程，进行工程设置

① 双击桌面的 Northstar 图标，新建一个 NorthStar 工程，类型设置如图 5.9 所示。

② 舵机设置如图 5.10 所示。

③ AD 设置如图 5.11 所示 。

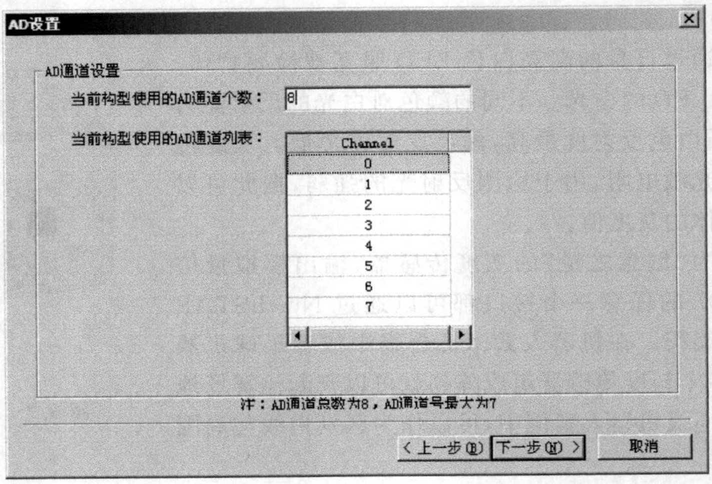

图 5.8　AD 设置

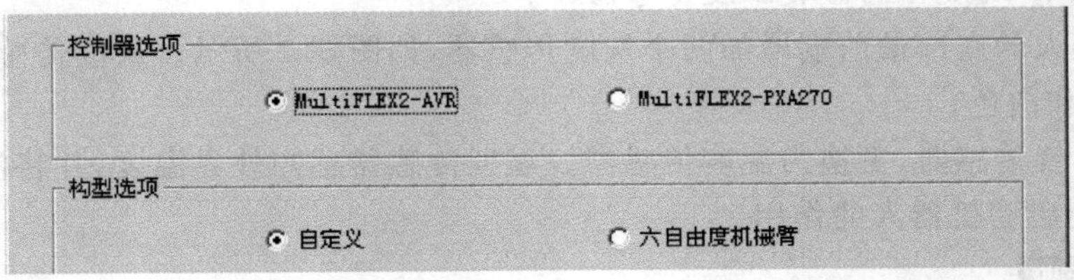

图 5.9　类型设置

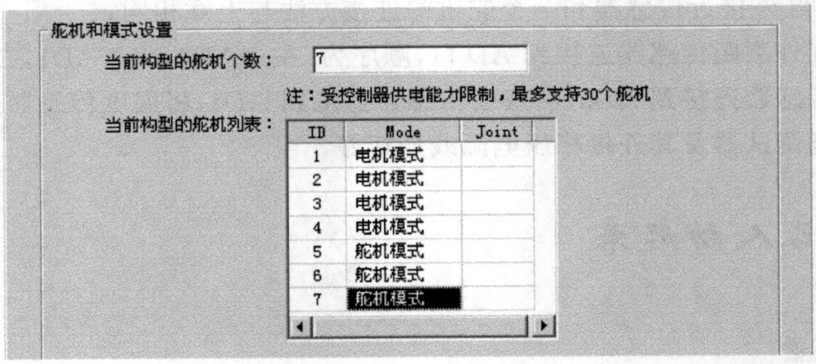

图 5.10　舵机和模式设置

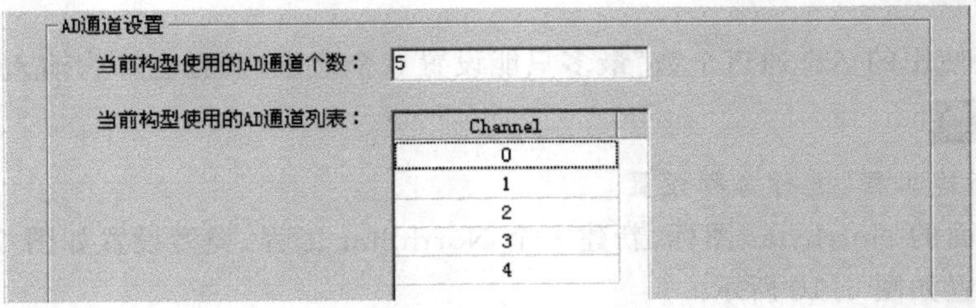

图 5.11　AD 设置

④ IO 设置如图 5.12 所示。

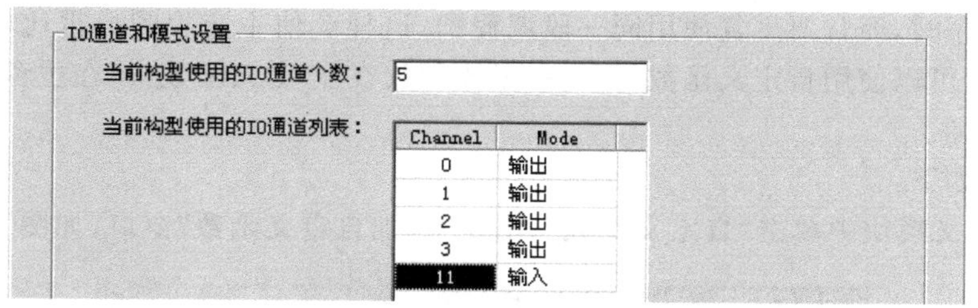

图 5.12　IO 设置

⑤ 单击"完成"进入主界面，保存名称为"聪明的机器人.ns"。

5.4.2　模拟输入模块

模拟输入模块位于功能标签下，单击"功能"标签，用鼠标左键拖动模拟输入图标到编辑窗口后放开，双击进入"模拟输入模块属性"窗口进行设置，如图 5.13 所示。

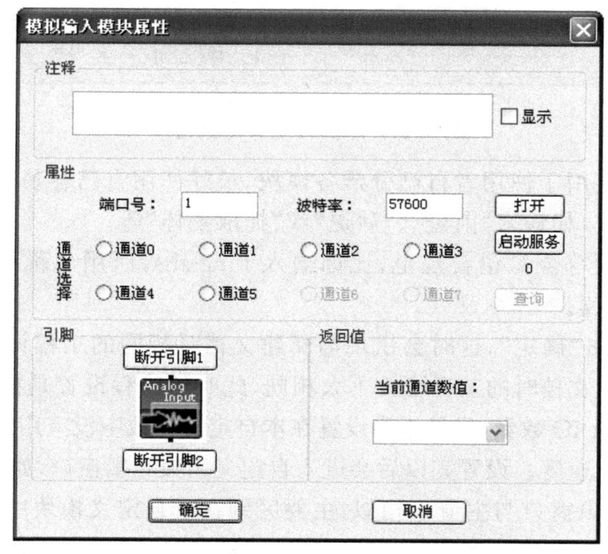

图 5.13　模拟输入模块属性设置界面

- 属性框：单选按钮，选择需要使用的通道值，也就是说，一个模块只能设置一个 AD 口。在这个属性框中，有的通道可用，有的通道为灰色不可用，通道的可用数由刚才在 AD 设置中"当前构型使用的 IO 通道个数"的数值决定。
- 返回值：首先需要添加变量来保存传感器的返回值，当程序执行到这个模块会把传感器的值保存到变量中，可以从下拉列表中选择已经添加的变量。

5.4.3　自定义函数和自定义代码

NorthStar 还提供了自定义函数和自定义代码功能。自定义函数和自定义代码在控件窗口的自定义标签内。

1. 自定义函数

在编写程序时，经常要反复使用同一段流程图，这样会使主流程图显得比较乱，而且阅读不方便，这时就可以使用自定义函数，把这一段流程放在 自定义函数中，在主程序中用一个图标代替许多图标。

使用方法如下：

① 在自定义模块中单击“自定义函数”，出现“添加自定义函数”窗口，如图 5.14 所示。

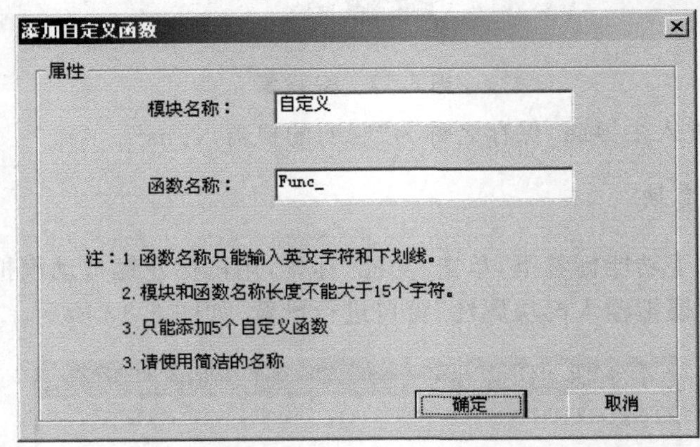

图 5.14　添加自定义函数窗口

- 模块名称：主要用于使用者自己分辨各模块，最好使用自己容易理解的名称，可以用汉语，也可用英文，如输入“前进”、“后退”或“抓取物体”等。
- 函数名称：必须符合 C 语言规范，比如输入 func-zhs，所用名称最好具有一定的含义，以方便以后阅读。

② 命名完成后单击“确定”，这时会出现与新建文档时相同的工程设置，如舵机/AD/IO 设置。此工程设置与新建文档时的工程设置不太相同，此时的工程设置是指自定义函数中会用到的舵机数量/AD 数量及 IO 数量，尽量不要设置在本自定义函数中没有用到的舵机或 AD/IO 口，否则会影响程序的执行速度。设置完以后会进入自定义函数编辑窗口，如图 5.15 所示。

③ 自定义函数编辑窗口与主窗口相似，主要区别在于自定义模块中的自定义函数不可用了，编辑窗口变成了 Func Start 和 Func End 两个图标，代码窗口的代码也是根据自定义函数的名称生成，其使用方法与主窗口相同。

④ 编写完成后，可单击“保存”，单独保存自定义函数，该函数以后也可在其他程序中使用。注意必须保存到 NorthStar 安装目录下的 func 目录中，否则以后编程时无法调用。

- 它与主窗口的机切换方式为，单击菜单行“窗口”，选择要进入的窗口；
- 切换到主窗口后，在自定义模块中会多出一个名称为“子函数”的图标，这时它就可以当成一个普通模块使用了。

2. 自定义代码

对于一些编程高手，或习惯于用代码编程的人来说，可能觉得使用流程图编程时灵活性不够，这时就可以使用自定义代码，把要编写的程序代码直接用 C 语言写在自定义代码中，然后再在主程序中当作一个图标使用即可。

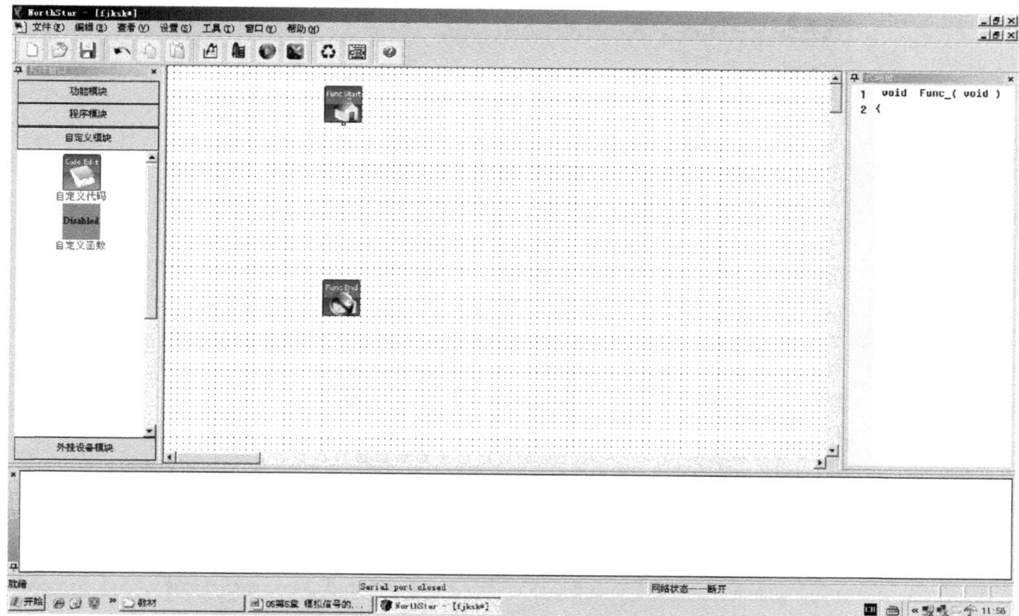

图 5.15　自定义函数流程图界面

使用方法：拖入一个自定义代码模块，然后双击，如图 5.16 所示，在属性区域按照 C 语言规范编写即可。

- "保存为文件"按钮可把所编写的代码单独保存，以便在其他文件中使用。
- "打开文件"按钮是打开以前保存的自定义代码。

操作步骤

步骤 5　任务分解，模块化设计

本例的任务十分复杂，如果把所有的流程图都放在主流程图上，会显得杂乱无章，可以把这个任务分解为 6 个模块，如表 5.1 所列，这样主程序将会十分简单直观、便于阅读。

表 5.1　任务分解模块表

模块名称	函数名称	动作或作用
Start		开　始
开关	Func_switch	利用红外或温度传感器，启动机器人
去目的地	Func_right	右侧靠墙找白线，找到白线后停止
夹持物体	Func_load	转身 180°，张开机械手 3 s，然后夹持住
返回出发地	Func_back	然后靠墙找白线，找到白线后停止
放下物体	Func_unload	转身 180°，张开机械手 3 s，然后放下物品
灯闪烁	自定义代码	LED 灯闪烁 5 次，
End		结　束

由于 NorthStar 最多支持 5 个自定义函数，所以用自定义代码来实现灯闪烁的功能。

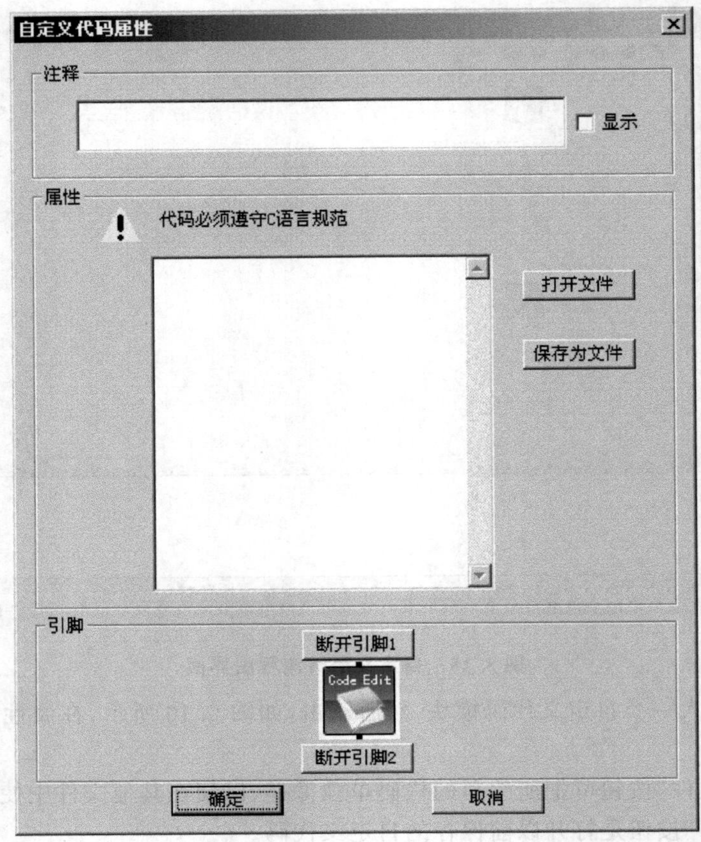

图 5.16　自定义代码属性窗口

5.4.4　第1个模块:开关

任务规划中要求机器人通过手接近红外传感器或者热源接近的方式启动,这里用一个自定义函数来实现。

开关通常可以用2种方式来实现:第1种是只用while语句,第2种是用while加if语句。

1. 第1种方式

```
int  k = 0;
k = 传感器的值;
while (k 小于阈值)
{
    k = 传感器的值;
}
```

2. 第2种方式

```
int  k = 0;
k = 传感器的值;
while (1)
```

```
{
    If(k 超过阀值)
    Break;
    k = 传感器的值;
}
或
int  k = 0;
while (1)
{
    k = 传感器的值;
    If(k 超过阀值)
    Break;
}
```

这 2 种方式其本质是相同的，只是第 1 种方式简洁，而第 2 种方式便于理解。

操作步骤

步骤 6　编写“开关”自定义函数

1. 添加自定义函数

① 在自定义模块中单击“自定义函数”，出现“添加自定义函数”窗口，填写方法如图 5.17 所示。

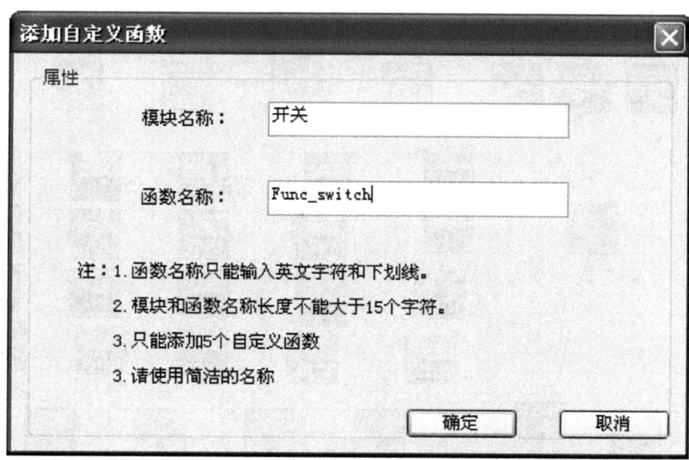

图 5.17　添加“开关”自定义函数

② 单击“确定”，在工程设置中分别进行如下设置：

- 类型设置：控制器选项选择 MultiFLEX™2 - AVR，构型选项选择“自定义”；
- 舵机设置：不用设置；
- AD 设置：个数为 1，通道为 3；
- IO 设置：个数为 5，模式 0～3 为输出，4 为输入。

③ 单击完成，进入自定义函数编辑界面，准备进行程序编写。

2. 自定义函数程序编写

① 拖入两个变量模块，类型 int，名称分别为 io 和 ad；

② 拖入1个条件循环模块(while 模块)，创建死循环；

③ 拖入1个数字输入模块，选择通道4，返回值列表中选择 io；

④ 拖入1个模拟输入模块，选择通道3，返回值列表中选择 ad；

⑤ 拖入1个条件判断模块(IF 模块)，创建判断分支，属性对话框中条件1设置为 io==0，条件2设置为 ad>450，条件1和条件2的关系选择“||”；

⑥ 拖入1个跳出模块(Break 模块)；

⑦ 拖入1个条件判断模块(IF 模块)，属性对话框中条件1设置为 ad>400；

⑧ 拖入4个数字输出模块，设置为四个灯都亮；

⑨ 拖入1个条件判断模块(IF 模块)，属性对话框中条件1设置为 ad>300；

⑩ 复制4个数字输出模块，设置为0～2灯亮，3灯灭；

⑪ 拖入1个条件判断模块(IF 模块)，属性对话框中条件1设置为 ad>200；

⑫ 复制4个数字输出模块，设置为0，1灯亮，2，3灯灭；

⑬ 拖入1个条件判断模块(IF 模块)，属性对话框中条件1设置为 ad>100；

⑭ 复制4个数字输出模块，设置为0灯亮，其余灯灭；

⑮ 复制4个数字输出模块，全部设置为灭；

⑯ 把这些模块合理布局，然后按照图5.18所示连接；

⑰ 保存自定义函数文件，默认为“开关.nf”。nf 为自定义函数文件的后缀。

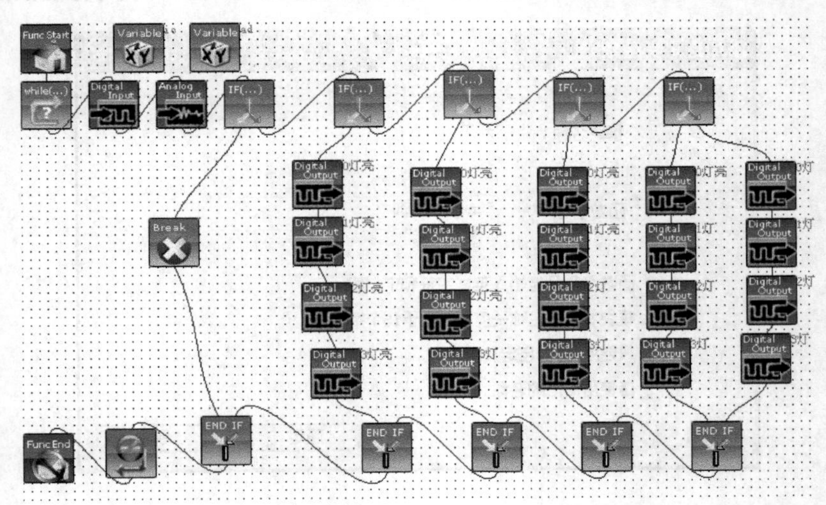

图 5.18 “开关”函数流程图

5.4.5 第2个模块：右侧沿墙去目的地

启动之后，任务要求机器人从Z字形通道任意一端的白色线条处出发，右侧靠墙前进直至遇到白线。

如何实现这样的任务呢？可以这样分析：

① 硬件需求：需要1个或2个灰度传感器来检测白线；需要3个红外测距传感器来判断墙和障碍，分别安装在左侧、正前方和右侧。如果检测到白线，则停止，否则读取红外传感器的值。如果前方的传感器检测到障碍，则转弯。右侧的传感器用来调整机器人与墙壁的距离，当

机器人离墙较近时远离墙壁，当机器人离墙较远时靠近墙壁，当离得不远不近时直行。

② 软件的实现方法如表 5.2 所列。

表 5.2　右侧沿墙走实现方法

<table>
<tr><td colspan="5">是否检测到白线</td></tr>
<tr><td>是</td><td colspan="4">否</td></tr>
<tr><td rowspan="4">停止</td><td colspan="4">前方的红外测距传感器是否检测到障碍</td></tr>
<tr><td>是</td><td colspan="3">否</td></tr>
<tr><td>左转</td><td>较远</td><td>较近</td><td>适中</td></tr>
<tr><td></td><td>右转</td><td>左转</td><td>直行</td></tr>
</table>

操作步骤

步骤 7　编写“沿右墙走”自定义函数

1. 添加自定义函数

① 在自定义模块中单击“自定义函数”，出现“添加自定义函数”窗口，填写方法如图 5.19 所示。

图 5.19　添加“沿右墙走”自定义函数

② 单击“确定”，在工程设置中分别进行如下设置：

- 类型设置：控制器选项选择 MultiFLEX^{TM}2－AVR，构型选项选择“自定义”；
- 舵机设置：个数为 4，ID 分别为 1、2、3、4，模式全为电机模式；
- AD 设置：个数为 5；
- IO 设置：个数为 0。

③ 单击完成，进入自定义函数编辑界面，准备进行程序编写。

2. 自定义函数程序编写

① 拖入 1 个变量模块，设置属性为“数组”类别，int 类型，变量名称为 ad，变量个数为 5。这里用 1 个数组来保存 5 个传感器的值。

② 拖入 1 个条件循环模块(while 模块)，属性保持默认值，创建死循环。

③ 拖入 1 个模拟输入模块，设置属性为通道 0，返回值设置为 ad[0]。

④ 复制刚创建的模拟输入模块，粘贴 4 次，分别设置属性如下：

- 前方红外，通道 1，返回值 ad[1]；
- 右侧红外，通道 2，返回值 ad[2]；
- 左侧灰度，通道 3，返回值 ad[3]；

● 右侧灰度,通道4,返回值ad[4]。

⑤ 拖入1个条件判断模块IF模块,属性中条件1设置为ad[3]>400,条件2设置为ad[4]>400,条件1和条件2的关系选择"||",注释设置为"是否检测到白线"。

⑥ 拖入1个舵机模块,设置所有舵机速度为0,如图5.20所示。

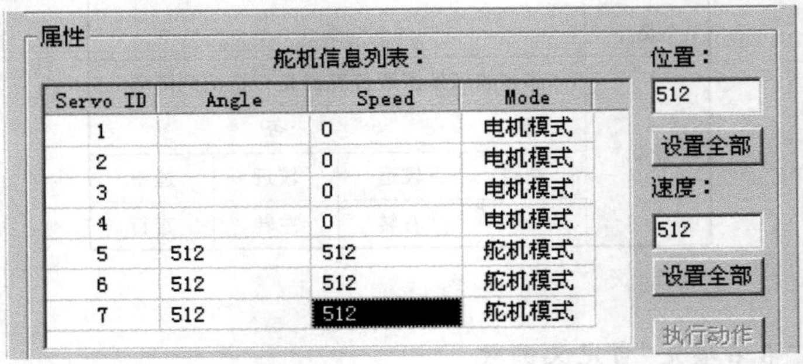

属性

舵机信息列表:

Servo ID	Angle	Speed	Mode
1		0	电机模式
2		0	电机模式
3		0	电机模式
4		0	电机模式
5	512	512	舵机模式
6	512	512	舵机模式
7	512	512	舵机模式

位置: 512 设置全部

速度: 512 设置全部

执行动作

图5.20 初始设置

⑦ 拖入1个返回模块(Return模块)。

⑧ 拖入1个条件判断模块(IF模块),在条件1中设置ad[1]>300,注释设置为"前方是否有障碍"。

⑨ 拖入1个舵机模块,属性设置如图5.21所示,注释设置为"左转"。

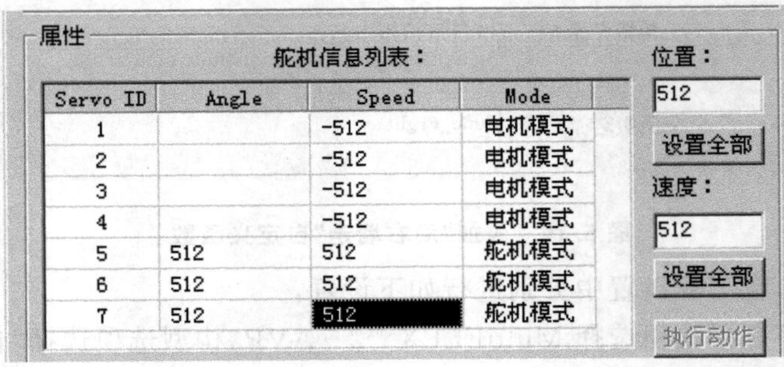

属性

舵机信息列表:

Servo ID	Angle	Speed	Mode
1		-512	电机模式
2		-512	电机模式
3		-512	电机模式
4		-512	电机模式
5	512	512	舵机模式
6	512	512	舵机模式
7	512	512	舵机模式

位置: 512 设置全部

速度: 512 设置全部

执行动作

图5.21 左转设置

⑩ 拖入1个条件判断模块(IF模块),条件1中设置ad[2]<200,注释设置为"是否离墙太远"。

⑪ 拖入1个舵机模块,属性设置如图5.22所示,注释设置为"右转"。

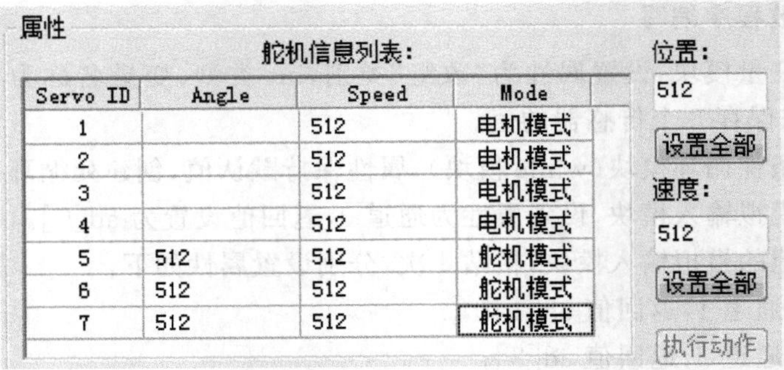

属性

舵机信息列表:

Servo ID	Angle	Speed	Mode
1		512	电机模式
2		512	电机模式
3		512	电机模式
4		512	电机模式
5	512	512	舵机模式
6	512	512	舵机模式
7	512	512	舵机模式

位置: 512 设置全部

速度: 512 设置全部

执行动作

图5.22 右转设置

⑫ 拖入 1 个条件判断模块(IF 模块),条件 1 中设置 ad[2]>400,注释设置为"是否离墙太近"。

⑬ 拖入 1 个舵机模块,属性设置如图 5.21 所示,注释设置为"左转"。

⑭ 拖入 1 个舵机模块,属性设置如图 5.23 所示,注释设置为"前进"。

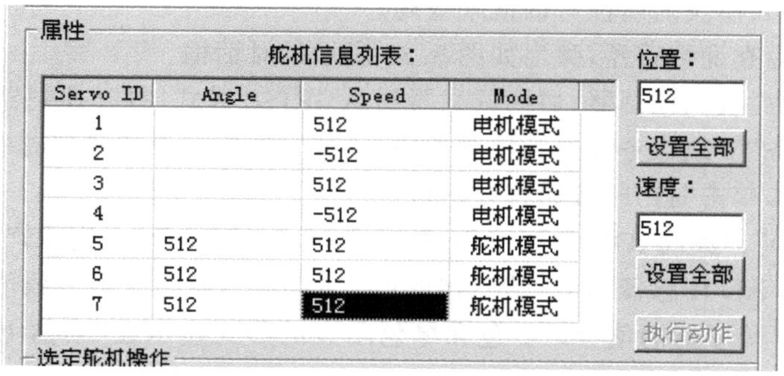

属性

舵机信息列表：

Servo ID	Angle	Speed	Mode
1		512	电机模式
2		-512	电机模式
3		512	电机模式
4		-512	电机模式
5	512	512	舵机模式
6	512	512	舵机模式
7	512	512	舵机模式

位置：512　设置全部

速度：512　设置全部

执行动作

选定舵机操作

图 5.23　前进设置

⑮ 拖入 1 个延时模块,属性设置为 100。此处为了让程序更快的执行,设置一个较小的延时。

⑯ 连接各模块,如图 5.24 所示。

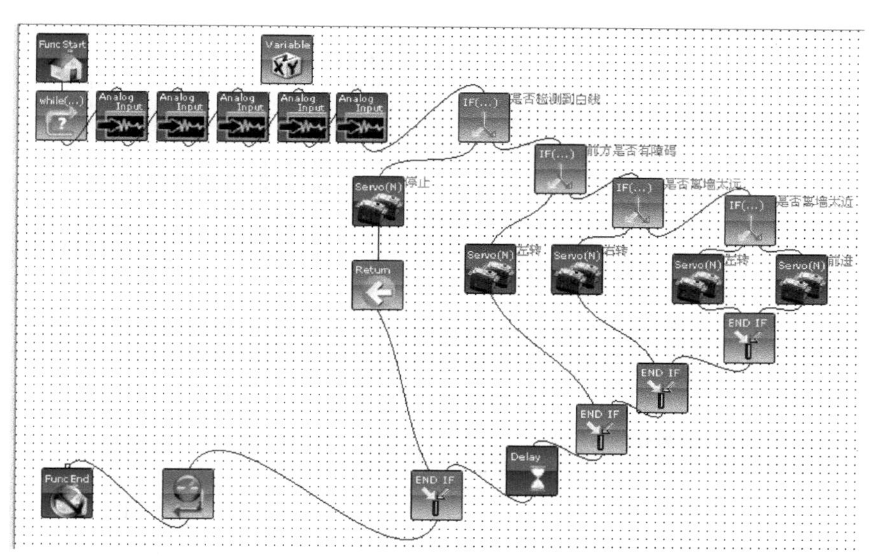

图 5.24　"沿右墙走"函数流程图

⑰ 至此,创建自定义函数完成。保存自定义函数,保持默认的文件名"沿右墙走函数.nf"不变。

5.4.6　查询传感器

编写机器人程序的过程中,很多情况下需要知道传感器的阈值。所谓阈值,就是一个门限值。例如要判断机器人离墙是否很近,就需要知道当机器人离墙不是很近到离墙很近的界限值是多少。假设这个值为 400,那么在程序中就可以以 400 为阈值进行判断。如果当前红外测距的值大于 400,表示机器人离墙很近了,如果当前红外测距的值小于 400,表示当前机器人的离墙的距离还不算很近。

为了方便确定阈值，就需要将机器人放置到任务场地中并查看当前传感器的值，NorthStar 提供了查询传感器的功能。既可以通过菜单工具/查询传感器来查询所有传感器的值，也可以通过模拟量输入模块的属性对话框来查询。

单击菜单工具/查询传感器，弹出如图 5.25 所示的对话框。

连接调试器，PC 机和控制器，切换调试器到 AVRISP 模式，打开控制器电源。

单击"启动服务"下载服务程序到控制器中，下载完毕后在设备管理器中查看端口号，在对话框中输入端口号，单击"打开"按钮打开串口。

此时"查询 AD"，"查询 IO"，按钮可用，单击"查询 AD"或者"查询 IO"即可开始查询当前接入到控制器上的 AD 传感器和 IO 传感器的值。AD 传感器的值会以数值的形式显示在"当前 AD 数据"中，IO 传感器的值会以红色和绿色图表的形式显示在"当前 IO"中，红色表示 1，绿色表示 0。

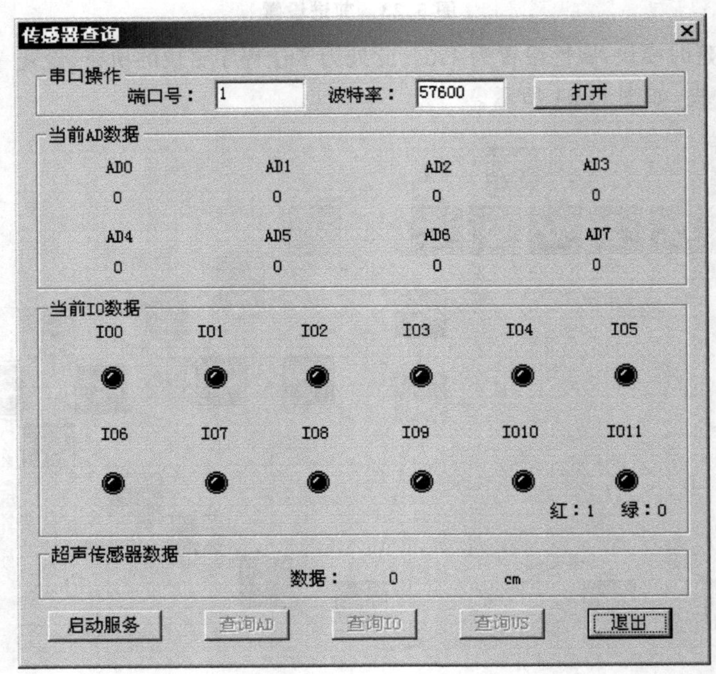

图 5.25 传感器查询界面

此外，可以在模拟输入模块和数字输入模块中查询传感器的值。选择一个模拟输入模块，双击打开属性对话框，如图 5.26 所示。

和前面一样，调试前需要先单击"启动服务"来下载服务程序，下载完毕后，输入正确的端口号，打开串口。"查询"按钮可用，单击即可开始查询。当前选中通道的 AD 传感器的值就会显示在"查询"按钮上方。

注意，如果已经在调试舵机或者查询传感器的时候下载了服务程序，而中间没有下载过其他程序，就不需要再次下载服务程序。同样，如果串口已经打开，就不需要再次打开串口。串口的状态会显示在 NorthStar 的任务栏中。

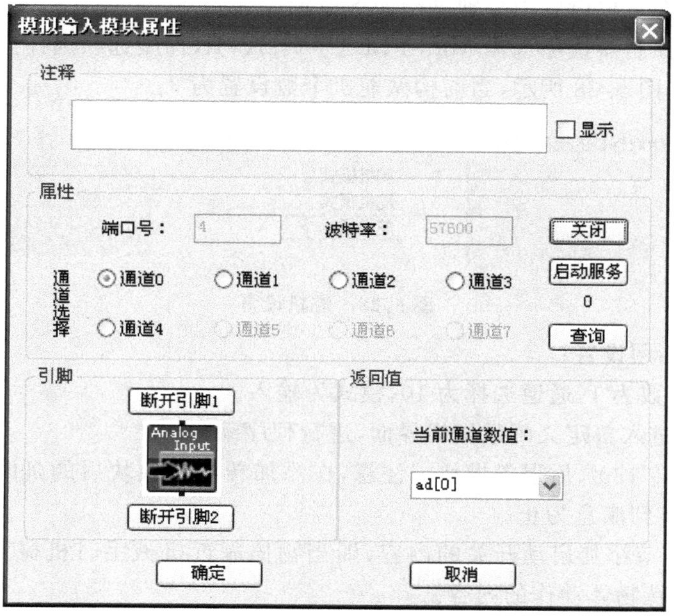

图 5.26　模拟输入模块中查询传感器的值

操作步骤

步骤 8　查询传感器的值

将机器人放到 Z 字形通道中，查询传感器的值，根据实际情况修改前面“沿墙走函数”中的阈值设置（判断机器人是否检测到白线，是否遇到障碍，是否离墙太近或太远的判断条件）。

5.4.7　第 3 个模块：夹持物体

机器人发现白线停止后，接下来就要夹持物体。这个任务的实现在第 4 章已经学习过了。这里需要把它定义成一个自定义函数。

操作步骤

步骤 9　插入自定义函数张开机械手

① 在自定义模块标签下单击“自定义函数”，出现“添加自定义函数”窗口，填写方法如图 5.27 所示。

图 5.27　添加“夹持物体”函数

② 单击确定,在工程设置中分别进行如下设置:

● 类型设置:控制器选项选择 MultiFLEX™2-AVR,构型选项选择“自定义”;

● 舵机设置如图 5.28 所示,当前构型舵机个数设置为 3;

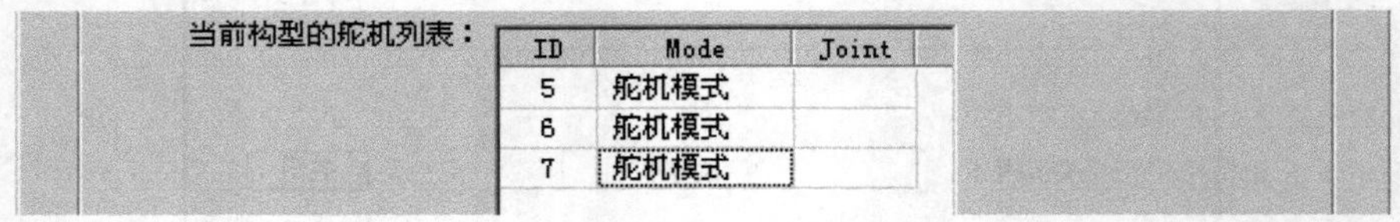

图 5.28 舵机设置

● AD 设置:不用设置;

● IO 设置:个数为 1,通道选择为 10,模式为输入。

③ 单击完成,进入自定义函数编辑界面,进行程序编写。

④ 添加停止、转 180°、后退等模块。注意,在添加转 180°模块后的延时时,要根据实际情况进行几次调试,直到满意为止。

⑤ 参考 4.4.2 节添加启动开关的内容,即当物体靠近机械手时机械手张开,以及 4.4.3 节的编写机械手夹持物体动作的内容。

⑥ 编辑完成后的函数流程图如图 5.29 所示。

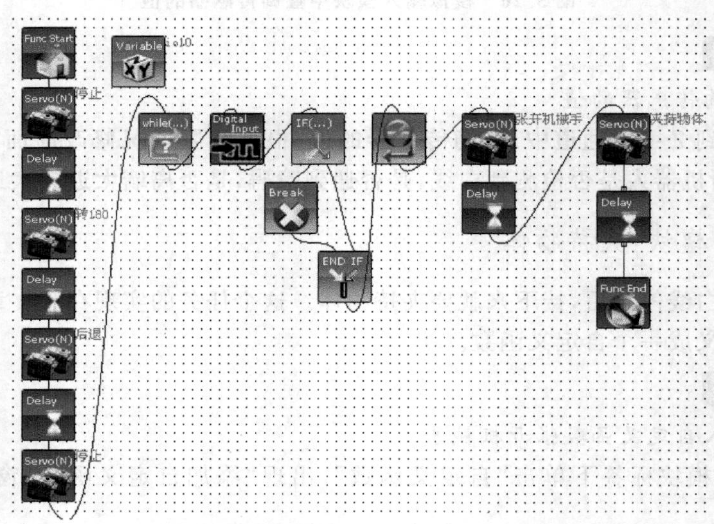

图 5.29 “夹持物体”函数流程图

5.4.8 第 4 个模块:返回出发地

夹住物体之后,机器人需要沿原路返回出发地,只是来时右侧沿墙走,现在需要左侧沿墙走。这里仍然用一个自定义函数来实现。

操作步骤

步骤 10 返回出发地

① 在自定义模块标签下单击“自定义函数”,出现“添加自定义函数”窗口,填写方法如

图 5.30 所示。

添加自定义函数

属性

模块名称：返回出发地

函数名称：Func_back

图 5.30　添加“返回出发地”自定义函数

② 单击确定，在工程设置中分别进行如下设置：

- 类型设置：控制器选项选择 MultiFLEX2 - AVR，构型选项选择“自定义”；
- 舵机设置：个数为 4，ID 分别为 1、2、3、4，模式全为电机模式；
- AD 设置：个数为 5；
- IO 设置：0。

③ 单击完成，进入自定义函数编辑界面，进行程序编写。

④ 参考 5.4.5 节，实现机器人返回函数。此时，机器人夹持了物体，所以机械手的动作需要保持夹持状态，而不能像 5.4.5 节那样机械手舵机保持默认状态 512。

⑤ 机器人返回时，是左侧靠墙前进，所以注释为“是否离墙太远”的条件判断模块(IF 模块)的条件 1 需要更改为 ad[0]<200，而注释为“是否离墙太近”的条件判断模块的条件 1 需要更改为 ad[0]>400。

⑥ 编辑完成后的函数流程图如图 5.31 所示。

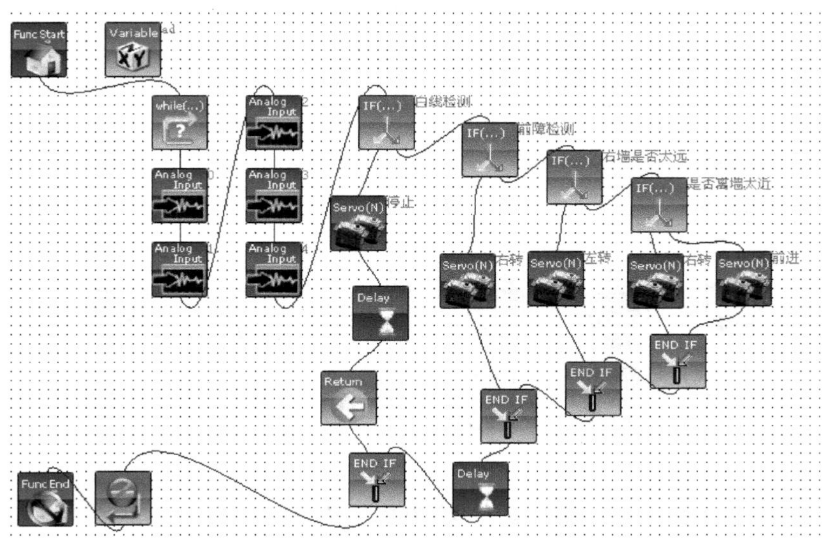

图 5.31　“返回出发吧”函数流程图

5.4.9 第 5 个模块：放下物体

机器人返回出发地后，需要放下物体。这里仍然采用自定义函数来实现。放下物体实际上是夹持物体的逆过程。

操作步骤

步骤 11 插入自定义函数张开机械手

① 在自定义模块标签下单击自定义函数，出现“添加自定义函数”窗口，填写方法如图 5.32 所示。

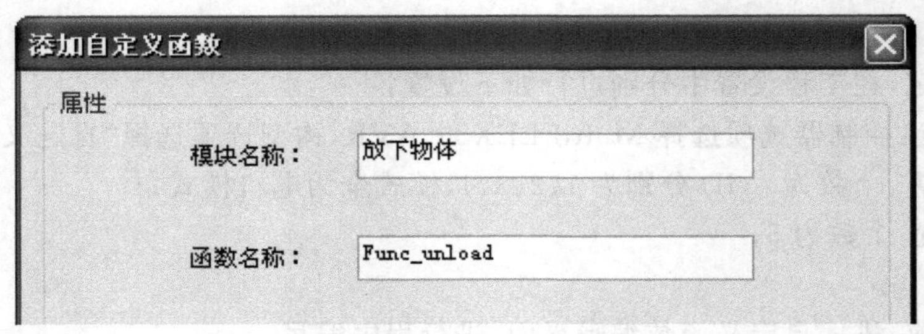

图 5.32 添加“放下物体”函数

② 单击确定，在工程设置中分别进行如下设置：

- 类型设置：控制器选项选择 MultiFLEX2 - AVR，构型选项选择“自定义”。
- 舵机设置：设置为 7 个舵机，前 4 个为电机模式，后 3 个为舵机模式。
- AD 设置：不用设置；
- IO 设置：不用设置。

③ 单击完成，进入自定义函数编辑界面，进行程序编写。

④ 参考 5.4.6 节的内容编写机械手放下物体的动作。

⑤ 编辑完成后的函数流程图如图 5.33 所示。

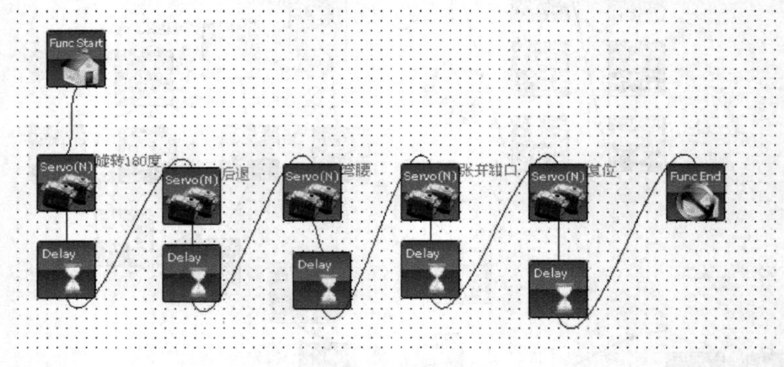

图 5.33 “放下物体”函数流程图

5.4.10 第 6 个模块：闪烁 LED 灯

机器人放下物体之后，需要让所有的灯闪烁 5 次。这里用自定义代码来实现。

操作步骤

步骤 12　LED 灯闪烁 5 次

在 NorthStar 窗口菜单中切换到 5.4.1 节创建的“聪明的机器人”窗口，在自定义模块标签中选择自定义代码拖入，双击打开属性对话框，在属性中输入如下代码：

```
for(int i = 0;i<5;i ++ )
{
    MFDigiOutput(0,0);
    MFDigiOutput(1,0);
    MFDigiOutput(2,0);
    MFDigiOutput(3,0);
    DelayMS(500);
    MFDigiOutput(0,1);
    MFDigiOutput(1,1);
    MFDigiOutput(2,1);
    MFDigiOutput(3,1);
    DelayMS(500);
}
```

操作步骤

步骤 13　编写主流程

① 拖入条件循环(while 模块)。

② 从自定义模块标签下拖入“开关”模块，“沿墙走函数”模块，“夹持物体”模块，“返回出发地”模块，“放下物体”模块。

③ 顺次连接，如图 5.34 所示。

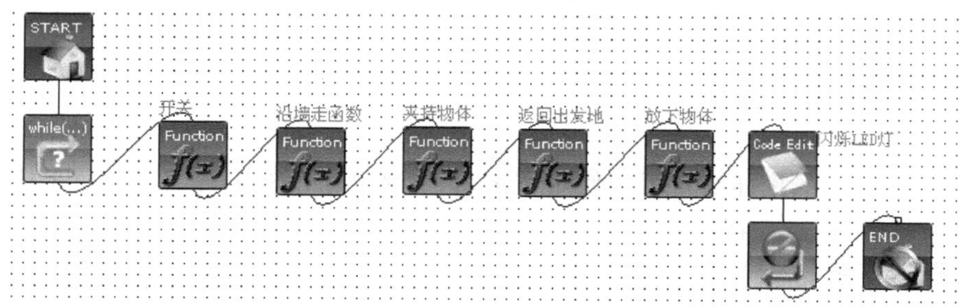

图 5.34　主流程图

操作步骤

步骤 14　编译下载

编译当前流程图，连接硬件，然后下载程序到控制器中。重新上电后程序就开始运行。

操作步骤

步骤 15　调试程序

把机器人放置到实际场地中运行并查看运行效果，根据运行效果修改程序，再次编译、下载、运行。反复进行此操作直至机器人按照预先设计完成任务。这一步是机器人编程中至关重要的一步,虽然枯燥乏味,但是熬过这一步,一个生动活泼的机器人就会出现在面前。

5.4.11 流程图调试

把下载了程序的机器人放在场地上自行运行,有时不能确定程序运行到了什么位置。为了方便控制程序的流程,可以采用流程图调试功能来一步步调试。

流程图调试时,从菜单 Tools—Debug 调出 Debug 对话框,如图 5.35 所示。调试有两种模式:单步(Step)和连续(Continue)。单击“开始”,在 Step 模式下,可以不断单击 Next 按钮,软件就会按照流程图的逻辑从 START 模块一直执行到 END 模块后停止;在 Continue 模式下,Next 按钮处于禁用状态,软件会自动从 START 模块执行到 END 模块。在 Continue 模式下,单击 Pause 可以暂停调试,单击 Resume 可以恢复调试。单击 Stop 可以终止调试。流程图中当前执行的模块会处于选中状态。

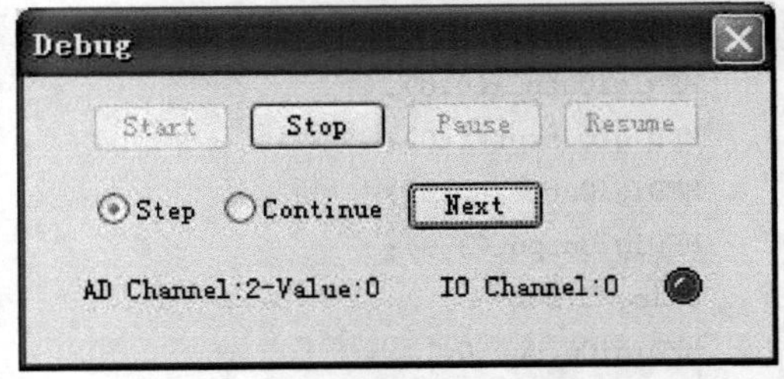

图 5.35 调试流程图

在 Step 模式下,可以在单击 Next 之前修改任意模块的属性,然后单击 Next,将按照修改后的属性执行;Continue 模式下,流程图不可编辑,只有停止调试后才可以编辑。

调试前,需要先和控制器建立连接:MultiFlex™2-AVR 需要建立串口连接。

5.4.12 终止程序运行

从工具栏单击 Terminate,即可终止当前正在运行的程序。对于 MultiFLEX™2-AVR 控制器来说,实际上是下载一个空程序到控制器中。因此,运行此命令时需要连接硬件,并将调试器设置为 AVRISP 模式。

5.5 使用帮助

关于 NorthStar 的更详细介绍和使用方法,请参考 NorthStar 帮助文档。单击菜单栏的帮助或按 F1 键,可以进入帮助界面。如图 5.36 所示。

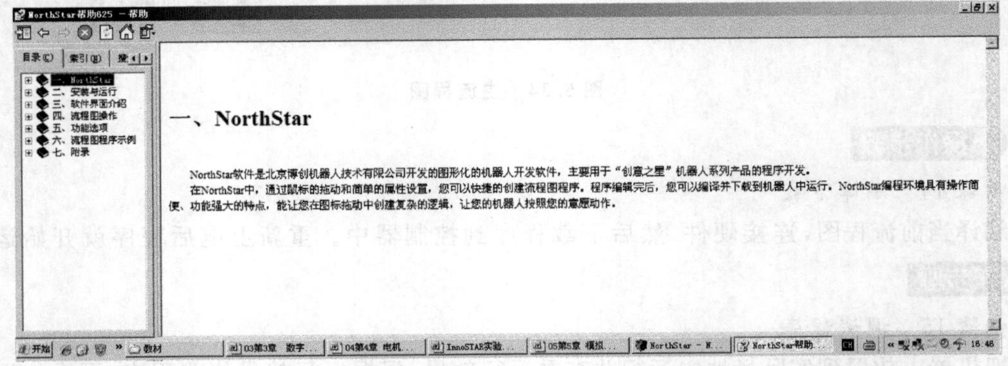

图 5.36 帮助界面

帮助文档里有 NorthStar 各个操作的详细介绍，在使用中需要随时参考帮助文档，特别是遇到问题，如编译失败、下载时无法连接控制器的情况，可以在帮助文档的附录里查找解决方法。附录里列出了多种常见问题及解决方法。

5.6 小 结

通过 3、4、5 这 3 章的任务，读者们已经了解了机器人的基本控制方法，但目前这个机器人和想象的机器人还是有很大区别，比如它还不能听懂人的话，而且看东西还不是真正的用眼睛去看，最多相当于用几个很长的拐杖在探路，第 6 和第 7 章将学习如何用语言来控制机器人，并让机器人真正看到东西。

想一想，看看能否改变硬件并编写程序实现如下功能：

让机器人自己找见物品并抓起来，实现自动运送物品。

第6章 语音识别

学习目标

➢ 熟悉“创意之星”高级版套件；
➢ 掌握高级版控制器的使用方法；
➢ 掌握语音模块的使用方法。

前面的章节里，使用 AVR 控制器实践了数字信号的输出和输入，舵机的控制，模拟信号的输入，在本章和下一章，将要学习高级版控制器的语音识别功能和图像识别功能。

和前面学习的模拟信号、数字信号传感器相比，音频信号和视频信号的信息量非常大，需要处理能力更强的 CPU 来处理，需要空间更大的 RAM 和 FLASH 来存储数据，这些都是 MultiFLEX^{TM}2 - AVR 控制器所不具备的。所以在这两章里采用的处理器为 STM32 与 ARM1176JZF - S 核心组合的 MultiFLEX^{TM}2 - RAS700 高级版控制器，统一称为高级版控制器。

高级版控制器运行 Linux 操作系统。Linux 以其内核精炼、高效、源代码开放且免费等优势，在嵌入式领域得到了广泛的应用。高级版控制器和 MultiFLEX^{TM}2 - AVR 控制器相比，除了能够处理 IO、AD 和总线数据之外，还能够处理语音、视频，据此可以开发出功能更加强大的机器人构型。

6.1 语音问答机器人

1. 任务背景

与机器进行语音交流，让机器明白人在说什么，这是人类长期以来梦寐以求的事情。语音识别技术就是让机器能够“听懂”人类说话的一门技术。语音识别是一门交叉学科，近 20 年来，语音识别技术取得了显著进步，开始从实验室走向市场。预计在未来 10 年内，语音识别技术将进入工业、家电、通信、汽车电子、医疗、家庭服务、消费电子产品等各个领域。

语音识别技术所涉及的领域包括：信号处理、模式识别、概率论和信息论、发声机理和听觉机理、人工智能等。

2. 任务要求

本节要利用“创意之星”高级版套件搭建一个可以与人类进行语言交流的机器人，该机器人应具备如下功能：

① 能够听懂人类的语言；

② 能够发声说话，回答人类提出的问题，并带有简单的动作；

③ 能够控制运动底盘，根据语音要求前进、后退和转弯。

3. 硬件需求

① 高级版控制器，1 套；

② 以太网线,1 根;
③ 麦克风,1 个;
④ 喇叭,2 个;
⑤ 结构件,若干;
⑥ 全向轮,1 套;
⑦ 舵机,5 个。

6.2　语音识别简介

1. 语音识别的分类

根据识别的对象不同,语音识别任务大体可分为 3 类,即孤立词识别(isolated word recognition)、关键词识别(或称关键词检出,keyword spotting)和连续语音识别。其中,孤立词识别是指识别事先已知的孤立词,如"开机"、"关机"等;连续语音识别的任务则是识别任意的连续语音,如一个句子或一段话;连续语音流中的关键词识别针对的是连续语音,但它并不识别全部文字,而只是检测已知的若干关键词在何处出现,例如在一段话中只检测"计算机"、"世界"这两个词。

根据是否针对特定发音人,可以把语音识别技术分为特定人语音识别和非特定人语音识别,前者只能识别一个或几个人的语音,而后者则可以被任何人使用。显然,非特定人语音识别系统更符合实际需要,但其实现要比针对特定人的识别复杂很多。

2. 语音对话机器人

语音识别技术被认为是 2000 年至 2010 年信息技术领域十大重要技术之一,具有广阔的技术前景和商业前景。近年来,世界各国多个研究机构纷纷投入人机对话形态的机器人研究,诞生了很多学术成果和商业产品。如日本大阪大学的"若丸"机器人(见图 6.1(a)),能与一名女演员同台表演一台时长为 20 分钟的话剧;日本名古屋的 IT 企业梦想提供一种叫做 IFBOT 的机器人(见图 6.1(b)),它具有 5 岁儿童的语言能力,能与人进行简单的交谈,帮助老年人摆脱孤独的烦恼。

(a) "若丸" 机器人

(b) IFBOT机器人

图 6.1　语音对话机器人

6.3 搭建语音问答机器人

在机器人小说里，最出名的莫过于《我，机器人》，作者阿西莫夫在书中提出了机器人三法则，这三法则在提出之后的几十年时间里被重复引用了无数次。

"机器人不应伤害人类，或坐视人类受到伤害而袖手旁观；

机器人应遵守人类的命令，与第一条违背的命令除外；

机器人应能保护自己，与第一条相抵触者除外。"

机器人小说和电影里的主要故事情节一般都和三法则有关。机器人在遵守三法则的同时，却遇到了与逻辑判断、使命相互矛盾的情况，机器人由此陷入了迷茫和挣扎之中，它们努力在这些矛盾中寻找平衡点，做出了很多出乎人们意料的事情来。

事实上，这样的事情估计在未来20年内都很难出现，阿西莫夫提出的这三法则看似平实可行甚至理所当然，但是了解机器人技术的人都知道三法则给机器人增加了多么沉重的感知负荷。

到2000年为止，所有的机器人都不能遵守机器人三法则，因为机器人根本不能感知到人类的存在。在机器人"眼里"，人类就是一个柱状的障碍物，和木桶、箱子等没有任何差别，更遑论让它判断当前的行为是不是会伤害到人类，或者视野里的人类是不是受到威胁。计算机技术的发展，让机器人在处理视觉和语言上面有了长足的进步，如果机器人能够识别人脸，能够听懂人的语言，那么机器人就能初步将人从其他"障碍物"中区分出来。毕竟语言是人类区别于其他任何生物与非生物的最重要条件，而人脸是区别人与人的最重要手段。

"创意之星"的高级版控制器具备实现上述两点的硬件条件，当然，需要编写代码。

在这个实验里，需要设计一个能听懂人类话语的机器人，还要能发出声音，与人类进行交流。"创意之星"的语音识别引擎是孤立词识别(isolated word recognition)，使用起来比较简单。为了达到机器人和人进行语音"互动"的目的，可以预先设计一个剧本。机器人的发音，可以用高级版控制器提供的wav播放功能来实现，将机器人说的台词录成wav格式的文件，让机器人播放这些文件来进行发音。有兴趣的读者，还可以使用一些音效软件对音调进行处理，让其变得更为俏皮一些。需要说明的，当前高级版控制器的语音引擎只支持中文。

6.3.1 高级版控制器

1. 功能概述

高级版控制器(见图6.2)是为小型智能型机器人设计的。它有以下特点：

① 高运算能力、低功耗、体积小。高级版控制器具备700MHz、32位的高性能嵌入式处理器和Linux操作系统，运算处理能力强大，而功耗不到2W；体积小巧，可以直接放入仿人机器人体内。

② 控制接口丰富。可以控制直流电机(须配合BDMC系列伺服驱动器)；可以控制各种信号的舵机(包括所有的传统R/C舵机、博创出品的CDS55XX系列机器人舵机、韩国Robotis公司出品的AX12+机器人舵机等)；可以对机器人舵机进行调速、位置控制、力矩控制；可以同时控制近40路舵机\电机。

③ 数据接口丰富。控制器具有16路12位精度的AD接口，还有RS-232接口；温度、光

照、声音、距离等传感器可以通过 AD 接口接入，语音、视觉传感器可以通过音频接口、USB 接口接入。

④ 通用的 C 语言程序开发方式。使用 Keil 开发环境，简单易学，网上教程资源多。

高级版控制器配置如下：

① ARM11 核心，主频 700MHz，内存 512MB，flash 4G；

② Linux 操作系统；

③ 4 个 USB Host，1 个 100Mbps 以太网端口、USB 接口支持 WiFi 模块（WiFi 模块属选配件）；

④ 1 个麦克风接口，1 个立体声音频输出接口；

⑤ 机器人舵机接口，完全兼容 Robotis Dynamixel AX12＋；

⑥ 4 个用户可配置的按键输入；

⑦ 6 路通用 TTL 电平 IO 输出端口，GND/＋6V/SIG 三线制；

⑧ 16 个 AD 转换器接口（0～5 V）；

⑨ 1 个 RS－232 串口；

⑩ 支持 USB 摄像头作为视觉传感器，麦克风作为听觉传感器；

⑪ PC 端标定软件。

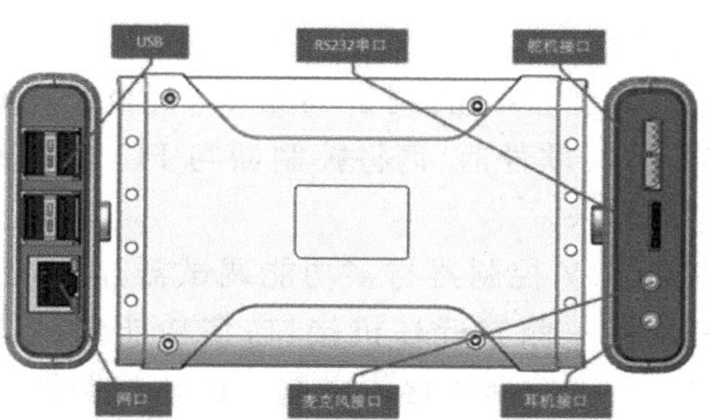

图 6.2　高级版控制器

2. 外部接口及电气规范

高级版控制器外部接口及电气规范如表 6.1 所列。

表 6.1　高级版控制器的外部接口及电气规范

项　目	数　据	说　明
电池压	6.5～8.4VDC	使用 2 节锂聚合物电池，标称电压 7.2V，使用过程中的电压范围为 6.5～8.4 V
充电电压	——	智能充电器充电，充电过程会自动调节电压，典型值为 12 V
外接电源	12 V	外接直流稳压电源，电压 12 V，正常使用电流 0～5 A
保护	反接保护 过流保护	警告 长时间电源反接仍可能损坏控制器 过流保护生效后，需要重新上电才能工作

续表 6.1

项　目	数　据	说　明
静态功耗	1.5W	无外接设备下的静态功耗
保护电流	6～8A	超过此电流后，自动切断。约 10 s 后才能再次工作
I/O 电平		低电平＜GND＋1.5 V 高电平＞VCC－1.5 V
数字通信接口	以太网	
数字量输入/输出	16 个	GND/VCC/SIG 三线制
机器人舵机接口	2 个	⚠ 1 Mbps 速率的半双工异步串行总线，理论可接 255 个机器人舵机，由于供电能力限制，建议同时使用时不超过 30 个。舵机工作电压等于控制器工作电压
USB 接口	4 个 USB2.0	在接口板上有 2 个对外 USB 接口，一个 USB 接口固化为无线网卡专用端口，一个 USB 接口固化为调试接口
以太网接口	1 个	100M 自适应以太网接口
音频接口	1 输入 1 输出	
无线通信	支持	54M 无线以太网(选配部件)

(1) 串口连接

以太网线和多功能调试器是 WOODY 控制器下载系统文件和调试的工具。在使用 WoodySettings 软件前，请将控制器与 PC 通过多功能调试器连接起来。

将 WOODY 控制器与多功能调试器连接，五针杜邦头带三角标一侧靠近耳机接口，多功能调试器调到 RS232 档并通过数据线接入电脑。确认控制器的电源连和通信线接好之后，打开控制器开关，等待大概30 s，让 WOODY 控制器引导内置的 Linux 系统，听到“滴滴”的声音后系统启动完毕，接线顺序如图 6.3 所示。

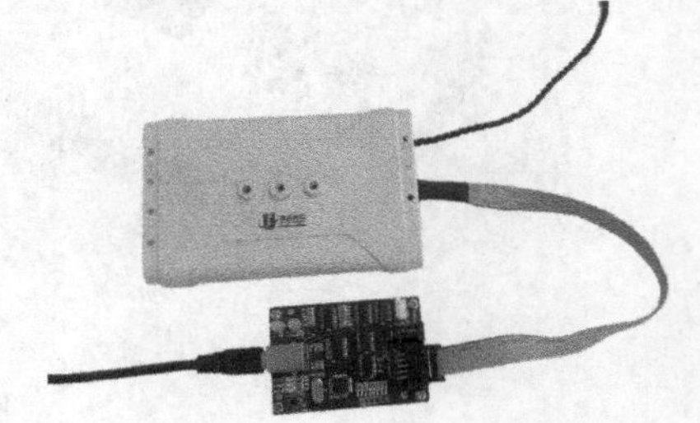

图 6.3　控制器与调试器连接图

(2) 设置 IP 地址

WOODY 控制器和电脑连接好后，需要为 PC 设置 IP，使其与 WOODY 控制器在同一个 IP 网段内，以便进行通信，如图 6.4 所示。设置方法如下：

① 以管理员身份运行 WoodySettings 软件，单击“下载网络设置”选项卡，设置有线和无线 IP。

② 将 IP 设置为 192.168.8.xxx(xxx 为 0～254 之间的任何值，8 除外，因为 8 是WOODY 高级版控制器的 IP，强行设置会出现 IP 冲突)，设置成功后，出现如图 6.5 所示的提示。

③ 设置好 IP 后，单击“显示串口配置”，正确打开串口后单击“测试”按钮。如有数据返回，说明串口连接成功；若无返回数值，需要检查接线是否正确。数据返回界面如图 6.6 所示。

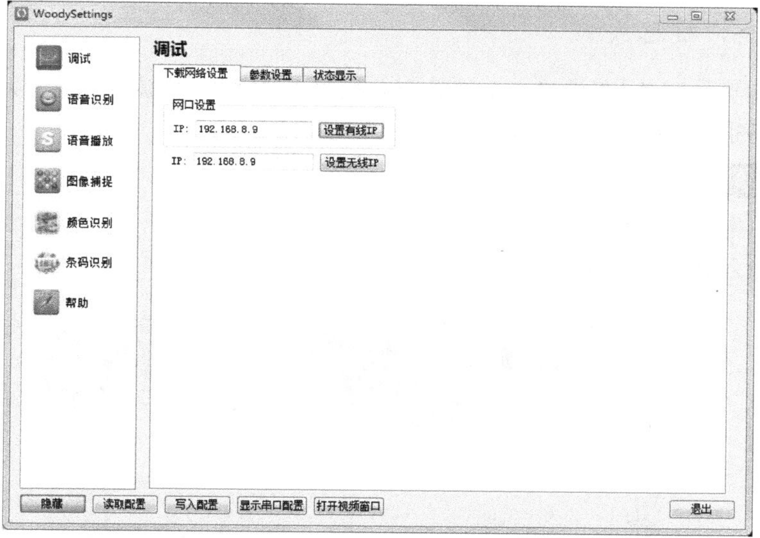

图 6.4　本地连接的 IP 设置

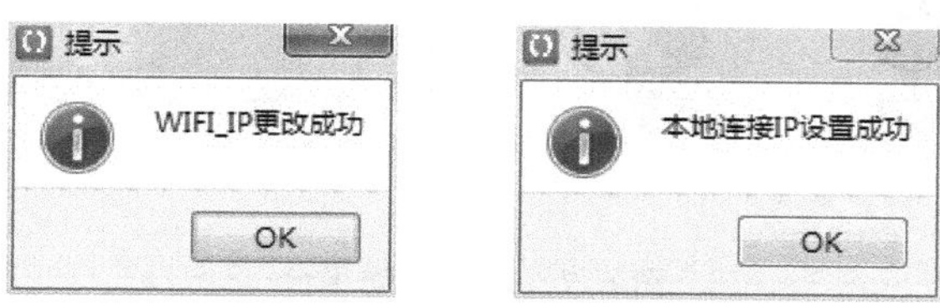

图 6.5　本地连接的 IP 设置成功

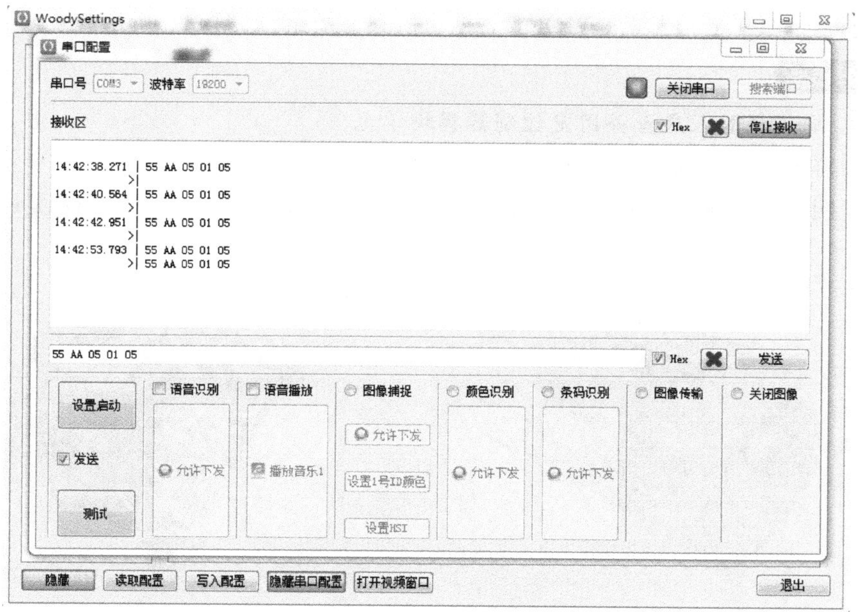

图 6.6　数据返回界面

6.3.2 四轮全向机器人

为了让示例更加形象,要搭建一个四轮全向机器人来和人"交流"。它可以识别人的指令,比如"前进"、"后退"……还可以回答问题。

》操作步骤

步骤 1 搭建全向底盘

按图 6.7 所示搭建全向运动底盘。

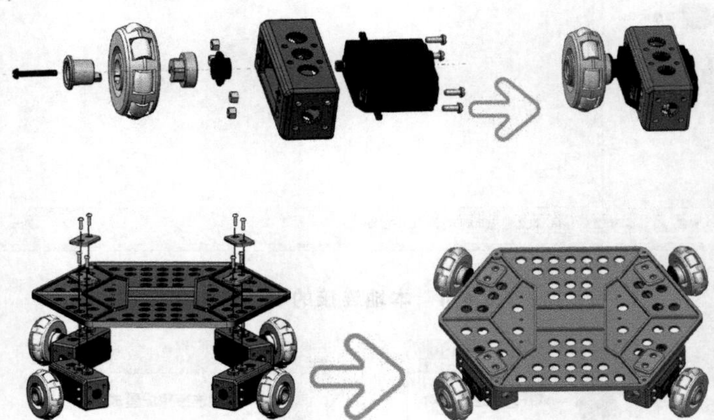

图 6.7 全向运动平台

》操作步骤

步骤 2 固定控制器和电池组

用连接件连 LUBY 控制器, WOODY 控制器和电池组,如图 6.8 所示。

》操作步骤

步骤 3 安装机器人底盘并固定控制器模块单元

① 控制器模块单元固定到小车底盘,如图 6.9 所示。

② 设置四轮全向机器人底盘 4 个舵机的 ID 号,左前 1,右前 2,左后 3,右后 4。

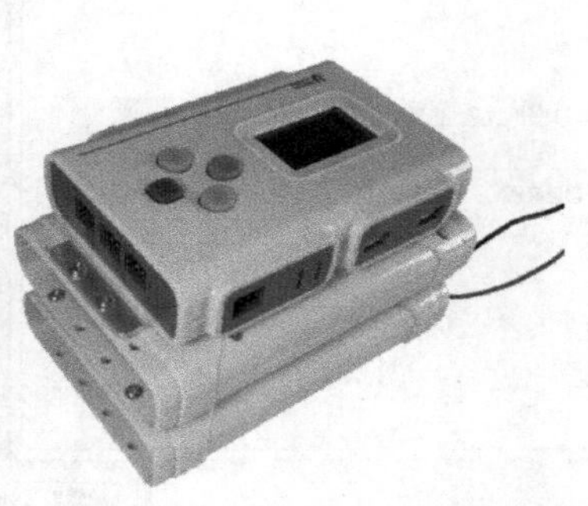

图 6.8 固定 LUBY 控制器, WOODY 控制器和电池组

图 6.9 底盘的搭建

6.3.3 视　觉

后面的章节需要用视觉进行颜色识别，这一章先将视觉结构搭建起来，方便后面使用。

操作步骤

步骤4　安装视觉传感器

① 视觉传感器安装在一个舵机结构件上，可以俯仰调节，如图6.10所示；

② 设置舵机ID号为5。

图6.10　安装视觉传感器

6.3.4 语音输入和输出设备

喇叭是"创意之星"配备的语音输出设备，如图6.11所示。用户可以用任意类型的喇叭代替，只要接口和WOODY控制器兼容即可。

麦克风是"创意之星"配备的语音输入设备，如图6.12所示。用户同样可以选择任意兼容WOODY控制器接口的麦克风。

操作步骤

步骤5　将机器人固定在底盘上，并安装喇叭

由于讲话时需要将麦克风拿到手中，所以无需将麦克风固定到机器人上。装配机器人时将麦克风插头接入WOODY控制器麦克风插口即可。最终安装好的四轮全向机器人如图6.13所示。

图6.11　音　箱

图6.12　麦克风

图6.13　安装好的语音机器人

6.4 让机器人和人互动起来

6.4.1 设计剧本

为了让机器人和人进行互动，并能执行人发出的命令，需要设计"剧本"让机器人进行表演。如用语音问出一些问题，让机器人来回答，用语音发出命令，让机器人人来执行。

操作步骤

步骤6　给机器人设计剧本

编写剧本如下：

人：你好！

机器人:你好!

人:你是谁?

机器人:我是语音全向四轮机器人!

人:很好!

机器人:谢谢,我会继续努力的!

人:前进

机器人:执行“前进”动作

人:后退

机器人:执行“后退”动作

人:左转

机器人:执行“左转”动作

人:右转

机器人:执行“右转”动作

人:停止

机器人:执行“停止”动作

这是一个很简单的剧本。接下来用高级版控制器来实现它。

6.4.2 剧本录音

将处理好的wav格式的语音保存到任意一个文件夹下,并按照顺序以001、002、003的方式命名,如图6.14所示。

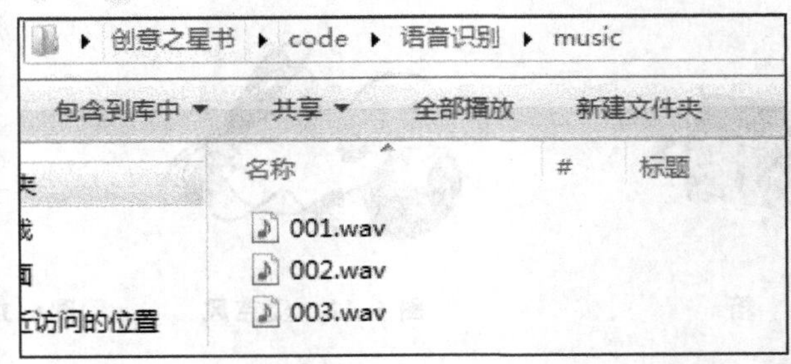

图6.14 录音机

用网线将WOODY控制器与电脑连接起来,控制器供电。打开WoodySettings软件,如图6.15所示。

单击“语音播放”,如图6.16所示。

单击“打开”按钮,选择保存语音文件的文件夹,然后单击“全部添加”按钮,修改语音文件的ID号,再单击“检出”按钮,语音文件就全部下载到WOODY控制器的内存里了,如图6.17所示。

单击“语音识别”,添加对应的中文语音指令,编辑好后点“写入配置”按钮,点如图6.18所示。

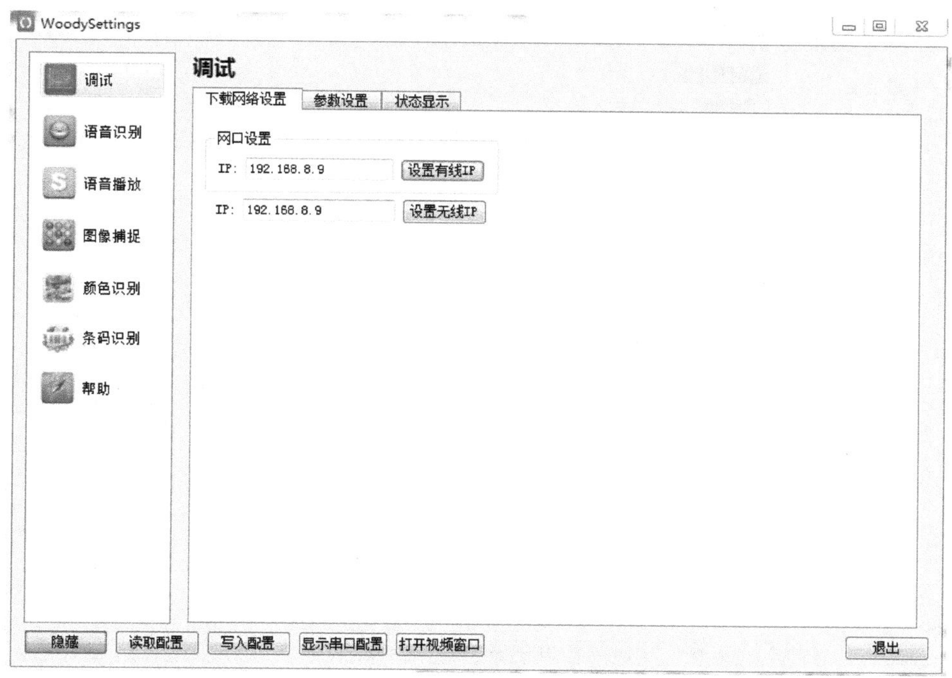

图 6.15　录音机程序界面

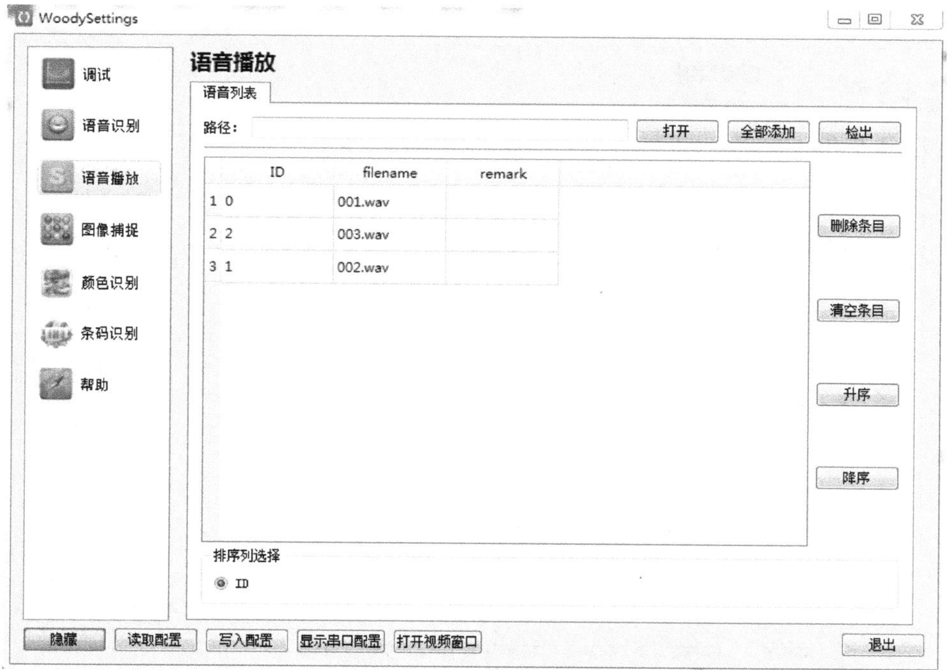

图 6.16　语音播放界面

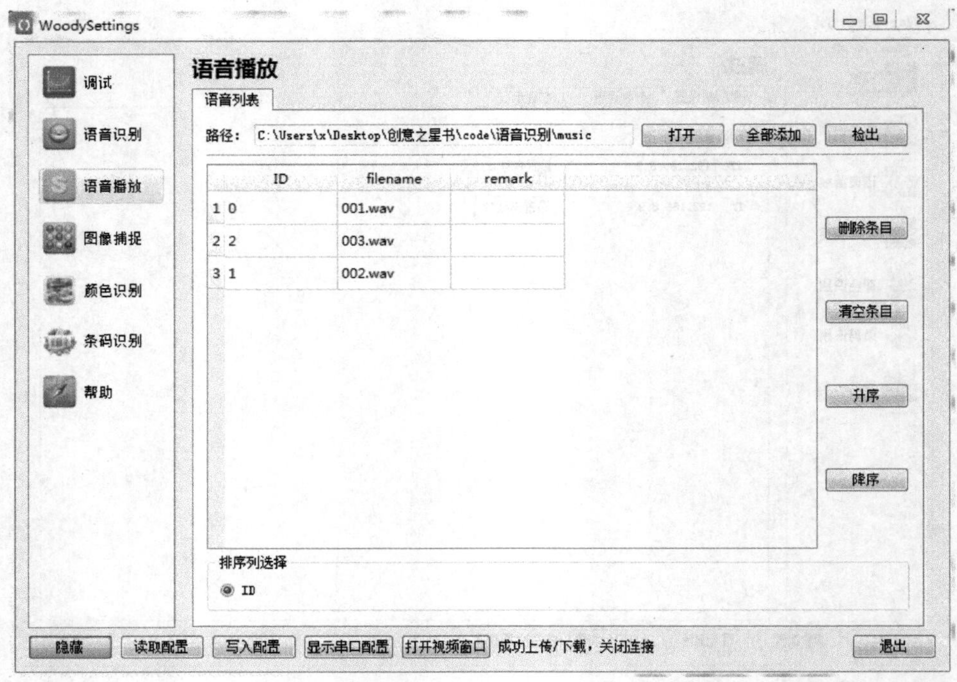

图 6.17 成功下载语音文件

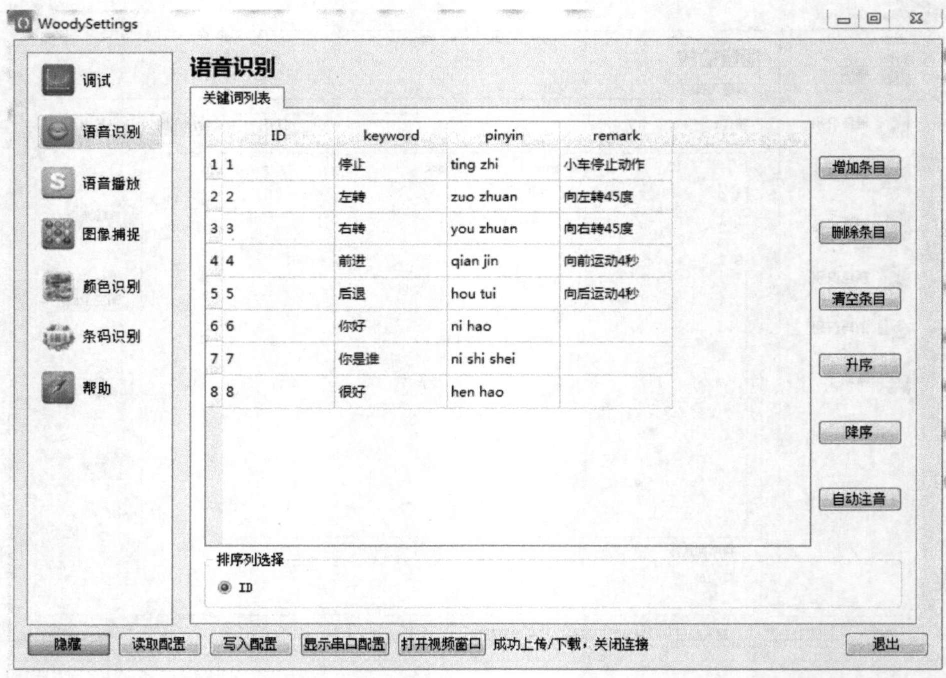

图 6.18 语音播放界面

6.4.3　编写程序

前面提到程序的编写主要是在 LUBY 控制器上进行。“创意之星”为用户提供了完整的 USDG 用户程序设计指南，整个程序的编写可以调用里面封装好的各个功能函数。

操作步骤

步骤 7　打开工程模板

工程模板如图 6.19 所示。

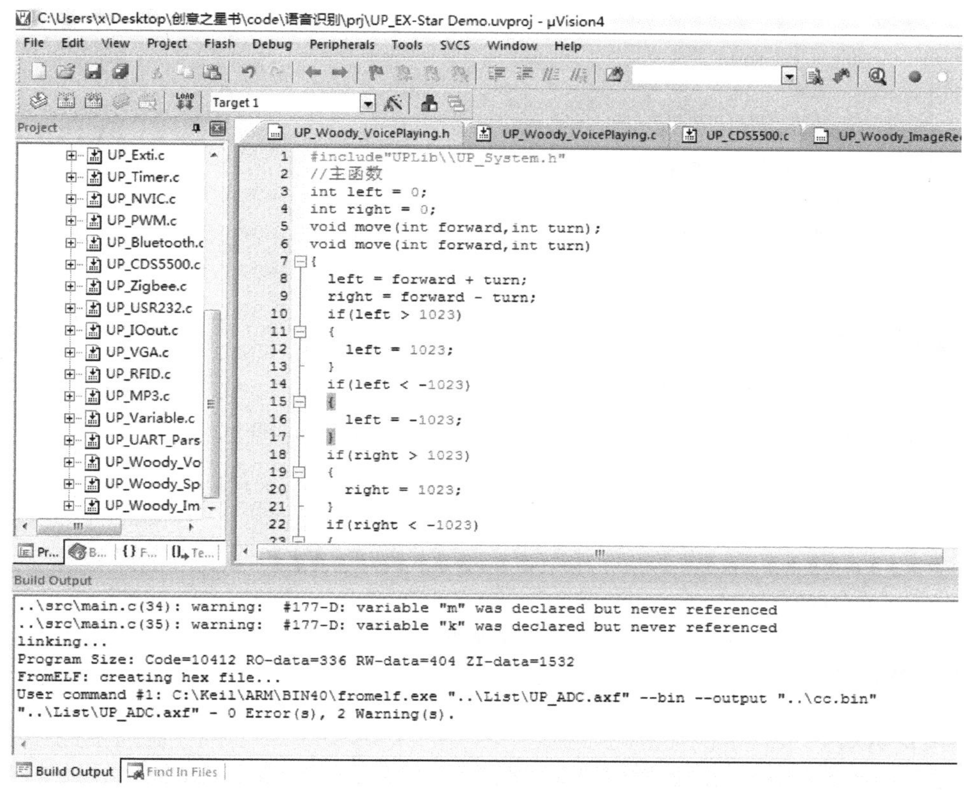

图 6.19　工程模板

操作步骤

步骤 8　编写运动函数

运动函数代码如下。

```
void move(int forward,int turn)
{
    left = forward + turn;
    right = forward - turn;
    if(left > 1023);
    {
        left = 1023;
    }
```

```
    if(left < - 1023);
    {
        left = -1023;
    }
    if(right > 1023);
    {
        right = 1023;
    }
    if (right < -1023)
    }
        right = -1023
    }
    UP_CDS_SetSpeed(1,left);
    UP_CDS_SetSpeed(2, - right);
    UP_CDS_SetSpeed(3,left);
    UP_CDS_SetSpeed(4, - right);
}
```

操作步骤

步骤9 了解语音识别,语音播放过程

1. 语音播放

```
UP_Woody_StartMusicPlay();        //开启语音播放
UP_delay_ms(500);
UP_Woody_PlayingMusic(0);         //播放语音,数字代表对应的语音
UP_delay_ms(1000);
UP_Woody_CloseMusicPlay();        //停止语音播放
UP_delay_ms(500);
```

2. 语音识别

```
UP_Woody_StartSpeechRecognize();          //开启语音识别
UP_delay_ms(1000);
UP_Woody_Speech_EnableSend();             //允许数据下发
UP_delay_ms(1000);
```

操作步骤

步骤10 编写程序

```
while(1)
{
    if(revoic_flage == 0XAC)
    {
        UP_LCD_ShowCharacterString(0, 0, "请说指令")
        UP_delay_ms(200);
```

```
    }
    if(voice_id! = 0)
    {
        switch(voice_id)
        {
            case 1: UP_LCD_ShowCharacterString(4, 0, "停止");
                    move(0,0);
                    UP_delay_ms(500);
                    break;
            case 2: UP_LCD_ShowCharacterString(4, 0, "左转");
                    move(0, - 400);
                    UP_delay_ms(1000);
                    move(0,0);
                    UP_delay_ms(30);
                    break;
            case 3: UP_LCD_ShowCharacterString(4, 1, "右转");
                    move(0,400);
                    UP_delay_ms(1000);
                    move(0,0);
                    UP_delay_ms(30);
                    break;
            case 4: UP_LCD_ShowCharacterString(4, 1, "前进");
                    move(400,0);
                    UP_delay_ms(500);
                    break;
            case 5: UP_LCD_ShowCharacterString(4, 0, "后退");
                    move( - 400,0);
                    UP_delay_ms(2000);
                    move(0,0);
                    UP_delay_ms(30);
                    break;
            case 6: UP_LCD_ShowCharacterString(4, 0, "你好");
                    move(0,0);
                    UP_delay_ms(30);
                    UP_Woody_StartMusicPlay();
                    UP_delay_ms(500);
                    UP_Woody_PlayingMusic(0);
                    UP_delay_ms(1000);
                    UP_Woody_CloseMusicPlay();
                    UP_delay_ms(500);
                    UP_Woody_StartSpeechRecognize();
                    UP_delay_ms(1000);
                    UP_Woody_Speech_EnableSend();//允许下发
                    UP_delay_ms(1000);
                    break;
            case 7: UP_LCD_ShowCharacterString(4, 0, "你是谁");
                    move(0,0);
                    UP_delay_ms(30);
                    UP_Woody_StartMusicPlay();
```

```
                    UP_delay_ms(500);
                    UP_Woody_PlayingMusic(1);
                    UP_delay_ms(4000);
                    UP_Woody_CloseMusicPlay();
                    UP_delay_ms(500);
                    UP_Woody_StartSpeechRecognize();
                    UP_delay_ms(1000);
                    UP_Woody_Speech_EnableSend();//允许下发
                    UP_delay_ms(1000);
                    break;
            case 8: UP_LCD_ShowCharacterString(4, 0, "很好");
                    move(0,0);
                    UP_delay_ms(30);
                    UP_Woody_StartMusicPlay();
                    UP_delay_ms(500);
                    UP_Woody_PlayingMusic(2);
                    UP_delay_ms(3000);
                    UP_Woody_CloseMusicPlay();
                    UP_delay_ms(500);
                    UP_Woody_StartSpeechRecognize();
                    UP_delay_ms(1000);
                    UP_Woody_Speech_EnableSend();//允许下发
                    UP_delay_ms(1000);
                    break;
                    default: UP_LCD_ShowCharacterString(4, 0, "其他");
                    UP_delay_ms(20);
                    break;
        }
    }
    voice_id = 0;
    revoic_flage = 0XAC;
    UP_Woody_Speech_ClearData();
    UP_LCD_ClearScreen();
    UP_delay_ms(80);
}
```

6.5 小 结

本章实验中,借助 WoodySettings 软件语音模块在 WOODY 控制器上实现了语音识别功能,并和设计好的对话剧本结合,实现了一个语音对话问答机器人。功能的主体实现了,但是否还有提高的余地呢?能不能设计内容更加丰富的剧本并编程实现?能不能增加传感器,让机器人除了和人"交流",还可以报告环境信息,例如温度,光照等?

第7章 视频信号的输入

学习目标

➢ 熟悉“创意之星”高级版套件；
➢ 掌握高级版控制器的使用方法；
➢ 掌握全向轮的使用方法；
➢ 了解基本的图像处理方法。

7.1 全向运动足球机器人

本章的目的是通过学习，了解和掌握高级版控制器视觉处理的使用方式，掌握全向轮的使用特点。本章的教学道具是一套带视觉的全向运动机器人，和前面的章节一样，一步步的来实现其功能。

1. 任务背景

RoboCup机器人足球世界杯赛及学术大会是国际上级别最高、规模最大、影响最广泛的机器人足球赛事和学术会议，每年举办一次。机器人足球赛的最初想法是由加拿大不列颠哥伦比亚大学的艾伦·马克沃斯教授于1992年提出的。日本学者迅速对此进行了系统的调研和可行性分析。1993年6月，浅田埝和北野宏明等著名学者决定创办日本机器人足球赛，并暂命名为RoboCup J联赛(J联赛是日本足球职业联赛的名称)。1个月之内，他们就收到了来自国外的热烈反响，要求将其扩展为一个国际性的比赛，并将其定名为机器人足球世界杯赛(the Robot World Cup Soccer Games)，简称RoboCup。

RobuCup国际比赛从开始举办后，比赛规则和难度不断提高，参加比赛的机器人队伍的技术也有了突飞猛进的提高。参赛机器人经过十几年的进化，和刚开始几年的机器人相比有了明显的不同。刚开始几年的机器人一般使用两轮差动式机构，随着全向轮在机器人上日益广泛的运用，全向机器人迅速取代常规的两轮差动式机器人。全向机器人可以在任意位置向任何方向前进，没有物理意义上的前方，具有很大的机动性。

本节所设计的机器人可以看作是RoboCup比赛机器人的一个缩小版模型。这个机器人虽然无法真正参加RoboCup比赛，但从中可以对足球机器人的原理有一个基本认识。

2. 任务要求

利用“创意之星”高级版中摄像头的图像处理功能，设计一个足球机器人，如图7.1所示，让该机器人应具备如下功能：

① 能够区分球和场地的颜色，发现球并向球运动；

② 能够向任意方向运动。

图7.1 全向运动足球机器人

3. 硬件需求

① 高级版控制器，1套；

② 以太网线,1根;
③ 摄像头,1个;
④ 全向轮,4个;
⑤ 结构件,若干;
⑥ 舵机,5个。

7.2 图像处理简介

图像处理是一门学科,涉及的知识较多。为了便于理解,这里只对高级版的图像处理过程进行描述。更多专业知识,请读者参阅图像处理的专业书籍。

首先,高级版控制器通过底层接口获得一帧图像,图像数据其实是一个一维的数组,RGB24格式(R,G,B颜色各占一个字节,共24bit),每三个字节一个像素。这个一维数组和图像的对应关系见图7.2。需要注意的是,图像数据中每个像素对应的三个字节是按B(Blue),G(Green),R(Red)的顺序存放的,而不是按R,G,B的顺序存放。

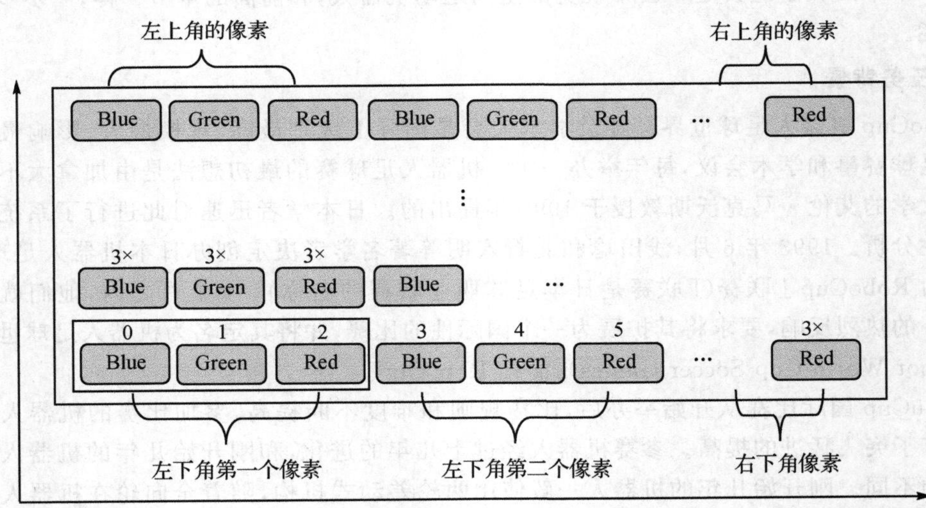

图7.2 一维数组和图像的对应关系

然后,将图像数据从RGB空间转化到HSI空间。因为在RGB颜色空间下很难排除光照的影响,所以不适合用来做颜色区分。在HSI空间,就可以用Hue(色度)来对颜色进行划分。从RGB到HSI空间的转化有特定的算法,这里不再介绍,感兴趣的读者可以阅读相关书籍。

其次,进行颜色区域分割。循环遍历一副图像中的每个像素,将每个像素转换后的H值和目标阈值进行比较,符合范围要求的作为有效点,否则视为无效点。遍历完整幅图像后,对所有有效点的x和y求平均值,得到vx和vy,则(vx,vy)为目标区域在画面中的质心的坐标。在颜色干扰不是很严重的情况下,可以认为目标区域的质心就是目标物体的中心。这里还有简单的连通域算法,即只计算连通在一起的最大面积目标区域像素点的平均值。

最后,保存计算得到的目标区域质心坐标vx和vy,以及有效像素个数(目标面积)。用户可以通过UP_Woody_X_Coordinates函数获取vx值,通过UP_Woody_Y_Coordinates获取

vy 值，通过 UP_Woody_ImagePixel 获取目标面积。

对于追踪目标的例子来说，比如追球，通过获取到的目标区域质心坐标值，可以判断出球相对于机器人的大概方位。在视频图像平面中，横向为 x 轴纵向为 y 轴，通过目标球质心横坐标值可以判断出球相对机器人正前方是偏左还是偏右，球质心横坐标小于画面中心横坐标（当摄像头分辨率是 320×240 时，画面中心坐标为（160，120）），说明球在机器人左前方，反之亦然。通过球质心纵坐标可以判断球与机器人的距离，需要注意的是球和机器人的距离与球中心纵坐标不是严格的线性关系，但是遵循这样的规律：球离机器人越远，球质心在画面中纵坐标就越大。因此，根据获取到的球质心坐标，就可以判断出球相对机器人的方位以及球和机器人的距离，可以根据球质心坐标调整机器人的运动状态，让它向着球前进。视觉原理如图 7.3 所示。

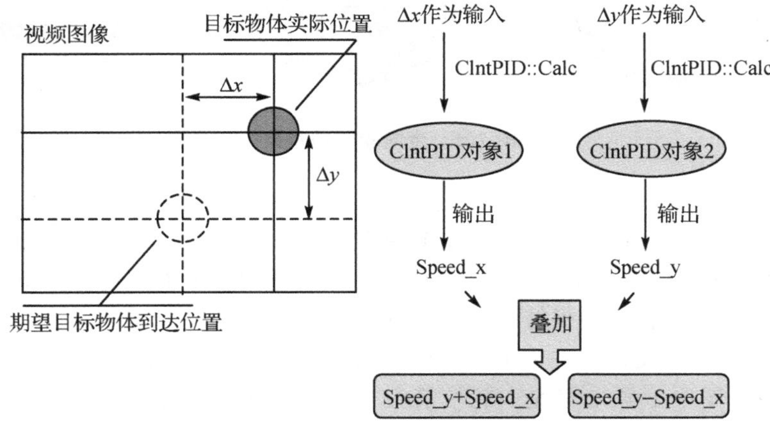

图 7.3　视觉原理

7.3　搭建全向足球机器人

7.3.1　全向轮

1. 全向轮的特点

全向机器人的根本特征是使用全向轮，可以向任意方向行进。那么就需要了解一下什么是全向轮以及它与常规的轮子有何区别。

图 7.4　各种全向轮

图 7.4 所示为当前比较常见的全向轮，根据载荷的不同，全向轮的大小、面积、辊子数量各有不同。

如图7.5所示,可以看到全向轮外轮廓和普通轮子一样。不同的是,轮子的圆周不是由普通的轮胎组成,而是分布了许多小辊子,这些辊子的轴线与轮子的圆周相切,并且能自由旋转。这样的特殊结构使得轮体具备了3个自由度:绕轮轴的转动、沿辊子轴线垂线方向的平动和绕辊子与地面接触点的转动。这样,驱动轮在一个方向上具有主动驱动能力的同时,另外一个方向也具有自由移动(被动移动)的运动特性。当电机驱动车轮旋转时,车轮以普通方式沿着垂直于驱动轴的方向前进,同时车轮周边的辊子沿着其各自的轴线自由旋转。

图7.5　全向轮转动特点

2. 全向底盘

"创意之星"高级版提供了4个全向轮,现在就用全向轮搭建一个移动底盘。

移动底盘如何布置全向轮,布置几个全向轮比较合适呢？下面来进行分析。

① 2轮式:2轮式底盘无法保持平衡,必须配合万向轮使用;

② 3轮式:3点可以支撑起一个平面,所以3轮式底盘可以保持平衡。可以按图7.6所示布置3个全向轮。图中1号、2号全向轮按箭头方向运动时,3号轮子作为从动轮运动(辊子转动),整个底盘的运动方向由3个全向轮的合成运动决定。当给定3个全向轮不同的运动方向和速度时,即可合成任意方向的运动。

③ 4轮式:如图7.7所示,4个全向轮对称分布在底板上。将4个轮子的运动矢量合成即可得到前进、后退、转向、侧移等任意方向的运动。

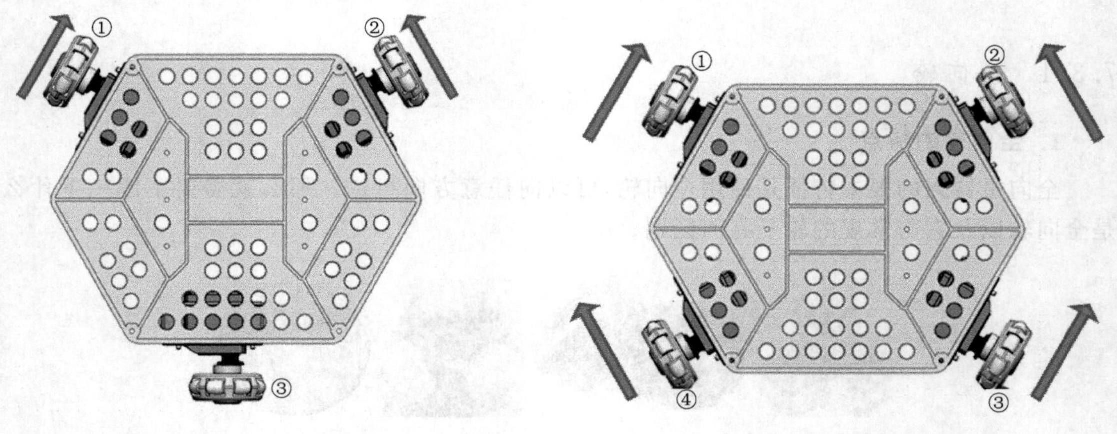

图7.6　3轮全向平台　　**图7.7　4轮全向平台**

根据上述分析可知,3轮和4轮都是可行的方案,但是3轮的动力明显要小于4轮方案。例如,前进时3轮方案只有2个轮子驱动,第3个轮子为从动,而4轮方案中每个轮子都可以

分解出前进分量。另外，机器人运动时，最常用的运动是前进、后退、侧移、旋转，而 3 轮方案的侧移不好控制（读者可以自行分析原因），所以，这里选择 4 轮全向构型。

7.3.2　摄像头

有了全向底盘，机器人就可以行动自如。但是如果没有“眼睛”，机器人只能像无头苍蝇一样四处乱撞。接下来给机器人安装“眼睛”。机器人的“眼睛”用摄像头来实现。

为了形象和美观，将机器人的“眼睛”安装在经过改装的红外测距传感器外壳里，这样机器人不但有了眼睛，还有了头。当然，也可以直接用扎线带固定在对应的结构件上。

高级版控制器的 Linux 系统里，安装了 Microsoft 摄像头的驱动。Microsoft 摄像头如图 7.8 所示。

机器人的安装步骤在第 6 章已经介绍了，这里不再重复，机器人效果如图 7.9 所示。

图 7.8　Microsoft 摄像头实物图

图 7.9　全向足球机器人效果图

7.3.3　速度的标定和合成

1. 标定速度

由于全向轮和普通轮子的安装方式、运动形式不同，需要对舵机转动方向与底盘的运动方向进行标定。将底盘右侧两个舵机与多功能调试器连接，将调试器连接到 PC 上，运行 RobotServoTerminal。在设备管理器中查看端口号，在 Com 后面的编辑框中输入端口号。取消 Single Node 复选框，选择 Single Baud，单击 Search 开始扫描设备。当 1 号和 2 号两个舵机出现在列表中后，单击 Stop 停止扫描。如图 7.10 所示。

选择 Operate 操作界面，在左边设备列表里单击选中 1 号舵机，在 Servo Operation 窗口里 Servo Operation 项中单击 Motor Mode 将舵机设置为电机模式，然后拖动 Speed 滑动条，让舵机在正负速度下运动。查看正负速度时轮子的运动方向，同样查看 2、3、4 号舵机正负速度时轮子的运动方向，记录结果。

2. 速度合成

接下来分析轮子转动方向和机器人运动方向之间的关系。

① 前进：机器人前进时，各轮子的运动分解如图 7.11 所示。1、2 号舵机为负速度，3、4 号舵机为正速度，1 号舵机和 4 号舵机的横向速度抵消，2 号舵机和 3 号舵机的横向速度抵消，所以最

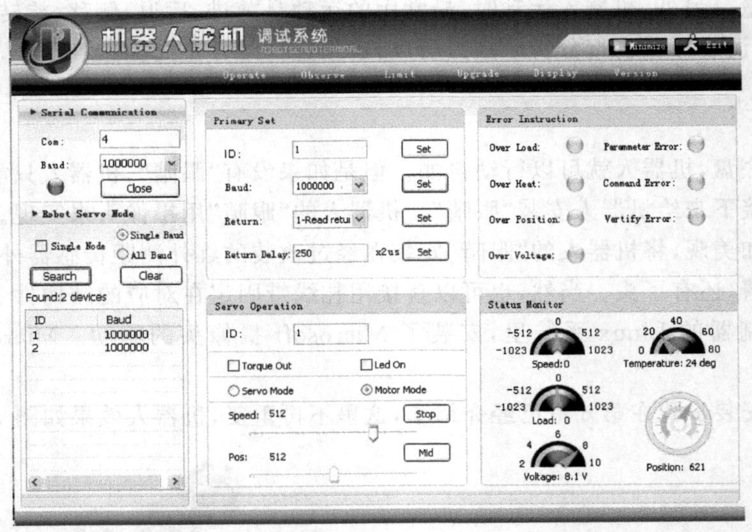

图 7.10 搜索总线上的舵机

后合成速度向上,即机器人前进。图 7.11 中,中心的箭头表示合成速度方向,轮子运动分解图中,与轮子径向平行的箭头表示轮子的速度,横向的箭头表示横向速度分量,竖向的箭头表示竖向箭头分量,虚线表示合成速度中被抵消掉的速度分量。后续采用相同的表示方法。

② 后退:机器人后退时,各轮子的运动分解如图 7.12 所示。1、2 号舵机为正速度,3、4 号舵机为负速度,1 号舵机和 4 号舵机的横向速度抵消,2 号舵机和 3 号舵机的横向速度抵消,所以最后合成速度向下,即机器人后退。

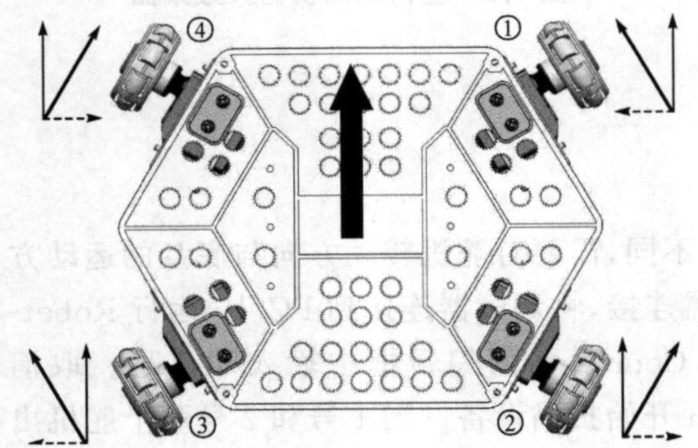

图 7.11 前进运动分解图

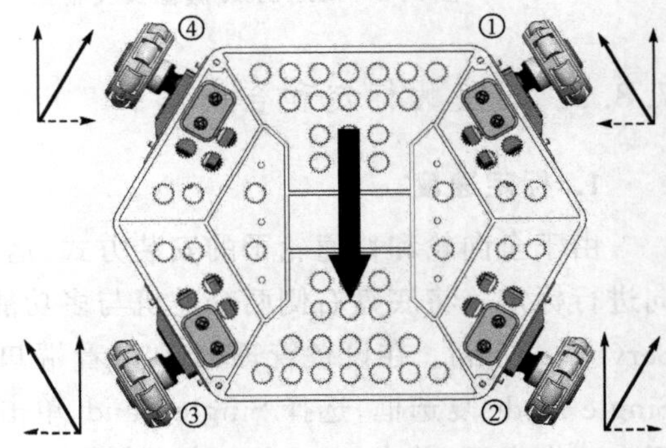

图 7.12 后退运动分解图

③ 左进:全向底盘的最明显的特点就是可以向任意方向运动,当机器人向左运动时,各轮子的运动分解如图 7.13 所示。1、4 号舵机为负速度,2、3 号舵机为正速度,1 号舵机和 2 号舵机的竖向速度抵消,3 号舵机和 4 号舵机的竖向速度抵消,所以最后合成速度向左,即机器人左进。

④ 右进:当机器人向右运动时,各轮子的运动分解如图 7.14 所示。1、4 号舵机为正速度,2、3 号舵机为负速度,1 号舵机和 2 号舵机的竖向速度抵消,3 号舵机和 4 号舵机的竖向向速度抵消,所以最后合成速度向右,即机器人右进。

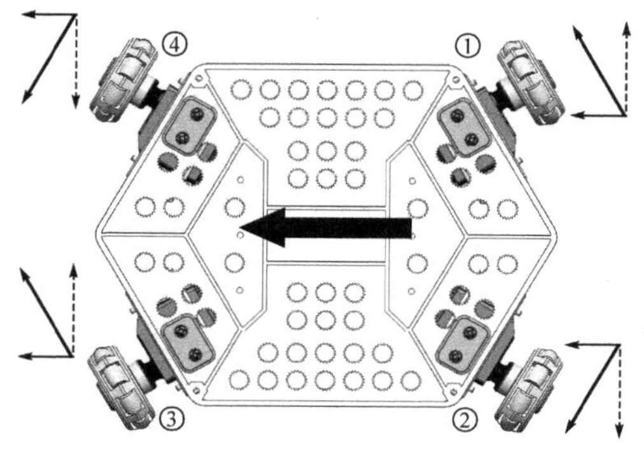

图 7.13　左进运动分解图

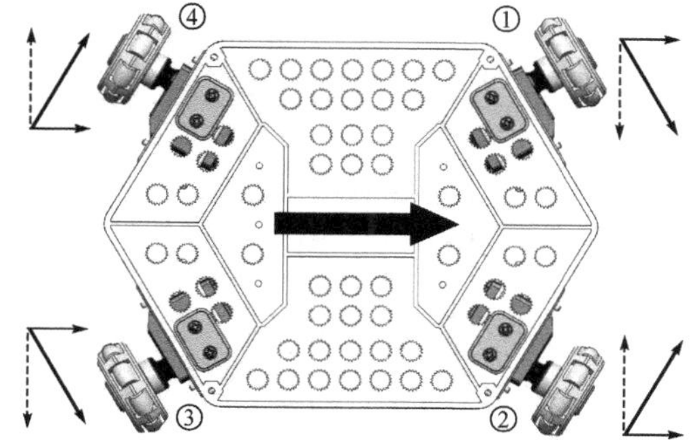

图 7.14　右进运动分解图

⑤ 右转：当机器人右转时，各轮子的运动分解如图 7.15 所示。1、2、3、4 号舵机全部为正速度，没有抵消的速度分量，最后合成速度和每个轮子的速度方向重合，机器人向右转动。

⑥ 左转：当机器人左转时，各轮子的运动分解如图 7.16 所示。1、2、3、4 号舵机全部为负速度，没有抵消的速度分量，最后合成速度和每个轮子的速度方向重合，机器人向左转动。

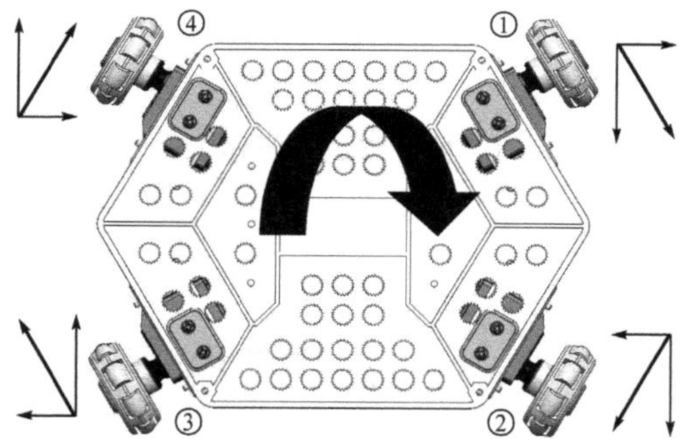

图 7.15　右转运动分解图

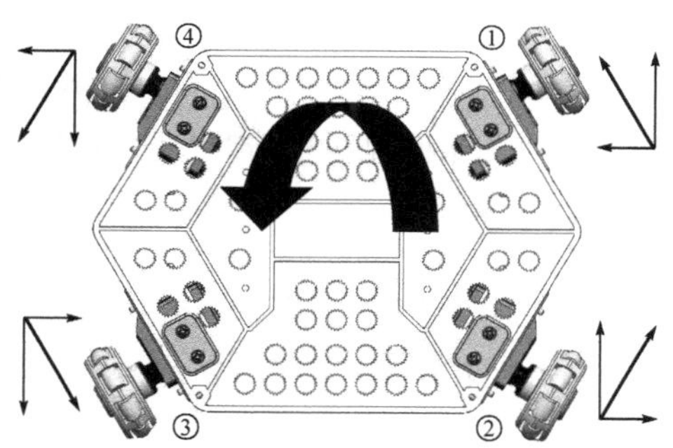

图 7.16　左转运动分解图

经过这里的分析可以看出，改变四个舵机速度的方向和大小，就可以改变合成速度的方向，从而实现机器人的“全向”运动。有兴趣的读者可以自行分析机器人向其他方向运动时的速度合成。

7.3.4　颜色识别

1. 连接硬件

要做颜色识别就要进行颜色标定，所以需要通过 WoodySettings 软件对要识别的颜色进行标定。将摄像头连接到高级版控制器，再将高级版控制器通过网线、多功能调试器连接到 PC 机，第 6 章有连接介绍，本章不再详细描述。

2. 颜色标定

打开 WoodySettings 软件，进行网络和串口设置，并进行测试。具体步骤第 6 章有详细介绍，本章不再重复。测试好的效果如图 7.17 所示。

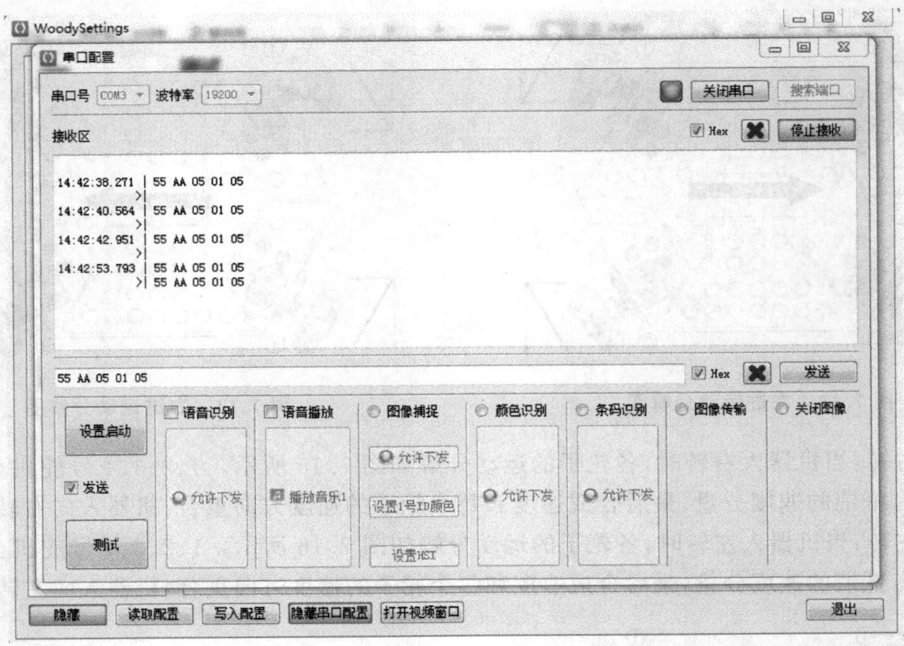

图 7.17 数据返回界面

选中“图像捕捉”，单击“设置启动”按钮，图像功能就启动了，如图 7.18 所示。

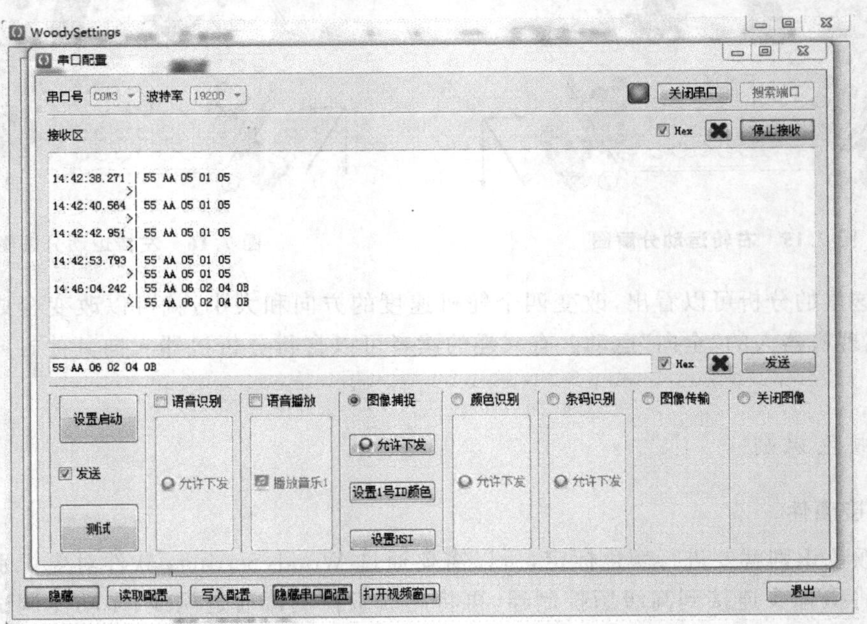

图 7.18 开启图像捕捉

单击“允许下发”按钮，高级版控制器就会把识别到的图像数据发送到 WoodySettings 软件，如图 7.19 所示。

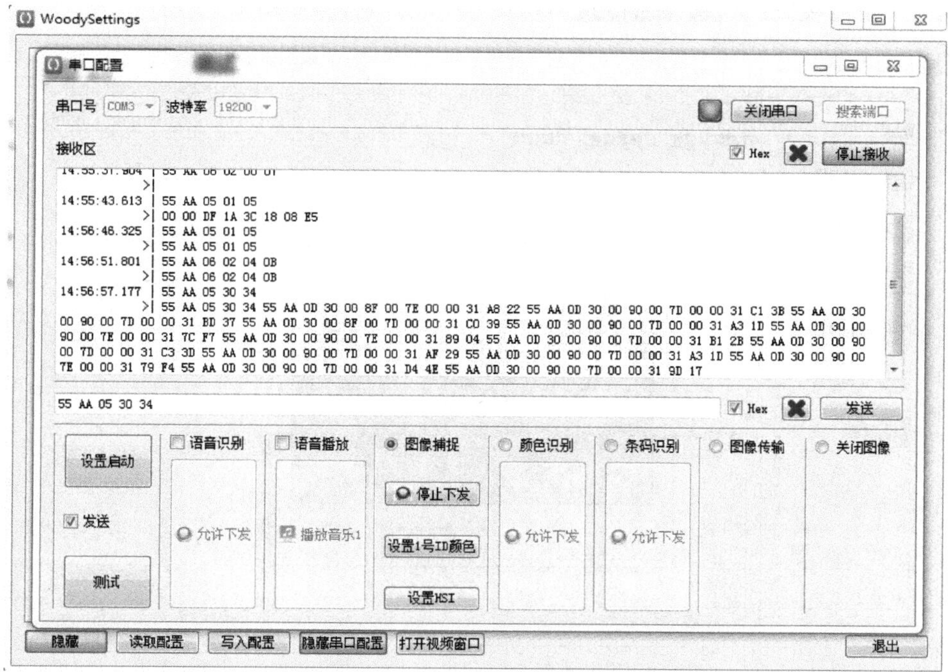

图 7.19　允许图像数据下发

最小化串口配置窗口，单击“打开视频窗口”按钮，如图 7.20 所示。

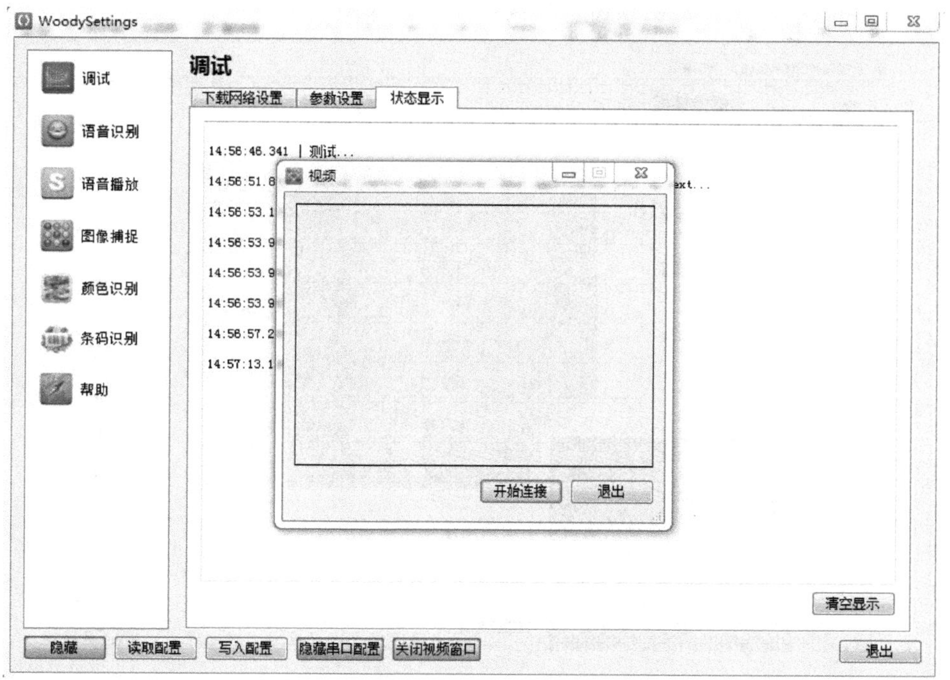

图 7.20　打开视频窗口

单击“开始连接”按钮，视频回传到 WoodySettings 软件，如图 7.21 所示。

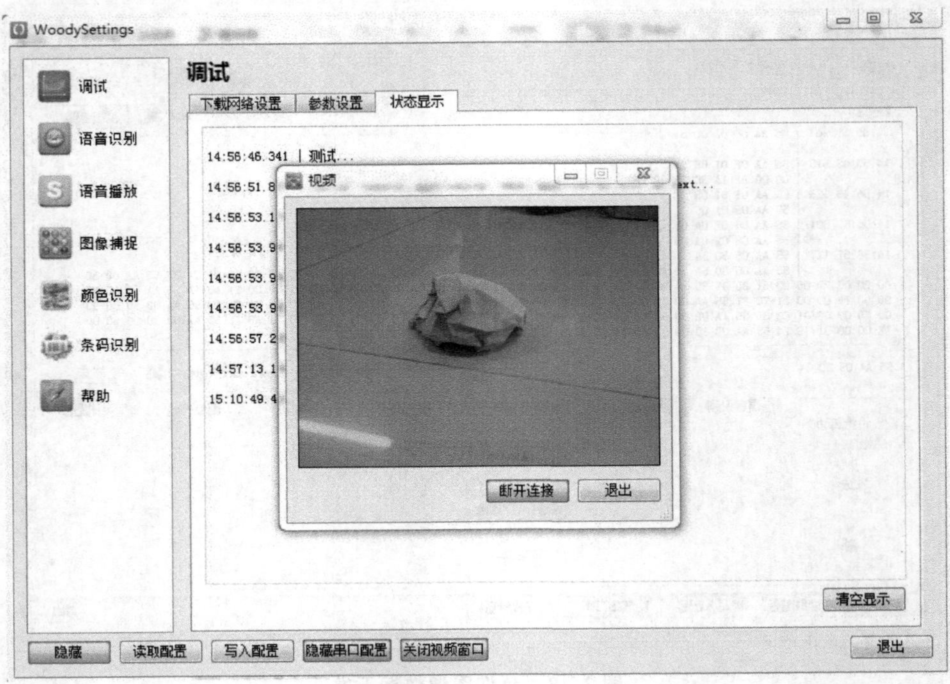

图 7.21　视频窗口显示接收到的图像

单击“图像捕捉”按钮。将视频窗口移到左下角。如图 7.22 所示。

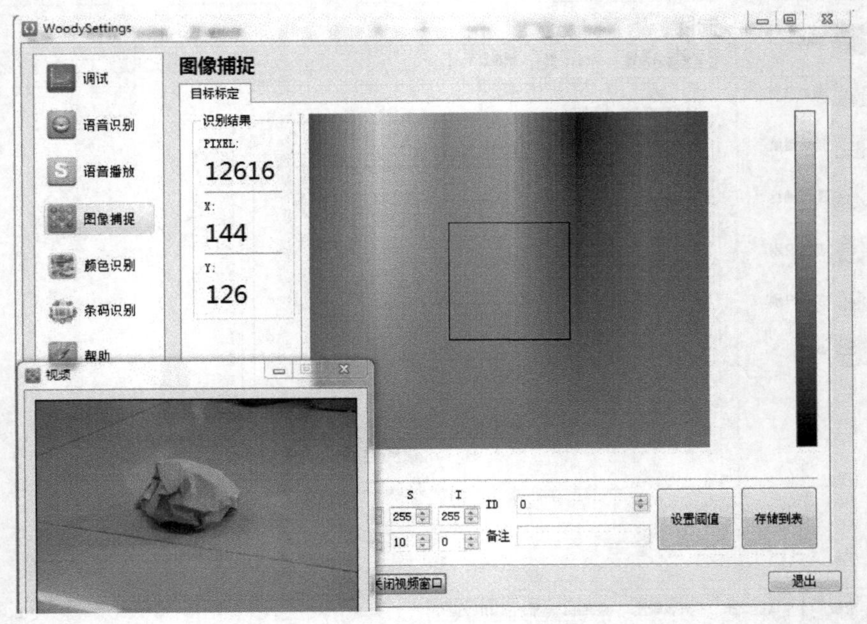

图 7.22　颜色阈值设置窗口

改变彩色区域内黑框的大小及位置，将要识别的目标物标定成如图 7.23 所示。目标物被识别出来后是红色，目标物对应的 HSI 值也在左下角显示出来，后面编程会用到。另外识别结果里，PIXEL 表示识别到的有效像素点的个数，X 表示目标物的横坐标(范围 0～320)，Y 表示目标物的纵坐标(范围 0～240)。

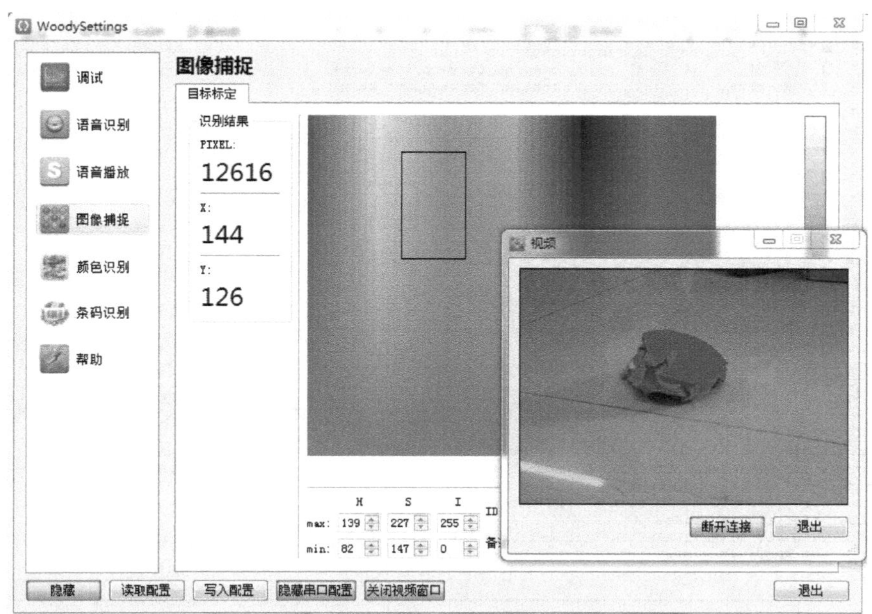

图 7.23　识别结果显示窗口

7.4　让机器人跑起来

7.4.1　编写程序

接下来建立流程图，开始编写机器人程序。

操作步骤

步骤 1　打开工程模板

工程模板如图 7.24 所示。

操作步骤

步骤 2　编写运动函数

运动函数编写如图 7.25 所示。

操作步骤

步骤 3　了解颜色识别过程

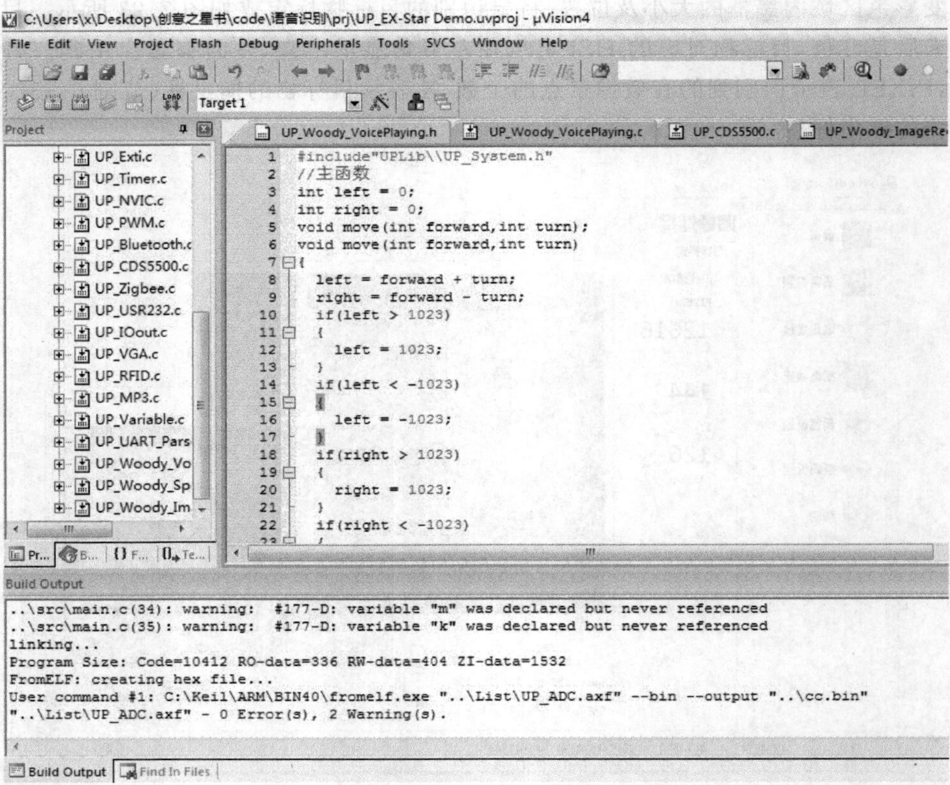

图 7.24　工程模板

```
void move(int forward,int turn)
{
  left = forward + turn;
  right = forward - turn;
  if(left > 1023)
  {
    left = 1023;
  }
  if(left < -1023)
  {
    left = -1023;
  }
  if(right > 1023)
  {
    right = 1023;
  }
  if(right < -1023)
  {
    right = -1023;
  }
  UP_CDS_SetSpeed(1, left);
  UP_CDS_SetSpeed(2, -right);
  UP_CDS_SetSpeed(3, left);
  UP_CDS_SetSpeed(4, -right);
}
```

图 7.25　运动函数

图像识别：

```
UP_Woody_StartImageRecognize();          //开启图像识别
UP_delay_ms(500);

UP_Woody_StartImageRecognize1();         //允许数据下发
UP_delay_ms(500);
UP_Woody_Clear_ImageRecognize_Data();    //清零
UP_delay_ms(100);
UP_Woody_GreenRecognize(1);              //设置要识别物体的 HIS 值
UP_delay_ms(1000);
```

7.4.2　跟球逻辑的实现

有了目标球的坐标，就可以开始进行控制量的计算了。要使机器人能跟踪球，一般期望球的质心在图像中的坐标为(160,120)，在具体实验时，可以根据情况上下浮动。为什么是(160,120)这个点呢？创意之星配套的摄像头像素大小为 320×240,，所以图像的中心点中标为(160,120)。

接下来了解一些关键函数：

① 获取目标物中心点 X 值：UP_Woody_X_Coordinates；

② 获取目标物中心点 X 值：UP_Woody_Y_Coordinates；

③ 获取目标物有效像素点个数：UP_Woody_ImagePixel。

» 操作步骤

步骤 4　追球逻辑

```
if ((sum > 20000)&&(vx > 100)&&(vx < 210) )//有效像素点达到一定值，并且大致居中，停止运动
{
    move(0,0);
    UP_delay_ms(100);
}
else if((sum > 100)&&(sum<2000))           //发现目标物后以较大的速度朝目标物运动
{
    UP_CDS_SetAngle(5, 512, 312);
    UP_delay_ms(200);
    vx = (vx - 160) * 2;
    move(700,vx);
    UP_delay_ms(100);
}
else if((sum > 2000)&&(sum<8000))          //像素点增大到一定数目后放慢运动速度
{
    UP_CDS_SetAngle(5, 412, 312);
    UP_delay_ms(200);
    vx = (vx - 160) * 1;
    move(400,vx);
```

```
        UP_delay_ms(400);
    }
      else if((sum > 8000)&&(sum<20000)) //进入微调模式
      {
        UP_CDS_SetAngle(5, 362, 312);
        UP_delay_ms(200);
        if (lastx < 160)
        {
            move(0, - 250);
            UP_delay_ms(50);
            move(300,0);
            UP_delay_ms(400);
            move(0,0);
            UP_delay_ms(400);
        }
        else if (lastx > 190)
        {
            move(0,250);
            UP_delay_ms(50);
            move(300,0);
            UP_delay_ms(400);
            move(0,0);
            UP_delay_ms(400);
        }
        else
        {
            vx = (vx - 160) * 0.6;
            move(300,vx);
            UP_delay_ms(200);
            move(0,0);
            UP_delay_ms(10);
          }
        }
    else //目标物丢失,转圈寻找。
    {
        UP_Woody_PlayingMusic(3);
        UP_delay_ms(100);
        UP_CDS_SetAngle(5, 512, 312);
        UP_delay_ms(200);
        if (lastx < 130)
        {
            move(0, - 300);
            UP_delay_ms(100);
        }
        else if (lastx > 190)
```

```
        {
            move(0,300);
            UP_delay_ms(100);

        }
        else
            move(0, - 200);
            UP_delay_ms(10);
    }
```

操作步骤

步骤 5　编译、下载、运行和调试。

编译程序，连接硬件后下载程序。然后将机器人放置到场地中运行，改变球的位置，查看机器人追球的效果。可以根据实际情况修改阈值设置、计算速度时的比例系数，以达到更好的效果。

7.5 小　结

本章利用“创意之星”高级版控制器实现了一个追球的全向机器人，它会随着目标球的运动而运，在追到目标球后停止。如果球离开了视野，会继续重复找球追球动作。功能的主体实现了，是否还有提高的余地呢？

根据编程过程可以看出，这里机器人的运动是旋转和前进叠加而来的，全向移动的特点并未发挥出来，如何实现任意方向的移动？请读者开动脑筋。

发挥想象力，一定能设计出更好的全向足球机器人。

第 8 章　综合实践——四足机器人步态规划

学习目标

- 进一步了解“创意之星”标准版套件；
- 初步学习足式机器人的步态规划；
- 深入学习 AVR 控制器的使用方法；
- 深入学习模拟量传感器的使用方法。

第 8 章和第 9 章将通过 2 个机器人综合实例的设计和制作，来学习设计和制作机器人的一般方法和过程。

8.1　会追光的四足步行机器人

1. 任务背景

如果对大自然的各种生物做下观察，就能够得出一个结论：大自然偏爱腿式运动。可以看到，除了水里的鱼和微生物，其他的生物一般都有或多或少的腿。因为自然界中，生物的活动环境是非结构化、粗糙、复杂的，昆虫需要翻越的障碍可以比它们的高度高出一个数量级。如图 8.1 所示，腿式机器人（足式机器人）顾名思义就是把腿作为主要行进方式的机器人。腿式运动以一系列机器人与地面之间的点接触为基本特征，优点是具有在复杂的地形上的自适应性和机动性，缺点是动力、控制、结构的复杂性。

图 8.1　各种腿式机器人

虽然目前足式机器人在实际应用中仍然不很常见，但其广阔的应用前景仍然吸引了众多学者。bigdog 是当前最先进的仿生足式机器人，不久的将来，这种机器人可以代替士兵在复杂的地形环境下运送战略物资。

2. 任务要求

与轮式机器人比较起来，足式机器人在外形上更接近于生物，具有适应各种地形的可能性。所以本章将讨论如何制作一个用机械足行走的机器人。该机器人应具备如下功能：

① 模仿四腿生物的行走方式，四条腿交替前进；

② 能感知光源，并能转向光源，朝光源前进。

8.2　任务分析与规划

任何设计工作都需要有明确的目标、功能规划，在有了明确的功能需求以后，才能够根据所掌握的技术寻求可行的设计方案。例如，如果要设计一台巡检铁路轨道状态的机器人，就需要采用轮式机构来使机器人在铁轨上平稳、快速地进行；如果设计的是一台火山活动检查机器人，就需要设计成能够适应复杂地面环境、承受高温的多足爬行机器人。

本章要设计一个简单机器人系统——“会追光的四足步行机器人”，即能够在较平坦地面上，以模拟四足动物的方式行走，能跟踪光源的机器人。为了实现这样的功能，需要对其组成进行规划。

机器人系统是模仿人类等生物的结构、思维而构建的，所以也可以人类自身为范本来设计机器人。人类跟踪光源的一般流程是这样的，首先用眼睛找到光源，再用脑判断光源的位置，然后控制肌肉做出运动，最后肌肉带动骨骼完成跟踪动作。在这样的流程中，人类用到的身体结构包括：眼、脑、肌肉、骨骼。这个过程可以分为“是否看到光源”的思维过程和“控制肌肉做出运动”执行过程两个部分，前者是逻辑判断，后者是固定的行为方法。

对于机器人，上述存在于人类自身的结构也可以用机械结构近似的模拟出来。“眼”替换为“障碍传感器”，“脑”替换为“控制器”，“肌肉”替换为“舵机”，“骨骼”替换为“结构件”。人类的思维在机器人上以软件的形式模拟，将控制人类行为方式的“逻辑思维”用“逻辑判断算法”模拟，将人类对肌肉的协调控制用机器人对舵机的协调控制进行模拟，如图 8.2 所示。

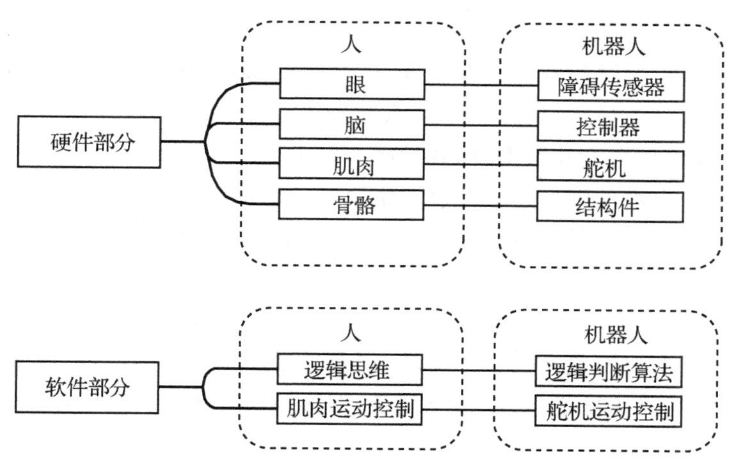

图 8.2　机器人系统与人的类比框图

1. 了解足式机器人

足式机器人的构思来源于对足式生物的模仿，所以，在设计足式机器人时需要回归自然，对自然届的各种足式系统进行初步的研究。在研究足式机器人的特征时，主要考虑以下几个方面：

① 腿的数目(和地面接触点的数目)

② 腿的自由度

③ 静态和动态稳定性

(1) 腿的数目

大型的哺乳动物都有4条腿,而昆虫则更多,它们可能有6条、8条甚至几十上百条腿。人仅靠2条腿也可以完美的行走,甚至可以用单腿跳跃前进,不过这也是有代价的,维持平衡需要更复杂的主动控制。

3个点确定1个平面,机器人或动物只需要和地面有3个独立的接触点,就能够保持静态平衡。但是,机器人需要抬腿走路,所以3个点的平衡是不够的,为了能够在行走中能够实现静平衡,需要至少4条腿,而6条腿的动物能在任何时刻都有3个稳定的支点。

这一点在自然界中早已得到印证,6条腿的蜘蛛出生就能行走,平衡对它们而言不是问题;4条腿的动物刚出生还不能立刻行走,需要用几分钟甚至几个小时来尝试;2条腿的人类需要几个月的时间才能学会站立、保持平衡,需要1年的时间才能行走,需要更长的时间才能跳跃、跑步、单腿站立。

在足式机器人研究领域,世界各国已经展示了这种各样成功的双足机器人,最出名的是日本本田的ASIMO。四足机器人站立不动时可以具有很好的稳定性,但行走起来仍具有挑战性,在四足机器人步行期间,需要主动偏移重心,从而控制姿态,实现移动。最成功的四足机器人是美国军方的bigdog。六足机器人行走时具有静态稳定特性,无需用其他手段对其进行平衡控制,所以六足机器人在移动机器人领域非常流行,更多资料可通过计算机登录北京博创尚和科技有限公司(以下简称博创科技)网站下载中心(http://www.uptech-robot.com/down/)下载阅读。

(2) 腿的自由度

生物种类繁多,各种生物有着不同的演化过程,腿作为生物躯体最重要的部分之一,其构造也各式各样。毛毛虫的腿只有1个自由度,通过构建体腔和增加压力可以使腿伸展,通过释放液压可以使腿回收。而另一个极端方向,人的腿有7个以上的主自由度,15个以上的肌肉群,如果算上脚趾头的自由度和肌肉群,数量将非常大。

机器人需要多少自由度呢?这个是没有定论的,就像不同的生物在不同的生活环境和生活方式的刺激下,进化出了不同构造的腿一样,由于机器人运用场合的不同,对自由度的要求也不一样。

一般情况下,机器人的腿有两个关节(见图8.3),可以实现抬腿、向前摆动、着地后蹬等一系列动作。如果需要面对更复杂的任务要求,需要再增加1个自由度,如图8.4所示。相比之下,仿人机器人的腿的自由度更多,结构更复杂,例如ASIMO每条腿都有6个自由度。

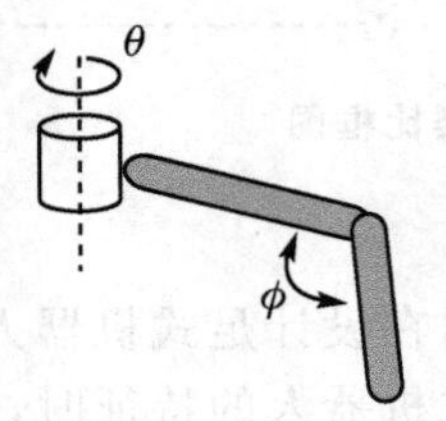

图8.3　2个自由度的腿

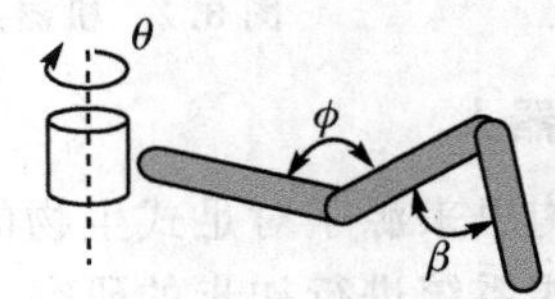

8.4　3个自由度的腿

(3) 稳定性

在此需要先明确两个和稳定性相关的概念:静平衡、动平衡。

在机器人研究中，将不需要依靠运动过程中产生的惯性力而实现的平衡叫做静平衡。比如两轮自平衡机器人就没办法实现静平衡。机器人运动过程中，如果重力、惯性力、离心力等让机器人处于一个可持续的稳定状态，我们将这种稳定状态为动平衡状态。

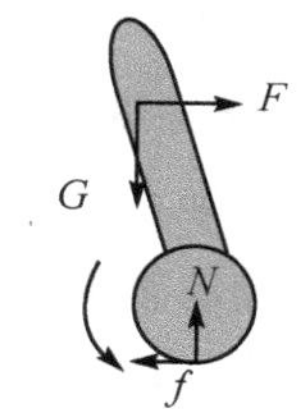

图 8.5　自平衡小车的受力示意图

图 8.5 所示为两轮自平衡小车，轮子向前滚动，地面的摩擦力 f、支持力 N、重力 G、惯性力 F 的矢量和让机器人保持向前倾斜一个小角度的状态。在这个过程中，轮子必须不断地加速以使惯性力 F 保持不变，从而保证合力不变。

根据上述分析可知，机器人的腿越多，稳定性越好。

四足机器人介于最困难的仿人机器人和相对容易的多足机器人之间，是最典型的腿式机器人研究平台。四足机器人如果在任何时刻都只有 1 条腿迈动，就可以保持静平衡，如果有 2 条腿同时迈动，将不能保持静平衡。

2. 步态规划

四足机器人是最典型的足式机器人平台，搭建四足机器人平台能够了解到多数足式机器人结构搭建、步态规划、控制系统设计等内容。所以本章将搭建一个四足机器人，并让机器人走起来。

《创意之星机器人套件组装指南》有四足机器人的搭建过程。完成四足机器人的构型搭建只是最基本的内容，如何让机器人运动起来呢？这里涉及足式机器人步态规划方面的内容。

足式机器人在运动过程中，各腿交替呈现 2 种不同的状态：支持状态和转移状态。腿处于支持状态时，腿的末端与地面接触，支持机器人的部分重量，并且能够通过蹬腿使机器人的重心移动；处于转移状态时，腿悬空，不和地面接触，向前或向后摆动，为下一次迈步做准备。

步态的定义是：足式机器人各条腿的支持状态与转移状态随着时间变化的顺序集合。对于匀速前进的机器人，步态呈周期性变化，称之为周期步态。更加智能的机器人，能够根据传感器获取地面状况和自身的姿态，进而产生实时的步态，称为随机步态或实时步态。

实时步态的设计过程非常复杂，需要参考专业的书籍。这里只为四足机器人规划周期步态。

周期步态中，所有腿支持状态的时间之和与整个周期的比值，称为步态占空比。如果占空比是 0.75，说明不管任何时候，四足机器人一定有 3 条腿支持躯体，机器人处于静平衡状态。如果机器人一直用 4 条腿站着不动，这步态占空比是 1，因为支持状态时间和与周期相等。所以，$0.75 \leqslant$ 步态占空比 $\leqslant 1$ 时，机器人处于静平衡状态，这种步态称为静平衡步态；反之如果步态占空比 < 0.75，机器人处于非静平衡状态，需要借助运动时的惯性力、严格的时序，才能让机器人保持平衡，这种步态称为动平衡步态。

动平衡步态太过复杂，需要将各种受力进行配合，且要控制严格的机器人运动周期。所以，第一步要先实现静平衡步态。

根据上述分析，得出以下结论：

① 如果机器人要在运动过程中保持静态平衡，需要在任何时候都有 3 条腿支撑地面，并且重心位于这 3 条腿与地面接触点构成的三角形内部；

② 机器人需要通过腿部运动，主动移动重心，才能实现机器人的整体运动。

至此，四足机器人的步态设计要点已经分析清楚，接下去的步态规划遵照上述结论设计一

个周期的步态即可,让这个周期的步态循环运行,就能够得到连续的周期步态。

3. 任务规划

走起来是四足机器人最基本的要求。仿生机器人需要研究的不只是动物的运动方式,还需要研究动物的行为模式在机器人领域的运用。现在给四足机器人安装上两个能够“看到”光源的眼睛,为它设计一些应激机制,看看它能够有什么反应。

想让这个四足机器人能够依靠自己的眼睛去寻找光明,像扑火的飞蛾一样,英勇无畏的向光明前进,不但需要能够灵活运动的有四条腿的躯体,还需要一双“明亮”的眼睛。

在“创意之星”机器人套件所配的传感器里,对光源敏感的传感器只有光敏传感器,可以用它作为机器人的眼睛。

当机器人有了矫健的躯体、敏锐的眼睛之后,还需要考虑如何让它接近光源。这个逻辑是通过两只眼睛分辨光源的位置,如果光源在前方则往前移动,如果光源在左就往左移动,如果在右边则往右边移动。

至此,本章要完成的任务已经非常清楚,总结如下:

① 根据《创意之星机器人套件组装指南》搭建四足机器人平台;

② 编写步态,让机器人行走起来;

③ 进一步学习模拟量传感器的使用,用光敏传感器来控制一个舵机的运动;

④ 让四足机器人能够辨别光源的方向,并跟踪光源。

8.3 搭建机器人

搭建机器人的4条腿,并将4条腿拼合到底板上,如图8.6所示。

将腿部和底板组合到一起,机器人的躯体就完成了。为了让机器人看起来更美观、更形象,再为它安装一个头部和尾巴,头部安装2个光敏传感器,让机器人能够看到光源。机器人通过对比左右两只眼睛的光照强度来判断光源相对自己的位置,进而调整步态,往光源处走去。

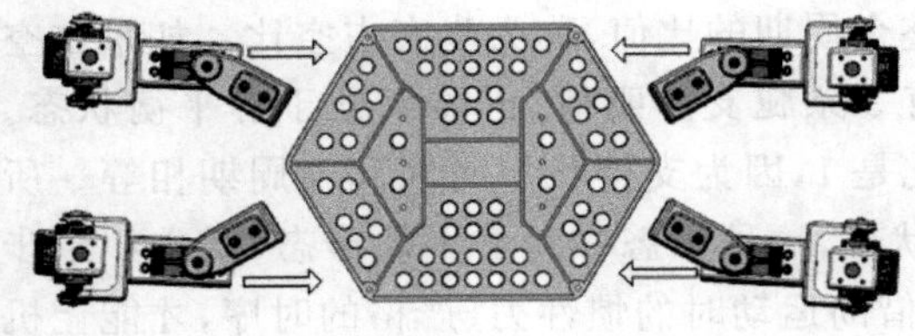

图 8.6 搭建躯体

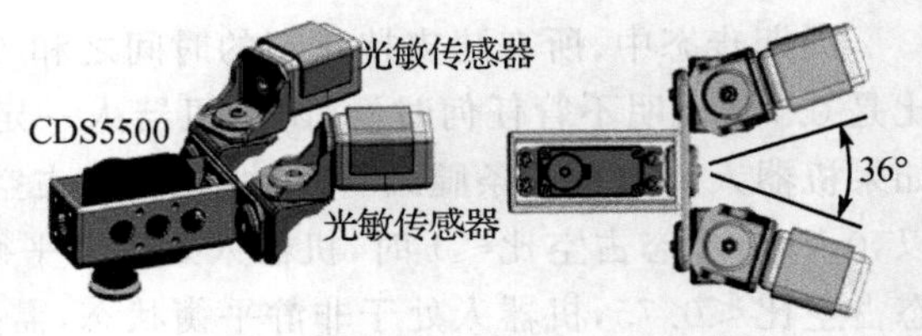

图 8.7 搭建头部

如图8.7所示,给机器人头部安装一个CDS5500,作为机器人的脖子,让机器人头部可以左右摆动,寻找目标。前方的两个光敏传感器有36°的夹角,用于区分左右的光线。如图8.8所示,当左前方的光源照射到机器人时,左边的光敏传感器能够大面积接受光照,右边的光敏传感器由于36°夹角的存在,传感器探头被外壳挡住,照射到探头的光线很少,因此两边的传感器输出值就会有很大的差异,机器人据此就可判断出光源的大致方位。

如图8.9所示,将机器人躯体、头部、尾巴、控制器组装在一起,就完成了整个机器人的搭

建过程。不过,现在的机器人只是一个由塑料、元器件、电机等拼装在一起的“尸体”而已,接下来要通过编程赋予它生命。

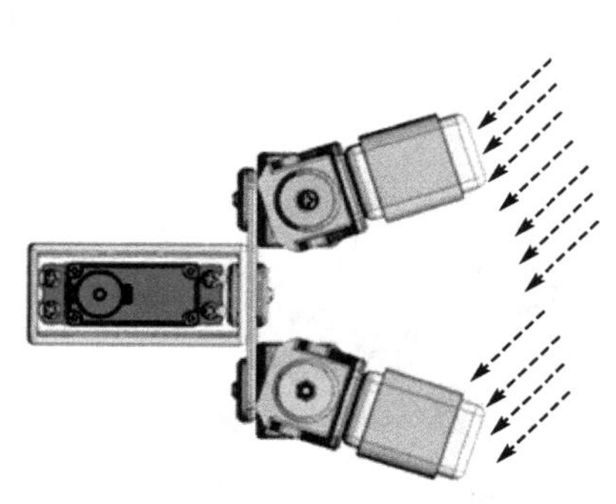

图 8.8 光照示意图

图 8.9 四足机器人

8.4 让四足机器人走起来

8.4.1 四足机器人步态分析

多足机器人的行走方式可以分为 2 种,一种是接近动物行走方式的动态平衡方式,另一种是静态平衡方式。

动态平衡的行走方式在四足动物的身上经常可以看到,如果读者观察过乌龟的爬行,就会发现它在行走时,身体一侧的前足和另一侧的后足总是同时抬起然后向前迈出,两个支撑足则后蹬,使身体的重心向前移动,在身体倾覆之前,迈出的两足已经触地,成为支撑足。这样不断交替,乌龟就可以向前方移动了。在这个过程中,龟腹是不会触碰地面的。选择乌龟作为研究范本,只是因为它们的行动缓慢容易观察,如果仔细观察哺乳动物,就会发现其实四足动物的基本运动方式都是这样的。

静态平衡的行走方式在四足以上的节肢动物身上比较常见。例如,捉一只金龟子之类的甲虫来观察它的运动,就会发现这些小虫在前进中总有至少三个足接触地面,而小虫的重心的投影总在以这三个支撑足为顶点的三角形区域内,这说明小虫运动中的任何一个时刻,自身都是平衡的,即使完全停止它的动作,也不会倾覆。这与乌龟的运动就不同了,如果能让乌龟在运动中的某个时间点暂停,保持当前状态,就会发现有些状态是会翻倒的。

对于四足机器人来说,静态平衡的行走方式无疑具有明显的优势——在调试时不用担心机器人会翻倒,只要满足不翻倒这一点就说明步态的调试没有出现大问题。所以这里选择静态平衡的方式。

1. 设计前进、后退步态

在设计步态之前,先设置好约束条件:

① 机器人在任一个时刻必须有不少于 3 个支撑足;

② 机器人的重心的投影必须在 3 或 4 个支持点所围成的多边形内。

先来看看机器人上电后静止时的状态,如图8.10所示。

可以看到,重心处于4个支点的正中心,这意味着失去任何一个支点,构型的重心都将处于其他3个支点所构成的三角形的一条边上,会有向一侧倾覆的危险。为了让构型能够平稳地抬起一只脚,需要先让重心移动。当然,构型的配重状态无法改变,所以先控制所有的足向后方平移,在摩擦力的作用下,躯干将向前探出,如图8.11所示。

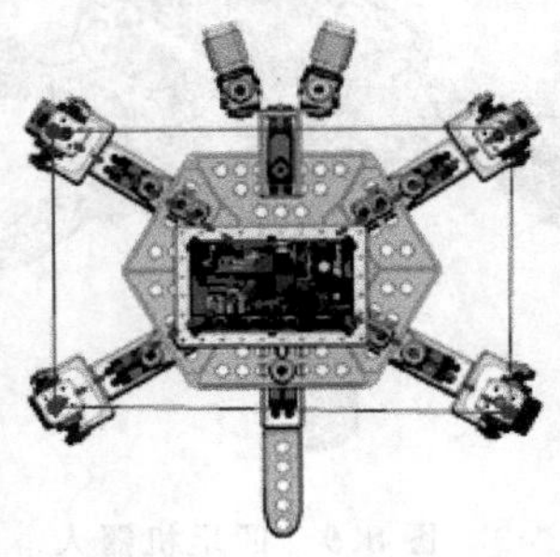

图8.10 静止状态

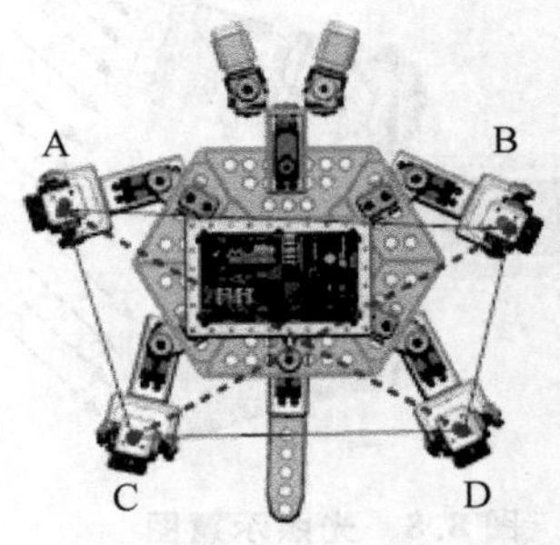

图8.11 前移重心

前移后的重心位于ABC区域和ABD区域中,此时就可以移动C或D两个支撑足中的一个了。这里选择移动D,如图8.12所示,落地后的D足与A、C形成的ACD区域包含重心,B足解放出来,可以开始移动了。

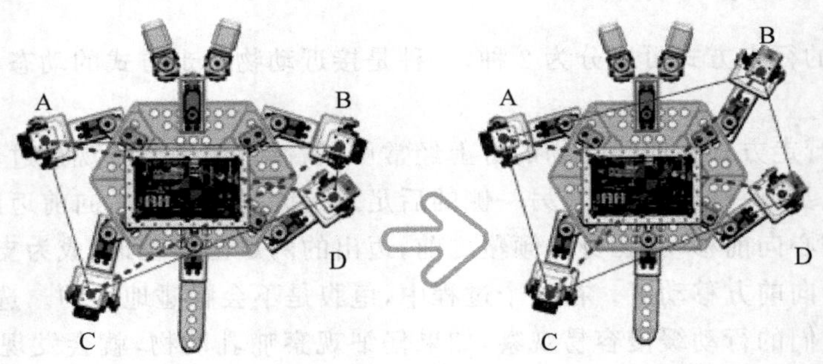

图8.12 右足前进步态

右侧的B、D足向前迈出的动作做完后,开始向后蹬的动作,使重心向左前方移动,如图8.13所示。

机器人回到刚开始重心前移后的状态,但是头的朝向偏向了左边。为了弥补方向的偏移,如图8.14所示,C足开始向前迈出。C足落地后,重心在BCD区域内。A足解放,向前迈出。

左侧的A、C足向前迈出完毕,开始向后蹬的动作,使重心向右前方移动。机器人的头部回正,如图8.15所示。

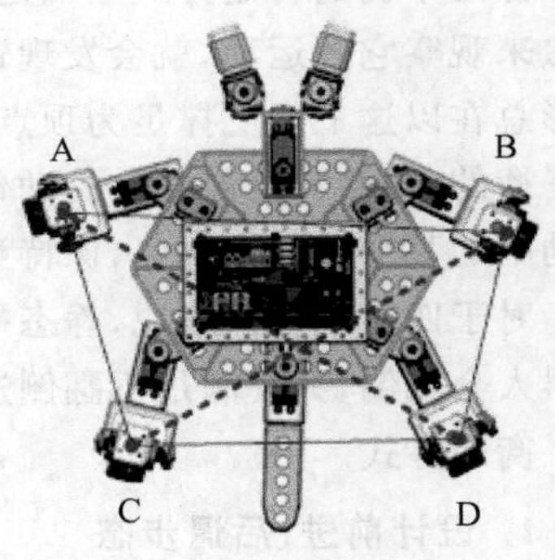

图8.13 恢复初始姿态

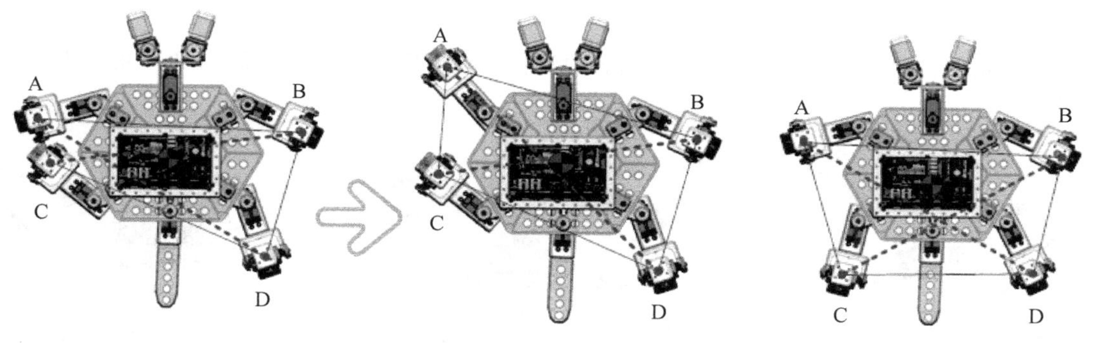

图 8.14 左足前进步态 图 8.15 恢复初始姿态

至此一个前进运动周期就完成了，按照这样的方法循环下去，机器人就会向前一左一右地前进了。

以上介绍的是一个最简单的让四足机器人前进的步态，但是这种步态并不是最理想的，因为在重心前移的过程中总是 4 个支持足同时着地，这样足的位置变化会在地面上发生滑动，而滑动会使很多能量浪费掉。所以，如果能够在 3 个足着地的状态下进行机械足的后蹬运动就会节省更多的能量。

再来观察这个四足机器人，把前面的步态做一下调整，让 A 向前伸出，C 不要直接运动到最后方。这是为了让前进步态周期能够完美闭合而进行的修订。这时重心在 ABC 区域内，让 D 足向前迈出，同时，A、C 足向后蹬。D 足着地后，B 足向前迈出，在 B 足着地之前机器人有 3 个足着地，这时让 D 后蹬，如图 8.16 所示。

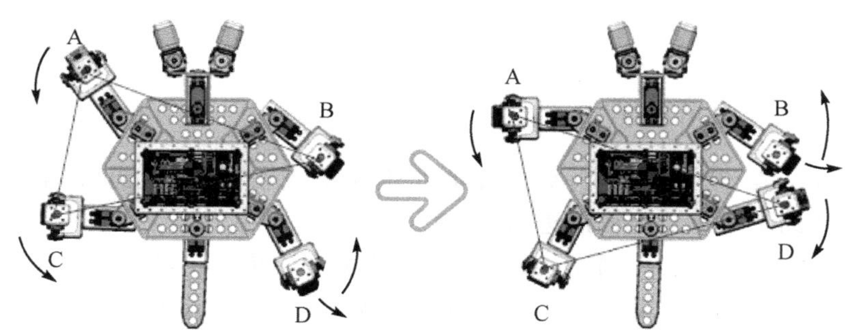

图 8.16 调整步态

在重心脱离 ACD 区域前让 B 足着地，与 D 足一起后蹬，一旦重心落入 ABD 区域，马上让 C 足向前迈出。

如图 8.17 所示，在 C 足着地前，D 已经后蹬到了规定位置。C 落地后开始后蹬，A 向前迈出，这时 B 后蹬结束。A 足着地后后蹬，这时向前迈出 D 足，完成一个前向运动流程。

其实昆虫纲或蜘蛛纲动物，就是按照和上述类似的步态运动的。后退可以采用类似的步态来实现，只需将前面步态中的运动顺序反转即可。值得注意的是，不要以为按照“倒放录像”的方式将整体流程颠倒过来就可以实现后退步态，因为这样做就忽略了重心位置对机器人状态的影响。读者可以自行分析符合反转前进步态来完成后退步态。

2. 设计转向步态

下面仍然按照由简到繁的方式来分析转向流程。第一步仍然是移动重心，如图 8.18 所示。

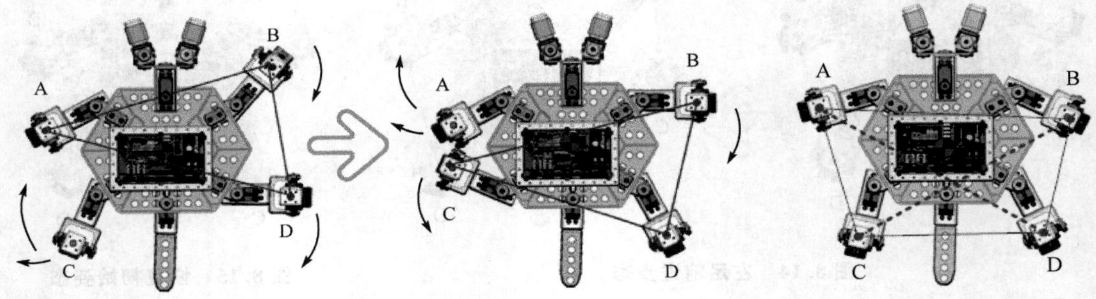

图 8.17　左前进　　　　图 8.18　初始姿态

然后依次迈出 D 足、B 足，如图 8.19 所示。

这时，让 A、B、C、D 四个足同时蹬地，B、D 后蹬，A、C 前蹬。机器人躯干向左扭转一个角度，如图 8.20 所示。

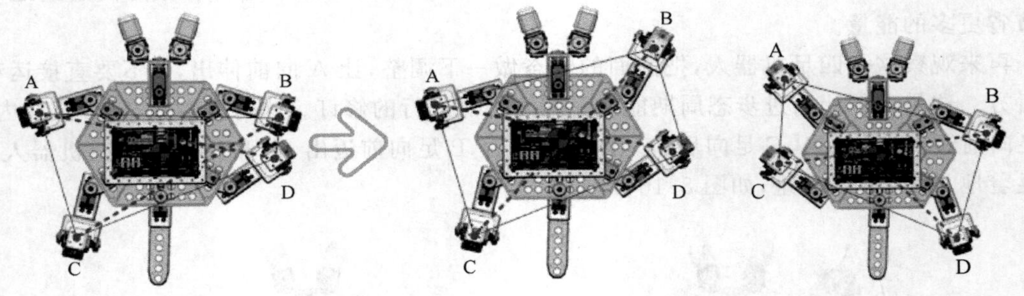

图 8.19　转向姿态　　　　图 8.20　转向过程

这个状态，重心在 CBD 区域中，所以 A 足可以移动。让 A 向后迈出后，重心在 ABD 区域中，C 足也可以移动了。让 C 足向后迈出，如图 8.21 所示。

至此，一个完整的原地转向周期就完成。这里遇到了在前面已经提过的问题，就是四足同时蹬地时效率比较低。于是，采用与前面相同的思路修正步态。首先是重心移动后的状态，修正为如图 8.22 所示。让 A、C 向前蹬地，重心在 ABC 区域，向前迈进 D 足。

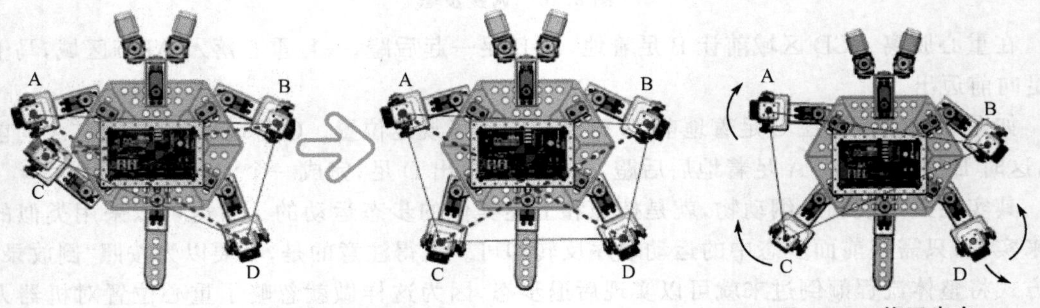

图 8.21　转向完成　　　　图 8.22　修正步态

D 足着地后，重心在 ACD 区域，C 足继续前蹬，D 足后蹬，B 足向前迈出。当 B 足着地后，C 足移动到了限制位置，重心在 BCD 区域，A 足向后迈出如图 8.23 所示。

A 足着地后，D 足移动到了限制位置，重心在 ABD 区域，C 足向后迈出。C 足着地后，机器人回到了初始状态，完成了一个左转周期，如图 8.24 所示。

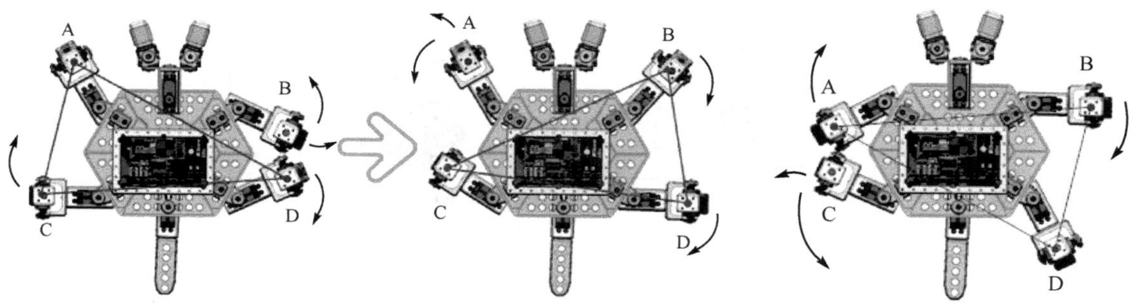

图 8.23　转向过程　　　图 8.24　转向完成

右转的步态也可以用这样的方法实现，此时迈向前方的是左侧的足。

8.4.2　编写步态

在 NorthStar 中新建一个工程，进入工程设置界面，在这个界面中的下方有一个构型选项框，如图 8.25 所示。在前面的例子中，选的都是自定义，那还有 5 个选项是什么意思呢？

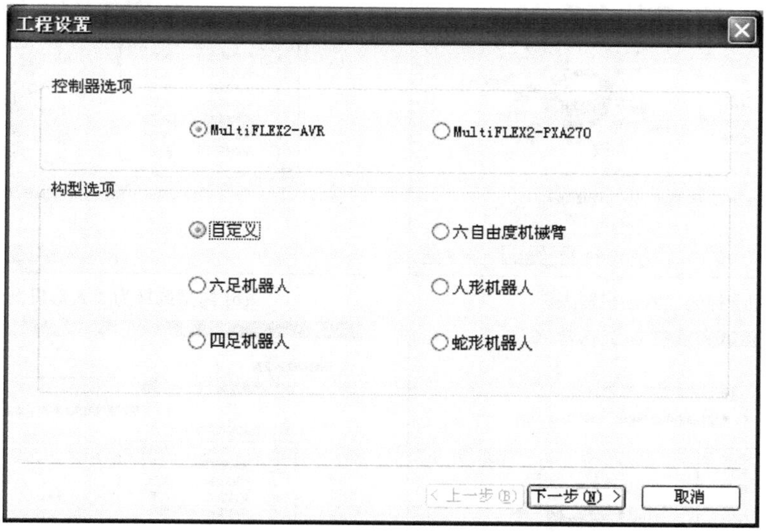

工程设置
控制器选项
MultiFLEX2-AVR　　MultiFLEX2-PXA270
构型选项
自定义　　六自由度机械臂
六足机器人　　人形机器人
四足机器人　　蛇形机器人
< 上一步(B)　下一步(N) >　取消

图 8.25　工程设置

这里选择"六自由度机械臂"，单击"下一步"，舵机设置如图 8.26 所示。

实际上，在构型选项内的 5 个构型是 NorthSTAR 预定义的构型，这些预定义的构型都带有三维虚拟场景，并对舵机进行了编号，这样在使用时就会省去大量的准备工作。后面会看到，在三维场景里编辑动作非常直观。

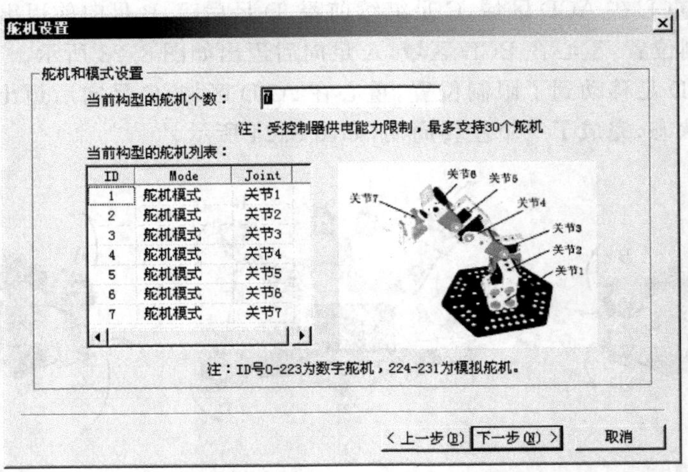

图 8.26　构型为"六自由度机械臂"时的舵机设置

方便起见，这里直接用 NorthSTAR 提供的四足机器人构型进行编程。运行 NorthStar，新建工程，控制器选择 MultiFlex2—AVR，构型选择"四足机器人"，如图 8.27 所示。单击"下一步"。

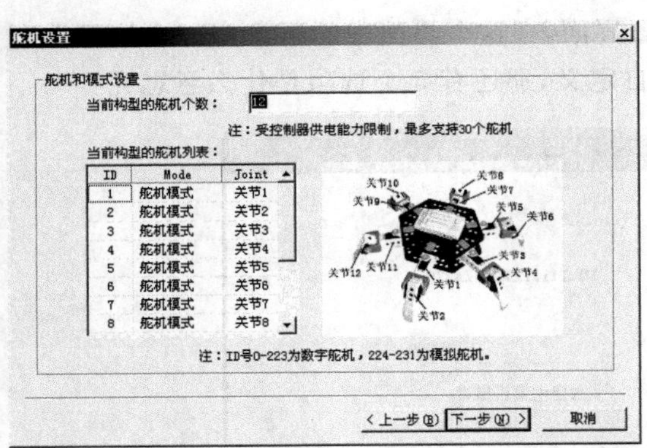

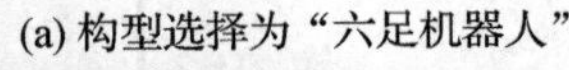
(a) 构型选择为"六足机器人"

(b) 构型选择为"人形机器人"

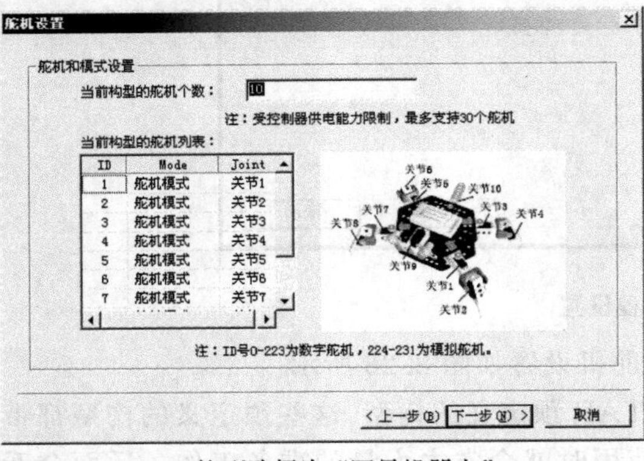

(c) 构型选择为"四足机器人"

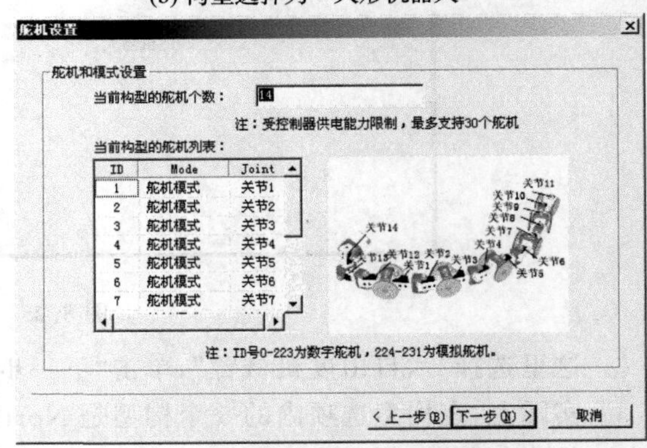

(d) 构型选择为"蛇形机器人"

图 8.27　构型选择为其他构型时的舵机设置

在"舵机设置"窗口中,通过修改 ID 栏内的舵机 ID,就可以改变舵机 ID 号,参照窗口右边图示,设置 ID 与机器人关节之间的对应关系,见图 8.28。需要注意的是,如果按照 NorthStar 提供的预定义构型编程,搭建时就必须严格按照这里设置的舵机 ID 和机器人关节对应关系搭建,否则机器人无法正常执行 NorthStar 编写的程序。

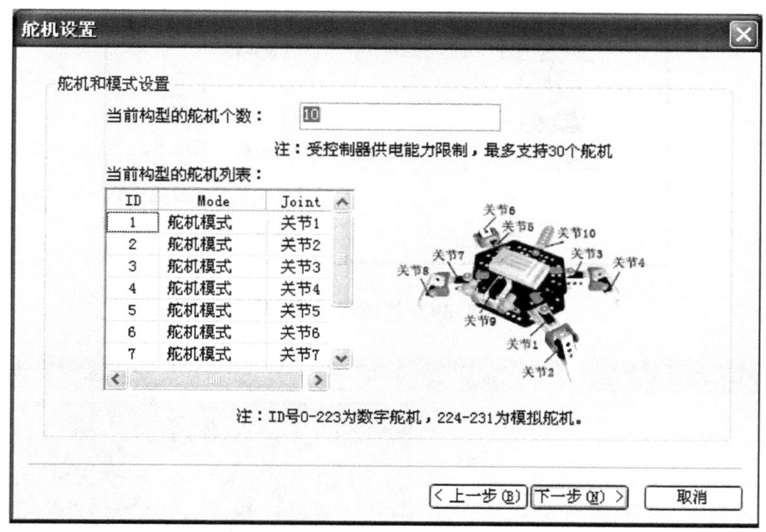

图 8.28　设置舵机

单击"下一步",进入"AD 设置"窗口,按图 8.29 所示设置。此处两个 AD 传感器表示机器人头上的两个光敏。

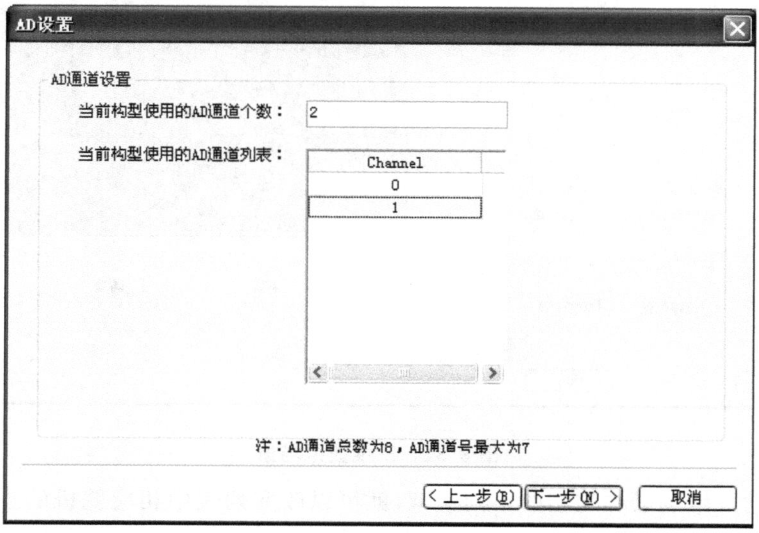

图 8.29　AD 设置

单击"下一步",进入"IO 设置",这里没有用到 IO 传感器,无须设置。单击"完成"进入编辑窗口。

在工作区窗口中拖入舵机模块,双击打开属性窗口,如图 8.30 所示。

单击"编辑动作"按钮展开 3D 虚拟环境,如图 8.31 所示。

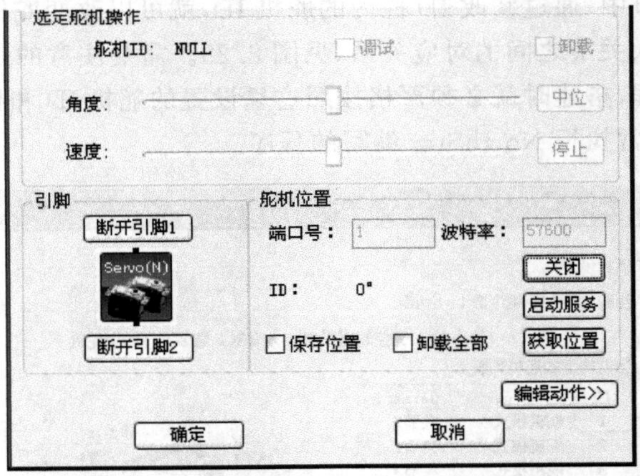

图 8.30 舵机属性窗口

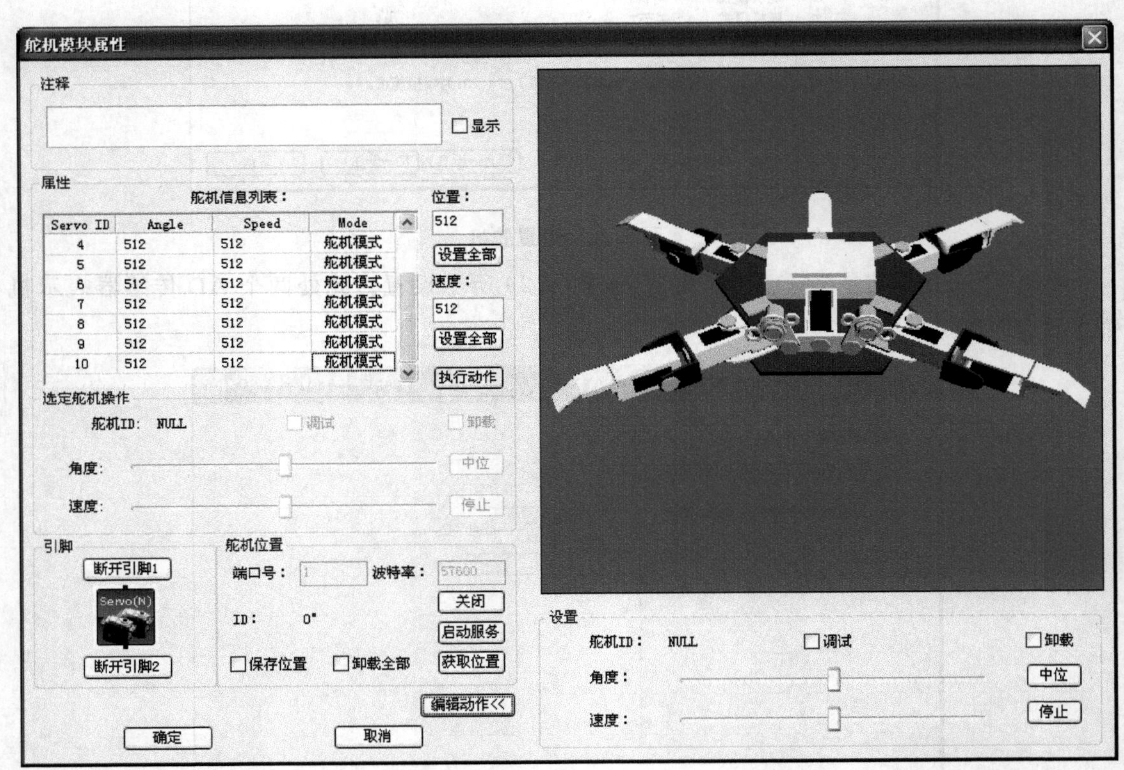

图 8.31 三维虚拟场景

用鼠标拖动三维场景中构型的不同关节，就可以改变列表中相应舵机的位置，将 3D 模型摆放出自己需要的状态，单击“确定”可以保存当前的状态，程序执行该模块时，机器人就会呈现出和三维场景一样姿态。如果将机器人通过多功能调试器与计算机相连，勾选“调试”复选框，就可以实现拖动 3D 构型时，机器人相应的关节也会跟着动起来（舵机的调试请参考 4.4.3 节）。

此外，还可以采用 4.4.3 节介绍的方法，通过获取位置来编辑机器人动作。

在调试步态的过程中，为了确保获取的位置无误，可以在获取并保存位置后，单击“执行动作”让机器人执行当前动作。执行之后，机器人的各关节锁死，编辑下一个动作时，需要复选“卸载全部”复选框，让所有的舵机上的力矩解除，这时就可以轻松扭动机器人的每个关节了。这里的操作都需要保持机器人通过调试器和PC机连接的状态。

将机器人的运动分解成一个一个的动作，然后按照上述方法逐个编辑动作，再编辑动作序列，最后完成一个完整的动作流程。采用这样的方法，可以完成四足机器人的“前进”、“后退”、“左转”、“右转”等基本运动动作序列。下面将这些运动序列与逻辑判断模块组合起来，就可以实现机器人的“追光”行为了。

8.4.3　让舵机跟踪光源

在进行正式的机器人动作编程前，先来熟悉一下将要用到的光强传感器。这里设计一个小实验，只让机器人的头部来跟踪光源。

1. 建立工程

在NorthSTAR中新建一个工程，进入“工程设置”页面，控制器选项选择MultiFLEX™2-AVR；构型选择“四足机器人”，如图8.32所示。单击“下一步”，进入“舵机设置”页面，如图8.33所示。

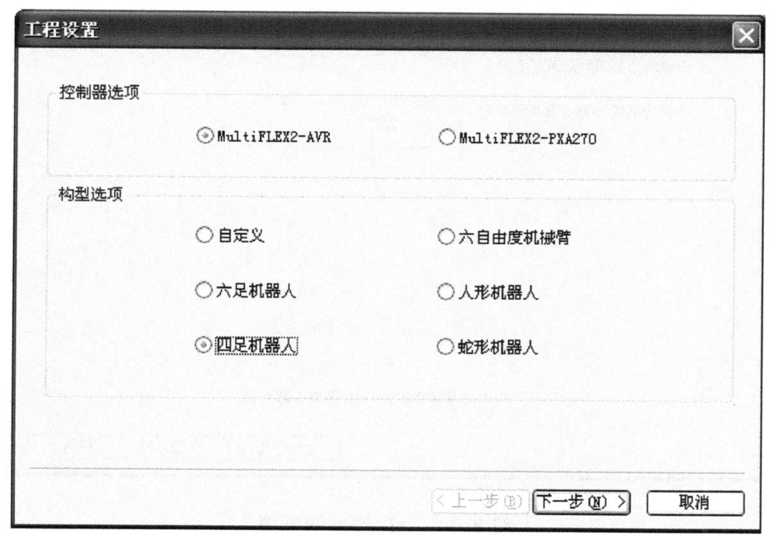

图8.32　新建工程配置

在“舵机设置”页面里，可以看到机器人构型上所有关节对应的舵机ID，无须修改，直接单击“下一步”按钮，进入AD设置页面，如图8.34所示。这里用到的2只光强传感器分别对应两路AD信号，所以在AD页面中“当前构型使用的AD通道个数”中填入数字2。

单击“下一步”按钮，进入IO页面，由于实验未使用IO传感器，所以无须设置。

2. 添加变量

需要添加两个变量来储存光强传感器获得的光强数值(见图8.35)，变量属性如表8.1所列。

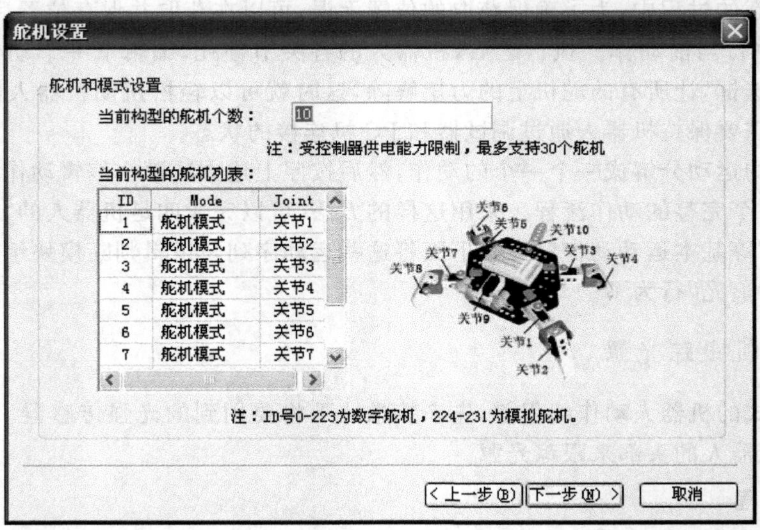

图 8.33　舵机配置

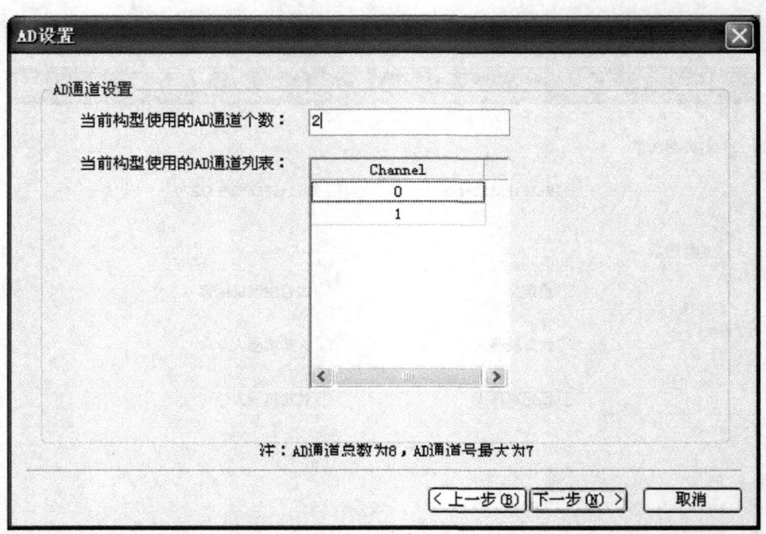

图 8.34　AD 传感器配置

表 8.1　变量属性

变量名	类　型	说　明
Left	int	储存左侧光强传感器数值
Right	int	储存右侧光强传感器数值
Diff	int	储存左右两侧光强数值的差值

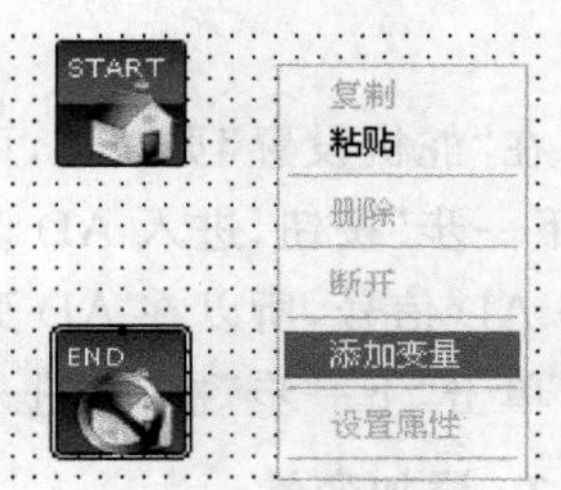

图 8.35　添加变量

接下来拖入 1 个模拟输入模块，打开属性对话框，返回值设置为 Left。再拖入 1 个模拟输

入模块，设置返回值为 Right。

3. 程序逻辑设计

在获取了两侧的光强数值之后，开始设计程序的逻辑框架，分为 3 种状况：状况 1，左侧光比右侧光强；状况 2，左侧光比右侧光弱；状况 3，左右光强近似相等。这 3 种情况在逻辑上较好区分，且覆盖了可能出现的状态。在程序的主循环里，用 3 个条件分支来区分这 3 种状况。

作为左右光强比较的中间变量，对两侧光强的差值 Diff 进行计算：Diff = Left－Right，如图 8.36 所示。

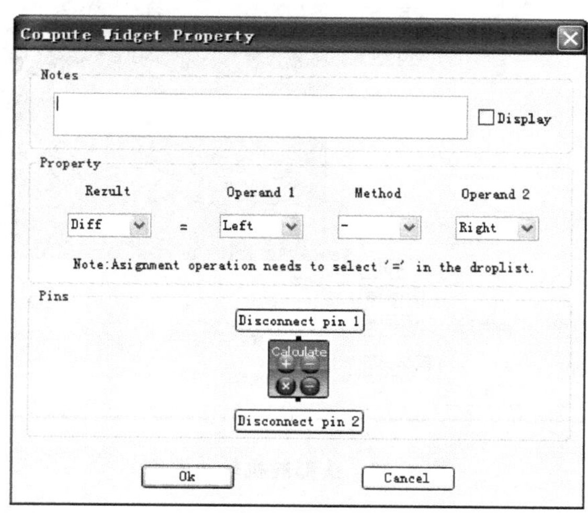

图 8.36　计算左右光强差值

3 种状况的区分，将围绕这个差值 Diff 进行：

① 状况 1，左侧光比右侧光要强：Diff ＞50，如图 8.37、8.38 所示；

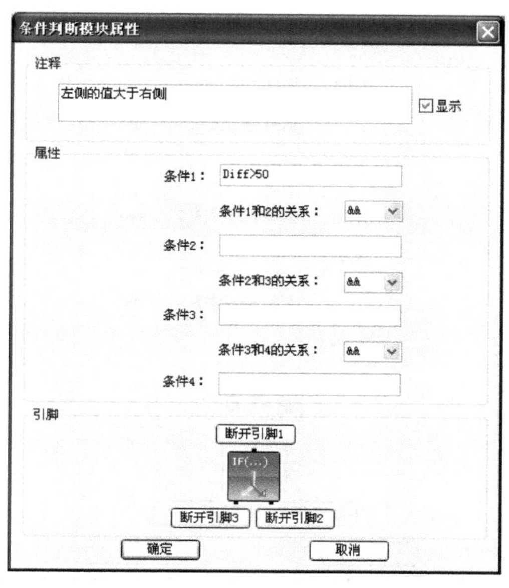

图 8.37　左侧光较强的判断条件

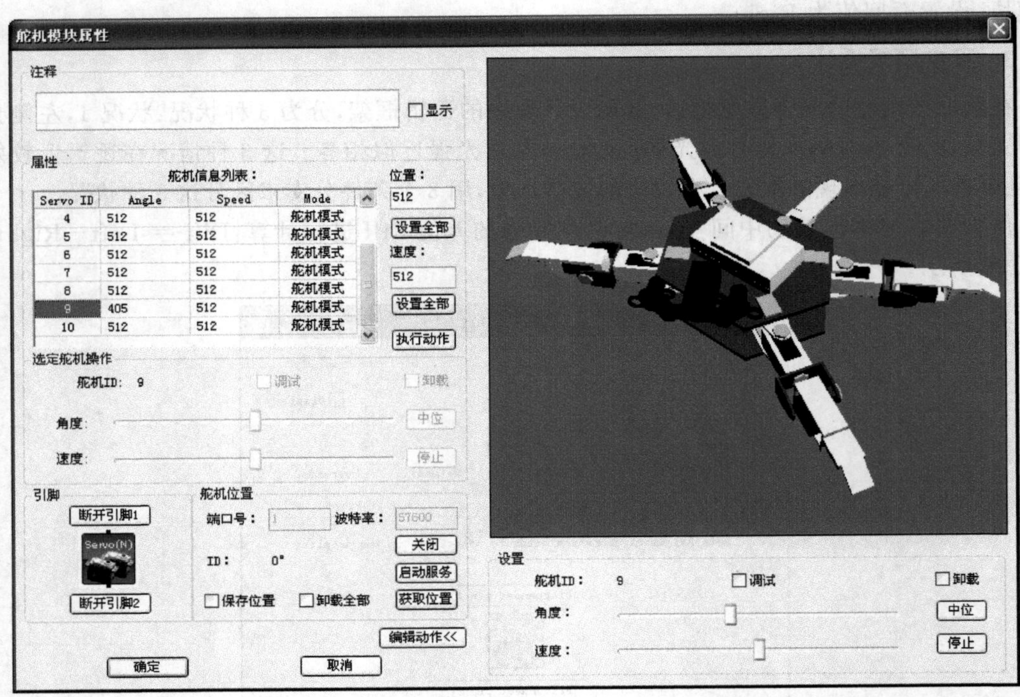

图 8.38 头部舵机转向左侧

② 状况2,左侧光比右侧光要弱:Diff <−50,如图8.39、8.40所示;

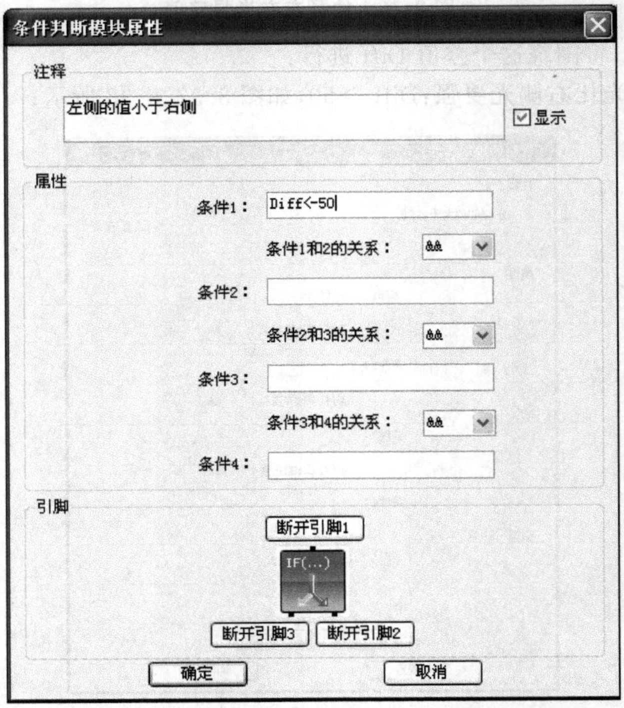

条件判断模块属性

注释

左侧的值小于右侧　☑显示

属性

条件1: Diff<-50

条件1和2的关系: &&

条件2:

条件2和3的关系: &&

条件3:

条件3和4的关系: &&

条件4:

引脚

断开引脚1

IF(...)

断开引脚3　断开引脚2

确定　取消

图 8.39 右侧光较强的判断条件

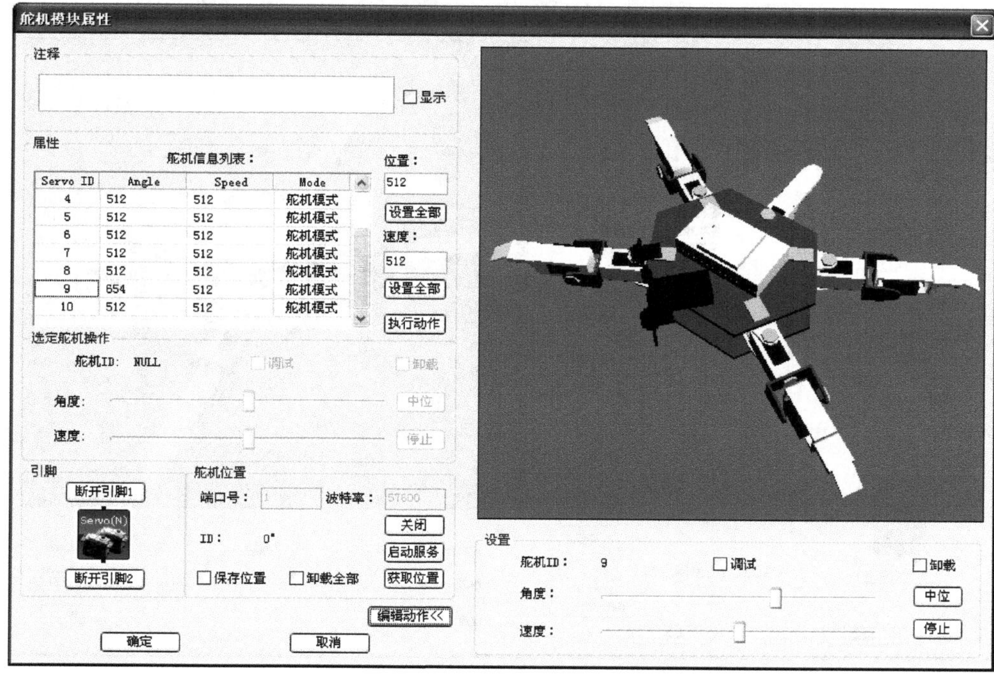

图 8.40　头部舵机转向右侧

③ 状况 3，左侧光强和右侧光强近似相等：Diff≥－50 且 Diff≤50，如图 8.41、8.42 所示。

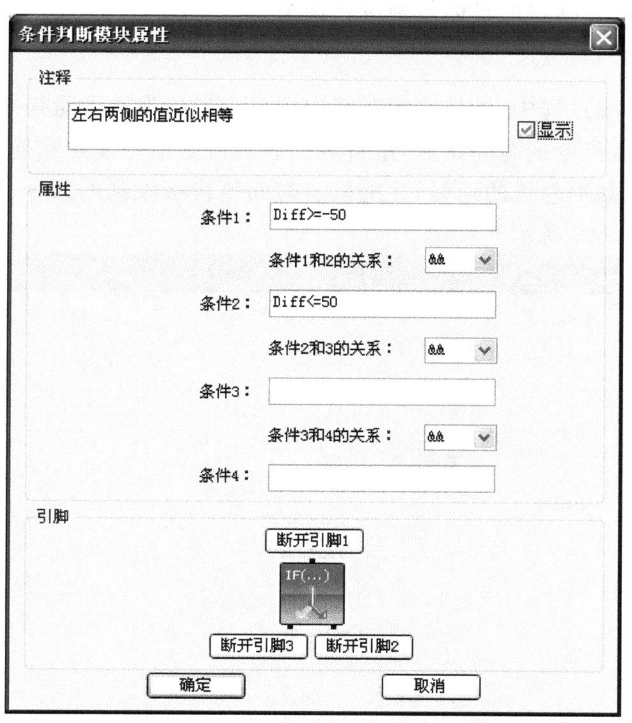

图 8.41　左右光强大致相等的判断条件

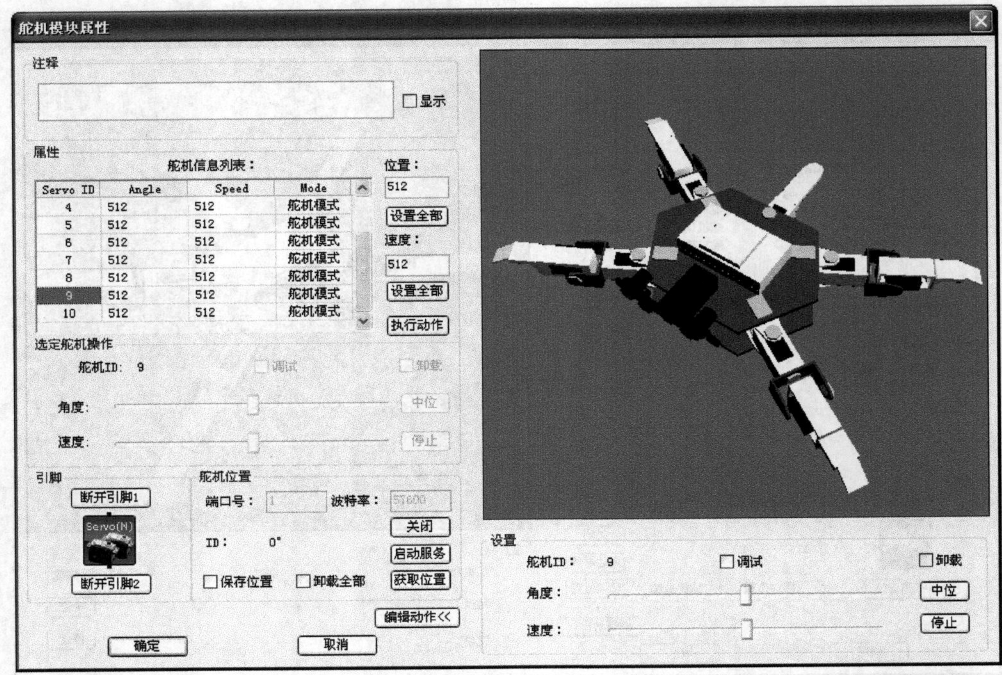

图 8.42　头部舵机转向中间

在判断条件里，使用50这个数值，是考虑到光强传感器采集数据可能存在差异，在后面的实验中，可以根据光强传感器的具体表现进行调整。

4. 等待延迟

控制器运行程序的过程中，如果在短时间内向多个舵机发送大量控制指令，会造成总线的拥堵，导致舵机收到新指令的时间延后，最直观的表现就是指令发送和舵机运动之间存在一个延迟。为了保持舵机数据总线的通畅，让舵机有时间执行接收到的指令，通常在两次发送指令之间添加延时，如图8.43所示。

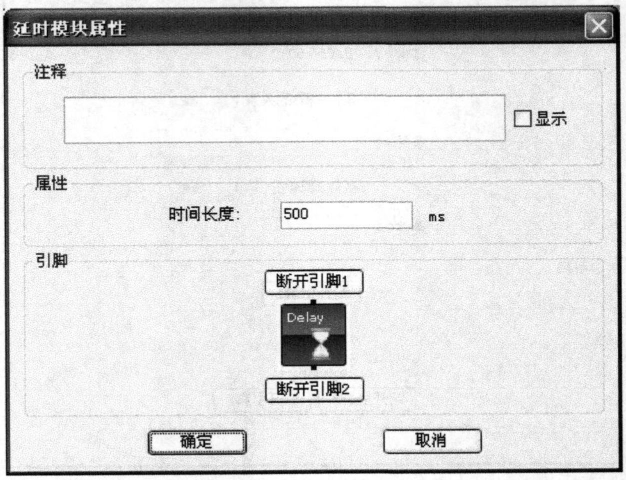

图 8.43　等待延时

5. 最终的程序流程及对应源码

最终的程序流程如图 8.44 所示。

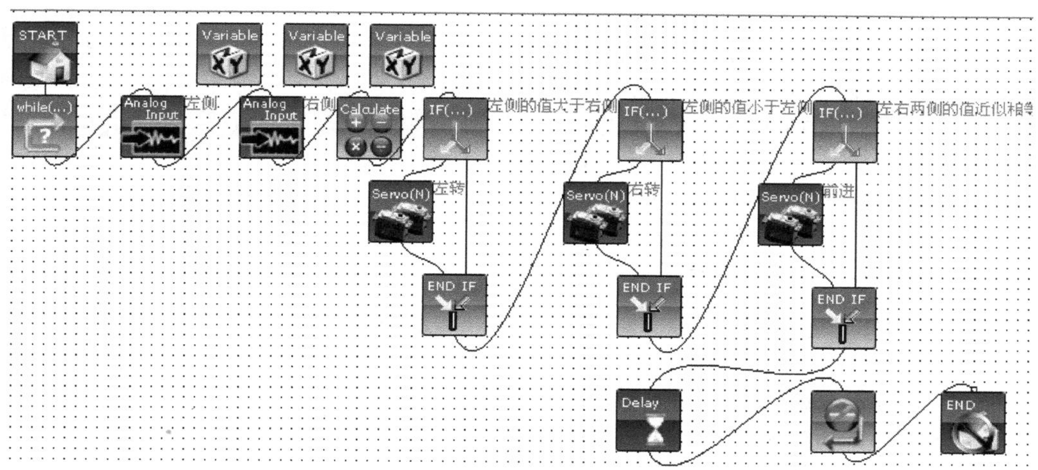

图 8.44　程序流程

程序对应源码如下：

```
#include  "Apps/SystemTast.h"
int main()
{
    int  Right = 0;
    int  Left = 0;
    int  Diff = 0;
    MFInit();                              //初始化
    MFSetPortDirect(0x00000FFF);           //设置 IO 方向
    MFSetServoMode(1,0);                   //设置舵机模式
    MFSetServoMode(2,0);
    MFSetServoMode(3,0);
    MFSetServoMode(4,0);
    MFSetServoMode(5,0);
    MFSetServoMode(6,0);
    MFSetServoMode(7,0);
    MFSetServoMode(8,0);
    MFSetServoMode(9,0);
    MFSetServoMode(10,0);
    while (1)
    {
        Left = MFGetAD(0);                 //读取左光敏的值
        Right = MFGetAD(1);                //读取右光面的值
        Diff = Left - Right;               //计算左右光敏的差值
        if (Diff > 50)                     //左光敏大于右光敏
        {
```

```
            MFSetServoPos(1,512,512);           //左转
            MFSetServoPos(2,512,512);
            MFSetServoPos(3,512,512);
            MFSetServoPos(4,512,512);
            MFSetServoPos(5,512,512);
            MFSetServoPos(6,512,512);
            MFSetServoPos(7,512,512);
            MFSetServoPos(8,512,512);
            MFSetServoPos(9,405,512);
            MFSetServoPos(10,512,512);
            MFServoAction();
        }
        if (Diff < -50)                         //右光敏大于左光敏
        {
            MFSetServoPos(1,512,512);           //右转
            MFSetServoPos(2,512,512);
            MFSetServoPos(3,512,512);
            MFSetServoPos(4,512,512);
            MFSetServoPos(5,512,512);
            MFSetServoPos(6,512,512);
            MFSetServoPos(7,512,512);
            MFSetServoPos(8,512,512);
            MFSetServoPos(9,654,512);
            MFSetServoPos(10,512,512);
            MFServoAction();
        }
        if ((Diff >= -50)&&(Diff <= 50))        //左右光敏近似相等
        {
            MFSetServoPos(1,512,512);           //舵机恢复中位
            MFSetServoPos(2,512,512);
            MFSetServoPos(3,512,512);
            MFSetServoPos(4,512,512);
            MFSetServoPos(5,512,512);
            MFSetServoPos(6,512,512);
            MFSetServoPos(7,512,512);
            MFSetServoPos(8,512,512);
            MFSetServoPos(9,512,512);
            MFSetServoPos(10,512,512);
            MFServoAction();
        }
        DelayMS(500);
    }
}
```

8.4.4　让四足机器人跟踪光源

在前面的任务里，完成了四足机器人行走步态的设计，也完成了机器人头部跟踪光源的实验，下面将这两个部分整合在一起，完成本章的最终目标。

新程序只需要在 8.4.3 节程序的基础上进行修改即可。在 8.4.3 节中，让头部舵机对光源方向作出了响应，现在只需要将相应的转头动作替换成 8.4.2 中设计的行走和转向步态即可，如图 8.45 所示。

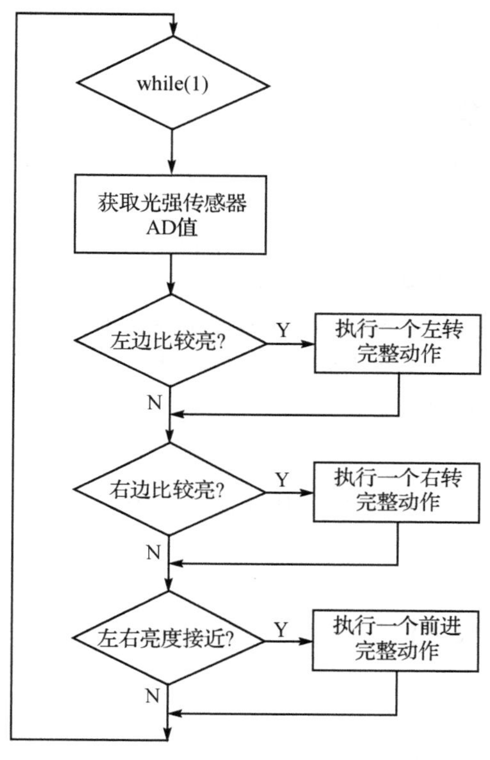

图 8.45　程序逻辑

编译、下载程序。将机器人放置到场地上，设置光源，查看机器人能不能发现并走近光源。然后移动光源，查看机器人能不能跟踪光源。可以根据机器人的表现，修改光强传感器的阈值，改进机器人的步态，让他完美的走起来。

8.5　小　结

本章通过对四足机器人的步态分析，用 NorthStar 设计了一个四足机器人追光程序。可以看出，自然间的万事万物都是非常奇妙的，只要用心观察，就能发现很多有趣的东西。现在，机器人已经走起来了，是否还有提高的余地呢？

① 这里采用静平衡的步态行走的，能否采用动平衡步态实现呢？

② 如果增加或者减少机器人的腿部关节，步态又该如何编写呢？

第9章　综合实践——两轮机器人的平衡控制

学习目标

- 学习两轮机器人的平衡方法；
- 学习数字PID控制方法；
- 学习在Eclipse下开发MultiFLEX™ 2-AVR控制器程序。

9.1　两轮平衡机器人

1. 任务背景

两轮自平衡小车类似于一阶倒立摆，由于其不稳定的动态特性，两轮自平衡小车成为验证各种控制算法的理想平台，具有重要的理论意义。到现在为止，全世界范围内出现了非常多的两轮自平衡小车的成功例子，有些已经运用到现实生活领域，Segway代步车（见图9.1）是最成功的代表。

图9.1　Segway代步车

2. 任务要求

本节的任务是使用“创意之星”套件设计并搭建一个类似于Segway的双轮机器人，使其能够只使用两个轮子便能保持动态平衡。

9.2　任务分析与规划

1. 了解segway

Segway是如何实现自平衡的呢？先来分析它的原理，然后再设计自己的Segway。

Segway的姿态控制思路是：检测车体的倾斜角度、车体转动角速度、车辆的行进速度等信息，通过调节轮子的转动，提供回转力矩抵消倾斜的趋势，让车体保持平衡。

Segway主要由三个部分构成：

（1）传感器系统

Segway使用了5个陀螺仪、2个倾斜传感器用于检测车体的姿态，配备磁性码盘用于检测电机输出速度，还有其他传感器用于检测是不是有人站在车辆上等。

（2）控制系统

控制系统通过处理各种传感器的信号，计算车体当前的姿态、速度等信息，然后控制电机的输出速度和扭矩，让车体在保持平衡的前提下，能够按照操纵者的意图前进、后退或者转弯。

（3）推进系统

推进系统包含离合器、变速箱、车轮、电机等。这个系统将控制系统的电机控制指令转化成实际的轮子转动输出。

2. 设计自己的方案

Segway的系统是很庞大的，如果照搬它的设计方案，可能需要几十个工程师才能设计完成本章的项目。这里需要搭建的系统就是一个能够自动平衡的机器人，并不需要能够载人，Segway的系统架构有参考价值，但方案的细节需要重新考虑。

(1) 传感器系统

传感器需要测量机器人的姿态，但不需要像segway一样测量那么多姿态信息，只需获取机器人前后俯仰的角度信息即可。获取机器人的前后倾斜角度后，可以通过控制电机的转向，反向补偿这个倾斜角，合理的补偿方式就能够让机器人保持动态平衡。

使用什么传感器呢？开关量传感器肯定是不行的，对于Segway这样对控制频率和控制精度要求比较高的系统而言，开关量传感器的响应速度、精度都不满足要求。

传感器还需要测量机器人的倾斜角度，如果直接能够得到这个角度是最好的，如果不能，可以通过间接的手段来获得。如对角速度进行积分、测量机器人前后方向两个点对地面的距离，通过几何关系也可以算出倾斜角度。

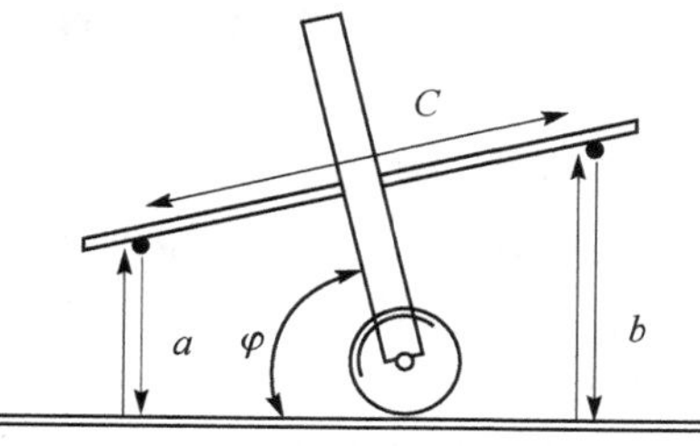

图9.2　角度测量示意图

如图9.2所示，用两个红外测距传感器来测量机器人前后方向两个点对地面的距离，从而间接得到机器人的倾斜角度。红外测距传感器可以得到a、b的值，C的值确定，进行几何求解就可以得到φ角度。

(2) 控制系统和推进系统

控制系统选择MultiFLEX™2－AVR控制器。其具有编程更简单，更容易实现segway要求的对传感器的高速采集和高速响应等特点。

CDS55xx舵机既可以用做舵机模式，也可以用做电机模式，这里用其作为segway的推进系统。

(3) 机器人结构

搭建一个两轮机器人，需要有两个悬臂用于安装红外测距传感器进行机器人倾斜角度的测量。

(4) 控制方法

整个结构方案、传感器方案都确定好了，可以得到机器人的倾斜角度，能够有效控制机器人轮子的转动，但是如何让机器人保持平衡呢？

如图9.3所示，$a-b=\triangle h$，如果$\triangle h>0$说明机器人向右倾斜，这时我们需要给一个顺时针的轮子转动ω(设定顺时针$\omega>0$)；如果$\triangle h<0$说明机器人左倾斜，这时我们需要给一个逆时针的轮子转动ω(设定逆时针$\omega>0$)。因此我们可以得到一个控制关系式：$\omega=k\times\triangle h$，$k$是一个比例因子。只需要调整控制的周期和$k$的参数就能够让机器人平衡下来。

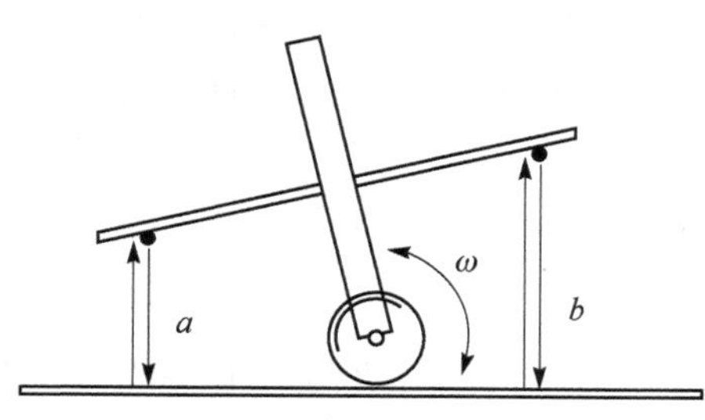

图9.3　控制方式简图

这里实际上用到了自动控制理论中的PID

控制。PID 控制是在工程中应用最为广泛的一种控制方法。它具有原理简单,易于实现,适用面广,控制参数相互独立,参数的选定比较简单等优点。有关 PID 控制的详细理论,读者可以参考自动控制理论相关书籍。

3. 任务规划

前面已经对自平衡机器人如何设计做了详细介绍。接下来是具体实施环节:

① 搭建出实验平台,这个平台必须符合上述理论分析;

② 熟悉所需要用到的部件,比如 CDS5500 和红外测距传感器,可能还需要做标定工作;

③ 在实验平台上设计控制算法,对控制策略进行验证。

设计控制算法是最为关键的一个环节,可能会多次失败,但是相信最终一定会成功的。

9.3 搭建两轮平衡机器人

搭建的机器人如图 9.4 所示。

图 9.4 中,两轮自平衡机器人主要由 2 个"轮腿"、2 个连接红外传感器的连接臂、1 个摆锤、控制器和 1 个连接两轮腿的"支撑梁"组成。

支撑机器人的机构是由 CDS55xx 和轮子构成,CDS55xx 工作电机模式。轮子通过两个结构件连接到控制器外壳上,组成两个"轮腿"。

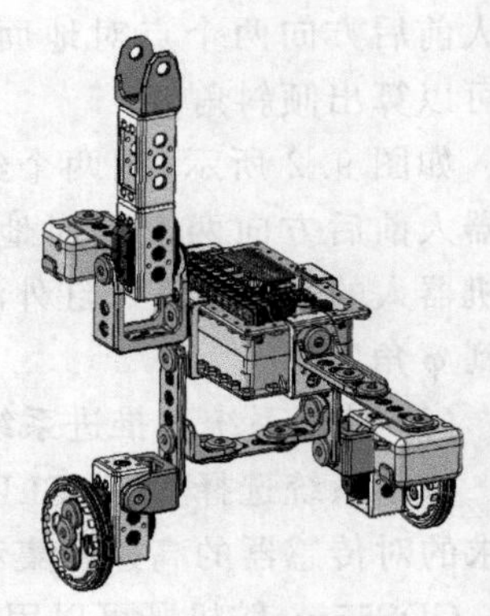

图 9.4 两轮自平衡机器人

这里为什么要把控制器架高呢?之所以这样做,有两方面的原因:第一,根据 5.3.1 节中的内容可以知道,红外测距传感器的最佳工作范围是在 10~20 cm 之间(此时其线性度和灵敏度都比较高),因此,需要把传感器抬高到这个距离之内;第二,为了抬高整个构型的重心,使机器人更容易平衡。至于为什么重心高就比较容易平衡,可以想象在自己的手掌上立一根筷子与立一根竹竿相比,哪个更容易些,有兴趣的读者可以参考相关的文献资料或者自己做一下运动学分析,这里不展开讨论。

将两个红外传感器对称的安装在控制器的另外两侧,让它们通过测量与地面之间的距离来感知机器人的倾斜程度,并根据倾斜程度的大小来调节两个轮子的速度,使机器人保持平衡。实际上只使用一个红外传感器也可以实现机器人的自平衡(读者可以思考一下原因),但是为了保持机器人的重力平衡以及使用下文将介绍的"差分"式 PID 算法,这里使用两个安装在对称位置的红外测距传感器。

由第三个舵机和相应结构件组成的"摆锤",其主要作用是为了更进一步地调节机器人重心的平衡,当机器人往一边倾倒时,使摆锤向相反的方向摆动,从而减小甚至抵消机器人的倾倒力矩。

下面就两轮自平衡机器人的搭建方法做详细介绍。

1. 搭建轮腿

① 按图 9.5 所示搭建舵机组合部件。这里需要注意的是,在安装舵机之前需要在舵机架内事先放入 2 个 LX2 连接件和螺母以方便后续安装。

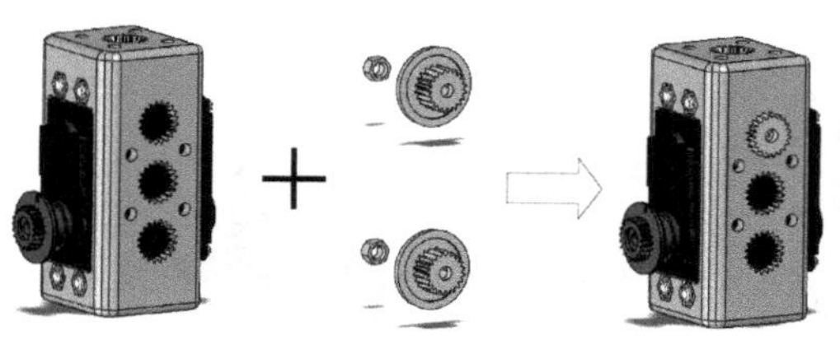

图 9.5　搭建舵机组合件

② 按图 9.6 所示搭建轮子。为了增加轮子与地面的摩擦力，可以在 2 个轮子上套上 2 个"创意之星"套件提供的橡胶圈。

③ 按图 9.7 所示搭建"腿部"。为了增加结构刚度，腿的支撑件由 2 个 I7 结构件叠加组成。

图 9.6　搭建轮子　　　图 9.7　搭建"腿部"

④ 按图 9.8 所示搭建完整"轮腿"。

2. 搭建传感器连接臂

传感器连接臂的搭建方法比较简单，如图 9.9 所示。

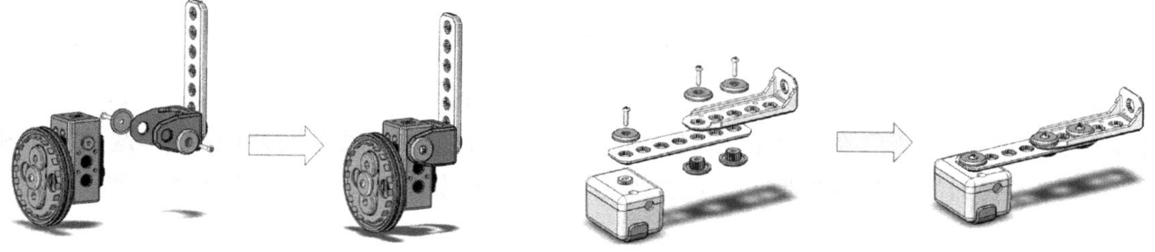

图 9.8　搭建"轮腿"　　　图 9.9　搭建传感器连接臂

3. 搭建摆锤

摆锤的搭建方法也比较简单，如图 9.10 所示。

4. 搭建支撑梁

支撑梁的作用是连接 2 个轮腿，增强结构刚度，搭建方法如图 9.11 所示，需要注意的是，两个 L2－1 结构件之间只相距 2 个花键孔的距离。

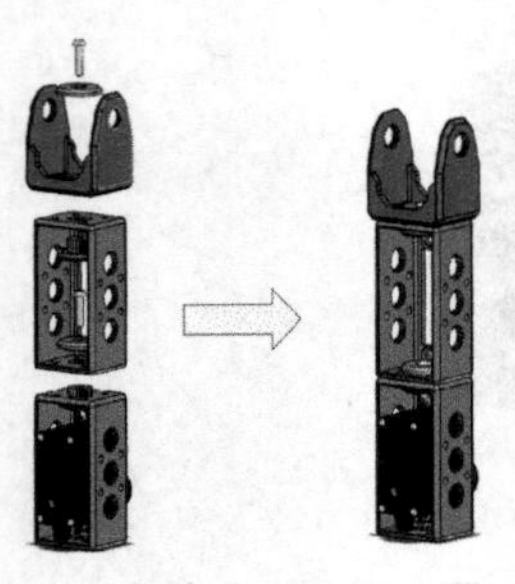

图 9.10　搭建摆锤

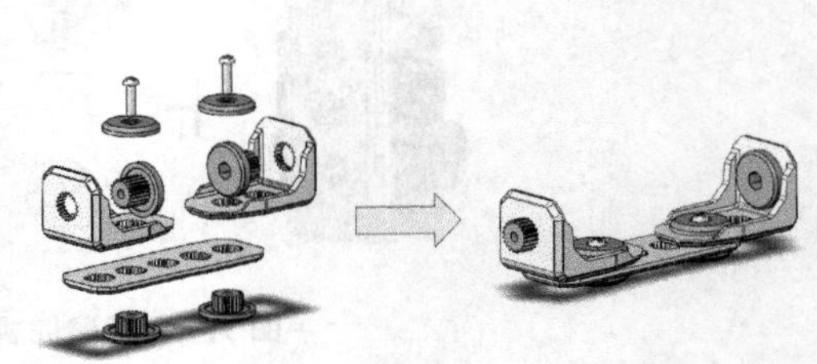

图 9.11　搭建支撑梁

5. 组装完整的机器人

如图 9.12 所示,组装控制器、轮腿、传感器连接臂、摆锤和支撑梁。需注意的是由于支撑梁的长度不足,需要在支撑梁两端加上 1 个 LD1 和 1 个 LD2 连接件作为匹配。此外,为了保证机器人的重心不偏离几何中心,摆锤上使用的舵机安装前必须首先恢复中位,安装时需要尽量保证竖直。

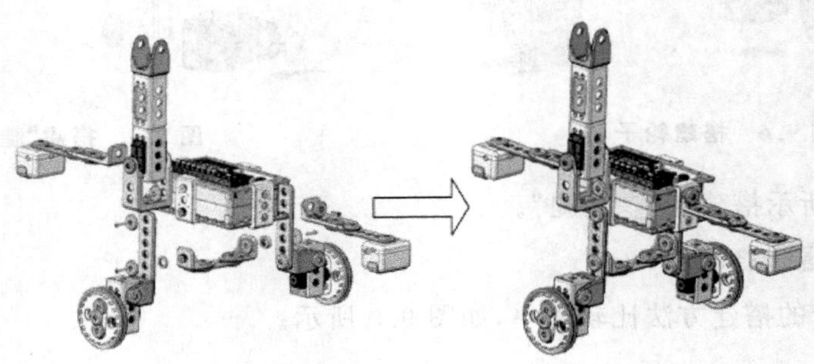

图 9.12　搭完整机器人

至此,两轮自平衡机器人就搭建完成了。由于自平衡机器人对两臂的中心要求较高,稍有误差便会导致倾斜,所以在搭建构型时一定要有耐心并且注意思考安装的顺序,避免重复劳动。另外,需要加螺钉螺母的地方一定要加上,不要图省事而导致以后浪费更多时间。

9.4　让机器人平衡地站起来

9.4.1　修改舵机的参数

在默认的情况下,CDS55xx 舵机数据返回的方式为 All return(所有返回),也就是说,当舵机接收到任意一条指令后,都会将该指令原样返回给控制器,以便控制器确认舵机已经接收到了指令。但是这样的"问答"通信方式会占用较多控制器的通信时间,并且使舵机的响应速度变慢。在本章的应用中,控制器需要做高负荷的 PID 运算,舵机的响应速度也是越快越好。因此需要修改一下舵机的数据返回方式,将默认的 All return 改成 Read return,这样舵机只有在接收到读取数据的指令后才会返回相应数据,其他情况下不返回。

连接舵机、多功能调试器和 PC 机,给多功能调试器接入直流电源,运行 RobotServoTer-

minal 软件。

输入正确的端口号，保持默认参数，单击 Search 扫描舵机，如图 9.13 所示。

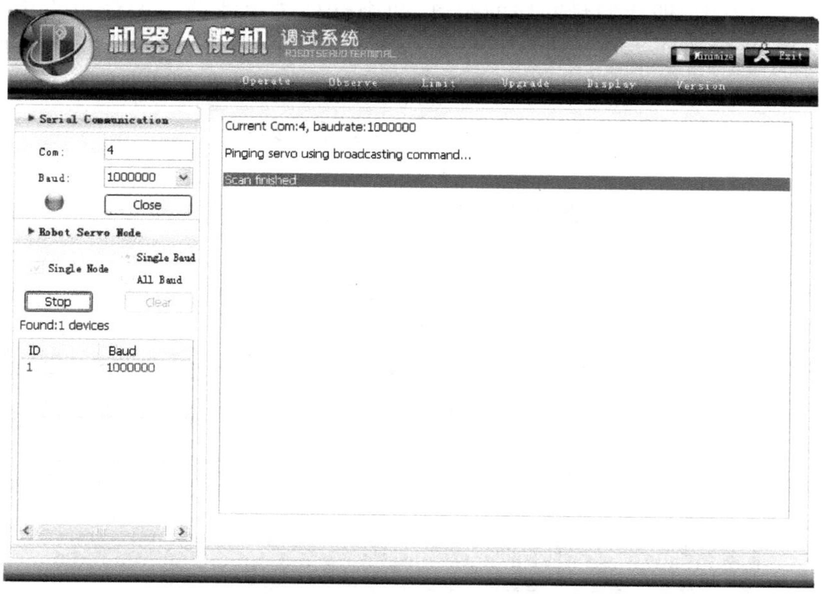

图 9.13　扫描舵机

扫描结束，单击 Stop 按钮。电机选中列表中要设置属性的舵机，在 Operate 操作界面的 Primary Set 下 Return 后的下拉列表中选择 1 – Read return，然后单击其后面的 Set 按钮，即可完成设置，如图 9.14 所示。

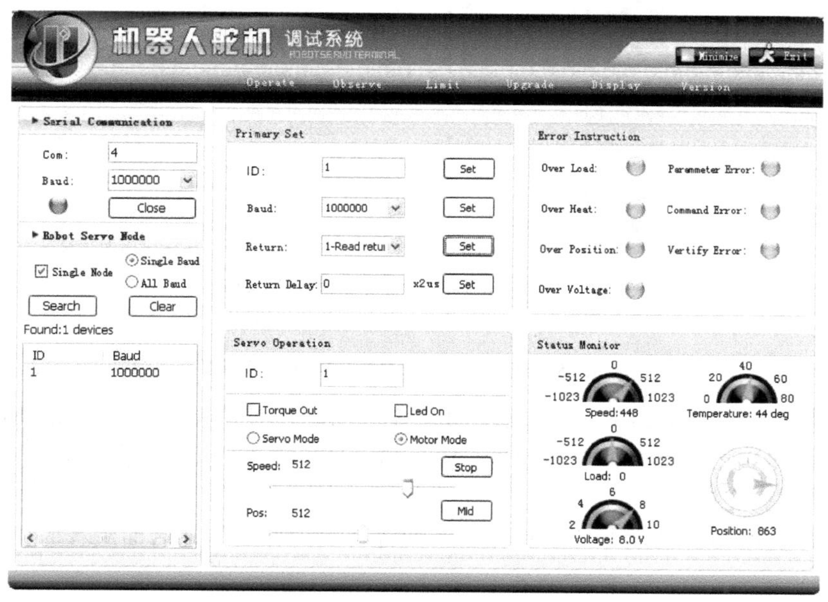

图 9.14　设置属性

9.4.2 红外测距传感器的标定

由于一致性的原因,即使测量同样的距离,两个红外传感器获取的值也肯定不相同,在编写控制程序之前,需要事先获取机器人在平衡位置时两个传感器的值,然后采集机器人在某一位置时传感器的值并与平衡时的值相比较,就可以计算出此时机器人倾斜的程度。因此,需要对传感器进行标定,也就是记录下在平衡位置时传感器的读数。

标定的方法如下:

① 连接多功能调试器、控制器和PC机,将两个红外测距传感器分别插到控制器的AD1口和AD7口,打开控制器电源;

② 通过调试器将控制器连接上PC,打开NorthSTAR软件,单击菜单"工具—查询传感器"(见图9.15),弹出传感器查询对话框(见图9.16);

③ 将多功能调试器设置为AVRISP模式,单击"启动服务"按钮,下载服务程序;

④ 将多功能调试器设置为RS-232模式,在COM文本框输入正确的端口号,波特率选择57600,单击"打开"打开相应串口,然后单击"查询AD"按钮,便可看到当前各个AD通道的采样数值;

图9.15 选择菜单"工具"—"传感器查询"

⑤ 将机器人固定在地面上,尽可能使两个红外测距传感器处于统一高度,即让机器人处于平衡的位置,多次记录此时两个传感器(AD0和AD7)的读数值,然后计算其平均值作为对应红外传感器的标定值。

至此,红外测距传感器的标定工作完成。此处得到的标定值在后面编程时使用。

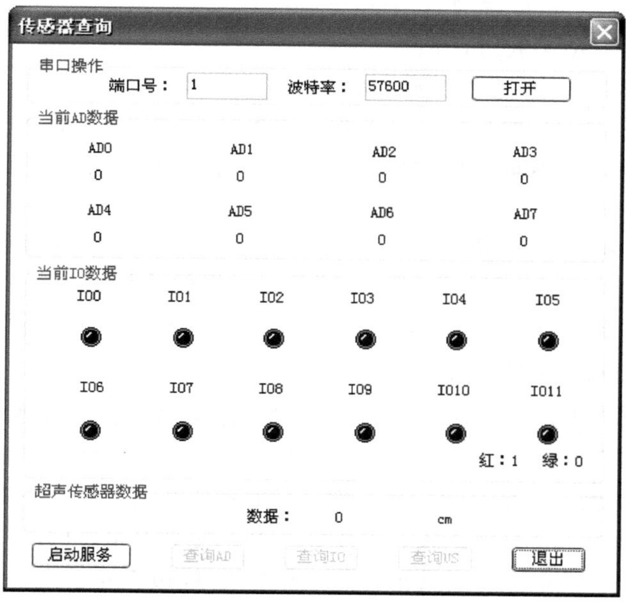

图 9.16　在线查看 AD 采样值

9.4.3　数字式 PID 算法的实现

PID 调节，即"比例微分积分调节"，是自动控制领域技术比较成熟而且应用最为广泛的一种调节方式。本节将使用数字式 PID 算法来实现自平衡机器人的控制程序。

1. 背景知识介绍

由于本节所使用的 PID 算法是非常成熟的理论，因此这里只介绍所需要用的结论性知识。

数字式 PID 算法公式如下：

$$\begin{aligned}\Delta u(k)=u(k)-u(k-1)&=Kp\left[e_k-e_{k-1}+\frac{T}{T_1}e_k+\frac{T_D}{T}(e_k-2e_{k-1}+e_{k-2})\right]\\&=Kp(\Delta e_k+\frac{T}{T_1}e_k+\frac{T_D}{T}\Delta^2 e_k)\\&=Kp\Delta e_k+Kie_k+Kd\Delta^2 e_k\end{aligned}$$

式中：$\Delta e_k=e_k-e_{k-1}$

$\Delta^2 e_k=e_k-2e_{k-1}+e_{k-2}=\Delta e_{k-1}$

k——采样序号，$k=0,1,2\cdots\cdots$

u_k——第 k 次采样时刻的计算机输出值；

e_k——第 k 次采样时刻输入的偏差值；

T——采样周期

T_1——积分周期；

T_D——微分周期

K_p——比例系数；

K_i——积分系数，$K_i = K_p T / T_1$；

K_d——微分系数，$K_d = K_p T_d / T$；

u_0——开始进行PID控制时的原始初值；

上式的输出只是控制量的增量 Δu_k，因此又称为“增量式PID”算法。当控制系统采用恒定的采样周期时，第k次采样时刻的输出值 u_k 可以由下式求得：

$$u_k = u_{k-1} + \Delta u_k$$

在本章的应用中，u_k 对应的就是舵机的速度，e_k 对应的就是2个红外传感器读数与平衡位置读数的偏差值，这里使用“差分”的概念，其基本思想就是利用2个红外传感器读数的“差值”作为偏差值，也就是PID的输入值，以确定PID算法中最重要的3个系数 Kp、Ki 和 Kd。

2. 算法的实现及程序编写

前面章节中编写机器人程序时，都用NorthSTAR来实现。NorthSTAR简单易用，适合编写简单的程序。编写复杂的程序时，NorthSTAR需要创建的模块很多，程序的可读性变差，程序编写的难度增大。这里介绍一款非常好用的程序开发工具——Eclipse。

Eclipse是著名的跨平台自由集成开发环境(IDE)，它拥有众多的插件，这使得其拥有其他功能相对固定的IDE软件很难具有的灵活性。Eclipse最初主要作为Java语言的开发工具，现在通过配置不同的插件可以使其作为c++、Python等语言的开发工具。

如果给Eclipse配置CDT插件和AVR插件，就可以构建一个AVR集成开发环境。Eclipse的各插件都有很详细的文档支持，许多特性还在不断地加强和扩展。Eclipse提供代码关键字着色、输入代码智能提示、代码输入错误检查等非常强大的代码编辑功能，可以极大地提高编写代码的效率。

选用Eclipse作为开发工具，不但能免费享用其当前的强大功能，还可以免费升级更新。在编写复杂程序(如比赛程序)时，有这样一款功能强大的开发工具，可以达到事半功倍的效果。本章用Eclipse来开发自平衡机器人的程序。有关Eclipse的配置和使用方法，请通过计算机登录博创尚和网站下载中心(http://www.uptech-robot.com/down/)下载阅读。

如果从0开始编写自平衡机器人的程序，那将是一个非常漫长而复杂的过程，需要具备单片机编程的知识，了解ATmega128单片机，更需要创建初始化硬件、舵机控制、AD传感器采样和获取、中断服务等多个功能模块(函数)，这样就无法把注意力集中到本章的主要目标上——让自平衡机器人站起来。这里，可以通过修改“创意之星”配套资源中提供的MultiFLEX™2-AVR控制器源代码来实现。控制器源代码由专业工程师开发，封装了硬件初始化、舵机控制、AD传感器采样和获取、中断服务等所有“创意之星”套件功能的函数，只需要在主函数中调用相应的函数，即可实现使用者想要的任何功能。

接下来开始实际开发自平衡机器人的程序。

数字式PID算法需要高负荷的运算和恒定的传感器采样周期。为了保证传感器的采样周期，需要借助MultiFLEX™2-AVR控制器的核心——Atmega128的定时器来实现。采样结束后，需要计算机器人当前位置和平衡位置的偏差，然后根据此偏差产生抵消倾倒力矩的速度并控制舵机运动。方便起见，直接将采样、计算、舵机运动控制放在定时器的中断处理函数中。

定时器是单片机提供的一种计时设备，通过对应的控制寄存器，可以设置定时长短，以及定时溢出的处理。这种设备，能够以准确的周期执行需要的操作。例如，假定需要每2.5ms进行一次AD采样，可以通过寄存器将定时器的时长设置为2.5ms，然后在其中断处理函数中

进行 AD 采样操作。定时器启动后，开始计时，每当时长等于 2.5ms 时，执行一次中断处理函数中的操作，如此反复执行。

程序逻辑如图 9.17 所示。主流程中只进行硬件初始化和修改舵机模式，然后就执行 while 循环，该循环中什么都不做，只有一个 1 ms 的延时，目的是不让主函数退出，使程序一直运行。

中断处理函数中，对红外测距传感器进行采样，通过 PID 计算产生舵机速度和摆锤位置，然后控制舵机运动。由于控制器一次只能对一路传感器进行采样，所以中断处理函数的中采用轮换的方式来实现两路红外测距传感器的采样。

初次进入中断处理函数时，设定一个"是否对 1 号红外采样"的标志并设置为 0，当该标志为 0 时，对 1 号红外采样，同时认为对 2 号红外采样完毕，读取 2 号红外的值(第 1 次时，实际上没有对 2 号红外采样，执行完 1 次后，读取的值有效)，设置标志值为 1。经过 2.5 ms 后，再次进入中断处理函数，此时标志值为 1，所以对 2 号红外采样，认为 1 号红外采样完毕，读取 1 号红外的值，然后设置标志为 0。此时认为 1 号和 2 号红外数据都已经更新，所以进行 PID 调节，设置舵机速度。再经历 2.5 ms 进入中断处理函数后，标志为 0，又开始对 2 号红外采样，读取 1 号红外的值并设置标志位 1。如此不断反复，就能以稳定的周期获取两路红外测距传感器的值并进行 PID 调节。这里的 1 号红外对应 AD1，2 号红外对应 AD7。

所谓采样，是指周期性地以某一规定间隔截取模拟信号，从而将模拟信号变换为数字信号的过程。这里可以简单地理解为读取红外传感器值的过程。

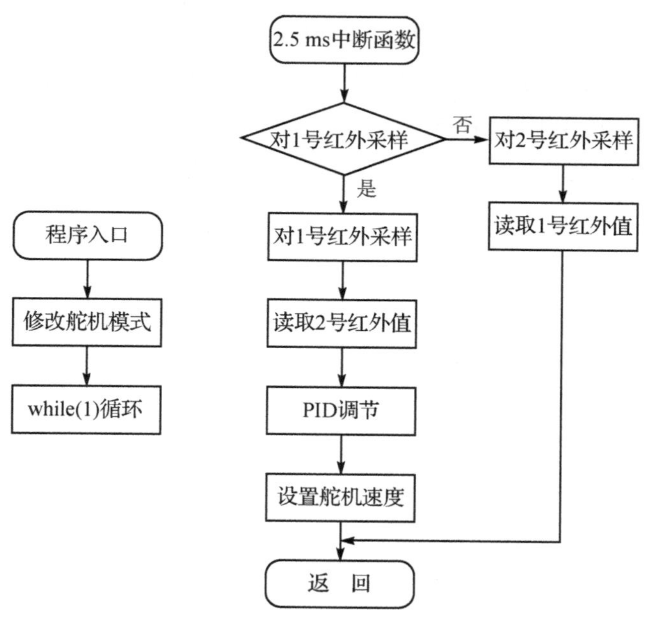

图 9.17　程序流程图

设计好程序逻辑后，开始实际编码。参考从博创尚和网站下载中心(http://www.uptech-robot.com/down/)下载的相关资料配置 Eclipse，然后运行 Eclipse，选择 file—import 菜单，导入控制器源代码工程 FractalMaster，如图 9.18 所示。

FractalMaster 工程里设定的定时器 3 周期为 2.5 ms，在定时器 3 的中断函数中进行传感器采样、PID 计算和舵机运动控制。

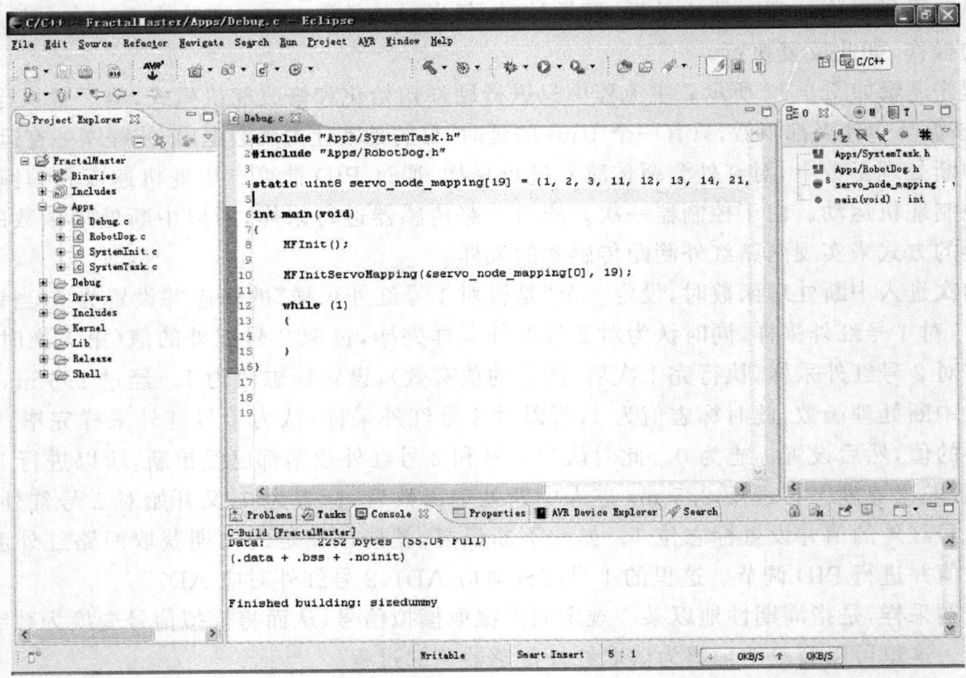

图 9.18 导入工程

定时器 3 的中断处理函数 ISR(SYSTEM_TIMER_INT, ISR_NOBLOCK)位于 Drivers 文件夹下的 Isr.c 文件中，如图 9.19 所示。

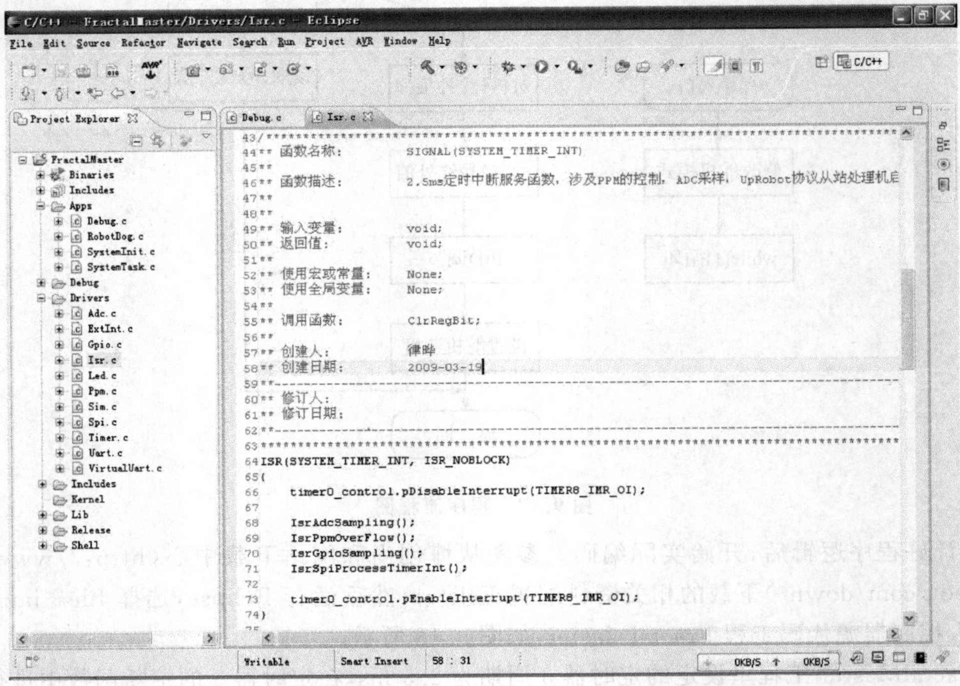

图 9.19 中断处理函数

在中断处理函数前面添加如下全局变量：

```
int16 Ek = 0;                    //当前的偏差值
int16 Ek_1 = 0;                  //上一次的偏差值
int16 Ek_2 = 0;                  //上上次的偏差值
int16 Uk = 0;                    //目标增量
int16 Ukk = 0;                   //上一次目标增量
int16 Kp = 17;                   //比例系数
fp32 Ki = 0.01;                  //积分系数
fp32 Kd = 0.1;                   //微分系数
uint16 Adc0 = 0;                 //1 号红外值(对应 0 号 AD 端口)
uint16 Adc7 = 0;                 //2 号红外值(对应 7 号 AD 端口)
int16 Adc0_balance = 355;        //平衡时 1 号红外值,该值为 9.4.2 节标定得到的值
int16 Adc7_balance = 360;        //平衡时 2 号红外值,该值为 9.4.2 节标定得到的值。
```

修改中断处理函数,代码如下：

```
ISR(SYSTEM_TIMER_INT, ISR_NOBLOCK)
{
    timer0_control.pDisableInterrupt(TIMER8_IMR_OI);          //禁用定时 0 中断
/*
    IsrAdcSampling();
    IsrPpmOverFlow();
    IsrGpioSampling();
    IsrSpiProcessTimerInt();
*/

    static uint8 sta_bStartADC0 = 0;                           //是否对 1 号红外采样标志
    uint16 speed1 = 0;                                         //1 号舵机速度计算值
    uint16 speed2 = 0;                                         //2 号舵机速度计算值
    uint16 angle3 = 0;                                         //3 号舵机(摆锤)角度计算值

    if(sta_bStartADC0 = = 0)                                   //如果不是对 1 号舵机采样
    {
        adc_control.pGetRegValue(&Adc7);                       //读取 2 号红外值
        adc_control.pStartConvert(1);                          //开始检测 1 号红外
        sta_bStartADC0 = 1;                                    //改变标志
    }
    else if(sta_bStartADC0 = = 1)                              //如果是对 1 号舵机采样
    {
        adc_control.pGetRegValue(&Adc0);                       //读取 1 号红外
        adc_control.pStartConvert(7);                          //开始检测 2 号红外
        sta_bStartADC0 = 0;                                    //改变标志

        //开始 PID 算法
        Ek = (Adc7 - Adc0) - (Adc7_balance - Adc0_balance);    //计算偏差值
```

```
        Uk = Kp * (Ek - Ek_1 + Ki * Ek + Kd * (Ek - 2 * Ek_1 + Ek_2)) + Ukk;   //PID 调节计算输出值
        Ukk = Uk;                                      //保存输出值
        Ek_2 = Ek_1;                                   //保存上次偏差
        Ek_1 = Ek;                                     //保存这次偏差

        //设置电机转向、速度，设置摆锤角度
        if(Uk >= -1 && Uk <= 1)                        //如果调节值在阈值范围内，不需要调节
        {
            speed1 = speed2 = 0;                       //电机速度设为 0
            angle3 = 512;                              //摆锤角度设为中位
        }
        else
        {
            if(Uk > 1023)                              //限制值大小
                Uk = 1023;
            else if(Uk < -1023)
                Uk = -1023;
            if(Uk > 1)                                 //如果是逆时针倾倒
            {
                speed1 = Uk;                           //1 号舵机正转
                speed2 = Uk|(0x01<<10);                //2 号舵机反转
                angle3 = 512 - (Uk>>2);                //摆锤顺时针摆动
            }
            else                                       //如果是顺时针倾倒
            {
                Uk = -Uk;                              //值变正
                speed1 = Uk|(0x01<<10);                //1 号舵机反转
                speed2 = Uk;                           //2 号舵机正转
                angle3 = 512 + (Uk>>2);                //摆锤逆时针摆动
            }
        }

        MFSetServoRotaSpd(1,speed1);                   //1 号舵机以 speed1 的速度转动
        MFServoAction();                               //执行动作
        _delay_us(200);                                //延时 200us
        MFSetServoRotaSpd(2,speed2);                   //2 号舵机以 speed2 的速度转动
        MFServoAction();
        _delay_us(200);                                //延时 200us

        MFSetServoPos(3,angle3,512);                   //3 号舵机以 512 的速度运动到 angle3 的位置
        MFServoAction();
    }
    timer0_control.pEnableInterrupt(TIMER8_IMR_OI);//恢复定时器 0 中断
}
```

再介绍一下这里用到的几个函数：

● void　adc_control. pStartConvert(uint8 channel)

——开始一次 AD 采样，参数 channel 为通道号 0～7；

● uint8　adc_control. pGetRegValue (uint16 * item)

——读取上次 AD 转换的数值，16 位无符号整形变量指针 item 是所要存放数据的变量的地址，成功则返回 1，否则返回 0。

这 2 个函数是 adc_control 结构体的成员。这个结构体类似于 C++中类的实例对象，负责管理 AD 初始化和采样等与 AD 相关的工作。这里采用了面向对象的编程思想，学过C++等面向对象语言的读者，很容易理解这个概念。有关面向对象的更多知识，读者可以参考专业书籍。

● void MFSetServoPos(int32 inID, int32 inPos, int32 inSpeed)

——控制 ID 为 inID 的舵机以 inSpeed 的速度运动到 inPos 的位置，用于舵机模式；

● void MFSetServoRotaSpd(int32 inID, int32 inSpeed)

——控制 ID 为 inID 的舵机以 inSpeed 的速度运动，用于电机模式；

● void MFServoAction()

——发送广播指令，让所有舵机执行接收到的运动指令。

这 3 个函数在 NorthSTAR 生成的代码中已经见过了，这里不再介绍。需要注意的是，在 Isr. c 中只需要加入全局变量和修改 ISR(SYSTEM_TIMER_INT, ISR_NOBLOCK)函数，其他内容无须修改。ISR 函数为 Atmega128 的定时器 3 的中断处理函数，定时初始设置为 2.5 ms，即程序启动后，每 2.5 ms 执行一次该函数。定时器的设置可以在 Drivers 文件夹下的 Timer. c 文件中的 InitTimer3 函数中实现，感兴趣的读者可以自行查看。

上面代码中的比例系数 K_p、积分系数 K_i、积分系数 K_d 的取值 17、0.01、0.1，是在调试过程中多次试验得到的，与机器人的结构、舵机的性能、传感器的性能密切相关。在调试自己搭建的自平衡机器人时，这 3 个参数的取值一定要根据实际情况进行调节，这里的值仅供参考。

PID 参数调节的专业术语叫做 PID 参数的整定，所谓整定实际上就是确定调节器的比例系数 K_p、积分时间 T_i 和和微分时间 T_d。有了这 3 个值，根据前面的公式，就可以计算出积分系数 K_i 和微分系数 K_d。这 3 个值一般可以通过理论计算来确定，但误差太大。目前，应用最多的还是工程整定法：如经验法、衰减曲线法、临界比例带法和反应曲线法。

经验法又叫现场凑试法，即先确定一个 K_p 和 T_i 值，T_d 为 0，然后查看机器人运行效果，经反复修改试验找到比较好的 K_p 和 T_i 值后加入微分作用。由于微分作用有抵制偏差变化的能力，所以确定一个 T_d 值后，可把整定好的 K_p 和 T_i 值减小一点再进行现场凑试，直到 K_p、T_i 和 T_d 取得最佳值为止。显然，用经验法整定的参数是准确的，但花时间较多。

衰减曲线法、临界比例法和反应曲线法，都依赖于系统响应曲线，而这里机器人的响应曲线是无法绘制的，所以无法有效使用，有兴趣的读者可以查阅相关资料获取更多的信息，这里不做详细介绍。

修改完中断处理函数后，再来修改主函数。主函数位于 Apps 文件夹下的 Debug. c 文件中，如图 9.20 所示。

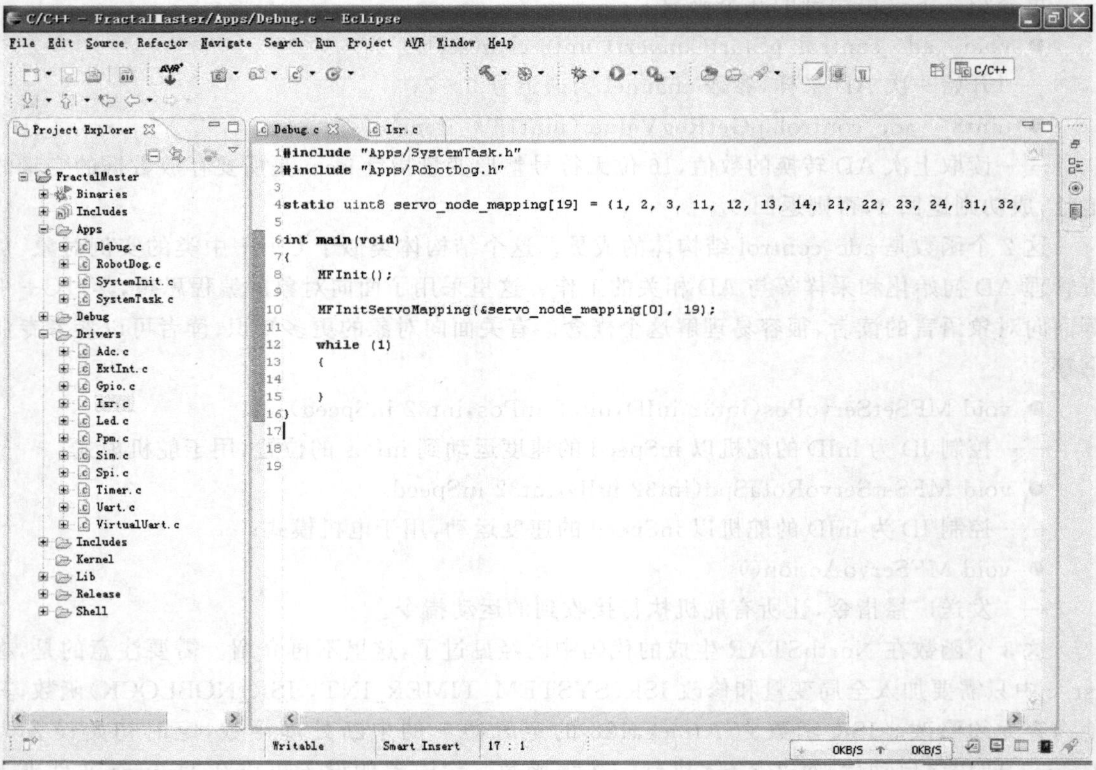

```
#include "Apps/SystemTask.h"
#include "Apps/RobotDog.h"

static uint8 servo_node_mapping[19] = {1, 2, 3, 11, 12, 13, 14, 21, 22, 23, 24, 31, 32,

int main(void)
{
    MFInit();

    MFInitServoMapping(&servo_node_mapping[0], 19);

    while (1)
    {

    }
}
```

图 9.20 主函数

修改主函数,代码如下:

```
#include "Apps/SystemTask.h"

static uint8 servo_node_mapping[3] = {1, 2, 3};
int main(void)
{
    MFInit();                  //硬件初始化

    servo_control.pInitNodeBuffer(&servo_node_mapping[0], 3);//建立舵机 ID 映射

    servo_control.pSetMode(1, SERVO_MODE_MOTO);     //设置 1 号舵机为电机模式
    servo_control.pSetMode(2, SERVO_MODE_MOTO);     //设置 2 号舵机为电机模式
    servo_control.pSetMode(3, SERVO_MODE_SERVO);    //设置 3 号舵机为舵机模式
    while (1)
    {
        _delay_ms(1);                               //延时 1ms
    }
}
```

这里用到了 3 个函数:

① void MFInit(void)

——硬件初始化，包括串口、定时器等；

② void MFInitServoMapping(uint8 * p_mapping, uint8 amount)

——设置舵机 ID 数组映射，用来设置程序中用到了那些 ID 的舵机，p_mapping 为 ID 数组，amount 为数组元素个数；

③ void MFSetServoMode(int32 inID,int32 inMode)

——设置舵机工作模式，inID 为舵机号，inMode 可选择的数值：SERVO_MOTO_MODE（电机模式）和 SERVO_SERVO_MODE（舵机模式）。

程序编写完成后，编译程序，如果没有错误，下载程序后运行，就可以查看机器人的运行效果。需要注意的是，运行时，需要用手扶住机器人保持在平衡位置，待机器人稳定后再松开手，否则由于超调的原因，机器人可能无法保持平衡。此外，一定要根据机器人实际运行情况来调节比例系数、积分系数和微分系数，直至机器人能够完美的站立起来。

9.5　小　结

本章介绍了一个新的程序开发工具 Eclipse，并通过在 Eclipse 中编写代码的方法实现了自平衡机器人的程序。

现在已经实现了机器人的自平衡，还可以做些什么呢？

① 能不能给机器人加入另外一个摆臂？

② 适当的修改一下两个红外传感器平衡时的值，机器人会有什么反应？

③ PID 计算时，让两个轮子的速度一个大一点，一个小一点，机器人会有什么反应？

④ 能不能让机器人前进或者转弯？

第3篇　竞赛篇

“机器人武术擂台赛”是“中国机器人大赛暨ROBOT中国公开赛”中的一项赛事，它于2008年在广东中山的中国机器人大赛上被列为正式比赛项目。

“机器人武术擂台赛”的创意来源于中国的武术擂台赛，是体现中国元素的一项赛事。它模拟中国武术比赛的擂台和规则，要求参赛机器人身着传统武术比赛服装，鸣锣开赛，以击倒对方或把对方打下擂台为胜。为了增加趣味性和难度，还在擂台上设置了体现中国元素的象棋子，引导学生提高机器人的智能和判断能力，分清棋子和对手，尽可能地掌握机器人技术。

机器人武术擂台赛的目的在于促进智能机器人技术（尤其是自主识别、自主决策技术）在大学生、青少年中的普及，让他们在趣味性中掌握和发展机器人技术。

机器人擂台赛未来的发展目标是：比赛中，两个使用双腿自主行走的仿人形机器人互相搏击并将对方打倒或者打下擂台。

比赛从2009年的无差别组、仿人组和技术挑战组3个赛种发展到现在10个赛种。本篇将遵照2015年机器人武术擂台赛的规则，引导读者利用“创意之星”设计和制作可以参加机器人武术擂台赛的机器人。

本篇将以“机器人武术擂台赛”为例，讲述如何使用创意之星完成一套完整的竞赛机器人。通过本篇的学习，读者不仅可以综合运用在第2篇中所学到的知识和技能，设计制作一套完整的竞赛机器人，同时也可以体验到机器人竞赛的乐趣——制作具有一定智能的机器人并与其他同学制作的机器人进行比武对抗！

要注意的是，本篇内容主要介绍实现竞赛机器人的技术原理，如果完全按照本篇内容制作机器人，在实际的竞赛中可以完成各种比赛动作，但由于结构、电机、策略并不是最优的，将很难打败其他队伍制作精良的机器人。读者需要在理解本篇内容的基础上多思考，多动手调试，逐步改进机器人的运动速度、力量，以及提高机器人的反应速度和可靠性，这将是非常有趣、富有挑战性的一项工作。

第10章　机器人武术擂台赛——无差别组

学习目标

- 熟悉机器人武术擂台赛无差别组的比赛规则；
- 搭建无差别组擂台赛机器人；
- 改进擂台赛机器人的参赛能力。

10.1　熟悉比赛规则和比赛场地

本任务中，首先要熟悉比赛规则，然后根据规则的要求来设计和制作可以参加比赛的机器人。

10.1.1　比赛规则

图10.1所示的擂台为机器人比武的擂台，比赛分为排位赛和淘汰赛。

排位赛：机器人登上擂台后在规定时间内将棋子和重物推下擂台，得分为任务分＋生存分＋奖励分。

淘汰赛：双方机器人模拟中国古代擂台搏击的规则，互相击打或推挤。如果一方机器人整体离开擂台区域，则另一方得一分，掉下擂台的一方继续登台比赛。比赛限定时间结束后，得分多的一方获胜，如果双方得分相同，排位赛靠前的队伍获胜。

10.1.2　熟悉比赛场地

如图10.1所示，比赛场地（即擂台）为大小是2400 mm×2400 mm×150 mm的正方形矮台，擂台上表面即为擂台场地。底色从外侧四角到中心分别为纯黑到纯白渐变的灰度。场地的两个角落设有坡道，机器人从出发区启动后，沿着该坡道走上擂台。场地四周700 mm处有高500 mm的方形白色围栏。比赛开始后，围栏内区域不得有任何障碍物或人。

象棋棋子的材质为松木，重约50～100 g，直径70 mm，高44 mm的圆桶状（两个棋子粘连叠放），颜色为松木原色，字体颜色为红色或者绿色，如图10.2所示。

重物为纸箱壳制作，重约3000g，形状为长宽高均为300mm的立方体，如图10.3所示。

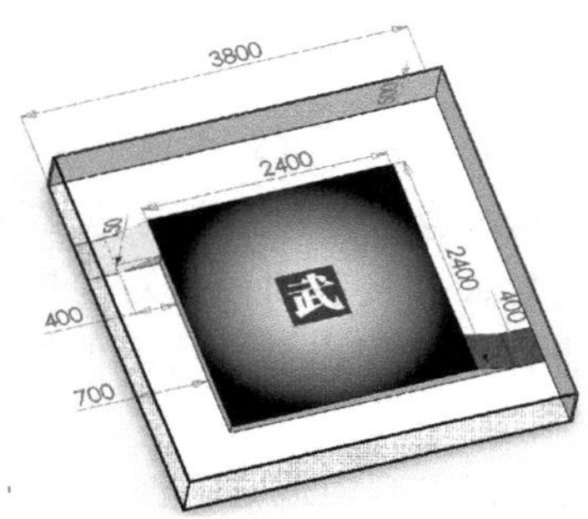

图10.1　擂台赛场地示意图

图10.2　象棋棋子示意图

图10.3　重物示意图

10.2 规则分析和任务规划

10.2.1 规则分析

根据比赛规则,机器人要在比赛中获胜,应当轻巧灵活,具有较快的行进速度,前进、后退、转动等动作自如流畅。此外,双方机器人在比赛过程中必然会激烈冲撞,进行制约与反制约的较量,因此还要求机器人具有良好的稳定性和较强的刚度。所以,擂台机器人应具备以下基本功能:

① 能够从出发区上坡进入擂台;

② 能够检测擂台边缘,防止自身掉落擂台;

③ 能够检测场地颜色,进行自身定位;

④ 能够检测棋子或对方的位置,并进行区分;

⑤ 能够将棋子或对方推下擂台;

⑥ 具有快速灵活的反应能力、较强的动力和进攻能力;

⑦ 具有一定的防守能力,防止被敌方推下擂台。

10.2.2 解决方案

根据比赛规则,设计擂台机器人的基本策略是:排位赛——在出发区出发后,如果在漫游中发现重物或棋子,则将它们推下擂台;淘汰赛——在出发区出发后,先爬上坡道,然后漫游,在检测到敌方机器人时,迅速转向对准并冲向敌方,用击打或推挤的方法攻击敌方或将其推下擂台。机器人需要完成的任务包括:

1. 爬坡进入擂台

机器人的启动方式可采用前面多次用到的"软"开关,这样可以避免启动等待和误操作。实现爬坡行为可以采用两种方式:

① 定时方式:根据场地调试,设置合适的延时,让机器人进行爬坡;

② 传感方式:安装传感器或者摄像头,通过区分斜坡和场地的颜色来实现爬坡。

其中定时方式较为简单,传感方式较难。对于无差别组机器人来说,采用定时方式即可。另外,由于斜坡和地面有一定的角度,为防止机器人上坡时被卡住,在机器人底盘上安装传感器时需要注意高度。

2. 检测边沿

机器人需要通过传感器检测擂台边沿,当接近边沿时后退或者转弯以防止掉下擂台。

由于擂台和地面有高度差,可以用红外测距传感器来检测边缘。需要注意的是,红外测距传感器应尽可能向前安装并和地面保持一个夹角(传感器发射面和接收面倾斜对准地面),这样就可以及时发现机器人接近擂台边缘,从而避免机器人身体已经探出擂台边沿的情况——这种情况下机器人很有可能掉落擂台。

传感器应该安装牢固可靠,并且需要安装在对方或者自己碰不到的地方。否则,比赛中双方机器人激烈对抗时,很可能造成传感器位置变化或破坏,进而导致机器人对边沿检测失效而掉下擂台。

此外，也可以用红外接近传感器来检测边缘。

如图 10.4 所示，在机器人上安装一个红外测距传感器，斜向下测量地面和机器人的距离，机器人到达擂台边沿时，传感器的测量值会发生突变（由 a 变成 b），就可以认定到达擂台边沿。红外接近传感器可以采用相同的方式安装，可以通过调节其背后的旋钮，让其刚好在 a 和 b 两个位置时处于两个不同的状态。

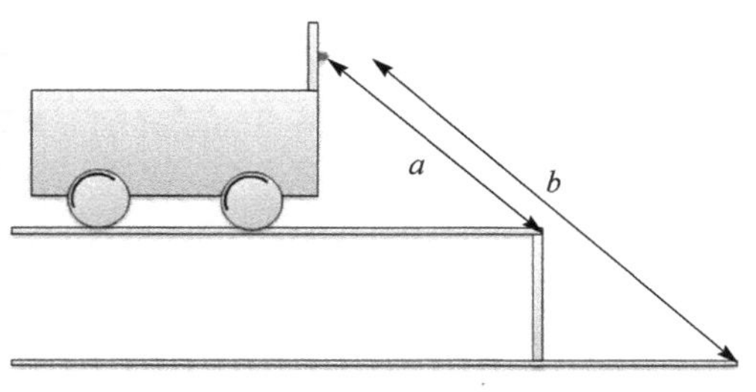

图 10.4　擂台边沿检测

除了红外测距传感器，还可以通过灰度传感器来检测边沿。擂台场地的灰度是渐变的，越接近擂台边沿，灰度值越小，可以在机器人底盘上安装一些灰度传感器来检测机器人所在区域的灰度变化，从而判读机器人相对场地的方向，还可以通过所有灰度传感器的平均值来判断机器人是不是靠近擂台边沿。

比赛中，机器人首先要保证自己不掉下擂台，所以检测擂台边缘的优先级是最高的。结合红外测距（红外接近）和灰度传感器，机器人就可以及时“悬崖勒马”。

3. 检测棋子或者敌方

要赢得比赛，机器人需要及时检测到重物、棋子或者敌方机器人。排位赛时，可以通过底部的红外接近传感器来检测重物或棋子。

淘汰赛检测敌方机器人时，需要将距离检测得比较合适。如果距离太短，就会导致发现敌方太晚，从而贻误时机；如果距离太长，容易误把擂台围栏当作敌方机器人。具体数值和机器人自身尺寸以及传感器布置有关，需要实际测定。

检测敌方机器人同样可以选用红外测距传感器或者红外接近传感器。为了能及时检测到敌方机器人，需要在机器人的四周都安装传感器。根据经验，可以配置 8～12 路红外接近传感器。典型的布置方法如图 10.5 所示。

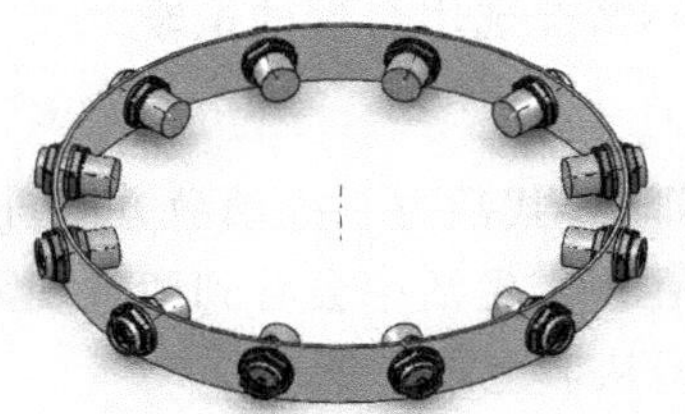
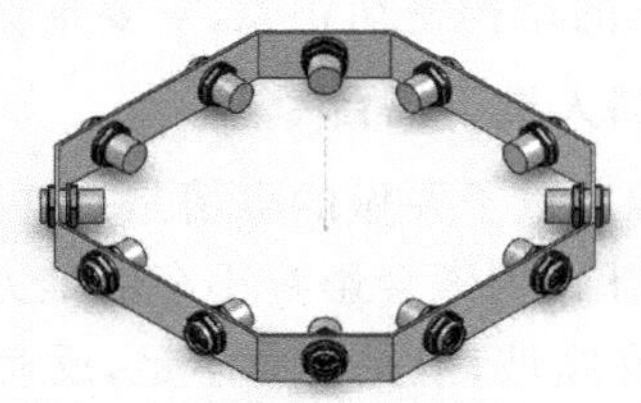

图 10.5　传感器安装方法

也可以使用红外测距传感器来检测敌方。传感器布置也需要遵循机器人四周都能检测到敌方的原则。

由于检测到棋子和检测到敌方需采取不同的策略，可以布置高低不同的 2 个红外测距或者红外接近传感器来区分棋子和敌方机器人，如图 10.6 所示。

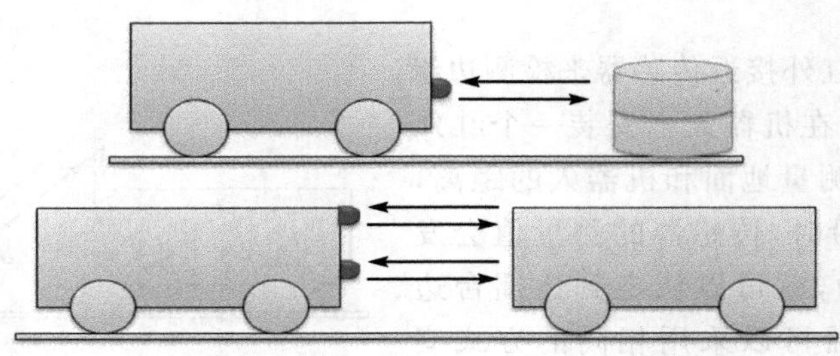

图 10.6　检测棋子和检测敌方示意图

4. 把重物、棋子推下擂

推重物、棋子时,机器人需要做 2 件事情:推动棋子,检测边沿。推动棋子有 2 种方法:

① 一直往前走,无论什么情况都不转弯,这样一定能走到擂台的边沿,也能够将棋子推下擂台;

② 通过识别场地的灰度,判断出机器人的位置和方向,对准最近的边沿前进。

方法①胜在简单,程序实现难度小,但是可能出现机器人需要推动棋子走过超过半个场地才能到达边沿的情况,这个过程出现重物干扰、失败的概率很高;方法②实现的难度比较高,但是效率更高。机器人发现棋子后,对准棋子,一直前进直至把棋子推下擂台即可。

为了避免出现机器人推棋子时掉下擂台,边沿检测必须及时有效。任务 2 已经分析了检测边沿的方法,这里不再介绍。

检测重物、棋子可以采用 2 种策略:被动策略和主动策略。被动策略是指机器人不主动检测,只是在擂台上漫游,当发现重物、棋子时再将其推下擂台。主动策略是指,机器人主动寻找,发现后将其推下擂台。

无论是被动策略还是主动策略,都需要考虑当机器人接近擂台边沿时的策略。可以采用必须把重物、棋子推下擂台后机器人再后退的策略,也可以采用一检测到边沿便后退或者转弯的策略。相比之下,第 1 种策略能保证得分但比较危险,机器人有掉下擂台的风险。第 2 种策略更安全,但是可能会导致无法把重物、棋子推下擂台的情况发生。当然,第 1 种策略是否会掉下擂台和机器人的结构密切相关,需要根据实际情况选用合理的策略。

5. 把敌方机器人推下擂台

推动敌方和推动棋子要做的事情是一样的,即:寻找敌方—推动敌方—自身定位。

还需要考虑,什么因素会影响小车的推力。在现实生活中会看到两种现象:

① 一辆汽车在爬坡,但是动力不足,反而慢慢从坡上滑了下来;

② 汽车在泥地上面行走,但走不快,因为轮子总是在打滑。

上面两个例子可以看出影响汽车行进效果的因素:

① 动力不足;

② 摩擦力不够。

如果动力不足,不但不能推动敌人,反而会被敌人推动。如果摩擦力不够,在推动敌方机器人时会出现轮子打滑,无法推动敌方。

所以,在比赛规则允许的条件下,应该尽量增加小车的重量、动力输出、轮子的接地面积。理论上电机越多,轮子越多,推力越强,但是超过四轮后,机器人转弯不好实现,而两轮的驱动

方案重量和推力不足，因此，采用四轮或六轮的驱动方案。

另外，要想容易的推动敌人，机器人需要进攻武器。在日常生活中能见到的推力很强的机器，恐怕要属“推土机”了。推土机之所以推力强劲，是因为它具有一个强有力的大铲子，因此可以通过给机器人增加铲子来增强器攻击能力。机器人有了铲子之后，可以铲入敌方机器人底部使其丧失推动力，从而将其推到擂台下面。铲子的设计要注意 2 点：

① 铲子的大小要适中，最好和机器人本体宽度一致；

② 铲子安装时需要保证机器人能顺利爬坡上到擂台。

6. 防止自己被敌方推下擂台

如果己方机器人在前进的时候被敌方从后面推挤，并且己方机器人没有察觉，会出现什么情况呢？

此时己方机器人的动力方向和敌方机器人的动力方向一致，敌方可以毫不费力的将己方机器人推下擂台。所以需要能够察觉这种状态，并且能够通过掉头、转弯、后退等方式避开敌方的进攻。

10.2.3　任务规划

本章需要完成以下任务：

① 熟悉“创意之星”配套传感器的性能并能熟练使用；

② 搭建机器人，合理布置传感器；

③ 编写程序，完成上一小节分析的机器人需要完成的任务；

④ 模拟比赛练习。

10.3　结构设计和传感器布置

10.3.1　结构设计

前面已经总结出了机器人结构的设计要求：重心低、质量大、动力强劲、行动灵活、传感器布置合理。下面将遵照以上要求设计比赛构型。

本节所搭建的擂台机器人示例完全是用“创意之星”机器人套件完成，仅供读者参考，它符合比赛规则中无差别标准平台组的要求，但肯定不是最优化的方案，期望读者设计出更完美的解决方案。

机器人最终效果如图 10.7 所示。

整个比赛构型搭建可以分为以下几个重要步骤：

1. 搭建框架

参照第 4 章，按图 10.8　所示搭建机器人底盘。

2. 搭建并安装铲子

根据规则和机器人的结构，机器人要爬上坡顶，铲子需做成活动的，否则难以完成上坡动作。接下来搭建活动铲子，铲子由一个 CDS55xx 控制，并固定在一个底板上，铲子的宽度和机器人底盘宽度大致相当，然后将铲子安装到底盘上。如图 10.9 所示。

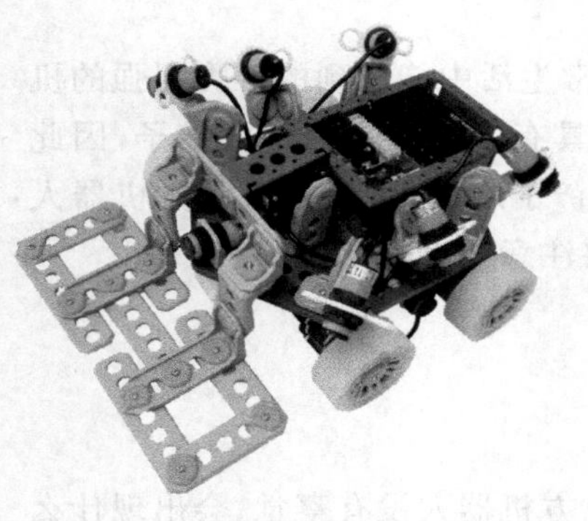

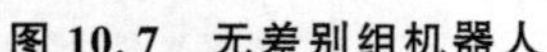
图 10.7 无差别组机器人

图 10.8 安装轮子

图 10.9 底盘组装

至此,机器人主体结构搭建完毕,接下来需要安装传感器。

10.3.2 传感器布置

如图 10.10 所示,利用 1 个向前方倾斜的传感器来进行擂台边缘的检测,避免机器人掉到擂台底下。这个红外接近传感器的倾斜角度非常重要,太远会导致机器人只能在场地中央活动,太近会导致机器人发现边沿时无法及时处理从而掉下擂台。需要注意的是,安装传感器不能让机器人本体挡住传感器的发射或者接受光束,可以在机器人的正前方安装 1 个红外接近传感器用于敌方的检测。

如图 10.11 所示,可以在机器人的底部安装 2 个红外接近传感器用于敌方和棋子的检测。棋子的高度是 44 mm,所以这 2 个传感器的高度必须在这个范围内。排位赛中,下面的红外接近传感器探测到障碍物说明障碍物是重物或棋子。淘汰赛中,下面的红外接近传感器探测到障碍物说明障碍物是敌方机器人。当然,这个过程可能会有其他因素的干扰,可以在实际调试过程中设法解决这些问题。

同样,侧面和后面也可以安装 4 个红外接近传感器,这样可以提高机器人探测边沿的效率和准确度。另外,也可以在机器人的前方安装红外测距传感器,用来增大测量范围和确定敌方机器人的方位。

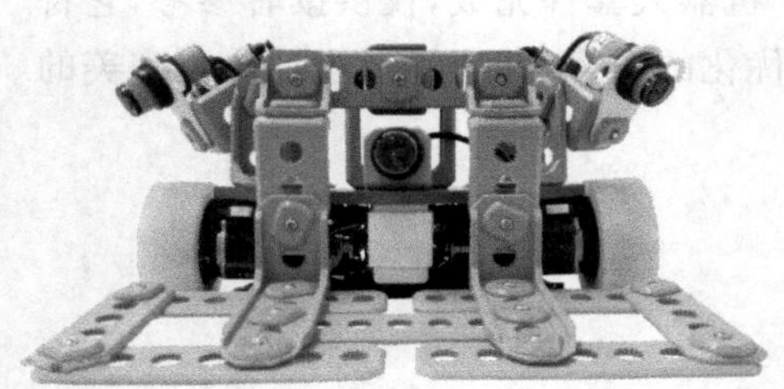
图 10.10 红外接近传感器的安装示意图一

图 10.11 红外接近传感器的安装示意图二

上述传感器布置方案仅作为读者搭建构型的参考。读者完全可以发挥自己的创意,设计出更加合理的方案。

最后安装控制器和灰度传感器,完成机器人搭建。

10.4　传感器的标定和分布练习

10.4.1　标定灰度传感器

场地最重要的部分是擂台上黑白渐变的区域，这是比赛得以进行的关键。简单地说，机器人要想赢得比赛，就得在这块区域里行动自如，随心所欲。如何做到“行动自如，随心所欲”呢？机器人必须能随时确定自己所处的位置。要想确定自己的位置，机器人就必须有雪亮的眼睛。在擂台赛中，机器人的眼睛就是灰度传感器和红外接近（红外测距）传感器。接下来介绍传感器的标定。

在构型搭建的时候会用到灰度传感器和红外测距传感器。

受制造工艺、材料的限制，很难保证2个传感器有完全一致的性能。在实际使用过程中会发现，即使在完全相同的条件下，2个不同的灰度传感器测量同样的灰度，得到的数据也不一样。

为了消除这种差异性，需要对传感器进行标定。就像一个两眼视力不一样的人，需要佩戴两个镜片度数不一样的眼镜一样。这里的标定，目的是建立灰度传感器的值和场地区域的对照表，以方便后续编写控制程序时使用。

构型上使用4个灰度传感器进行场地灰度测量，如图10.12所示，1、2、3、4号传感器采集到的灰度值是不一样的，对比这几个传感器的值就能够知道当前机器人的方向。场地的灰度是梯度变化的，为了让这几个传感器的值有尽可能大的差值，不同灰度传感器之间的距离要尽可能的大，所以采用图10.12所示的菱形分布方案。

灰度传感器的标定需要同时标定一组即将使用的传感器——即同时标定构型中的4个灰度传感器。此时可以先搭建一个简易的机器人底盘，固定好传感器来进行标定。

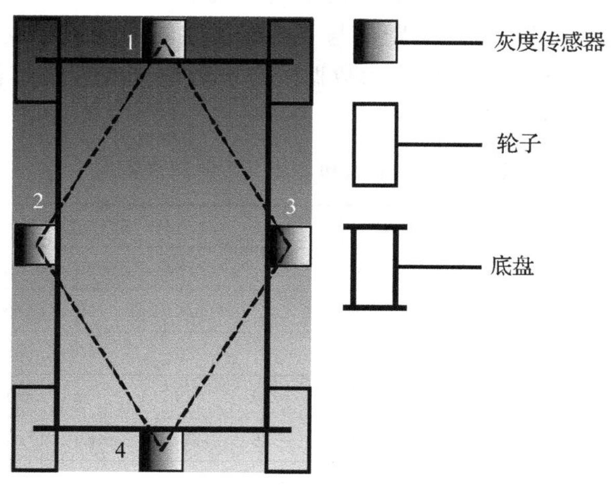

图10.12　灰度传感器布局示意图

灰度传感器的标定可以采用3种方法：平行边沿标定、灰度梯度方向标定、随机位置标定。

平行边沿标定方法如下：

① 按300 mm等分场地边沿（如图10.13所示，图中白色方块表示机器人放置位置），然

后从一边开始，依次将机器人放置(和边缘平行)在等分点上，用 NorthSTAR 查询灰度传感器的值并做相应记录；

② 将机器人掉头后，从另一边开始，依次在每个等分点上查询灰度值并记录。

灰度梯度标定法：

① 将场地对角线的一半等分为 6 份(如图 10.14 所示，图中白色圆块表示机器人放置位置)；

② 将机器人头部面向场地中心放置在图中最外侧的等分点上，记录灰度值；

③ 依次将机器人放置在其他的等分点记录灰度值。

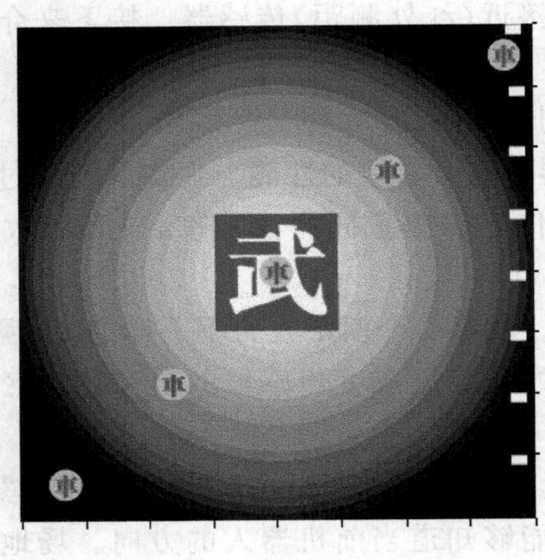

图 10.13　等分场地边沿

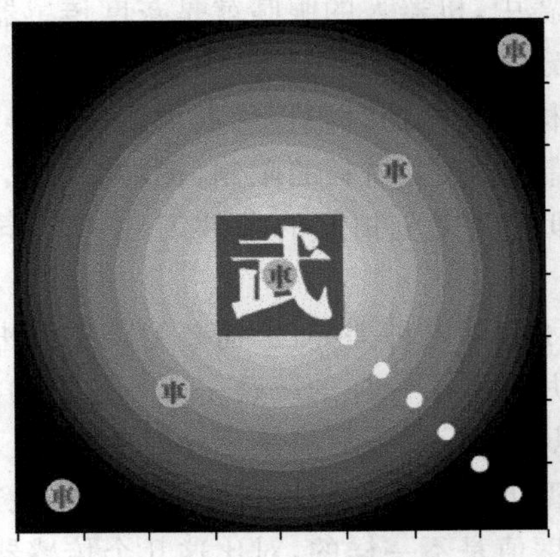

图 10.14　等分场地对角线

随机标定法：将机器人以非规则的方式(和边沿不平行，没有正好面向中心)放置在场地的不同位置，采集几组灰度值，记录并观察四个灰度传感器的值和机器人的位置关系。

记录数据后，计算机器人处在距中心不同距离处的灰度均值、传感器的最大最小值、前后灰度之间的差值、障碍物和机器人之间距离与传感器值之间的关系等数据，以备程序设计时使用。表 10.1、表 10.2 所列为一组场地实测数据。灰度数值受灰度传感器的一致性，安装位置和环境光的影响较大，表中数据仅供参考。

表 10.1　机器人和边缘平行时灰度数据

前	后	右	左	前－右	前－后	后－右	前－左	右－左	均值
235	207	231	265	4	28	－24	－30	－34	234.5
367	348	319	412	48	19	29	－45	－93	361.5
410	404	349	453	61	6	55	－43	－104	404
405	424	355	457	50	－19	69	－52	－102	410.25
356	394	324	425	32	－38	70	－69	－101	374.75
275	304	267	336	8	－29	37	－61	－69	295.5
231	233	232	274	－1	－2	1	－43	－42	242.5

表 10.2　机器人面向中心灰度数据

前	后	右	左	前－右	前－后	右－后	前－左	右－左	均值
244	207	234	261	10	37	27	－17	－27	236.5
339	283	305	355	34	56	22	－16	－50	320.5
493	453	425	505	68	40	－28	－12	－80	469
551	537	482	567	69	14	－55	－16	－85	534.25
612	614	537	621	75	－2	－77	－9	－84	596

注：表中“前”表示安装在前面的灰度传感器，“前－后”表示前面传感器减去后面传感器的差值。

根据表中数据可以看出，除左边的灰度传感器，其他 3 个灰度传感器的值一致性较好。可以根据这 3 个传感器的值来判断机器人当前的方向。另外，可以根据 4 个灰度传感器的平均值来判断机器人在场地上的位置。接近场地中心时，平均值较小，接近场地边沿时，平均值较大。有了这些结论，就可以在编写控制程序时使用。

10.4.2　标定红外传感器

在开始使用红外接近传感器之前，可以再次阅读第 3 章内容，以了解更多关于红外接近传感器的知识。

红外接近传感器是开关量传感器，它只能判断在测量距离内有无障碍物，不能给出障碍物的实际距离。但是该传感器带有一个灵敏度调节旋钮，可以调节传感触发的距离。在这个比赛平台上，只需要判断机器人是不是到达边缘即可。比赛构型搭建完成、传感器安装位置确定后，将机器人放置于擂台的不同位置，调节灵敏度调节旋钮，使其能够判别擂台边沿，即检测到边沿时返回 1，没有检测到边沿时返回 0。如图 10.15 所示。

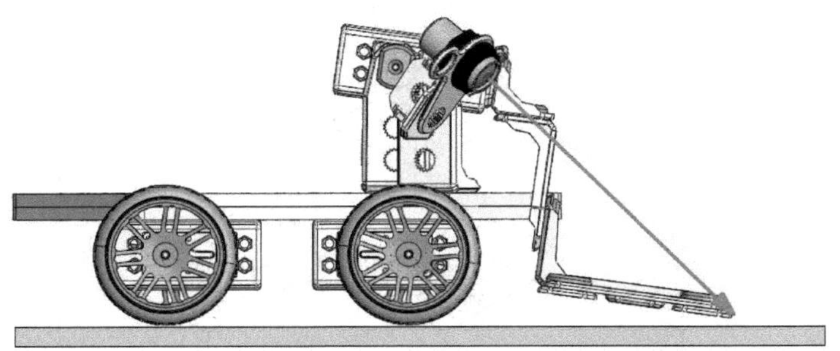

图 10.15　红外测距传感器的检测示意图

10.4.3　启动方式和爬坡练习

为了让机器人的启动可以控制，可以参考 4.4.2 节的方法，给机器人加入一个“软开关”。即通过出发一个红外接近传感器来让其开始运行。如图 10.16 所示。

这里可以使用安装在机器人底部两侧的两个红外接近传感器中的任意一个来实现。

机器人启动之后，第一步就是上坡。这里采用定时的方式实现上坡，这种方式比较简单。注意在上坡之前，需要先抬起铲子，等上了斜坡后再将铲子放下来。如图 10.17 所示。

根据实际情况,编写程序的流程如图10.18所示。

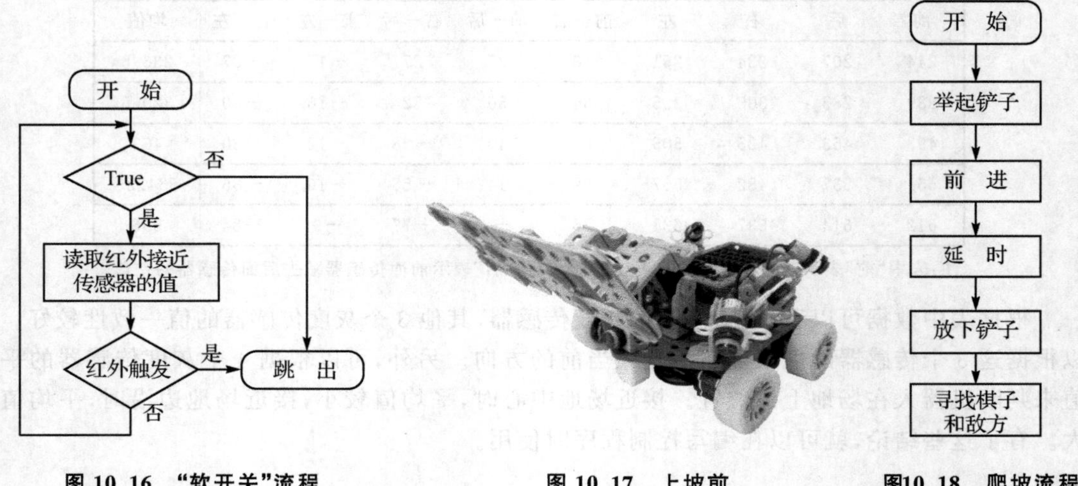

图10.16 "软开关"流程　　图10.17 上坡前　　图10.18 爬坡流程

10.4.4 漫游练习

机器人走上擂台首先应保证自己不掉下擂台,这才有战斗力,所以在擂台上不论是推动棋子还是与敌方战斗到擂台边缘,都要知道自己已处在擂台边缘,从而改变前进方向,保证自己不掉下擂台。图10.19所示为机器人漫游的流程图。

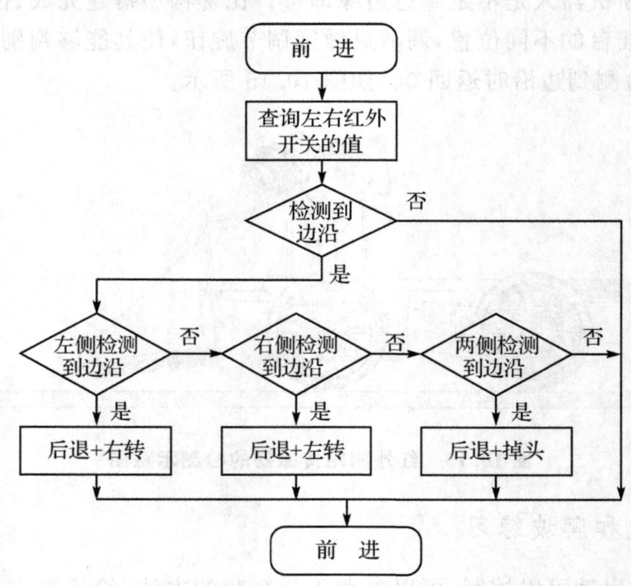

图10.19 巡航流程图

10.4.5 推重物、棋子练习

棋子质量较轻,推动比较容易;重物比较重,推动有一定难度。功能实现关键是重物、棋子

的检测和边缘检测。这里实现的逻辑以保证机器人不会掉落擂台为目的，即机器人不主动去寻找，而是在场内漫游，发现重物或棋子后向前推动，推出场地后，后退、左转，然后继续漫游，程序流程如图 10.20 所示。图中的延时需要根据场地实际调试获取。

如果要实现主动寻找的策略，就需要改变图 10.20 中的逻辑，让机器人在没发现重物或棋子时，主动寻找。无论采用主动模式还是被动模式，机器人检测擂台边沿并做出相应动作的行为必须拥有最高优先级。

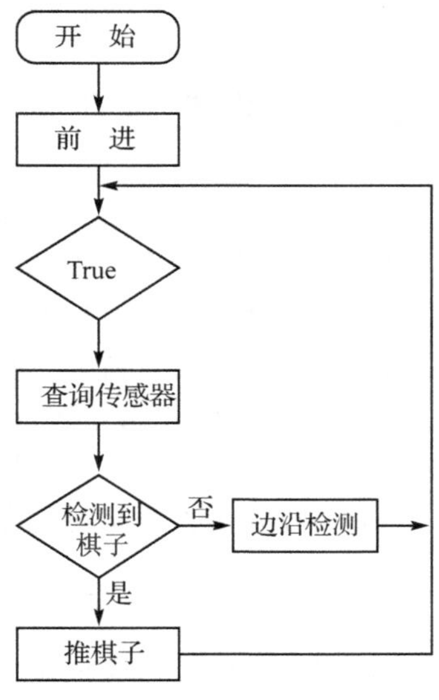

图 10.20

10.4.6　实战对抗练习

擂台赛的关键，就是在己方不掉下擂台的情况下，将敌方推出场外。所以推动敌方的策略是很关键的。由于敌方机器人同样拥有动力装置，推动时必然遭受巨大阻力。因此，在检测到敌方机器人时，必须以最大的动力迅速将敌方推出场外。考虑到不同机器人动力的差异性，需要同时具备应对己方机器人动力不足，被敌方推动的情况。如图 10.21 所示为实战对抗的程序流程。

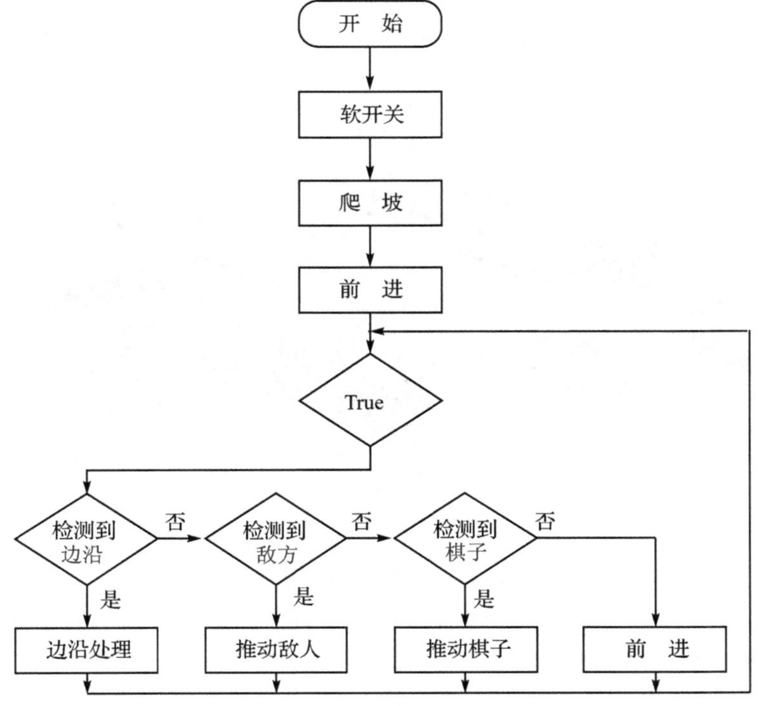

图 10.21　实战对抗流程图

需要注意的是，图中的逻辑中加入了爬坡环节。爬坡作为比赛中最先完成的行为，在编程时,需要和实战对抗行为衔接起来。

10.5 改进竞赛能力

本章前面介绍的机器人,是完全采用“创意之星”结构件搭建的,适合参加标准平台组比赛。“创意之星”结构件采用 ABS 材料,虽然强度较大,但在擂台赛中这种激烈对抗的比赛中,还是显得有点薄弱。在非标准平台组的比赛中,可能需要采用金属材料或者其他密度更大、强度更高的材料来搭建机器人,使其拥有更强壮的身体,能够在擂台上大显身手。

除了材料,也可以通过改进机器人的外形来增加己方的攻击性或者防守性,还可以增强机器人的动力,改进传感器的布局,优化机器人的程序,使己方机器人拥有更强的实力。

下面通过几个方面来讨论在实战中如何提高自己机器人的比赛能力。

10.5.1 改进机器人结构

擂台机器人的外形应该做成什么形状,没有最优方案。每个机器人都有自己的缺点,不同的机器人可能会出现相生相克的现象,例如 A 机器人相对 B 机器人有优势,B 机器人相对于 C 机器人有优势,而 C 机器人相对于 A 机器人有优势。不可能做出攻击能力和防守能力都很强的机器人,提高攻击能力可能会导致防守能力下降,反之亦然,因此需要在攻击和防守之间取得平衡。

如图 10.22 所示为一个改进的擂台赛机器人,它没有采用“创意之星”配套的连接件,而是采用 PCB 材料。PCB 材料强度更高,但是密度不大,便于给机器人增加传感器、电池或者攻击装置。

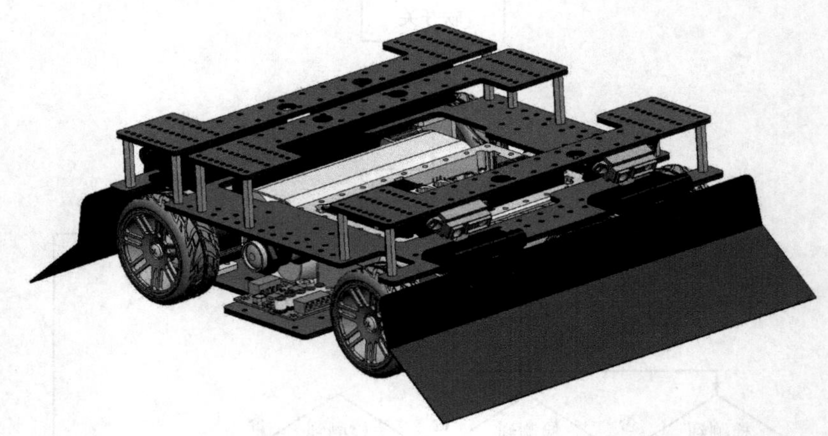

图 10.22 改进的擂台赛机器人

这里给机器人安装了 2 个铲子来增加其对抗能力。机器人本体上的 PCB 板有许多安装孔,用户可以根据需要安装其他部件。

擂台赛中主要目标是将敌方机器人推下擂台,2 个铲子可以增加推力。考虑到上坡时可能会卡住的情况,将这 2 个铲子设计成活动的,即上坡时将铲子收起,爬上擂台后机器人原地高速旋转,借助离心力将铲子甩下。当然活动的铲子可能会导致贴地不紧,从而给敌方机器人

可乘之机。读者可以在此基础上再次改进设计。

上战场的士兵，必须首先具有坚固的铠甲、锐利的武器，对于擂台赛机器人来说，就是要拥有一个坚实而且具有攻击能力的外形。除前面介绍的机器人，比较常见的擂台赛机器人外形有方形、圆形、金字塔形等。为了拥有一个锐利的武器，大部分机器人都选择安装铲子，从而能铲入敌方机器人底盘使其丧失推动力，然后将其推下擂台。此外，可以给机器人安装阻尼装置，让机器人到达擂台边沿时能减慢速度，从而保证机器人不会掉下擂台。下面提供几种机器人外形以供参考。

1. 方形外壳

如图 10.23 所示，由于这种外壳制作比较容易，所以在比赛中用得最多。但是这种方案只有前面有铲子，如果其他 3 个面受到攻击，机器人就毫无还手之力。

2. 圆形外壳

如图 10.24 所示，外壳也可以做成圆台形，这种外形防守能力强，机动性较强。缺点是不能保证外壳紧贴地面。另外，这种外形上坡时被卡住的可能性大。

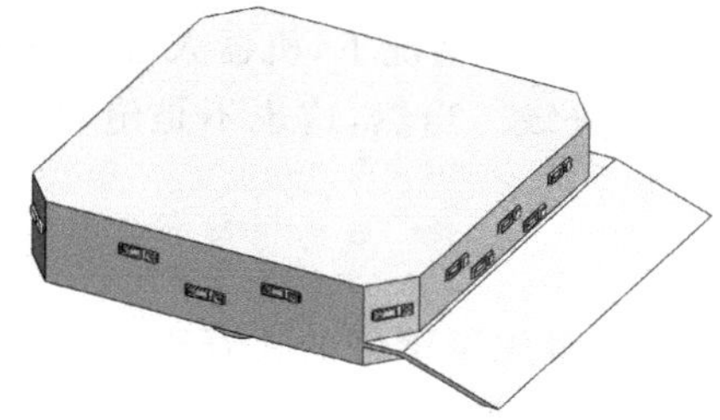

图 10.23　方形外壳

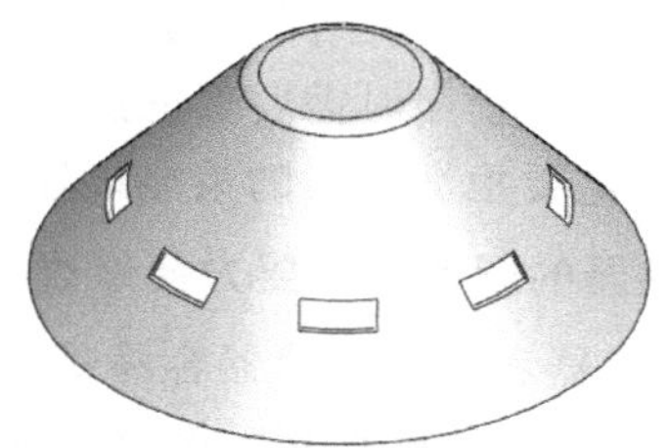

图 10.24　圆形外壳

3. 干扰机构

为了防止敌方机器人探测到己方机器人，可在己方机器人主体之外增加干扰机构（见图 10.25），让敌方机器人把干扰机构误认为是敌方机器人，而去攻击干扰机构，从而避免机器人本体收到攻击，甚至还有可能在边缘地带把敌方机器人骗下擂台。这种外形的机器人防守能力很强，缺点是制作比较复杂，体积较大。

4. 陷阱机构

可在四棱台外形的机器人的四面安装平板机构，如图 10.26 所示。

图 10.25　干扰机构

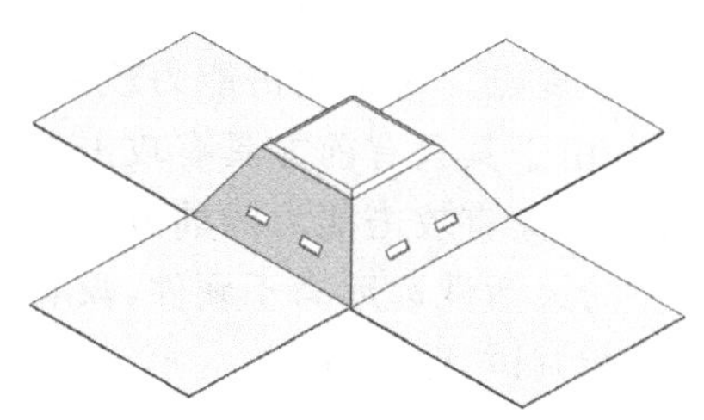

图 10.26　陷阱机构

当敌方机器人爬上这些平板之后,其轮子就脱离了擂台地面,此时其施加给己方机器人的推力变成了内力,就如同掉入陷阱的猎物,空有一身力气无力施展,而己方机器人可以从容的将其推下擂台。这种装置的机器人防守能力极佳,但是在上坡时需要将平板收起,平板放下后机动性较差。

10.5.2 改进控制程序

拥有了坚固的铠甲,锐利的武器,士兵还必须身怀绝技,才有可能在战场上攻无不克战无不胜。对于机器人来说,就是除了拥有坚固的外壳,还必须有强大的程序逻辑来进行决策。

编写擂台赛机器人程序时,首先以实现基本任务为目标,即首先需要让机器人能够完成上坡、推棋子、推敌人、自身定位等功能。完成基本任务后,就需要不断调试改进程序,让机器人发挥最大的威力。

思维习惯不同,比赛经验和策略不同,编写出来的程序千差万别。但是都可以从以下几方面来改进程序。

1. 安排好任务的优先级

比赛中采用的策略不同,任务的优先级可能不同。一般情况下,机器人首先需要保证自己不掉下擂台,编写程序时需要保证这个任务的最高优先级。当然,这也不是绝对的,但是在编写程序时,一定要根据自己的策略设置好任务优先级。

2. 传感器的阈值一定要方便修改

灰度传感器和红外传感器容易受到环境的影响。事先调试好的比赛程序,到了赛场可能由于光线、场地材料的细微变化而出现运行不正常的情况。编写程序时,一定要考虑这种情况,尽可能地方便传感器阈值的修改。

3. 每种条件的判断最好同时使用2个以上传感器以防止误判

由于传感器容易受到环境影响,所以进行某种情况判断时,最好不要只使用1个传感器。例如,机器人自身定位时,最好根据所有灰度传感器的值来计算;机器人在区分是棋子还是敌方时,最好利用2个或者更多传感器来判断以防止误判。

4. 尽可能提高检测棋子和敌方的能力

比赛中,机器人需要及时检测到棋子或敌方。在硬件已经确定的条件下,可以通过程序来提高机器人的检测能力。例如,尽量缩短机器人一次决策的时间,让循环里的延时尽可能地缩短。这样,机器人就可以拥有很高的反应能力。

5. 根据自己结构的弊端改进程序,尽可能发挥自己的优势

防守能力和攻击能力是矛盾的。机器人不可能同时拥有极强的防守力和攻击力,只可能找到一个平衡点。对于攻击能力较强的机器人,可以通过程序来提高其防守能力。以方形机器人为例,由于其只有前方具有攻击能力,所以比赛时可以让其在其他面检测到敌人时尽可能快的转向,让具有攻击能力的前方对准敌方,或者先逃离敌方然后再寻找机会攻击。

程序的灵活性远远高于硬件,没有最好的程序,只有适用于自己机器人的更好的程序。因此需要不断调试、改进程序。

10.5.3　动力改进

采用CDS55xx舵机作为机器人的动力机构，机器人的动力较小，推动同样拥有动力的敌方机器人时会比较吃力。可以采用博创的BDMC1203驱动器＋FAULHABER 2342 24CR电机来提高机器人的动力。

下面先介绍BDMC1203（见图10.27）的性能和使用方法。

1. 使用条件

（1）电源要求

① 电源输入范围：＋8～＋16 V直流电源；

② 能提供连续电流2倍的瞬间电流过载能力；

③ 电压波动不大于5％。

（2）使用环境

① 保存温度：0～75 ℃；

② 使用温度：0～85 ℃（以驱动器表面散热片温度为准）；

（3）负载要求

① 驱动器最大持续输出电流3 A；

② 驱动器最大峰值输出电流6 A；

③ 驱动器最高工作温度85 ℃；

④ 超负荷使用将是驱动器快速升温至最高工作温度，触发驱动器的自保护行为。

（4）控制方式

半双工异步串行总线指令协议控制。

2. 线序定义

BDMC1203如图10.27所示，左侧接线端子自上至下为L1～L5，右侧接线端子自上至下为R1～R4，其线序说明如表10.3所列。

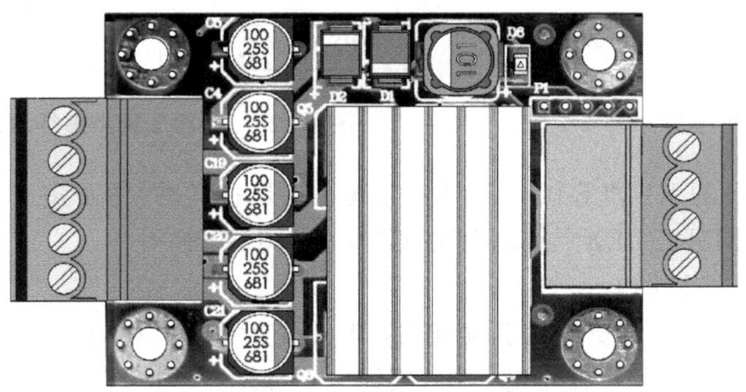

图10.27　BDMC1203实物图

表 10.3　BDMC1203 接线端子线序说明

(a) 左侧接线端子 L1～L5

编号	文字	定义
L1	+12 V	电源正
L2	PGND	电源负
L3	EGND	机壳地
L4	MOTO+	电机绕组+
L5	MOTO−	电机绕组−

(b) 右侧接线端子 R1～R4

编号	文字	定义
R1	SGND	信号地
R2	SIG	信号
R3	SGND	信号地
R4	SIG	信号

3. 接线方式

(1) 与控制器的连接

MultiFLEX™控制器上有6个半双工异步串行总线接口,对于控制器而言,这个接口主要是给 CDS55xx 机器人舵机使用的,所以在"创意之星"各种文档里将这组接口称为"机器人舵机接口"。

BDMC1203 和 CDS55xx 具有同样的电气接口和指令协议,所以可以通过 MultiFLEX 控制器来控制 BDMC1203 驱动直流电机。

MultiFLEX™控制器机器人舵机接口定义如图 10.28 所示,注意有缺口的一边是 GND。

半双工异步串行总线是单主机多从机总线,控制器是主机,CDS5500 或者 BDMC1203 是从机,总线电气连接原理如图 10.29 所示。

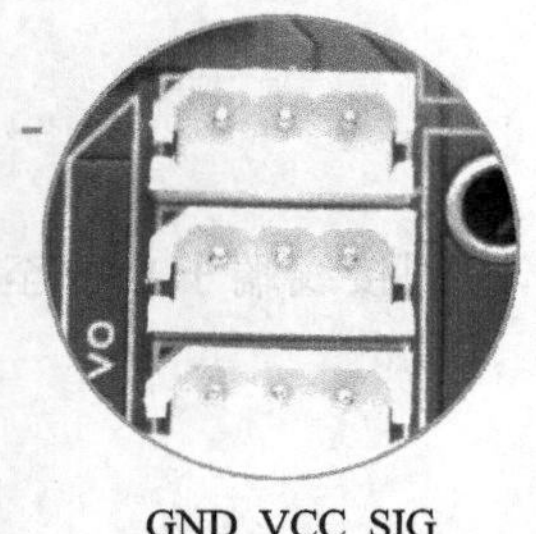

图 10.28　机器人舵机接口

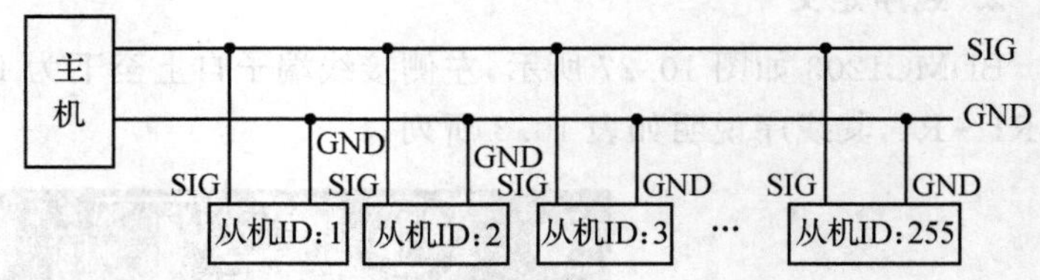

图 10.29　半双工异步串行总线

BDMC 右边接口的 R1 和 R3、R2 和 R4 电气定义是一样的,用于多个 BDMC1203 串接使用。BDMC1203 和 MultiFLEX™控制器的接线如图 10.30 所示。

(2) 与电机的连接及供电

为了让 BDMC1203 具有更高的驱动能力,建议不使用控制器的电源对 BDMC1203 供电,而使用单独 8～16 V 之间的直流电源供电,接线方式如图 10.31 所示。

(3) 禁止的操作

BDMC1203 接线端子比较紧,在插接的时候注意不能进行如图 10.32 所示的操作,否则可能损害电容或散热片等元件。

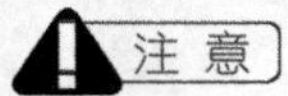

BDMC1203 的电源线线序,错误的接线方式(见图 10.33)会烧毁驱动器。

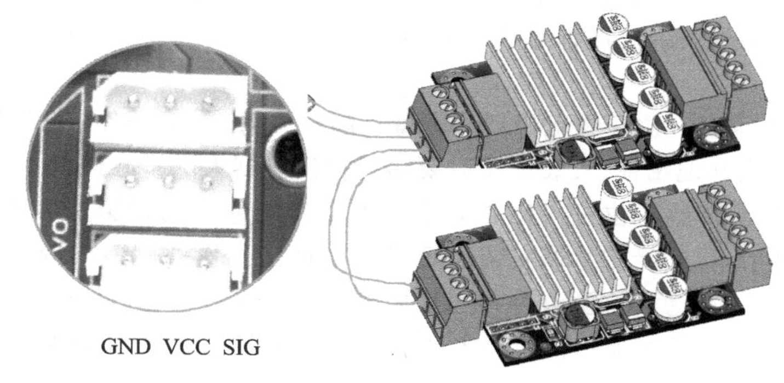

图 10.30　BDMC1203 和控制器的连接方式

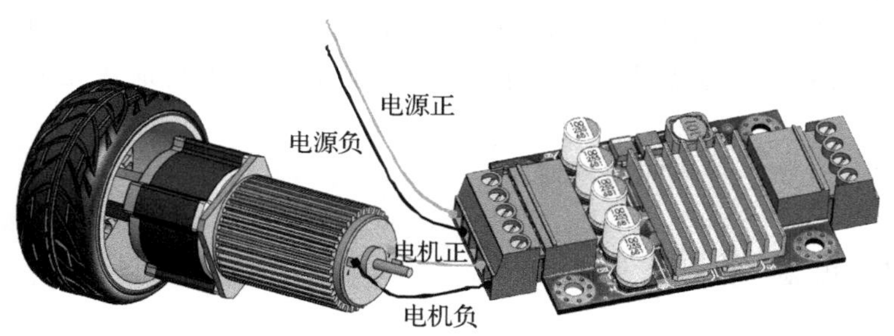

图 10.31　BDMC1203 控制器和电机的连接方式

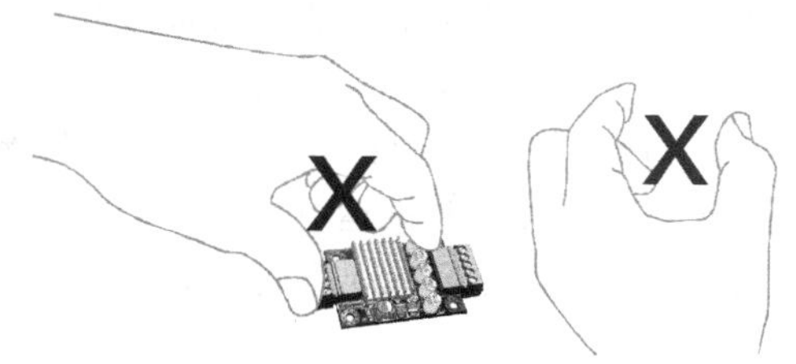

图 10.32　禁止的操作

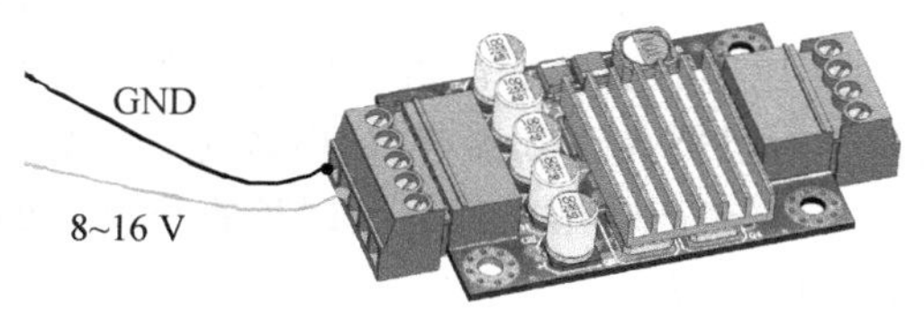

图 10.33　错误的接线方式

4. 使用方法

BDMC1203 采用和 CDS55xx 一样的控制方式，使用时，可以把它当做一个只能设置为电机模式的 CDS55xx 设备接入 MultiFLEX™2 - AVR 或 LUBY 控制器的机器人舵机接口。

需要注意的是，只有电机模式有效。BDMC1203 出厂时 ID 号设置为 1，可以像操作 CDS55xx 一样设置其 ID 或者进行其他操作。

按照前面介绍的方式安装 BDMC1203 和 2342 电机，就可以极大的增强机器人的动力。图 10.23 中的机器人，就采用了这种方案。

10.5.4　改进其他能力

在调试过程中，读者会发现机器人的重量对机器人行为的影响较大。动力性能相同的情况下，质量小的机器人很难和质量大的机器人对抗。机器人不但需要轻巧灵活，执行动作迅速、自如、流畅,而且需要稳定结实,能适应比赛中的激烈的对抗。此外,边缘检测传感器的安装位置和灰度传感器的安装高度都对机器人的赛场表现有很大影响。所以可以从以下方面进行改进:

① 增加机器人重量。比赛规定机器人重量不超过 4 kg,在此条件下,给机器人增加配重,配重可以选用电池或其他物体,安装配重时要尽量保证机器人的重心最低;

② 调整边缘检测传感器位置。比赛规定机器人在场地上的投影尺寸不超过 300 mm×300 mm,在此条件下,将边缘传感器安装位置尽可能伸出底盘外侧。或者提高传感器安装位置并且尽量斜向下,让传感器探测红外线与地面交点保持在一个合适的位置。

③ 增加检测敌人的传感器。使机器人四周都有传感器,能提早发现敌人,提高反应速度,为攻击敌人赢得时间。

④ 调整灰度传感器距地面高度。灰度传感器距离地面太远,反射光线太弱;距地面太近,反射光线太强。反射光过强或者过弱都会导致机器人自身定位不准确。调整时,可以设定几个传感器安装高度,依次将传感器安装在这些高度上并找出沿着场地灰度梯度方向变化范围最大的高度。

⑤ 改进铲子。让铲子尽可能贴紧地面。

10.6 比赛注意事项

① 参赛前必须准备好工具及备用部件。如针对电机不转、标定失效、接线断裂等,需要准备好充电器、烙铁、万用表、备用传感器等工具物品。

② 认真调试,考虑环境影响。事先调试好的机器人,可能由于参赛路上的颠簸而损坏,也有可能出现赛场环境和调试环境不一致导致机器人表现异常的情况,需要事先准备应对方案。

③ 比赛时要冷静沉着。比赛中遇到问题时要冷静思考产生问题的原因,切忌慌张。上场之前要对机器人认真检查,如电源是否插好、传感器是否正常等,最好能试运行一下。

④ 一场比赛结束后要及时检查机器人的状况,并及时充电,还要注意观察对方机器人,了解对方的情况。

10.7 小　结

本章学习了机器人武术擂台赛无差别组的比赛规则,分析了比赛方案。可以看出,无差别组机器人功能的实现并不是很困难,只要在前面学习的基础上,用“创意之星”就可以搭建出来,但如果想在比赛中取得好成绩,就需要投入更多精力,发挥创意,对它加以改进了。

动起手来,设计属于自己的无差别组机器人吧!

第 11 章　擂台赛机器人(仿人组)

学习目标

➤ 熟悉机器人武术擂台赛仿人组的比赛规则;
➤ 搭建仿人组擂台赛机器人;
➤ 熟悉较复杂的竞赛机器人的组装和控制程序编写。

11.1　熟悉比赛规则

对于仿人组机器人竞赛,机器人可明显地分为两部分,即机器人身体部分和移动底盘,比赛时必须通过双腿和底盘固连在一起。各项限制如下:

① 机器人身体部分需具备头部、躯干、四肢几个基本的人体特征,必须具备 2 个手臂(每个手臂不少于 3 个动力关节)。

② 机器人的底盘在场地上的投影尺寸不得超过 240 mm×240 mm 的正方形。底盘即机器人放置于平面上,从地面向上,高 150 mm 的这一部分。底盘的侧壁必须垂直于场地表面,不允许斜面。

③ 完整的机器人整体高度不低于 400 mm,重量不超过 4 kg,机器人的 2 条手臂肩关节顶部距地面的高度不低于 300 mm。

④ 机器人在赛前需通过资格认证。认证方法为:机器人在赛前需将直径 100 mm、高 300 mm、重 0.5 kg 的 PVC 圆柱体举起,以圆柱体离开地面 10 mm 以上并保持 5 s 为准。每个机器人有 3 次尝试机会,如 3 次尝试失败,则取消该机器人参赛资格。

比赛过程中鼓励将对方击倒在擂台上,如果一方倒在擂台上,另外一方可以得 5 分,比赛获胜的几率大增。

仿人组比赛以后还要向更类似人类的方向发展,比如采用双腿分离结构、引入视觉等。比赛使用和无差别组相同的场地,在第 10 章已经进行了分析,这里不再重复。

11.2　规则分析和任务规划

11.2.1　规则分析

和无差别组机器人相比,仿人组除了要完成爬坡、打倒重柱、推棋子、推敌方 4 个任务外,还需要进行资格认定。资格认定是指:机器人能将白色 PVC 材料的圆柱体举起(整体离开地面),并能保持一段时间。只有完成此任务,机器人才有参赛资格。如图 11.1 所示为资格认证用柱子,直径 110 mm,高 300 mm,重 0.5 kg。重柱外观、尺寸和图示柱子一样,重量为 3 kg。

和无差别组相比,比赛规则对仿人组机器人的要求更加严格,例如:身体部分需具备头部、躯干、四肢几个基本的人体特征,完整的机器人整体高度不低于 400 mm,两条手臂肩关节顶

部距地面的高度不低于 300 mm。按照这种要求搭建出来的机器人,重心必然会比无差别组机器人高很多。在这种情况下,搭建机器人时必须在规则允许的情况下尽可能增大底盘,同时可以借助俯仰机器人仿人躯体来调整机器人重心以防止摔倒。

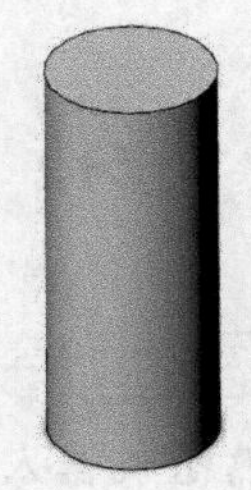

图 11.1　资格认证用柱子

爬坡时,机器人要尽可能地降低重心,提高动力。调整重心的时机要根据场地情况实际测定。爬坡行为的实现方式同样可以采用定时方式和传感方式。

打倒重柱,必须要靠手臂的力量来完成。推动棋子、敌方时,机器人可以采用和无差别组一样的策略。不同的是,与敌方机器人“对战”时,可以加入手臂击打动作。

总的来说,仿人组机器人结构的不稳定性比无差别组高很多,这就要求仿人组机器人拥有更高的动力性能及更灵活、鲁棒性更高的控制策略。

11.2.2　任务规划

参考第 6 章和第 10 章的内容,设计一个轮式底盘仿人机器人来来进行比赛。需要完成以下任务:

① 搭建机器人:可以直接在第 10 章设计的无差别组机器人上增加一个仿人躯体来实现。

② 爬坡练习:机器人重心较高,爬坡时可能需要通过俯身等动作来调节重心,以完成任务;

③ 举圆柱练习:仿人组机器人需要资格认证,即要举起圆柱;

④ 推重柱练习:机器人找到重柱,停下来,用手臂将其打倒;

⑤ 推棋子和对抗练习:与第 10 章的内容相似,由于机器人的整体结构出现了变化,需要在第 10 章算法的基础上进行改进;

⑥ 对抗练习:搭建 2 套机器人,依照比赛规则进行对抗练习,检验控制算法、构型的合理性,发现问题进行进一步改进;

⑦ 改进设计:根据上面的练习和实际对抗训练,改进设计以解决发现的问题。

11.3　搭建机器人

图 11.2　仿人组比赛构型

根据比赛规则的限定,设计的机器人构型如图 11.2 所示,现在将分步完成这个构型的搭建。需要注意的是,这里直接采用了 BD-MC1203 和 2342 电机的驱动方案。

该构型仅作参考,其符合比赛规则的要求,但肯定不是最优化的方案。希望读者设计出更好的方案。

下面将分两步设计,第一步是机器人的底盘,第二步是人形机器人。

11.3.1　机器人底盘设计

底盘构型设计如图 11.3 所示。

整个比赛构型搭建可以分为以下几个重要步骤：

(1) 搭建底盘

先按照图 11.4 所示，安装 4 个电机支架，然后按照图 11.5 所示，安装 2 个 BDMC1203。电机的固定需要用到 L 型的专用电机固定支架。

为什么只用到 2 个 BDMC1203 呢？因为采用并联接线，即将同一侧的两个电机正负极并联后接入 BDMC1203 驱动器，这样就可以实现一个 BDMC1203 控制器同时控制两路电机。

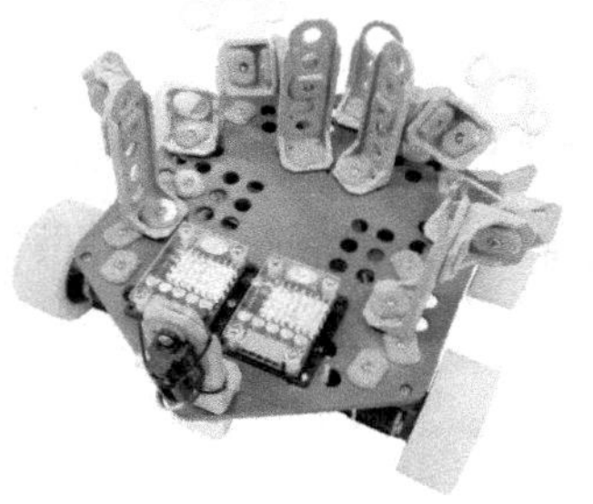

图 11.3　仿人组轮式底盘

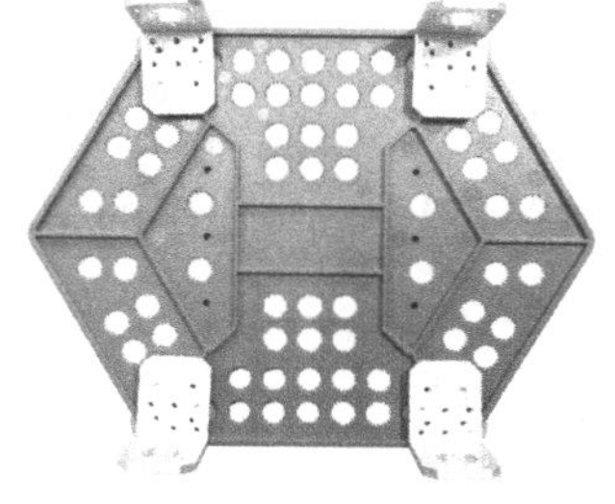

图 11.4　安装电机支架

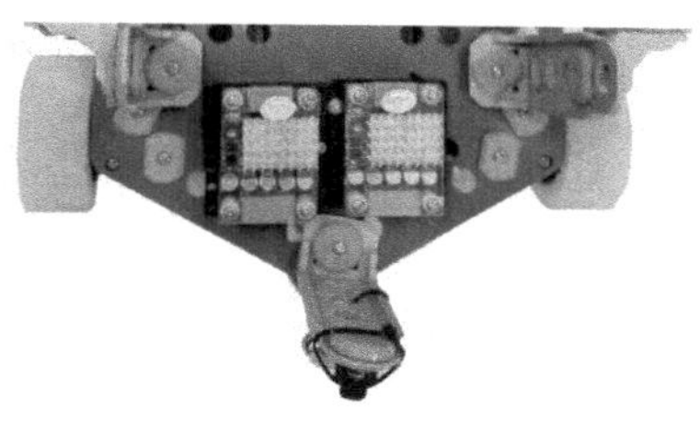

图 11.5　安装 BDMC1203

(2) 传感器布置

如图 11.6 所示，利用 2 个向前方倾斜的红外接近传感器来检测擂台边沿。这 2 个传感器探测点必须和机器人主体之间有一定的距离，让机器人有反应的空间和时间，但是不能离机器人主体太远，不然会导致机器人只能在场地中央活动。

为了增加机器人边沿检测的能力，在机器人左右两侧再增加 2 个红外接近传感器，如图 11.7 所示。

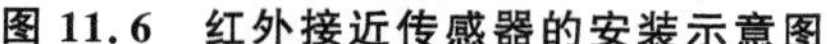

图 11.6　红外接近传感器的安装示意图

图 11.7　安装红外接近传感器检测边沿

如图 11.8 所示，可以在机器人的正前方和两侧共安装 3 个红外接近传感器，用于检测敌方机器人。这 3 个传感器安装角度不同，在比赛过程中，不同的传感器触发表示敌方机器人在自己的不同方位，更方便做出进攻还是防守的策略。当然，这个过程可能会有其他因素的干扰，可以在实际调试过程中设法解决这些问题。

灰度传感器采用菱形分布，前后孔位需要打孔才能安装，如图 11.9 所示。

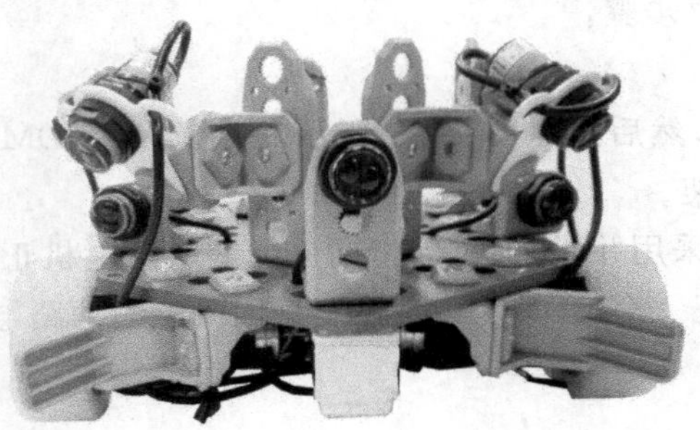
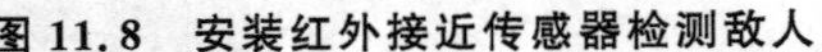

图 11.8　安装红外接近传感器检测敌人

图 11.9　灰度传感器布置示意图

这里的传感器布置方案是编者在调试过程中总结出来的,经过了验证,希望能给读者提供一个参考。

11.3.2　机器人身体部分设计

为了让机器人能够抱起圆柱,机器人身体的高度必须符合比赛规则要求,机械手臂必须有足够的长度。最终设计的机器人身体如图 11.10 所示。

为了和机器人底盘方便地连接在一起,采用如图 11.11 所示的方式固定机器人腰部,然后将机器人身体固定在底盘上,如图 11.12 所示。

图 11.10　机器人身体

图 11.11　固定机器人腰部

至此,机器人搭建完成。需要注意的是,BDMC1203 需单独供电,因此将为其供电的锂离子电池固定在机器人底盘上,最终效果如图 11.13 所示。

图 11.12　将机器人身体固定在底盘上

图 11.13　最终效果图

11.4　编程实现比赛能力

11.4.1　爬坡练习

这里仍然采用简单的定时方式实现仿人组机器人的爬坡行为。需要注意的是,机器人身体在底盘上安装的位置可能会导致机器人重心靠前或靠后,如果重心靠后,机器人爬坡时就会向后翻倒,可以让机器人身体向前俯身来完成爬坡;如果重心靠前,机器人在擂台上有向前倾倒的可能,可以根据实际调试结果改变机器人身体固定位置,让机器人能稳定地爬坡,也能稳定地在擂台上发挥。爬坡行为的实现逻辑如图 11.14 所示。图中延时 2 和延时 3 需要根据场地情况严格测定。另外,机器人身体俯仰的幅度也需要实地测定,过大或过小都会影响机器人的爬坡行为。需要说明的是,如果调试时机器人不用俯身即可爬坡,就无需加入俯身动作,这里的流程图仅供参考。

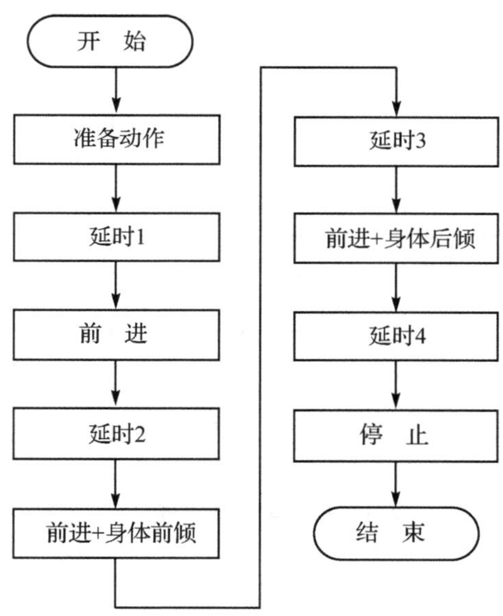

图 11.14　爬坡实现逻辑

11.4.2　举圆柱练习

仿人组机器人必须进行资格认证,也就是必须能够举起比赛规则中规定的柱子。机器人能否举起圆柱,主要取决于机器人的结构,即机器人的手臂高度、机器人身体和底盘的相对位置是否合理。为了保证机器人举圆柱时和圆柱的距离,可以利用机器人前方的红外测距传感器来实现。至于举柱子的动作,读者完全可以参考前面章节编写机器人动作的方法实现。如图 11.15 所示为举圆柱的实现逻辑,仅供读者参考。

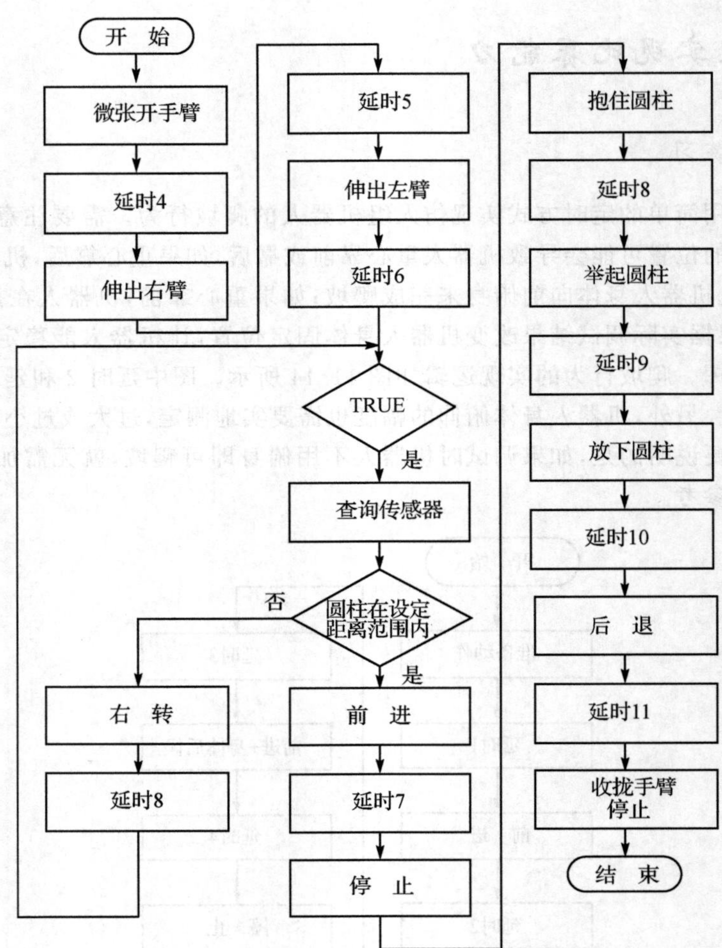

图 11.15 举圆柱实现逻辑

11.4.3 边缘检测和推棋子练习

对仿人组机器人来说,边缘检测和推棋子时只需采用和无差别组机器人相同的逻辑即可。具体逻辑如图 11.16、11.17 所示。

11.4.4 实战对抗练习

仿人组机器人检测到敌方机器人时,除了可以推动敌方,还可以利用双臂来进行进攻。特别是当把敌方机器人推到场地边沿时,可以利用双臂把敌方机器人推倒在场外,从而避免自己靠近边沿。图 11.18、11.19 为实现实战对抗的实现逻辑。

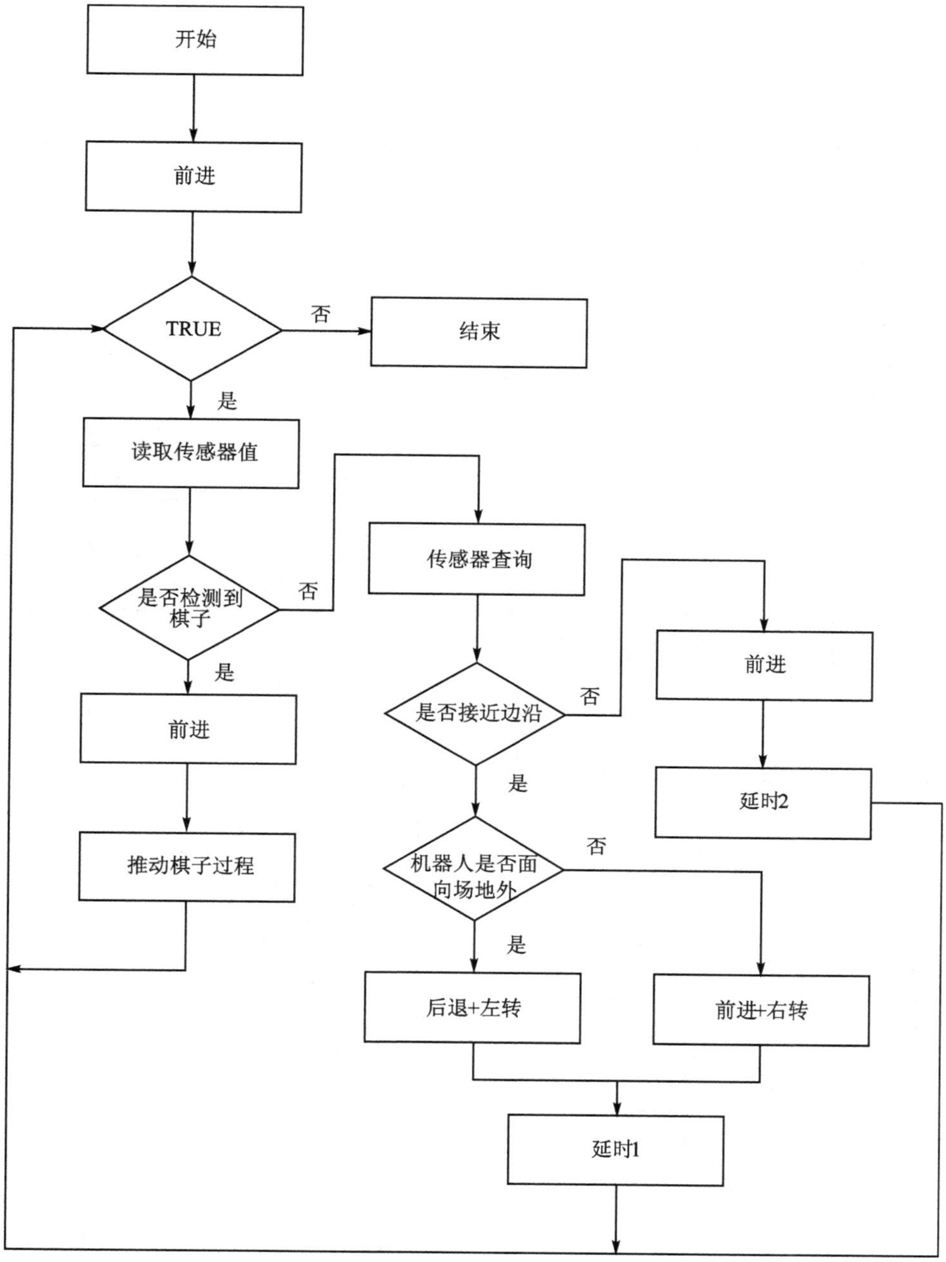

开始
前进
TRUE
否
结束
是
读取传感器值
传感器查询
是否检测到棋子
否
前进
是
是否接近边沿
否
前进
延时2
推动棋子过程
是
否
机器人是否面向场地外
是
后退+左转
前进+右转
延时1

图 11.16　推棋子实现逻辑

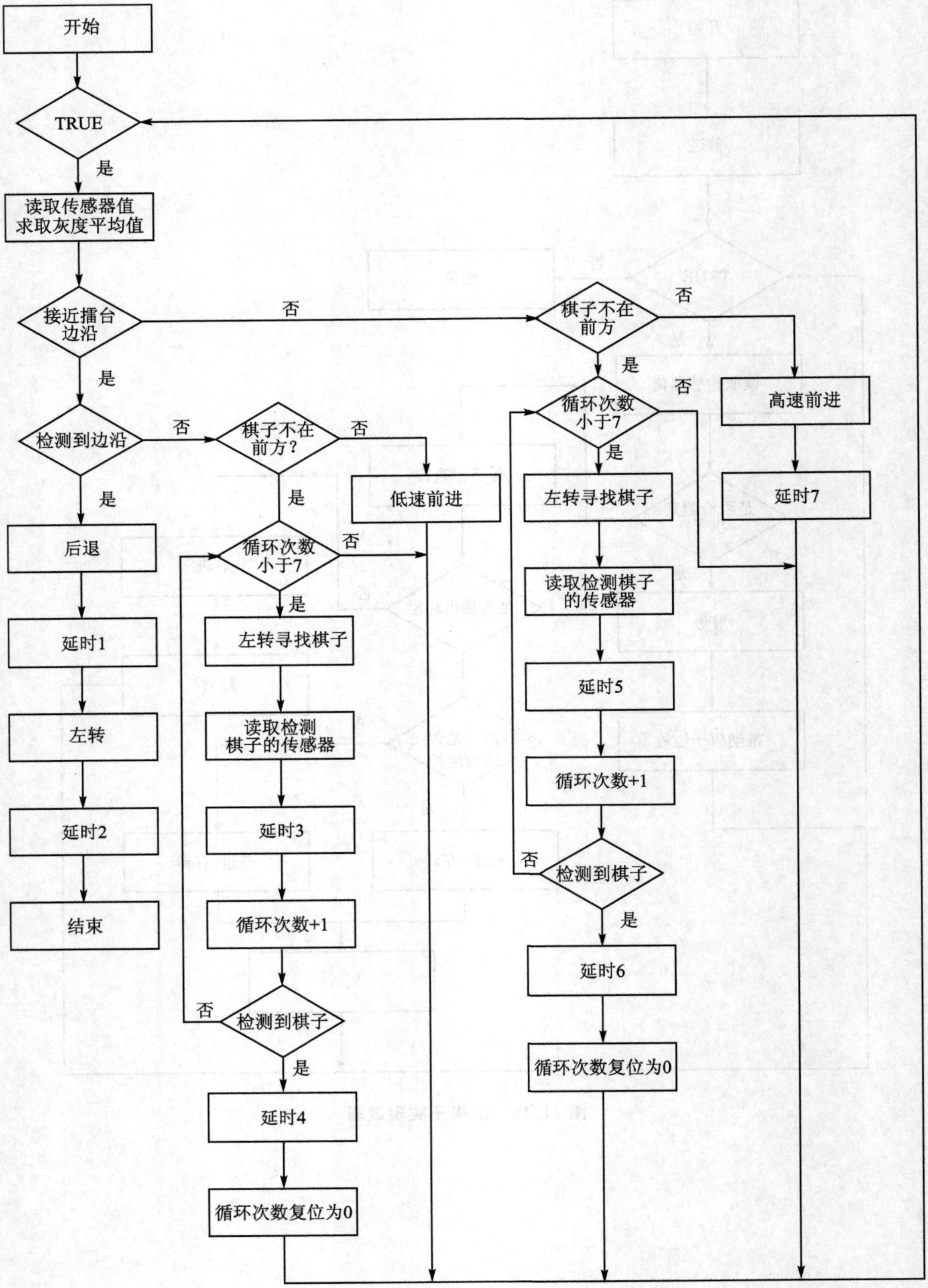

图 11.17　推动棋子过程实现逻辑

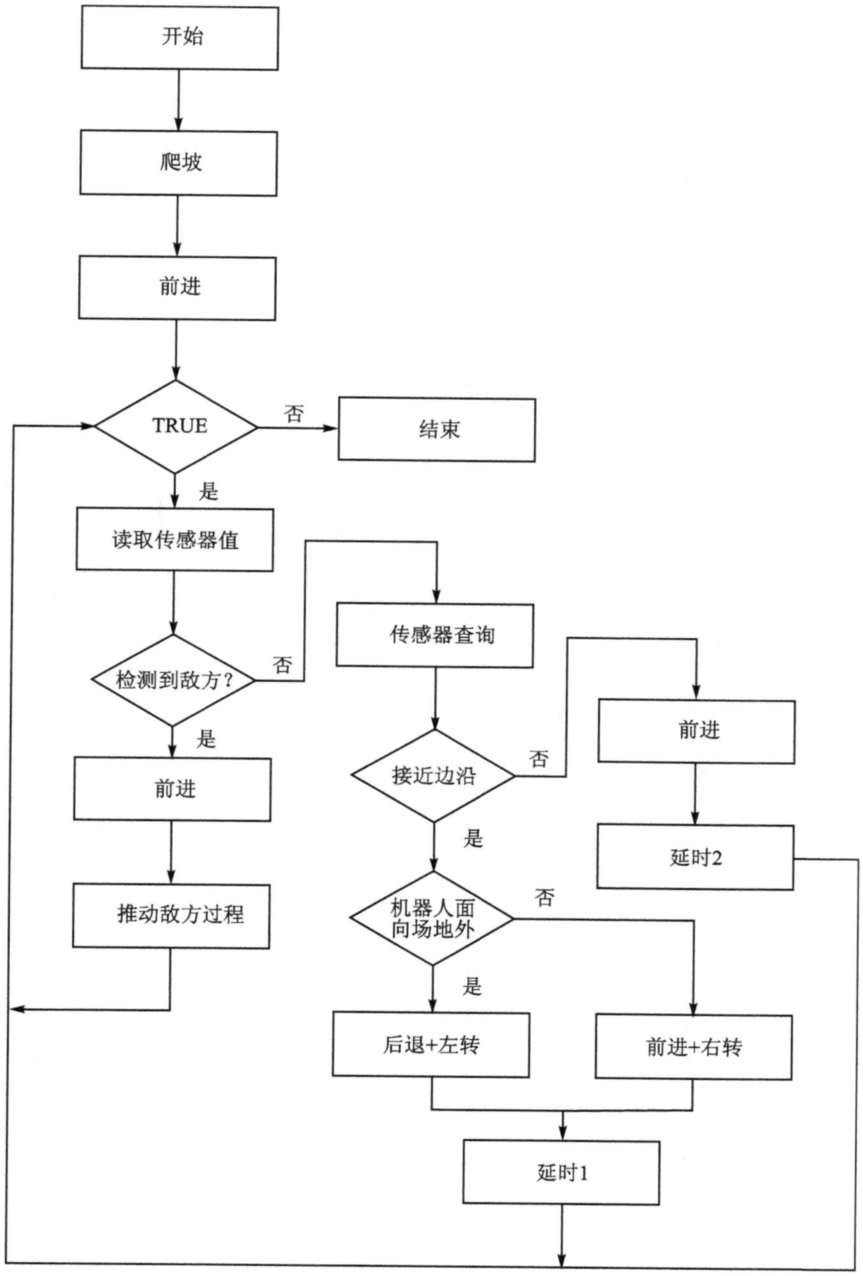

开始
爬坡
前进
TRUE
否
结束
是
读取传感器值
检测到敌方?
否
是
前进
推动敌方过程
传感器查询
接近边沿
否
是
前进
延时2
机器人面向场地外
否
是
后退+左转
前进+右转
延时1

图 11.18　实战对抗实现逻辑

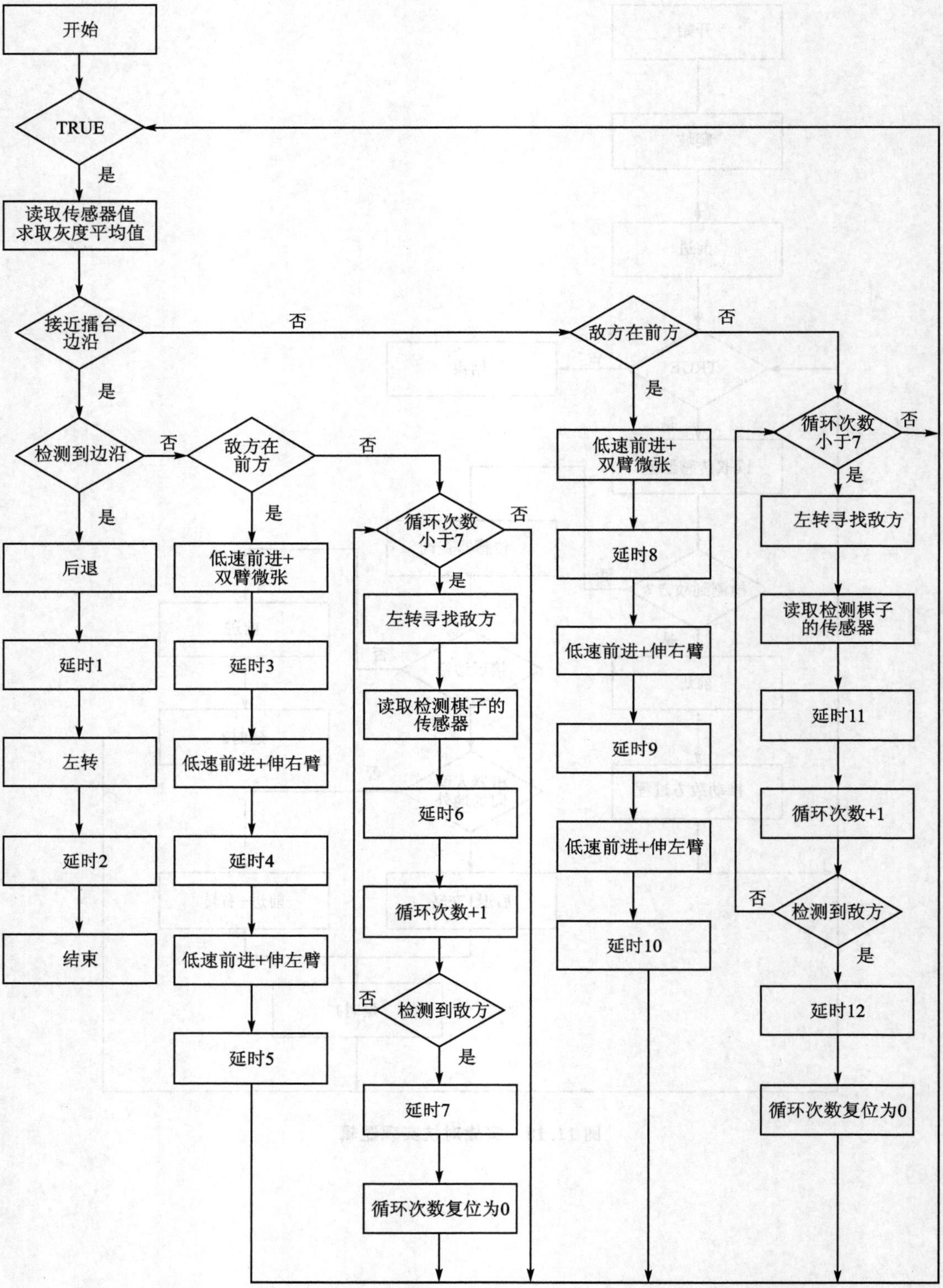

开始
TRUE
是
读取传感器值
求取灰度平均值
接近擂台边沿
否
是
检测到边沿
否
是
后退
延时1
左转
延时2
结束
敌方在前方
否
是
低速前进+双臂微张
延时3
低速前进+伸右臂
延时4
低速前进+伸左臂
延时5
循环次数小于7
否
是
左转寻找敌方
读取检测棋子的传感器
延时6
循环次数+1
检测到敌方
否
是
延时7
循环次数复位为0
敌方在前方
否
是
低速前进+双臂微张
延时8
低速前进+伸右臂
延时9
低速前进+伸左臂
延时10
循环次数小于7
否
是
左转寻找敌方
读取检测棋子的传感器
延时11
循环次数+1
检测到敌方
否
是
延时12
循环次数复位为0

图 11.19　推动敌方过程实现逻辑

11.5　改进竞赛能力

和无差别组机器人相比，仿人组机器人的重量大大增加，高度也大大增加，所以提高动力和保持机器人平衡的要求就更加迫切。本章介绍的仿人组机器人，也是完全采用“创意之星”结构件搭建，符合无差别组标准平台版的要求。前面的学习过程只是让机器人能够完成比赛中的任务，为了让机器人能够在赛场上有更好的表现，还需要进一步改进。

规则中要求仿人组机器人的底盘不能增加铲形装置，不能像无差别组那样把铲子插入对方机器人的下面使其失去动力而把对方推到台下，所以取胜的途径主要有2条：一是把敌方机器人打倒，二是把敌方机器人推下擂台。要利用这2条赢得比赛，就需要满足相应的硬件条件和软件条件。

其实，仿人组机器人与无差别组机器人的主要区别就在于增加了一个人形机器人，其实质基本是相同的，所以第10章用来改进机器人竞赛能力的方法这里同样可以使用，下面通过几个具体的方法来改进机器人。

11.5.1　改进机器人结构和动力

在制作仿人组机器人的时候，要注意降低机器人的重心，一方面是降低底盘的重心，另一方面是降低人形机器人的重心，这样能有效防止自己的机器人翻倒，同时能够在适当的时候攻击对方。

不同的机器人改进方式也不大一样，需要根据实际运行效果来设计改进方案，但可以把握以下原则：

① 动力要足，这样才能快速灵活移动，主动寻找敌方并攻击敌方；

② 符合规则的前提下重心要尽量低，这样才能保护自己，有效攻击敌人；

③ 传感器布置要合理，这样才能更好地防止自己掉下擂台，更轻易地找到敌方；

④ 底盘面积要在符合规则的情况下尽量大，这样才能保持稳定，不易倾倒；

⑤ 仿人躯体要有一定的力量和强度，这样才能在对抗胜出。

11.5.2　改进控制程序

没有软件的机器人是一堆废铁，由此可见，一个好的软件对机器人的重要性、为机器人赋予智慧思想的重要性。在比赛中，机器人具有强壮的身体是取胜的基础，但拥有健壮的大脑却是取胜的关键。下面是仿人组擂台机器人在编写软件时的注意事项：

① 要制定好比赛策略，也就是战略思想，比如上台后如何自身定位，如何搜索敌方和棋子，如果同时看到棋子和敌方如何处理，在推棋子过程中发现敌方如何处理，与敌方战斗应采取什么样的攻击手段等。这里涉及任务的优先级，一定要认真考虑。

② 在进行资格认证时，机器人举起柱子时和柱子的距离要适中。

③ 要考虑爬坡时机器人的重心是否会导致其倾倒。

④ 在与敌方对抗时，可以充分利用机械臂来攻击。但是也要注意，力的作用是相互的，攻击敌方时一定要保证自己稳定，否则会让敌方抓住机会反击。

11.6 小 结

本章主要分析了机器人擂台赛——仿人组的规则和实现方法。和无差别组相比,仿人组的实现难度大大增加。本章只学习了最基本的实现方式,读者可以发挥自己的创意,设计出更好的方案。

第12章　机器人武术擂台赛——技术挑战赛

学习目标

- 熟悉技术挑战赛的规则和完成目标；
- 掌握摄像头颜色的标定和颜色识别的使用方法；
- 掌握语音模块的使用方法。

规定动作技术挑战赛融合了机器人技术中的多项新技术，有利于展现参赛者的综合实力，体现机器人技术的发展水平。

12.1　熟悉比赛规则和场地

12.1.1　熟悉规则

1. 机器人的限制条件

① 机器人必须具有灵活运动的腿部特征，底盘不能是一个整体，必须具有“两条腿”的特征，“两条腿”之间的间距不能小于 20 mm（可以是履带或者轮子），并可以实现类似行走——即“两条腿”交叉的动作。

② 机器人必须具备两个手臂（每个手臂不少于 3 个动力关节）。

③ 机器人的底盘在场地上的投影尺寸不得超过 240 mm×240 mm 的正方形。

2. 机器人需要完成的任务

机器人由出发区走上擂台，找到麦克风所在位置，利用身体上的扬声器进行自我介绍；找到放置绣球的圆柱台，拿起绣球扔到擂台下，将圆柱推到擂台边沿然后打到擂台下；找到铜锣，敲响铜锣；到场地中央用表演动作向观众致意；完成以上动作后，从任一个斜坡退场。比赛场地以及道具布置如图 12.1 所示。

图 12.1　规定动作技术挑战赛场地示意图

3. 计分标准

① 赛前,参加本赛种的队伍需提交完整、详细的技术文档,供参赛资格认证使用。技术委员会根据文档的先进性、实用性、资料详细程度三方面打分,此部分满分30分。

② 机器人自主地由出发区出发,找到麦克风位置并靠近它,停下。此步10分,机器人不能碰到或推倒柱子,否则酌情扣分。

③ 机器人以语音自我介绍,语音应该能够被麦克风拾取并播放出来。此步10分,如语音不清或声音过小,酌情扣分。

④ 机器人来到白色柱子前举起绣球,得10分,碰到或碰倒柱子酌情减分,拿绣球时手臂碰到柱子不扣分。

⑤ 机器人将绣球扔到台下,得10分;机器人将中央的白色柱子推倒并推到擂台边缘,得10分;机器人用手臂将柱子打下台,得10分。

⑥ 机器人靠近铜锣,并利用自身的手臂或脚击打到铜锣,得10分,推倒架子不得分,移动架子酌情减分。

⑦ 完成以上步骤后,机器人需重新回到擂台中央,完全回到“武”字的红色范围内,得10分,否则酌情减分。

⑧ 完成传统武术套路表演,1～10分。

⑨ 用语音向观众致谢,10分。

⑩ 机器人自主地从任意一个出发区走下擂台,得20分。

12.1.2 熟悉比赛场地和器材

技术挑战赛用场地是在原来无差别组擂台赛擂台的基础上增加了其他设施,场地及各器材的摆放位置见图12.1。擂台表面贴纸材质为PVC亚光膜。

绣球(见图12.2(a))为刺绣布料纺织品,表面柔软,直径120 mm,周围有4～5条长200～300 mm的缎带。重量约0.5 kg。放置绣球和麦克风的圆柱体规格与仿人组资格认证用的木柱相同,如图12.2(b)所示。

(a) 绣 球

(b) 柱 子

图12.2 绣球和柱子

放置绣球的木柱为白色,放置麦克风的木柱为绿色,铜锣的架子为型材搭建,铜锣为黄铜材质,喷涂黄色(颜色接近于黄色圆形图案和出发区),直径约200 mm,中心高约200 mm。

12.2 规则分析和任务规划

12.2.1 规则分析

通过比赛规则可以看出，技术挑战赛主要考查参赛团队的综合实力。机器人需要具有运动控制能力，语音能力，图像识别能力，这涉及控制技术、传感技术、动作规划、语音技术、图像识别技术等机器人技术中较前沿的技术。

“创意之星”高级版套件提供了实现这些任务的硬件基础。为了方便实现，现在对规定动作技术挑战赛的任务进行分解。

根据比赛要求，可以把比赛过程分解为：爬坡、寻找到话筒、自我介绍、寻找绣球、抱起绣球及击倒柱子、寻找铜锣、击打铜锣、返回场地中央、武术表演、致谢 10 个步骤。这里的 10 个步骤彼此关联，如果设计不合理，其中某一步无法完成会导致其他步骤也无法完成，所以设计时要仔细分析、认真规划。

12.2.2 策略分析和规划

比赛要完成的 10 个步骤，可以概括为 4 个技术要点：启动和爬坡，寻找目标，执行连续动作，语音技术。寻找话筒、寻找绣球和寻找铜锣属于寻找目标，抱起绣球及击倒柱子、击打铜锣、返回场地中央属于执行连续动作，自我介绍和致谢属于语音技术。语音技术相对简单，直接根据第 6 章介绍的知识录制并压缩语音文件，让控制器播放即可。这里主要分析启动和爬坡、寻找目标、执行连续动作 3 个技术要点。

1. 启动和爬坡的实现

启动机器人并完成爬坡为表演的第一步，这一步非常重要，其完成质量对后面任务的完成有较大影响。

目前最常用的启动方式为直接开启电源，即硬件启动。这种方式简单易行，但是无法准确控制机器人启动，而且需要触碰机器人，可能会导致其位置改变、接线松动等。因此，可以利用第 4 章采用的“软”开关来启动机器人。

爬坡的实现和第 11 章相同，这里不再仔细讨论。

2. 寻找目标的实现

比赛过程中，机器人需要依次完成寻找麦克、寻找绣球、寻找铜锣 3 个过程。这 3 个过程是机器人完成任务的核心。

根据场地分析可以看出，机器人寻找目标可以采用视觉方式。

所谓视觉方式，即用摄像头来寻找目标颜色的中心位置，不断调节机器人行走的方向，使其对准目标前进。由于摄像头受外界光影响较大，单纯依靠摄像头无法对准目标(柱子)，所以采用辅助红外接近传感器的方式来实现。当机器人离目标较近时，停止使用摄像头，触发红外接近传感器，利用红外接近传感器和红外测距传感器调节机器人的运动，使其对准目标并在合适的位置停下来。完成一个任务后，关闭摄像头，开始执行下一个任务。

视觉方式虽然较难且较容易受外界影响，但是可靠性较高。由于拥有视觉，机器人自主性更高，即使目标位置有变换，也可以正确寻找目标并对准。

3. 执行连续动作

和前面2个技术要点相比，执行连续动作就简单了许多。抱起绣球、击倒柱子、击打铜锣、返回场地中央就是让机器人执行一串连续动作。由于执行这些连续动作时，机器人已经完成了目标寻找，所以无须考虑动作精度和幅度，只要顺序执行即可。

动作编辑的实现可以参考前面章节编辑机器人动作的方法来实现。

12.3 机器人搭建和传感器布局设计

根据规则，规定动作技术挑战赛的机器人必须采用双足分离的结构，本节将搭建规定动作技术挑战的机器人。

机器人构型设计如图12.3所示。

搭建步骤如下：

1. 搭建底盘

按照图12.4所示搭建机器人底盘。选取底板作为机器人的承载部分，在其四角布置舵机，设置左前方舵机ID为1，右前方为2，左后方为3，右后方为4。

图12.3 机器人整体构形

图12.4 机器人底盘

2. 搭建身体部分

按图12.5所示搭建机器人身体。

在手臂的安装过程中必须注意力矩对机器人的影响，防止机器人在执行动作时产生重心的偏移，从而导致机器人摔倒。

在搭建机器人腿部时，应当注意腰部的牢固性，避免腰部的折断；同时，应当尽量保证机器人重心较低。

3. 传感器的布置和安装

为了辅助机器人对准目标，需要按照图12.6所示布置5个红外接近传感器。

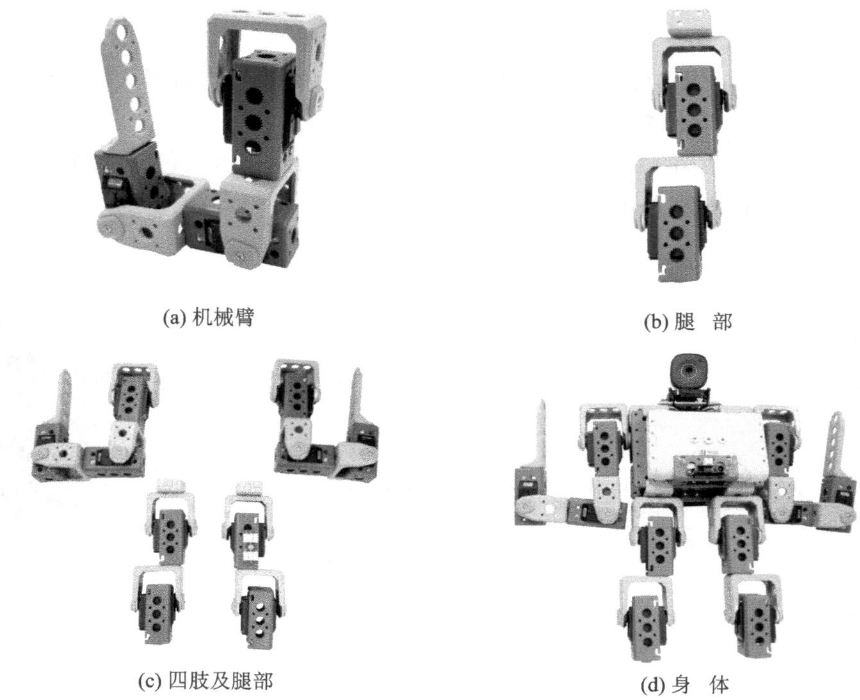

(a) 机械臂　(b) 腿　部

(c) 四肢及腿部　(d) 身　体

图 12.5　搭建机器人身体

图 12.6　安装红外接近传感器

图中5路红外传感器的夹角为20°左右，中间的传感器正对前方。

最外侧的传感器用于及时发现目标，中间的3个传感器用于调节机器人使其对准目标。在安装中间3路传感器时，应注意它们之间的夹角和位置，以方便机器人对准目标。

12.4　让机器人完成任务

搭建好机器人结构后，接下来需要编程让机器人完成任务。

12.4.1 实现爬坡

爬坡采用定时的方式实现,为了减少机器人寻找目标的时间,当机器人爬坡结束到达擂台后,让机器人右转,大致对准第一个任务的目标(绿色柱子)。

机器人爬坡流程图如图 12.7 所示,效果图如图 12.8 所示。这里包含了"软"开关,及通过触发胸前的红外测距让机器人开始执行任务。

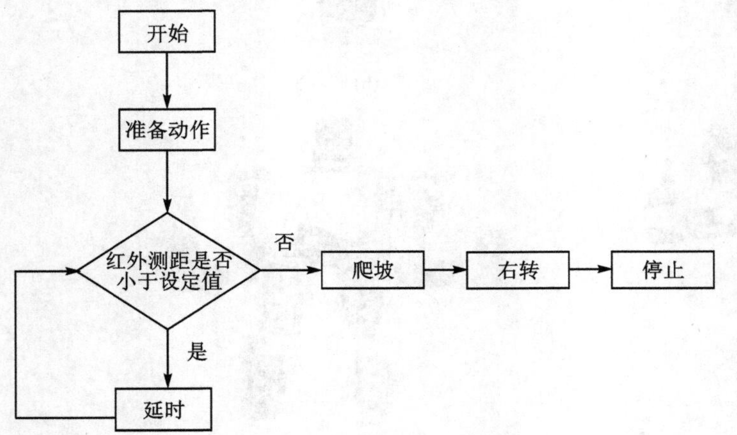

图 12.7 机器人爬坡流程图

图 12.8 机器人爬坡效果图

12.4.2 寻找麦克风并自我介绍

爬坡结束后,机器人需要找到绿色柱子上放置的麦克风。编程开始之前,首先要标定颜色。标定颜色是非常重要的一步,参照第 7 章介绍的颜色标定的方法,获取麦克风柱子颜色的 HSI 值,然后转换成 16 进制填写到对应的颜色识别函数中。

```
void UP_Woody_GreenRecognize(u8 data)
    {
        number = 0;
        Send[0] = (data)&0xff;
        UP_UART5_Putc(0x55);
        UP_UART5_Putc(0xAA);
        UP_UART5_Putc(0x0D);
        UP_UART5_Putc(0x33);
        UP_UART5_Putc(0x00);//H 上限
        UP_UART5_Putc(0x90);//H 上限
        UP_UART5_Putc(0x00);//H 下限
        UP_UART5_Putc(0x5A);//H 下限
        UP_UART5_Putc(0xED); //S 上限
        UP_UART5_Putc(0x89); //S 下限
        UP_UART5_Putc(0xFF); //I 上限
        UP_UART5_Putc(0x00); //I 上限
        UP_UART5_Putc(0x9E); //校验和
        UP_delay_ms(DELAY_TIMES);
    }
```

接下来就可以编程实现机器人寻找麦克风过程。

程序逻辑如图 12.9 所示。

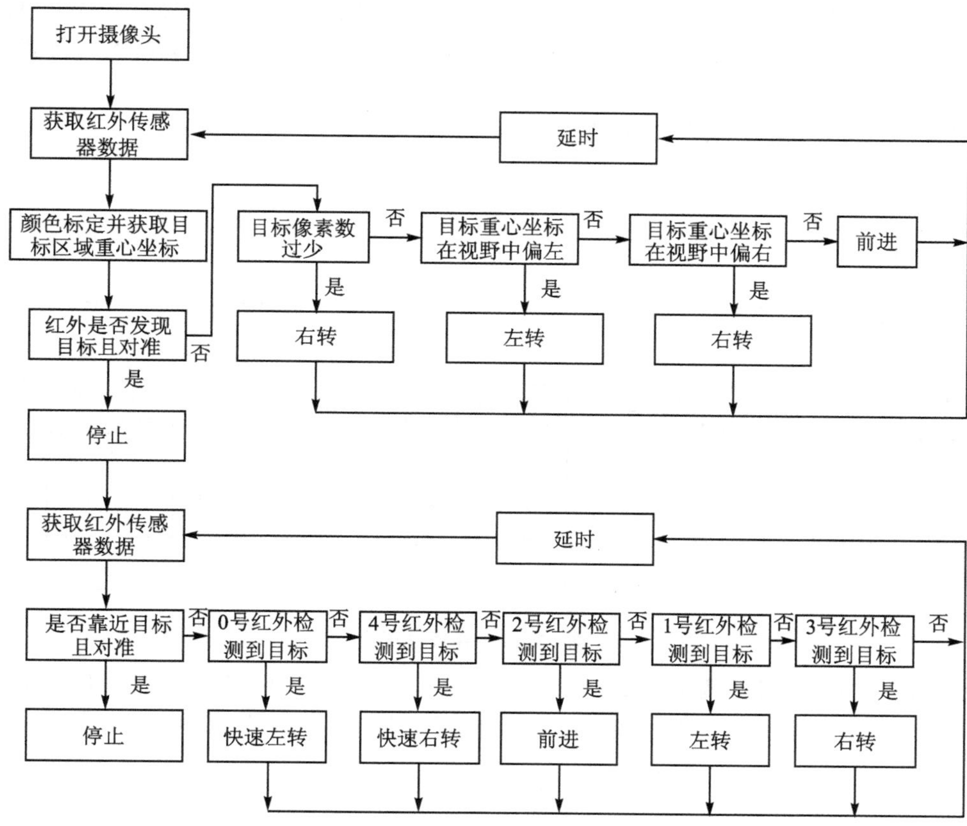

注：5路红外接近传感器从左至右依次接入0、1、2、3、4通道

图 12.9　寻找麦克风程序逻辑

找到麦克风之后，自我介绍任务(见图 12.10)通过语音播放函数播放录好的语音文件即可。具体实现可以参考第 6 章。

图 12.10　机器人自我介绍

12.4.3 寻找绣球并完成抛绣球任务

由于绣球不是由一种颜色组成的,并且白色也无法标定,所以寻找绣球这一任务直接通过红外接近传感器来实现。为了让机器人尽快对准放绣球的柱子,可以让机器人在自我介绍完毕后,后退然后左转,再通过红外传感器接近并对准柱子。

寻找目标的程序流程如图12.11所示。

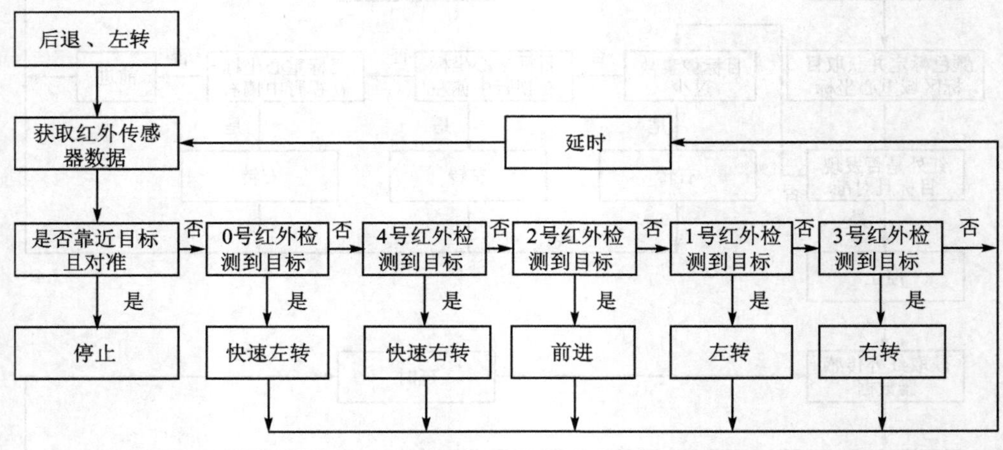

图 12.11 寻找柱子

找到柱子之后,机器人需要举起绣球并推倒柱子,如图12.12所示。这只是一串连续动作,可以参考4.4.3节介绍的方法逐个编辑动作,然后将动作连贯起来即可。

图 12.12 抱起绣球并击倒柱子效果图

12.4.4　寻找铜锣并敲响

寻找铜锣可以采用和寻找麦克风一样的策略，即先通过视觉接近铜锣，当红外接近传感器触发后，通过红外传感器来对准并靠近铜锣。和前面一样，为了让机器人尽快找到铜锣，在完成举绣球并推倒柱子动作后，让机器人前进并右转，大致对准铜锣。其程序流程如图 12.13 所示。

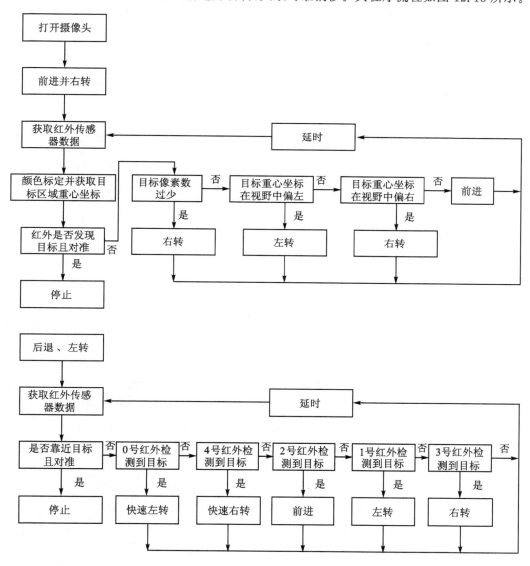

图 12.13　寻找铜锣

找到铜锣之后，敲击动作和举绣球动作相似，只是一串连续动作，同样可以参考 4.4.3 节介绍的方法编辑动作。如图 12.14 所示为 Keil 编程环境下实现敲锣动作的程序，其效果图见图 12.15。

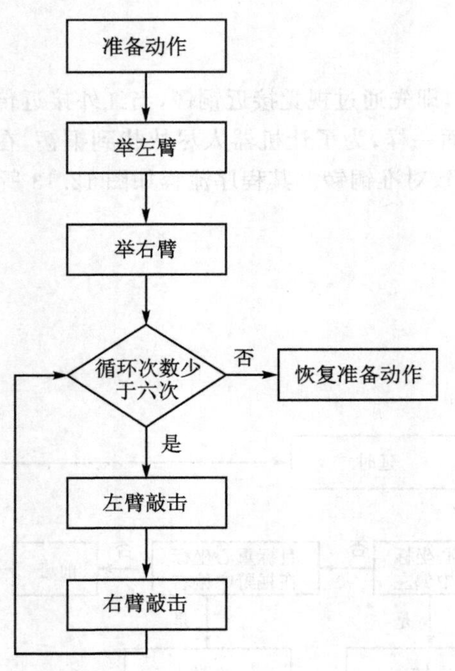

图 12.14　敲击铜锣

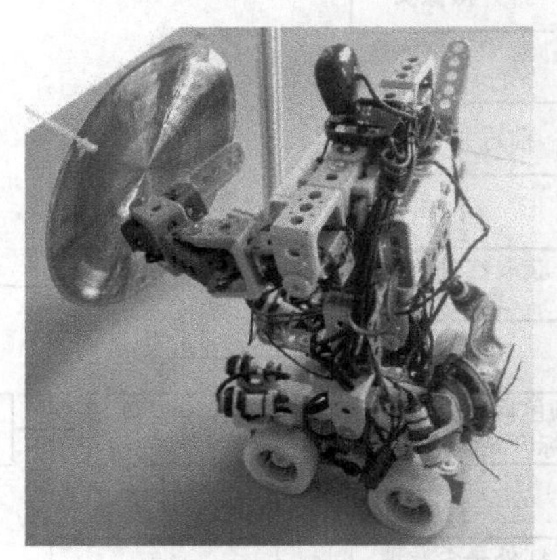

图 12.15　敲击铜锣效果图

12.4.5　回到场地中央致谢结束

按照比赛要求,敲锣完成后,机器人需要回到场地中央,模拟传统武术等表演动作向观众致意,并以语音向观众致谢。

回到场地中心有2种实现方式:定时方式和传感方式。由于敲锣完成后,机器人的位置相对固定,所以可以让机器人用倒退—右转—前进—左转的方式回到场地中央。每个动作之间的延时需要根据实际情况调试决定。传感方式就是采用摄像头或者灰度,让机器人找寻场地中央并回到场地中央的方法。由于此时中间放置绣球的柱子被推倒,没有参考,用传感方式反而不易实现,所以选择定时方式。

图 12.16　致谢动作

回到场地中央后的表演,可以给机器人编辑一串有特色的动作,如图12.16所示。致谢同样可以用语音播放模块来实现。这一部分比较简单,读者完全可以发挥自己的创意。

12.4.6　从斜坡走下擂台

致谢结束后，机器人需要从擂台的任一斜坡走下擂台。可以利用机器人后方的两个红外接近传感器检测擂台边沿，用一直趋近边沿的方式来找到斜坡，然后从斜坡推下擂台。

这只是一种方案，读者完全可以发挥自己的创意，让机器人表现得更好。

12.5　完善改进

整体上完成后，可以在具体细节上进一步对机器人进行完善。比如，可以改变传感器的阈值，让机器人寻找目标时对准更加准确，以便于敲锣、举绣球动作的完成；可以调节机器人敲锣的动作，使其更拟人形象。

12.5.1　增加民族服装

比赛要求给机器人穿上有民族特色的服装。这会让机器人更加生动活波，也可以增加比赛得分。读者可以发挥自己的创意，让自己的机器人更加与众不同。

12.5.2　增加可靠性

为了让机器人在赛场上安全可靠，需要注意以下几点：

① 注意舵机的保护，不要使其损坏，损坏后要及时更换；

② 调节传感器的探测距离，不要过近或过远；

③ 注意连接处的固定，防止连接过松导致塑料件的折断。

12.6　小　结

本章主要分析了机器人武术擂台赛——技术挑战赛的规则和实现。可以看出，由于“创意之星”套件提供相关技术的硬件基础，使用起来还是非常方便的。这里只是根据比赛规则采用了最简单的实现方式，是否还有其他的方式呢？读者可以自己思考下面问题：

① 如何让机器人敲锣的动作更形象，表演更精彩？

② 如何让机器人完成比赛的时间更短？

附录A　拓展阅读及技术资料

A.1　有用的拓展阅读资料介绍

鉴于机器人技术如此广泛而复杂，本书只能针对“创意之星”机器人套件所涉及的领域做一些介绍，并且不可能很系统性地讲述每一方面的知识和技巧。如果读者希望制作机器人，并且以此为自己的兴趣方向，推荐阅读以下书籍：

(1) *Robot Mechanisms And Mechanical Devices*

这本书介绍了机器人制作所需要的大量机构知识。图文并茂，将原理讲的深入透彻，并有大量的实例说明。内容全面丰富、系统性强。包括齿轮、链条、蜗轮蜗杆、螺纹、电动机、气缸、移动机器人原理、减速机等各方面的内容。

(2)《现代机器人学》《仿生机械学》

区别于传统的机器人学书籍（主要介绍空间机构学和动力学），这两本书介绍了大量与机器人相关的仿生学知识。本书所使用的蛇形机器人的运动规划、四足机器昆虫的步态，均受益于这两本书中的内容。

(3) *Build Your Own Combat Robot*

这是一本很有趣的书，一步一步教读者如何制作一个战斗机器人。其中有大量值得一看的内容，涉及机器人的机构可靠性和鲁棒性方面的技巧。战斗机器人（Combat Robot）是来自北美的一项很有挑战性的机器人对战比赛。在这本书中，读者可以获取很多结构设计和攻击方式的灵感，有效地用于“机器人武术擂台赛”的机器人设计和实践。

(4) *Anatomy of a Robot*

这本书重点介绍自主机器人的一些理论基础和实践。

(5)《机器人编程——基于行为的机器人实战指南》

iRobot 公司和 MIT 的著名人物编写的优秀教材，以深入浅出的方式介绍机器人包容架构的特点、原理和应用。一个表现好的、健壮的机器人应该是怎样的？全书一直在思考这个问题，并试图给出答案。

A.2　如何获取相关技术资料

智能机器人技术是一个比较新的技术领域，出现不过 10 多年。这方面的书籍、文献相对较少，大量的机器人出版物、专著都是关于机器人机构学、运动学等工业机器人相关领域的，较少有智能机器人制作、设计、工程实践方面的中文出版物。

关于“创意之星”机器人套件，以及其他类型机器人产品的详细资料，博创尚和的网站上提供了比本书丰富得多的内容，包括源程序、范例教程、视频、照片、本书的电子版等，其网址为：

http://www.uptech-robot.com

附录 B　控制器相关

B.1　控制器接口

(1) MultiFLEX™2－AVR

MultiFLEX™2－AVR 控制器接口如附图 B.1 所示。

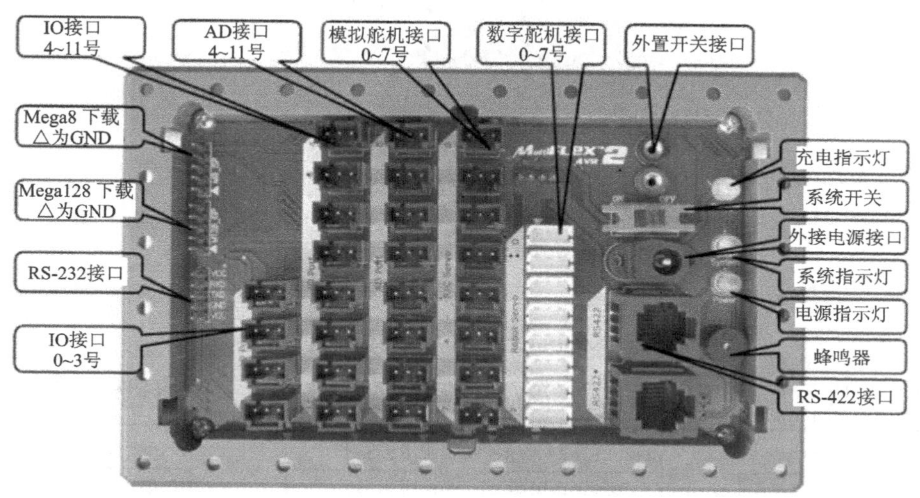

附图 B.1　MultiFLEX™2－AVR 控制器接口示意图

(2) MultiFLEX™2－RAS700

MultiFLEX™2－RAS700(见附图 B.2)主要接口如下：

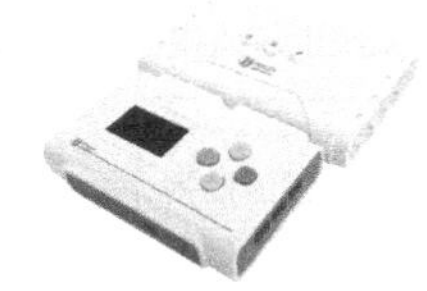

附图 B.2　MultiFLEX™2－RAS700 控制器接口示意图

① 1 个 100Mbps 以太网接口，用于下载调试程序；

② 4 个 USB Host，支持 USB 摄像头作为视觉传感；

③ 1 个立体声音频输出接口，支持 10 000 首 WAV 播放；

④ 6 路通用 TTL 电平 IO 输出端口，GND/＋6 V/SIG 三线制；

⑤ 16 路 12 位精度 ADC 复用的 TTL 电平输入端口(0～5 V)，GND/＋5V/SIG 三线制；

⑥ 12 路复用的用户可配置的外部中断输入，其中包括 4 路按键输入；

⑦ 具备蓝牙收发功能，波特率 115 200 bps；

⑧ 1 个机器人舵机接口，1M 速率的半双工异步串行总线，理论上可接 255 个机器人舵

机，由于供电能力限制，建议同时使用时不超过30个。舵机工作电压等于控制器工作电压；

⑨ 4个用户可支配的32位计时器，最先计时单位1 μs，支持用户自定义计时器中断，外置RS232串行接口2个。

B.2 控制器构成

（1）MultiFLEX™2－AVR

如附图B.3所示MultiFLEX™2－AVR控制器由2部分组成，上层为接口模块，下层以ATmega128为核心的AVR控制卡。

附图B.3 MultiFLEX™2－AVR控制结构示意图

附图B.4所示为MultiFLEX™2－AVR控制器AVR控制卡部分的架构简图：

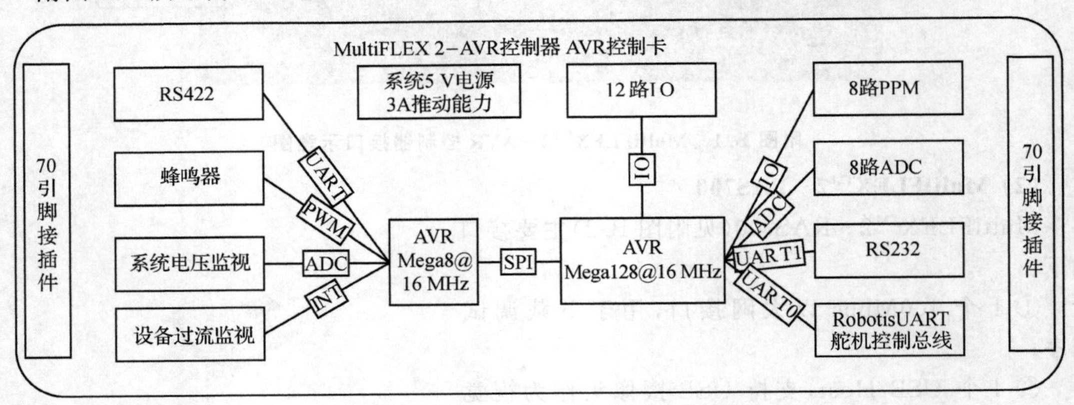

附图B.4 AVR控制卡架构简图

AVR控制卡是MultiFLEX™2－AVR控制器的核心，内部包括2块ATMEL公司生产的AVR－8bit单片机。

主控制器为ATmega128，晶振为16MHz，其直接控制的功能模块如下：

① 异步串行接口UART1与MAX202构成RS－232接口，作为控制器的主通信接口，用于与上位机连接；

② 异步串行接口UART0与三态门74HC126构成半双工UART，作为RototisUART舵机控制总线接口，用于CDS系列机器人舵机的控制；

③ 模拟数字转换器 ADC 采用 TL431 提供 2.5V 电压基准，输入的模拟信号通过 10K 电阻网络分压、滤波；

④ 定时/计数器 TIMER3，产生定时中断控制 I/O 口，产生 PPM 信号，用于控制 R/C 舵机。同时 TIMER3 的终端为系统的 GPIO 采样、数字滤波和 ADC 采样提供了固定的节拍；

⑤ 同步串行接口 SPI 与 74HC126 构成主处理器与协控制器 Atmega8 的通信总线。

协控制器为 ATmega8，晶振为 16MHz，其直接控制的功能模块如下：

① 异步串行接口 UART0 与 MAX491 构成 RS－422 总线接口，用于挂接总线设备或进行系统级联；

② 定时/计数器 TIMER1 工作在 PWM 控制器模式，产生音频脉冲推动蜂鸣器；

③ 模拟数字转换器 ADC，定时采集系统电压，在系统过压、欠压时报警；

④ 外部中断 INT1 与 MIC2505 电源管理芯片构成设备电源过流保护器，在传感器电源总电流超过 2A 时切断设备供电。

附图 B.5 所示为 MultiFLEX™2 - AVR 控制器的电路结构框图：

MultiFLEX 2-AVR 接口模块
12路IO
3.5 mm立体声耳机插座，插头尖端开始：GND、SIG、V_{CC}(5 V)信号为TTL电平
8路AD
3.5 mm立体声耳机插座，插头尖端开始：GND、SIG、V_{CC}(5 V)
RS422@Mega8
6针RJ11×2
70引脚接插件
电源接口及开关
Mega128
ISP接口、RS232接口
电源指示灯
电源电路
蜂鸣器
8路模拟舵机接口
6路数字舵机接口
无线电台
70引脚接插件
12路IO
Robotis接口
8路PPM
MultiFLEX 2-AVR AVR控制卡
70引脚接插件
RS422
系统5 V电源
12路IO
8路PPM
蜂鸣器
UART
IO
IO
IO
ADC
8路ADC
系统电压监视
ADC
AVR Mega8@16 MHz
SPI
AVR Mega128@16 MHz
UART1
RS232
设备过流监视ADC
INT
UART0
RobotisUART舵机控制总线
70引脚接插件

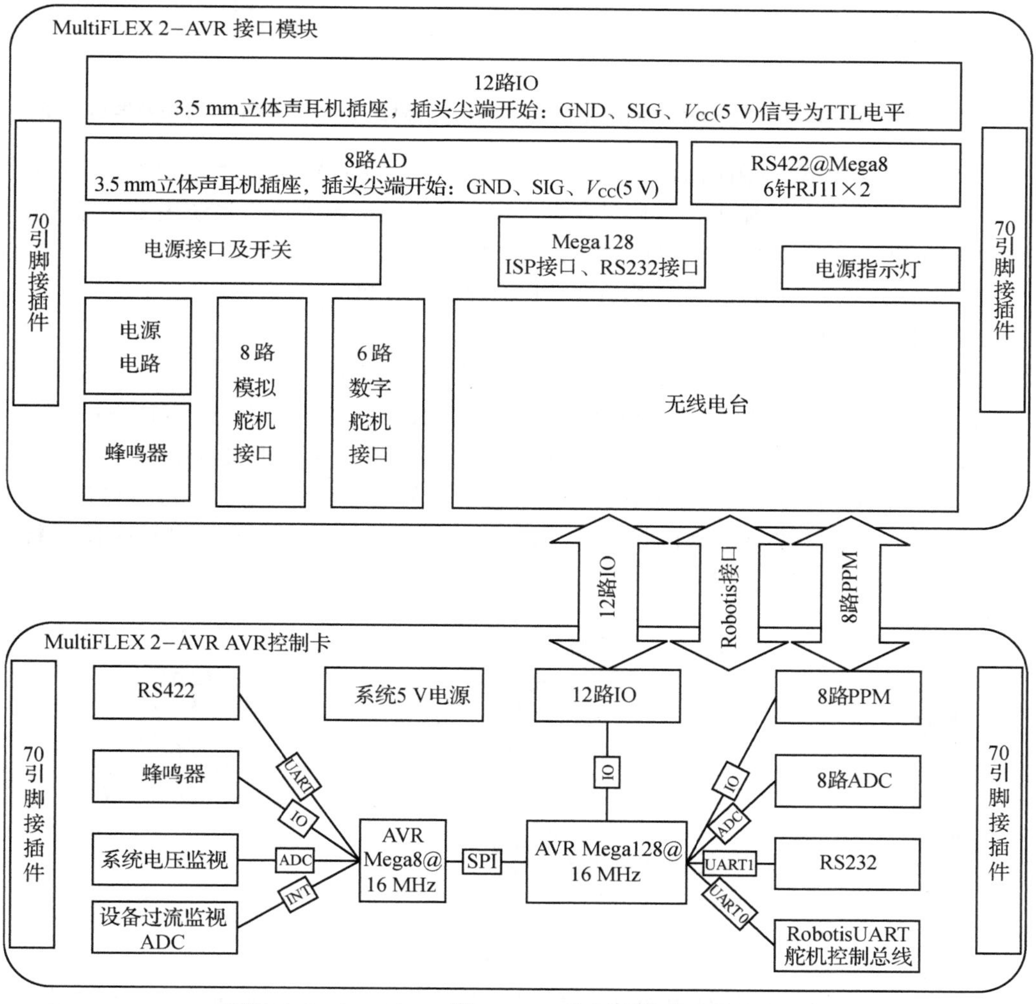

附图 B.5 MultiFLEX™2 - AVR 控制器的电路结构框图

(2) MultiFLEX™2 - RAS700

MultiFLEX™2 - RAS700 控制器系统(见附图 B.6)由三部分组成,上层为 LUBY 实时控制器,中层为 WOODY 多媒体控制器,下层为电源。

1) LUBY 实时控制器

附图 B.6 MultiFLEX™2 - RAS700 示意图

附图 B.7 LUBY 实时控制器示意图

LUBY 实时控制器(见附图 B.7)是基于 STM32 单片机的控制器,配置 16 路 AD 接口用于传感器的数据输入,6 路输出接口用于驱动 LED、模拟舵机等外设。系统内置了蓝牙模块和基于 CC2530 的 ZigBee 无线通信平台,能方便地进行组网。具体参数如下:

① STM32103VCT6@72MHz,内存 256KB,程序储存器 48K;

② 外置 RS232 串行接口 2 个;

③ 用户程序下载包括 U 盘模式和直接下载两种下载模式;

④ 机器人数字舵机接口(支持级联),并完全兼容 RobotisDynamixel AX12+;

⑤ 具备蓝牙收发功能,波特率 115 200 bps,支持用户自定义数据接收中断;

⑥ 具备 ZigBee 通信功能,波特率 115 200 bps,支持使用串口命令对其进行操作;

⑦ 4 个用户可支配的 32 位计时器,最小计时单位 1 us,支持用户自定义计时器中断。

2) WOODY 多媒体控制器

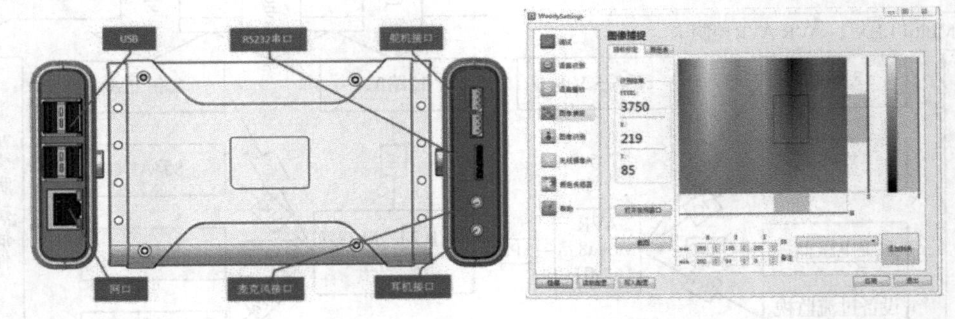

附图 B.8 多媒体控制器

WOODY 多媒体控制器(见附图 B.8)搭载了 Linux 的 ARM 处理器。可以通过 RS232 串口通信协议与任何控制进行连接。能与摄像头、麦克风、扬声器等设备方便连接，利用配套 WoodySettings 配置软件，能快速实现语音识别、语音播放、图像捕捉等功能。具体参数如下：

① ARM11 核心，主频 700 MHz，内存 512 MB，flash 4 G；
② 内存 512 MB；
③ 内置蓝牙模块；
④ 3.5 mm 麦克风、耳机插孔；
⑤ 标准 5 针串口；
⑥ 内置语音识别、语音播放、图像捕捉等功能；
⑦ PC 端标定软件；
⑧ 标配 USB 彩色摄像头 320×240。

B.3　控制器开放接口函数一览

B.3.1　MultiFLEX^{TM}2 - AVR

MultiFLEX^{TM}2 - AVR 标准编程接口，编译器为 GCC，编程标准为 GNU99：

(1) 系统控制函数

MFInit

功　　能：初始化系统；在主函数的开始部分调用；
函数原型：void MFInit(void)；
输　　入：无；
输　　出：无；
示　　例：MFInit()；　　　　　　　　//系统初始化

DelayMS

功　　能：毫秒延时函数；
函数原型：void DelayMS(signed long int inMS)；
输　　入：延迟时间，单位为毫秒，不得大于 32767；
输　　出：无；
示　　例：DelayMS(1000)；　　　　　　//延迟 1000 ms

(2) GPIO 控制函数

MFSetPortDirect

功　　能：设置 GPIO 端口的方向，当方向标志置位时，对应 GPIO 通道为输出；当方向标志清零时，对应 GPIO 通道为输入；通道为输入时，默认状态为高电平。
函数原型：void MFSetPortDirect(unsigned long int inData)；
输　　入：无符号长整形数的低 12 位为 GPIO 的方向标志，依次对应 GPIO 的 0—11 通道；
输　　出：无；
示　　例：MFSetPortDirect(0x00FF)；　　//设置 GPIO 的 0—7 通道为输出，8—11
　　　　　　　　　　　　　　　　　　　//通道为输入。

MFGetDigiInput

功　　能:读取GPIO输入值;

函数原型:signed long int MFGetDigiInput(singed long int inID);

输　　入:要获取的GPIO通道的通道编号;

输　　出:输出的长整形值为逻辑真,则输入值为高电平;为逻辑假,则输入值为低电平;

示　　例:

```
signed long int temp_value = 0;          //定义变量 temp_value
temp_value = MFGetDigiInput(0);          //读取 0 通道的值,存储在
                                         // temp_value 变量中
```

MFDigiOutput

功　　能:设置GPIO输出值;

函数原型:void MFDigiOutput(singed long int inID, singed long int inVal);

输　　入:inID为选择的GPIO输出端口编号;inVal为输出的值,只有逻辑真/逻辑假两种值;

输　　出:无;

示　　例:

```
MFDigiOutput (5, TRUE);                  //设置 5 通道输出高电平
```

(3) ADC控制函数

MFGetAD

功　　能:读取指定通道的AD转换值;

函数原型:signed long int MFGetAD(signed long int inID);

输　　入:长整形数的低3位为ADC的通道编号,0—7有效;

输　　出:长整形数的低10位为读取到的AD转换值;

示　　例:

```
signed long int temp_value = 0;          //定义变量 temp_value
temp_value = MFGetAD (7);                //读取 7 通道的 AD 值,并存储进
                                         // temp_value 变量中
```

(4) 舵机控制函数

R/C舵机ID范围:0xE0 - 0xE7;对于PPM0—PPM7。

MFSetServoMode

功　　能:设置舵机工作模式,有舵机模式和电机模式两种;

函数原型:void MFSetServoMode (signed long int inID, signed long int inMode);

输　　入:inID为舵机ID号,inMode为舵机模式,模式的关键字已经在ServoUnit.h中定义,SERVO_MODE_SERVO为舵机模式,值为0;SERVO_MODE_MOTO为电机模式,值为1;

输　　出:无;

示　　例:

```
MFSetServoMode(1, SERVO_MODE_MOTO);      //将 1 号舵机设置为电机
                                         //模式
MFDelayMS(200);                          //延时 200 ms,使舵机有足
                                         //够的时间切换模式
```

MFSetServoPos

功　　能:设置舵机的目标位置;本方法在舵机处于舵机模式时使用;

函数原型:void MFSetServoPos(signed long int inID, signed long int inPos, signed long int inSpeed);

输　　入:inID 为舵机 ID 号;inPos 为舵机目标位置,取值范围为 0—1023;inSpeed 为舵机从当前位置运动到指定位置过程中的运动速度,取值范围为 0—1023;

输　　出:无

示　　例:MFSetServoPos(224, 512, 100);//让 PPM0 舵机以 100 的速度运动到 // 512 位置

MFSetServoRotaSpd

功　　能:设置舵机的运动速度;本方法在舵机处于电机模式时使用;

函数原型:void MFSetServoRotaSpd(signed long int inID, signed long int inSpeed);

输　　入:inID 为舵机的 ID 号;inSpeed 为舵机的转动速度,当 inSpeed 为正时舵机正传,当 inSpeed 为负时舵机反转;inSpeed 的取值范围为—1023—1023;

输　　出:无;

示　　例:MFSetServoRotaSpd(2, —1000);　　//让 2 号舵机以 1000 的速度反向转 //动

MFGetServoPos

功　　能:读取指定 ID 的舵机的位置;

函数原型:signed long int MFGetServoPos(signed long int inID);

输　　入:希望读取位置的舵机的 ID 号;

输　　出:长整形数的低 10 位指定 ID 号的舵机的位置值;

示　　例:signed long int temp_value = 0;　　//定义变量 temp_value

temp_value = MFGetServoPos (4);　　//读取 4 号舵机的位置,写入 // temp_value 变量中

MFServoAction

功　　能:使舵机执行异步写入的命令;

函数原型:void MFServoAction(void);

输　　入:无;

输　　出:无;

示　　例:MFServoAction ();　　//对一组舵机的运动设置完成后,这个函数会让 //它们开始运动

B.3.2 MultiFLEX™2 - RAS700

(1) 系统控制函数

UP_System_Init

功　　能:初始化系统;在主函数的开始部分调用;

函数原型:UP_System_Init();

输　　入:无;

输　　出:无;

示　　例:UP_System_Init();　　//系统初始化

UP_delay_ms

功　　能:毫秒延时函数;

函数原型:UP_delay_ms(signed long int inMS);

输　　入:延迟时间,单位为毫秒,不得大于 32767;

输　　出:无;

示　　例:UP_delay_ms(1000); //延迟 1000 ms

(2) GPIO 控制函数

UP_IOout_GPIOInit

功　　能:初始化 IO;

函数原型:void UP_IOout_GPIOInit(void)

输　　入:无;

输　　出:无;

示　　例:UP_IOout_GPIOInit;　　//初始化 IO

UP_IOout_SetIO

功　　能:设置各个 IO 口输出高、低电平;

函数原型:void UP_IOout_SetIO(u8 Channel, u8 Value);

输　　入:Channel——对应的 6 个端口 0~5;
　　　　Value——设置端口的输出电平 0/1;

输　　出:无;

示　　例:signed long int temp_value = 0;　//定义变量 temp_value
　　　　temp_value = MFGetDigiInput(0); //读取 0 通道的值 MFDigiOutput

UP_IOout_SetALLIO

功　　能:同时设置 6 路模拟舵机端口 IO 输出电平,值 0x00~0x3F;

函数原型:void UP_IOout_SetALLIO(u8 Value);

输　　入:Value——设置端口的输出电平 0/1;

输　　出:无;

示　　例:UP_IOout_SetALLIO(0x3F); //设置 6 个 IO 输出端口全都输出高电平
　　　　UP_IOout_SetALLIO(0);　　//设置 6 个 IO 输出端口全都输出低电平

(3) ADC 控制函数

UP_ADC_GetValue

功　　能:获取某路 AD 采样值;

函数原型:u16 UP_ADC_GetValue(u8 Channel);

输　　入:输入通道 0~15;

输　　出:返回 ADC 值 0~4095 对应 0~5V;

UP_ADC_GetIO:

功　　能:获取某路 IO 采样值;

函数原型:u8 UP_ADC_GetIO(u8 Channel);

输　　入:输入通道 0~15,共 16 路 AD,依次对应控制器的 AD 口;

输　　出:返回 16 路 IO 状态,16 位无符号整形每一位对应一路;

示　　例：for(x=0；x<4；x++) //获取 16 路 IO 值并显示到屏幕上

```
{
    for(y=0；y<4；y++)
    {
    UP_LCD_ShowInt(x * 4,y,UP_ADC_GetIO(x * 4+y))
    //依次对 AD 的 16 个通道 IO 值采样
    }
}
```

(4) 数字舵机控制函数

UP_CDS_SetMode

功　　能：舵机模式设置，ID 号设置，范围 1——253；

函数原型：void UP_CDS_SetMode(u8 id, u8 mode)；

输　　入：id 是设置舵机的 ID，mode 是指设置舵机工作模式，可以设置成 CDS_SEVMODE 和 CDS_MOTOMODE 模式；

输　　出：无；

引　　用：需包含 STM32Lib\\stm32f10x. h；UP_CDS5500. h；UP_UART. h；UP_Globle. h

示　　例：UP_CDS_SetMode(1, CDS_SEVMODE)；//设置 ID 号为 1 的舵机，设置其工作模式为舵机模式

UP_CDS_SetMode(1, CDS_MOTOMODE)；//设置 ID 号为 1 的舵机，设置其工作模式为电机模式

UP_CDS_SetAngle

功　　能：设置对应 ID 号的舵机转角(0～1023 对应 0～300°)，舵机模式速度(0～1023)；

函数原型：void UP_CDS_SetAngle(u8 id, u16 angle, u16 speed)；

输　　入：id 是设置舵机的 ID，mode 是指设置舵机工作模式，可以设置成 CDS_SEVMODE 和 CDS_MOTOMODE 模式，speed 设置舵机速度，0～1 023，约 1 圈 1 s；

输　　出：无；

示　　例：//设置 ID 为 1 舵机的以(500/1023)的转速转动(800/1023)度。

UP_CDS_SetAngle(1, 800, 500)；

UP_CDS_SetSpeed

功　　能：设置对应 ID 号的电机的转动速度，本方法在舵机处于电机模式时使用；

函数原型：void UP_CDS_SetSpeed(u8 id, s16 speed)；

输　　入：id 是设置电机模式的 ID，speed 设置舵机速度，0～1023，约 1 圈 1s；

输　　出：无；

示　　例：//此舵机工作与电机模式，ID 为 1，以(800/1023)的转速正向转动。

UP_CDS_SetSpeed(1, 800)；

(5) LCD 显示函数:

UP_LCD_ClearScreen

功　　能:清屏 LCD;

函数原型:void UP_LCD_ClearScreen(void);

输　　入:无;

输　　出:无;

示　　例:// 此例清屏 LCD

　　　　　UP_LCD_ClearScreen();

UP_LCD_ShowString

功　　能:显示字符串;

函数原型:u8 UP_LCD_ShowString(u8 x, u8 y, char * pstring);

输　　入:x 代表列(0-15),y 代表行(0-3),* pstring 代表字符串;

输　　出:result 代表写进 LCD 的字符的个数,0 代表汉字字符串没有写完;

示　　例:// 此例在 LCD 第四行第 16 列显示字符串 Use API:

　　　　　UP_LCD_ShowString(15,3,"Use API:");

UP_LCD_ShowCharacterString

功　　能:显示汉字字符串;

函数原型:u8 UP_LCD_ShowCharacterString(u8 x, u8 y, char * pstring);

输　　入:无;

输　　出:无;

示　　例:// 此例在 LCD 第一行第 2 列显示汉字字符串 LOGO

　　　　　UP_LCD_ShowCharacterString(0,1," 博创尚和");

(6) 视觉函数:

UP_Woody_StartImageRecognize

功　　能:开启摄像头视频捕捉;

函数原型:bool MFCapOpen();

输　　入:无;

输　　出:无;

示　　例: UP_Woody_StartImageRecognize;　　//打开摄像头

UP_Woody_WhiteRecognize

功　　能:设置白色 HSI 的上下限,发送识别白色指令;

函数原型:void UP_Woody_WhiteRecognize(u8 data);

输　　入:data;

输　　出:无;

注　　意:用户可以调用此函数,发送识别白色指令。此处仅提供白色的函数,其他颜色用户可以借鉴此函数,增添其他颜色的函数,主要设置 HIS 上下限以及校验和。

```
void UP_Woody_WhiteRecognize(u8 data)
{
```

```
    number=0;
    Send[0] = (data)&0xff;
    UP_UART5_Putc(0x55);
    UP_UART5_Putc(0xaa);
    UP_UART5_Putc(0x0D);
    UP_UART5_Putc(0x01);
    UP_UART5_Putc(0x00);//H 上限
    UP_UART5_Putc(0xAF);//H 上限
    UP_UART5_Putc(0x01);//H 下限
    UP_UART5_Putc(0x5E);//H 下限
    UP_UART5_Putc(0xA9); //S 上限
    UP_UART5_Putc(0x00); //S 下限
    UP_UART5_Putc(0xFF); //I 上限
    UP_UART5_Putc(0x00); //I 上限
    UP_UART5_Putc(0xC3); //校验和
    UP_delay_ms(DELAY_TIMES);
    }
```

UP_Woody_ImagePixel

功　　能：计算并存储摄像头返回的像素点的值；

函数原型：u32 UP_Woody_ImagePixel (void)；

输　　入：无；

输　　出：Pixel——存储摄像头返回的像素点的值；

示　　例：

```
if(UP_Woody_ImagePixel()>70000)
{
UP_LCD_ShowCharacterString(0,1,"白色");
UP_delay_ms(2000);
UP_LCD_ClearLine(1);
}
```

UP_Woody_Display_X_Y

功　　能：显示摄像头返回的物体的 X、Y 的坐标值；

函数原型：void UP_Woody_Display_X_Y(void)；

输　　入：无；

输　　出：无；

示　　例：UP_Woody_Display_X_Y()；//显示识别物体的坐标值

(7) 语音识别函数：

UP_Woody _Init

功　　能：语音识别、播放，图像识别初始化；

函数原型：void UP_Woody_Init (void)；

输　　入：无；

输　　出：无；

注　　意：波特率19200，若启动语音识别，则需要进行语音初始化，且放UP_System_Init前面，语音播放、图像识别也一样使用该初始化函数，且仅初始化一次即可。

UP_Woody_Speech_ID_Judge

功　　能：语音ID号判断；

函数原型：u16 UP_Woody_Speech_ID_Judge(void)；

输　　入：无；

输　　出：无；

示　　例：
```
switch(UP_Woody_Speech_ID_Judge())
{
case 0x01: UP_LCD_ShowCharacterString(0, 0, "停止");
UP_delay_ms(2000);
break;
default: UP_LCD_ShowCharacterString(0, 3, "其他");
UP_delay_ms(2000);
break;
}
```

UP_Woody_Speech_ClearData

功　　能：把数组UP_Woody_ReturnData置0；

函数原型：void UP_Woody_Speech_ClearData(void)；

输　　入：无；

输　　出：无；

示　　例：void UP_Woody_Speech_ClearData(void)；

(8) MP3播放函数：

UP_Woody_PlayingMusic

功　　能：按照ID号，播放相应歌曲；

函数原型：void UP_Woody_PlayingMusic(u32 data1)；

输　　入：data1范围0～255，即播放歌曲的ID号，十进制数；

输　　出：无；

示　　例：UP_Woody_PlayingMusic(1)；　//播放ID为1的文件

B.4　常见问题解答

(1) 控制器相关

① 标准版控制器和高级版控制器两种控制卡有何区别？应该选择哪一种？

● 标准版控制器采用AVR单片机作为处理器，其规格为8位RISC CPU，主频16 MHz，采用AVR指令集。高级版控制器采用STM32单片机作为处理器，配置有16路AD

接口用于传感器的数据输入，6 路输出接口用于驱动 LED、模拟舵机等外设。系统内置了蓝牙模块和基于 CC2530 的 ZigBee 无线通信平台，能方便进行组网。

- 标准版（MultiFLEX™2 - AVR）控制器价格较低，功耗低（<1W），主频低，无法胜任图像、语音、高强度计算等要求。但是高级版控制器没有采用操作系统，由 KEIL 编写的程序编译为可执行程序后，直接复制到控制器内执行，其实时性高，时序严格可控，并可以嵌入汇编，对于电机控制、PWM 输出及其他高实时性要求的任务比较理想。
- 高级版控制器价格较高，主频高，功耗稍高（约 2W）。多媒体处理器上运行 Linux 操作系统，负责处理网络通信、图像、语音、USB 设备等高运算量的任务。由于非实时的 Linux 操作系统的存在，高级版控制器的性能强大很多。

② 如何开发基于标准版控制器的程序？

- 大致有两种使用方式：不熟悉 C 语言的用户，可以使用 NorthSTAR，利用流程图编程，并在 NorthSTAR 环境中调试、编译、下载；熟悉 C 语言和相关处理器开发的用户，可以直接使用 Source Insight、ICCAVR、GCC、ADS（Xscale）等编辑器、编译器和开发工具直接进行开发。
- 要注意的是，博创尚和仅对 NorthSTAR 提供支持。
- 标准版控制器是否提供源代码？
- 是的，提供大部分源代码，一些商业的库文件除外（非博到科技开发的）。这些代码采用 GPL 授权，请在使用时严格遵守 GPL 的规定。
- 不小心刷掉了控制器中的固件，怎么办？
- 标准版控制器中没有不可以修改的固件，每次下载 NorthSTAR 的程序都会刷新控制器 Atmega128 的固件。
- 对于高级版控制器，控制器的固件包括文件系统、Blob、Linux 内核和一些驱动程序。如果开发过程中这些东西丢失或损坏，请联系博创尚和售后服务支持。

（2）CDS55xx 舵机相关

① 为什么 CDS55xx 舵机的舵盘（Horn）似乎比较容易损坏？

- 作为执行器的输出轴与结构件连接的关键零件，舵盘被设计为一个相对薄弱的环节，它可以承受的最高扭矩为 25Kg. cm，这一数字已经相当于 CDS55xx 舵机最大输出扭矩的 150%左右。舵盘损坏通常意味着舵机已经严重超载，舵盘损坏可以保护舵机，避免舵机损坏。

② CDS55xx 能够返回位置、速度、负载等，这些信息有什么用？

- 一个关节型机器人的各个关节的 CDS55xx 舵机能够返回位置，则可以用于机器人示教。例如：

➢ 用手把机器人各关节摆放到需要的角度和位置，打开 NorthSTAR 软件，即可记录机器人的当前姿态；
➢ 把机器人各关节掰动到下一个位置，再在 NorthSTAR 软件中记录一个姿态；
➢ 重复以上动作，并使用 NorthSTAR 软件播放这些记录的姿态；
➢ 机器人将会顺序地执行刚才记录的各个姿态；
➢ 除此之外，这些反馈功能还能用于对关节进行限位、限制输出扭矩、以保护舵机不受损

伤,避免意外操作导致危险。

③ CDS55xx舵机的最大电流是多少? 如何安全使用?

- 正常工作时,工作电流约400～700 mA。
- 启动和堵转时电流会达到2 000～2 500 mA,因此堵转时间超过4 s时,电机将会自动保护,停止输出扭矩。
- 虽然有保护功能,但如果短时间内多次短暂堵转,保护功能可能无法生效,很可能会因为过热损坏舵机。
- CDS55xx配套的舵盘被设计为在超载50%的情况下会损坏。如果舵盘经常性地损坏,说明负载过大。请注意设计是否不合理,相关舵机是否承受了比额定值更大的负载。另外,安装舵盘时角度不正确也会造成舵盘容易损坏。
- 尽量不要用手快速猛烈地转动舵机输出轴。转动过程应该平稳、轻柔。突然猛扳舵机输出轴会造成齿轮损坏。

附录 C　2015 年机器人武术擂台赛项目竞赛规则

标准平台、非标准平台、动作投影、技术挑战赛竞赛规则

C.1　总　则

C.1.1　竞赛目的

本项赛事的目的在于促进智能机器人技术的普及。参赛队需要在规则范围内以各自组装或者自制的自主机器人互相格斗，并争取在比赛中获胜，以对抗性竞技的形式来推动机器人技术在大学生、青少年中的普及与发展。

本项赛事未来的发展目标是两方面：

① 较高技术难度：要求两组使用双腿自主行走的仿人形机器人互相格斗，将对方打倒或者打下擂台；

② 较强的观赏性和对抗性：较大尺寸、不限定形态、具备攻击装置的机器人的遥控或自主性对抗。

C.1.2　竞赛内容概述

在指定的擂台上有双方机器人。双方机器人模拟中国传统擂台格斗的规则，互相击打或者推挤。如果一方机器人整体离开擂台区域或者不能再继续行动或被对方机器人打倒，则另一方得分，规定时间内得分多者获胜。

本规则的原则是规定参赛队不能做的方面，即本规则没有明确禁止的做法均是允许的，除非技术委员会认为该事项可能危害人身安全和比赛过程的安全及公正。

对于由本规则未能描述到的盲区或疑问点导致的争议，在比赛现场应服从主裁判裁决，赛后可由参赛队申请仲裁或解释，由技术委员会合议后进行书面的解释判定，并正式列入规则中。

C.1.3　竞赛组别

机器人武术擂台赛分为十个组别，包含标准平台、非标准平台、动作投影、技术挑战赛、网络机器人对抗赛及模块化机器人创意设计赛等，其中网络机器人对抗赛及模块化机器人创意设计赛有专门比赛规则，本规则只针对标准平台、非标准平台、动作投影及技术挑战赛。如任何参赛队对自身或其他队伍是否具备参加该组别的资格有争议，应在赛前以书面方式提交技术委员会讨论裁定。

(1) 非标准平台赛种

① 无差别组(1VS1)：不限制参赛机器人结构形式，可以采用轮式、履带式、足式移动。

② 无差别组(1VS1)：挑战赛：不限制参赛机器人结构形式，可以采用轮式、履带式、足式移动。

③ 仿人组(1VS1):参赛机器人必须具备几个明显的仿人类特征,见本规则2.2节。

(2) 标准平台赛种

① 无差别组(1VS1和2VS2):每个参赛机器人的任何部分(除电池外)都只能使用北京博创尚和提供的机器人套件中的部件完成,结构件只能使用塑料部件,其他规则与非标准平台无差别组完全相同。

② 仿人组(1VS1):每个参赛机器人的任何部分(除电池外)都只能使用北京博创尚和提供的机器人套件中的部件完成,结构件只能使用塑料部件,其他规则与非标准平台仿人组完全相同。

(3) 动作投影赛种

对抗组。

(4) 技术挑战赛种

① 规定动作技术挑战组。

② 动作投影技术挑战组。

C.1.4 组织机构

技术委员会(Technical Committee)负责赛事的规则的制定和竞赛争议的裁决。由若干位专家组成。每个赛种均有一位技术委员担任裁判长,负责仲裁工作。

大赛官方网站即中国自动化学会机器人竞赛委员会网站。网站讨论区中提供了机器人武术擂台赛规则,以及竞赛相关的新闻公告、通知发布和讨论、交流平台。

对规程的任何修订、增补、各种重要通知均由技术委员会以通知的形式在机器人竞赛工作委员会官方网站的"机器人武术擂台赛"讨论区、武术擂台赛分项赛网站、武术擂台赛QQ群中发布,不再另行通知。如错过重要通知造成的损失和影响,各参赛队自行负责。请各参赛队务必定期查看消息。

官方网站:http://www.rcccaa.org/

武术擂台赛分项赛网站:http://saishi.uptech-robot.com/

武术擂台赛QQ群:114040433

C.2 场地和机器人

C.2.1 比赛场地及道具

C.2.1.1 场地、道具规格及说明

(1) 标准平台、非标准平台、动作投影、技术挑战赛(非标准平台无差别组(1VS1)挑战赛、非标准平台仿人组(1VS1)组别除外)

① 比赛场地(即擂台,如附图C.1所示)大小为长、宽分别为是2400 mm,高150 mm的正方形矮台,台上表面即为擂台场地。底色从外侧四角到中心分别为纯黑到纯白渐变的灰度。场地的两个角落设有坡道,机器人从出发区启动后,沿着该坡道走上擂台。场地四周700 mm处有高500 mm的方形黑色围栏。比赛开始后,围栏内区域不得有任何障碍物或人。

② 出发区及坡道用正蓝色和正黄色颜色涂敷。出发区平地尺寸为300 mm×400 mm。

③ 出发坡道水平长度为 400 mm，宽度为 400 mm，坡道顶端高度与擂台平齐，即 150 mm。

④ 场地中央有一个正方形红色区域，区域中心是一个白色“武”字。具体的尺寸见官方提供下载的标准图纸。

⑤ 场地的材质为木质，场地表面最大承重能力 50 kg。场地表面的材料为亚光 PVC 膜，各种颜色和线条用计算机彩色喷绘的形式产生。建议各参赛队在官方讨论区下载标准图纸后自行制作（注意选择精度较高、亚光塑料纸面的“写真”，而不是布面料、精度较低的“喷绘”）。

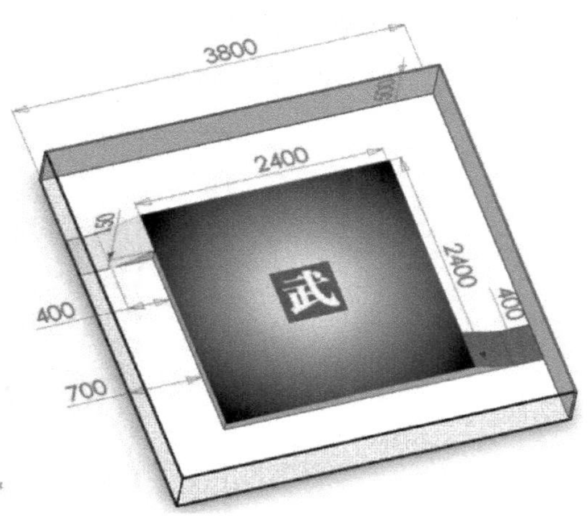

附图 C.1　标准擂台主要尺寸

⑥ 场地的照明与 ROBOCUP 类人组（KidSize）的竞赛要求相同：赛场的照度为 600Lux 到 1200Lux 之间，场地上各区域的照度应柔和均匀，各区域照度差不超过 300Lux. 实际的比赛场地四角会架设各 2 座 20W、色温 4 000～6 000 K 的节能灯，光源高度为 2～2.5 m 之间

⑦ 比赛承办单位因客观条件限制，提供的正式比赛场地的颜色、材质、光照度等细节，可能与规则规定的标准场地有少量差异。比赛队伍应认识到这一点，机器人需要对外界条件有一定的适应能力。

(2) 非标准平台无差别组(1VS1)挑战赛

① 场地高为 60 mm，取消上场斜坡。机器人从出发区启动后可从任意地方自主登上擂台。

② 场地地面为白色，出发区用正蓝色和正黄色颜色涂敷。出发区平地尺寸为 700 mm × 400 mm（见附图 C.2）。

③ 场地布置其他要求与其他组别相同。

(3) 非标准平台仿人组(1VS1)

擂台四周除上场斜坡外的地方有高 50 mm 黑色围栏（见附图 C.3）。

附图 C.2　非标准平台无差别组(1VS1)挑战赛擂台主要尺寸

附图 C.3　非标准平台仿人组(1VS1)擂台主要尺寸

C.2.1.2 场地示意图

场地各部分功能如附图 C.4 所示。

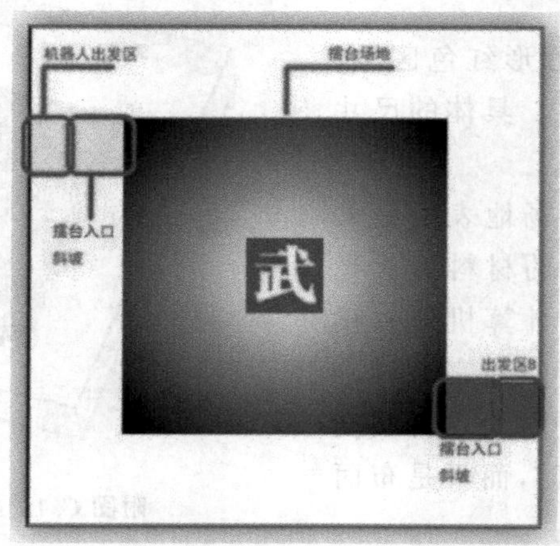

附图 C.4 各部分功能示意

C.2.2 机器人技术要求与辅助器材

C.2.2.1 各组别通用要求

① 每个参赛队必须命名，如：×××××大学××队，并将队名标签贴于机器人前胸或后背，以便于区分，无标签者禁止参加比赛，参赛队员需统一着装，例如统一的 T 恤，不统一着装者禁止上场比赛。

② 对于非标准平台的赛种，可以采用自制部件或厂家提供的成品部件。鼓励各队伍采用自制部件。

③ 对于标准平台的赛种，只能采用北京博创尚和提供的成品部件，但不能直接使用专用成品整机。不能使用自制部件或不属于该套件的部件，其原则是只能减(切割、打磨等)、不能加(胶粘、喷漆等)。仅有以下材料不在限制之列：

- 电池组、扎线带；
- 电线电缆、电子接插件；
- 各种螺丝、螺母。

④ 机器人攻击/防守装置所采用的形式不限。

⑤ 参赛机器人必须是自主机器人，自行决定其行动，不得通过线缆与任何其他器材(包括电源)连接(技术挑战赛项目除外)。比赛开始后，场外队员或者其他人员禁止人工遥控或采用外部计算机遥控机器人。一经发现将立刻取消比赛资格并通过大赛组委会通报批评。

⑥ 机器人在比赛过程中可以向场地内释放物品，或者分离为多个个体，但是任何一个释放的物品或者分离出的个体离开擂台区域都将视为机器人整体离开擂台区域。

⑦ 赛事组织者为参赛队提供 220 V 电源，以及公用桌椅若干。参赛队自备需要使用的工具，例如自用工具、电源接线板、转换插头、适配器等。

C.2.2.2　无差别组(含标准平台1VS1、2VS2和非标准平台1VS1、非标准平台(1VS1)挑战赛)

参加无差别组竞赛的机器人,其结构形式不限。尺寸和重量限制条件如下:

① 每台机器人重量不得超过4 kg;

② 机器人在出发区的投影尺寸不超过300 mm×300 mm的正方形。

③ 机器人在裁判吹哨示意开始后可以自主变形,不再受以上尺寸限制。变形过程不得由人工遥控。

④ (2VS2)比赛机器人必须准备红绿两套色标,色标要求醒目,便于裁判判罚。

C.2.2.3　仿人组

(1) 仿人组(标准平台1V1)

参加标准平台仿人组竞赛的机器人需要满足如下全部条件。不符合的机器人将不能通过资格审核,或者将被直接判负:

① 机器人身体部分需具备头部、躯干、四肢几个基本的人体特征,必须具备两个手臂(每个手臂不少于3个动力关节)。

② 机器人的底盘在场地上的投影尺寸不得超过240 mm×240 mm的正方形,电机固定板离地面的高度不低于50 mm。

③ 底盘:机器人放置于平面上,从地面向上,高150 mm的这一部分称为底盘。底盘的侧壁必须垂直于场地表面,不允许斜面。

④ 本组机器人在赛前需通过资格认证。认证方法为:机器人在赛前需将直径110 mm、高300 mm、重0.5 kg的PVC圆柱体举起,以圆柱体离开地面10 mm以上并保持5 s为准。每个机器人有3次尝试机会。如3次尝试失败,则取消该机器人参赛资格;

⑤ 完整的机器人整体高度不低于400 mm,重量不超过4 kg,机器人的两条手臂肩关节顶部距地面的高度不低于300 mm。

⑥ 比赛过程中,机器人总高度不得低于400 mm。

(2) 仿人组(非标准平台1V1)

参加非标准平台仿人组竞赛的机器人需要满足如下全部条件。不符合的机器人将不能通过资格审核,或者将被直接判负。

① 机器人必须具有灵活运动的腿部特征,底盘不能是一个整体的,必须具有"两条腿"的特征,"两条腿"之间的间距不能小于20 mm(可以是履带或者轮子),并可以实现类似行走——即"两条腿"交叉的动作;

② 机器人必须具备2个手臂(每个手臂不少于3个动力关节)。

③ 机器人必须具有能够180°旋转的头部。

④ 机器人的底盘在场地上的投影尺寸不得超过240 mm×240 mm的正方形。

⑤ 本组机器人在赛前需通过资格认证。认证方法为:机器人在赛前需将直径110 mm、高300 mm、重0.5 kg的PVC圆柱体举起,以圆柱体离开地面10 mm以上并保持5 s为准。每个机器人有3次尝试机会。如3次尝试失败,则取消该机器人参赛资格。

⑥ 完整的机器人整体高度不低于400 mm,重量不超过4 kg,机器人的2条手臂肩关节顶

部距地面的高度不低于300 mm。

⑦ 比赛过程中,机器人总高度不得低于400 mm。

C.2.2.4 动作投影赛种

参加动作投影赛的机器人需符合C.2.2.3中仿人组(标准平台1V1)技术要求的①、②、③条,同时需满足如下要求:完整的机器人高度不低于350 mm,比赛过程中的总高度也不得低于350 mm,重量不超过3 kg,机器人的2条手臂肩关节距离地面的高度不低于300 mm。机器人上不能够有传感器。

C.2.2.5 技术挑战赛种

参加规定动作技术挑战赛的机器人要求腿部分离(具体要求参见规则C.2.2.3中仿人组(非标准平台1V1)的①、②、④条)。参加动作投影技术挑战赛的机器人需符合C.2.2.3中仿人组(标准平台1V1)技术要求的第①条(参见规则2.2.3.1中的第1条)。

C.3 竞　赛

C.3.1 资格认证、裁判和赛程

① 参赛队伍限制:

- 参赛队以学校为单位(具有独立法人资格的独立学院、分校等记为一个单独单位);
- 每个单位不限参赛组别的数量,但各组别的队员不能完全相同,同时,如同一单位有2支或2支以上队伍参加同一组别,则各支队伍中的队员必须完全不同,且机器人的参赛方案不能相同(在赛前资格认证时向裁判说明);
- 对于技术挑战赛项目,每个单位最多只能派出2支队伍,这2支队伍的队员不能完全相同,同时,这2支队伍必须用不同的方案完成比赛(同一单位出现两支队伍的情况时,每个机器人在出发之前参赛代表需要提前介绍机器人的方案,再开始比赛)。

② 队伍参赛资格认证:规定动作技术挑战赛和动作投影技术挑战赛需参赛资格认证,在每次赛事开始前15天,各参赛队伍需提交技术文档进行资格认证。具体要求附后(见附件一)。未在规定时间内递交技术文档的队伍将不能参加比赛和排名。

③ 机器人参赛资格认证:各参赛队机器人在参加的每场比赛前进行检录,该场比赛结束后可拿回充电调试。资格认证内容包括:

- 各组别进行重量和尺寸的检查;
- 相应规则条款的检查。

④ 每场比赛设1名主裁判,1名助理裁判(记分员)。

⑤ 主裁判遇到争议情况无法独立判定的,可同助理裁判商议决定。如有重大误判错判者,参赛队领队可在赛后10分钟内以书面形式向负责该赛种的技术委员提出申诉(正式申诉表可提前在相关网站下载,现场不予提供,其他人不可代替),过后或非正式申诉表或非参赛队领队提出的申诉均不予受理。

⑥ 原则上由各队报名表上的领队在赛前抽签确定分组与赛程。如领队缺席,非特殊情况下,视为弃权,其他人不能替代。

C.3.2　竞赛方式

C.3.2.1　排位赛

(1) 排位赛出场方式

① 无差别组(不包括标准平台无差别组 2VS2)、仿人组:所有参赛队伍均进行排位赛;排位赛每支队伍仅限 1 台机器人参赛。

② 标准平台无差别组 2VS2:标准平台无差别组 2VS2 必须两台机器同时参加排位赛,哨响 10 秒后 2 台机器必须上场,否则记 0 分,只要有 1 台机器掉下擂台,比赛结束。

(2) 排位赛内容

① 参赛队机器人按照正常比赛的流程登上擂台,完成排位赛任务。裁判从比赛开始指令发出时开始计时,机器人完成任务或自己掉下擂台之后停止计时。单个队伍的最长比赛时间为 1 分钟。

② 无差别组排位赛任务为机器人将将擂台上事先放置的象棋和重物(重物和地面有接触算推下)全部推下擂台。

③ 仿人组排位赛任务为机器人将擂台上事先放置的象棋推下擂台(底盘不能超标,机器人整体高度要满足要求)和将重柱用手臂打倒(手臂打重柱的时候机器人要停止移动,并且手臂要有明显击打的动作,需重柱倒后可由裁判将重柱放到擂台下)。

(3) 排位赛计分方法:总分=任务分+生存分+奖励分

① 任务分:推下一枚棋子得 10 分,推下重物/打倒重柱得 30 分,完成全部任务为满分 80 分。仿人组排位赛中,用手臂打倒才得分,击打过程中身体其他位置碰到柱子不得分。

② 生存分:机器人在完成任务过程中自己不掉下擂台的时间,每秒 1 分,满分 60 分。

③ 奖励分:机器人在一分钟内完成全部任务后,剩余时间每秒 1 分,理论满分为 60 分。

④ 一分钟内未完成任务并掉下擂台:得分=任务分+生存分。

⑤ 一分钟内未完成任务也没有掉下擂台:得分=任务分+60 分生存分。

⑥ 一分钟内完成全部任务:得分=80 分任务分+60 分生存分+奖励分。

若出现多支用时相同的队伍,则这几支队伍将再次进行排位赛加赛决出胜负。

(4) 排位赛障碍物

① 无差别组排位赛中象棋棋子的材质为木质,直径 60 mm左右,高 35 mm 左右的圆桶状(两个棋子粘连叠放的总高度),颜色为松木原色,字体颜色为红色。棋子外观如图 C.5 所示。比赛开始前,裁判会将 5 个棋子放在擂台上(摆放位置描述:以擂台中心为圆心,半径为 0.8 m 的圆圈外1 m 的圆圈内摆放棋子,5 个棋子的距离大致相等,角度随机)。重物体积 300×300×300 mm 左右,3 kg,摆放在半径为 0.8m的圆圈内任意位置。

附图 C.5　象棋棋子示意

② 仿人组排位赛中,象棋的摆放规则与无差别组中棋子一致,重柱尺寸形状与资格认证用的柱子相同,但重量为3 kg,摆放规则与无差别组中重物一致。

C.3.2.2 淘汰赛

排位赛后即实行淘汰赛(如果队伍不是2的N次方，举例说明：假如是20支，由13名对阵20名，14名对阵19名，以此类推，淘汰到剩下16支队伍)，由排位赛第一名对阵最后一名，第二名对阵倒数第二名，以此类推，如出现弃权或轮空时，对手可直接晋级，直至冠亚军决赛。淘汰赛采用一局决胜负。

淘汰赛以学校为单位，同一组别限定进入32强的队伍数量为4个，进8强的队伍数量为2个，进4强的队伍数量为1个(如果在64进32的淘汰赛中，同一学校在同一组别有4个以上的队伍，那么按照该学校这几个队伍排名顺序，第4名对阵第5名，第3名对阵第6名，以此类推，淘汰到剩下4个队伍，出现这种情况的时候，其他队伍按照名次递补的方法正常参加淘汰赛)。

C.3.2.3 上场规则(无差别组、仿人组及动作投影对抗，含标准平台)

① 对于1VS1比赛，每支队伍参赛最多可用2台机器人轮流上场，每台机器人可上场多次；

② 对于2VS2比赛，每支队伍参赛最多可用3台机器人轮流上场，每队场上要求有2台机器人，每台机器人可上场多次；

③ 裁判吹哨后，每队机器人方可开始运动。

C.3.2.4 竞赛细则(无差别组及仿人组，含标准平台)

(1) 竞赛细则(非标准平台无差别组(1VS1)挑战赛)

比赛开始后10 s内，机器人须从擂台下出发区启动，任一地方上擂台(无斜坡)，机器人掉落台下后，须在10 s内从擂台四周任意位置自主登上擂台继续比赛，参赛队员不能接触机器人，如在裁判口头10 s倒计时后仍未能登台，对方得1分，随后以每10 s得1分给对方加分，直至机器人登上擂台。在比赛进行到1分钟时，如有一方或双方机器人掉下擂台后始终无法自主登上擂台，经裁判吹哨示意后，无法上台的一方或双方参赛队员应将机器人在出发区重启或更换机器人继续比赛，在此期间裁判继续读秒，并以每10 s得一分给对方加分，直至机器人登上擂台。(每局比赛只在中场1分钟时最多给一次手动重启的机会，其余时间要求机器人自主登上擂台)。双方纠缠落台后，如果10 s后仍无法自主分开，经裁判示意，双方可以从各自的出发区域重新出发，继续比赛。

(2) 竞赛细则(标准平台仿人组1VS1)

标准平台仿人组1VS1中，机器人掉到擂台下，对方得1分，倒在擂台上时，对方得5分，在裁判示意后，参赛队员可将机器人在出发区重启或更换机器人继续比赛，在此期间裁判继续读秒，并以每10 s得1分给对方加分，直至机器人离开出发区域。

(3) 竞赛细则(非标准平台仿人组1VS1)

非标准平台仿人组1VS1中，一方机器人掉到擂台下，或者倒在擂台上超过20 s，比赛直接判负。

(4) 竞赛细则(标准平台无差别2VS2)

标准平台无差别2VS2中，每局时长3分钟，比赛开始后双方的两台机器人必须在20 s内全部登台，没有登台的按照掉落擂台的方法处理。比赛过程中，机器人每掉落擂台一次，对方加1分，30 s后在裁判示意下才能继续登台。

以下细则是(1)～(4)中没有提到的赛种或者该赛种中通用的细则，如跟(1)～(4)中的有不同，以(1)～(4)中的为准。

① 竞赛计分采用传统武术比赛计分方式，每局时长2分钟，比赛中把对方机器人打到台下一次得1分，被打到台下一方须在10 s内再次上场，机器人被打下擂台开始主裁判口头十秒倒计时，十秒倒计时结束尚未登台则对方得1分，之后继续读秒，以10 s为单位计分，直到比赛结束。

② 机器人出发地点：比赛开始前，各方参赛机器人应该位于比赛场地旁边各自的出发区，比赛开始后，场外机器人不允许参赛。比赛开始后，10 s内参赛队的机器人必须完全登上擂台，如果这个时间内比赛的某一方没有任何机器人登上擂台，则对方得1分，之后继续读秒，以10 s为单位计分。若规定比赛时间内为平局，则排位赛排名靠前者胜出。

③ 竞赛形式原则上采用排位赛＋淘汰赛的形式。

④ 比赛开始时，主裁判以吹哨形式发出比赛开始的指令并开始读秒。比赛开始的哨声响后，队员不得再接触机器人，并用非接触的方式启动机器人。比赛过程中，参赛队员未经主裁判指令不得踏入围栏以内，否则违规一次对方得1分。比赛开始、结束及每次得分均以主裁判鸣哨为准。主裁判倒计时声音要洪亮，确保参赛队员听清楚。

⑤ 比赛时间结束后，裁判员以吹哨形式发出比赛结束指令。双方参赛队员在听到比赛结束指令后才能进入围栏。

⑥ 参赛队长可以向裁判员宣布本队弃权。

⑦ 超过时间仍不能上场比赛的队伍，主裁判按照每10 s给对方加1分的方式判决，直至比赛结束。

⑧ 在比赛过程中，一方的机器人出现起火或者其他裁判员认为可能有危险的行为的，裁判员可以宣布中止本局比赛，并判本局比赛对方获胜。

⑨ 比赛过程不允许暂停，除非裁判员认为不停止比赛将会危害现场安全或者造成事故。

C.3.2.5　竞赛细则(动作投影赛对抗项目)

① 本赛项采用淘汰赛制，首轮由抽签第1名对阵最后1名，第2名对阵倒数第2名，以此类推，以后每轮对阵由上一轮决出的第一名对阵最后1名，第2名对阵倒数第2名，以此类推，如出现弃权或轮空时，对手可直接晋级，直至冠亚军决赛。

② 本赛项所有内容由参赛队员控制机器人完成，机器人上半身控制的方式必须使用行为投射方式，即机器人的上肢必须复现操作人员的动作。机器人需要使用无线连接，不能与外界有任何缆线连接。控制系统由参赛队自行准备，控制系统中不能使用任何可以使用的传感器(装饰除外)。机器人不得使用除投影控制外的其他任何控制方式，违者一经发现，取消比赛资格并通报批评。

③ 本赛项所使用的场地与擂台赛场地相同。在擂台场地范围之外，距离擂台5 m以内，会设置2个2 m×3 m的控制区域，该区域相互对称，在这个区域内操作队员能够直接看到擂台上的场景。

④ 竞赛内容：机器人在比赛开始前可以放在离擂台中心500～1 000 mm的本方操作区边，鸣哨后，机器人方可移动，如在鸣哨前机器人有移动位置的(移动位置由裁判判定)，对方得1分。比赛过程中有一方机器人掉到擂台下的，对方得1分，具体判定方法参考C.3.3.3中的

第②条。掉到台下的机器人可以由本组的非操作员捡起重新放到比赛前规定放的区域,从掉下擂台开始,10 s 内未能继续移动比赛(在擂台上开始移动视为能够继续比赛),对方得1分,之后继续读秒。如比赛过程中有一方倒在擂台上对方得5分,倒下后,站立的一方在裁判示意下远离倒下的机器人至少 300 mm 远,远离后,倒下的一方如果在 20 s 内不能自行起来比赛,可由本方的非操作员将机器原地扶起继续比赛,对方再得1分。2分钟结束后,如果比分为平局,自动延长时间进入加时,直到一方倒下或者掉下擂台为止,结束比赛。

⑤ 比赛开始后,每一方只允许一名操作员进入操作区,另一名队员只能在裁判的允许的情况下进入场地扶机器。

⑥ 其余的规定按照 3.2.4 中的④~⑨条实行。

C.3.2.6 竞赛细则(规定动作技术挑战赛)

① 本赛项在对抗类比赛结束后进行,采用"客观标准、评委主观打分"方式。参与打分的评委组由3~5名评委组成,评委由技术委员担任。

② 本赛项使用的机器人尺寸、重量规格参照 2.2.3 仿人组要求(第④条除外)。

③ 本赛项所有内容必须由机器人自主完成。

④ 每个队伍可以有2次尝试机会,以其中的最高成绩作为本队成绩(2次机会单独计时,不连续计时)。

⑤ 竞赛内容为:机器人自主地由黄色出发区走上擂台,找到麦克风所在位置,利用身体上的扬声器进行自我介绍;找到放置绣球的圆柱,拿起绣球扔到台下;找到柱子,把柱子推到擂台边缘,用手臂把柱子打倒擂台下;找到铜锣,用手或脚击打铜锣。完成以上动作后,回到场地中央,自行表演一段传统武术动作;最后向观众语音致谢,并自主地走下擂台。如图 C.6 所示。

⑥ 各尺寸规格如下:

- 放置绣球和麦克风的圆柱体为 PVC 材质,其尺寸等数据参见 C.2.2.3;
- 场地材质为 PVC 亚光膜;绿色柱子和铜锣的中心位置大约在擂台中心与对应角连线的中点。注意:道具摆放前要经过测量标记,一旦开始比赛后将沿用第一次摆放的位置。
- 绣球为刺绣布料纺织品,表面柔软,直径约 120 mm,重量约 0.3 kg,周围有4~5条长 200~300 mm 的缎带。其外观如图 C.7 所示:

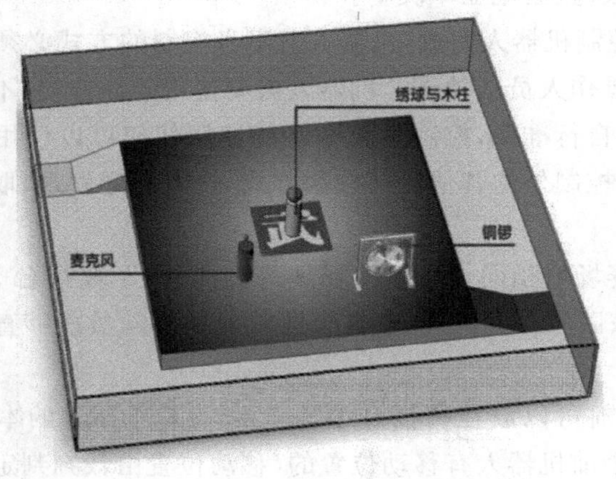

附图 C.6 技术挑战赛示意图

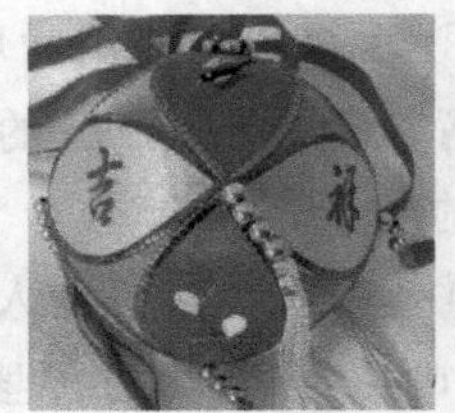

附图 C.7 绣球示意图

- 放置绣球的柱子为白色，放置麦克风的柱子为绿色；
- 铜锣的架子为型材搭建，铜锣为黄铜材质，喷涂黄色(颜色接近与黄色圆形图案和出发区)直径约200 mm，中心高约200 mm，重约3 kg；

C.3.2.7 竞赛细则(动作投影赛技术挑战项目)

① 本赛项在其他比赛结束后进行。参与打分的评委组由3～5名评委组成，评委由技术委员担任。

② 本赛项使用的机器人尺寸、重量规格参照C.2.2.4动作投影赛的要求。

③ 本赛项所使用的道具和场地与"技术挑战赛—规定动作"相同。在擂台场地范围之外，距离擂台5 m以内，会设置一个2 m×3 m的控制区域，该区域与擂台之间将使用屏风进行遮挡，在这个区域内将无法直接看到擂台上的场景，操作员需要借助传感器或视频图像自行感知擂台上的情况，机器人的操作人员和控制台在比赛任务结束前必须设置在这个区域内。

④ 每个队伍可以比赛2次，直接将机器人摆放在出发区域擂台上比赛(省掉登擂台环节)。

⑤ 机器人只能使用动作投影控制一种方式，如发现使用其他控制方式，取消比赛资格。

⑥ 比赛内容与"技术挑战赛—规定动作"相同，评分规则也相同。

C.3.3 计分和胜负判定

C.3.3.1 无差别组及仿人组(含标准平台组)

① 出现有参赛队弃权、被裁判员取消本场比赛资格的，参赛的另一方获胜；在淘汰赛中规定时间内出现平局，则排位赛排名靠前者胜出。(详见3.2.4)

② 双方纠缠落下擂台的情况，后落地者得1分，然后主裁判读秒，两队继续比赛。主裁判无法断定谁先落地者双方均不得分。

③ 每次读秒或得分主裁判均要大声报出。

④ 标准平台无差别组(2VS2)比赛中，如果出现一方的两台机器人都在台上，另一方的两台机器人都在台下，比赛结束，不计小分，在台上的一方直接获胜。如果比赛时间到，无法直接判定胜负，则根据小分判定胜负，若两队小分相同，则排位赛靠前的队伍获胜。

C.3.3.2 技术挑战赛(规定动作技术挑战赛)

技术挑战赛(规定动作)评分的满分为200分(包括比赛评分+奖励分+技术文档分)。视完成情况，评分可能在各项打分的上下限之间，但总分值不高于200分。评分标准如下：

(1) 比赛评分

① 机器人自主地由出发区出发，找到麦克风位置并靠近它，停下。此步10分，机器人不能碰到或推倒柱子，否则酌情扣分。

② 机器人以语音自我介绍，语音应该能够被麦克风拾取并播放出来。此步10分，如语音不清或声音过小，酌情扣分。

③ 机器人来到白色柱子，举起绣球，得10分，碰到或碰倒柱子酌情减分，拿绣球时手臂碰到柱子不扣分。

④ 机器人将绣球扔到台下，得10分；机器人将中央的白色柱子推倒并推到擂台边缘，得10分；机器人用手臂将柱子打下台，得10分。

⑤ 机器人靠近铜锣,并利用自身的手臂或脚击打到铜锣,得10分,推倒架子不得分,移动架子酌情减分。

⑥ 完成以上步骤后,机器人需重新回到擂台中央,完全回到"武"字的红色范围内得10分,否则酌情减分。

⑦ 完成传统武术套路表演,1~10分。

⑧ 用语音向观众致谢,10分。

⑨ 机器人需自主地从任意一个出发区走下擂台。完成此步得20分。

(2) 奖励

① 一次性完成各项动作奖励10分(仅限第一次,第二次完成不奖励)。

② 采用双足行走机构的机器人奖励30分。

③ 机器人的外观、风格、连贯性可酌情奖励1~10分。

(3) 技术文档:满分30分

每支队伍有两次参赛机会,将成绩最好的一次记为最终成绩。

每支队伍每次参赛机会的参赛时间为5分钟,5分钟内不能完成的中止比赛并根据完成情况评分。

说明:

① 评分的B-I当中任何一步可以跳过不做(不得分),但是如果做的话,必须按照上文的顺序进行。

② 技术委员会根据最后的得分公布名次。

C.3.3.3 动作投影赛(动作投影赛对抗项目)

① 出现有参赛队弃权、被裁判员取消本场比赛资格的,参赛的另一方获胜;在淘汰赛中规定时间内出现平局,则比赛直接自动进入加时赛。(详见3.2.6中的第⑤条)

② 双方纠缠落下擂台的情况,后落地者得一分,然后主裁判读秒两队继续比赛。主裁判无法断定谁先落地者双方均不得分。

③ 每次读秒或得分主裁判均要大声报出。

C.3.3.4 动作投影赛(动作投影赛技术挑战项目)

评分标准同"规定动作技术挑战赛"。比赛过程中,一旦发现机器人的操控方式不符合要求,则该项目得分无效,计为0分。

C.3.4 违例和处罚

① 参赛队的机器人注册后,不得向其他队伍借用机器人。注册在一个组别的机器人也不能参加其他组别的比赛,否则一经核实,即取消两队的获奖资格和名次,并提交赛事组委会通报批评。

② 下列行为将被认定为取消该场比赛资格的行为,即该队在这一场比赛判负:

- 使用带有"发射"或者爆炸性质的装置,例如火焰、水、干冰、BB弹、钢珠、可能导致缠绕或短路的线缆、爆炸性的鞭炮等装置。
- 使用可能对人类有危险的装置,例如刀刃、旋转刀片、尖锐的金属针等。
- 机器人采用其他手段可能对观众、参赛队员或者裁判员有人身伤害的危险。

- 使用任何手段，包括但不限于使用黏接剂或者吸盘吸附、粘贴场地或者对方机器人。
- 裁判员认为机器人故意导致或试图故意导致比赛场地、设施或道具的损坏。
- 裁判员开始本场比赛的信号前，提前启动机器人一次判对方得一分。
- 参赛选手未经裁判同意接触正在进行比赛的机器人，每次给对方加一分。
- 无视裁判员的指令或警告的，围攻谩骂裁判员的，取消比赛资格并通报批评。
- 比赛开始后参赛队员未经裁判员同意进入场地围栏内的比赛区的，每次给对方加一分。

③ 裁判员可以根据自己的判断，禁止可能危害参赛队员或者观众安全的机器人参加比赛。

④ 裁判员根据规则维持比赛的顺利进行，对危害比赛进行、违规伤害对方机器人或者攻击人类的参赛队可以提出口头警告、取消本局或本场参赛资格、提交大赛组委会通报批评等。

C.3.5　申诉与仲裁

① 参赛队对评判有异议，对比赛的公正性有异议，以及认为工作人员存在违规行为等，均可提出书面申诉。

② 关于比赛裁判判罚的申诉须由各参赛队领队在本队比赛结束后10分钟内通过书面形式向负责该赛种的技术委员提出。关于参赛资格的申诉需在赛前书面提出。（正式申诉表可提前在相关网站下载），过后或非正式申诉表或非参赛队领队提出的申诉均不予受理。

③ 负责该赛种的技术委员无法判断的申诉与技术委员会商议并集体作出裁决。

④ 参赛队不得因申诉或对裁决结果有意见而停止比赛或滋事扰乱比赛正常秩序，否则取消获奖资格并向大赛组委会申请通报批评。

C.4　安　全

① 参赛的所有机器人均不能对操作者、裁判、比赛工作人员、观众和比赛场地造成伤害（意外起火或意外损坏场地除外，由当值裁判判定）；不得使用炸药、火及任何被裁判员认定的危险化学品。不符合此条的机器人将被取消比赛资格。

② 为了保证安全，如果使用激光束，必须低于2级激光，并以不伤害任何操作者、裁判、比赛工作人员、观众、设备和比赛场地的方式使用。

③ 由于比赛过程中对抗性较强，各参赛队应该对本队的机器人的安全性负责。对于规则没有禁止的对抗所造成的机器人故障或者损坏，由各参赛队自行负责，对抗另一方、本赛事技术委员会和组织者不承担因此带来的损失。

C.5　奖项设置

各组别分别设冠、亚、季军，以及一、二、三等奖，奖杯、证书等按照中国机器人大赛官方规定颁发。

C.6　其　他

① 对于本规程没有规定的行为，原则上都是允许的，但当值主裁有权根据安全、公平的原则做出独立裁决。

② 分组抽签后，技术委员会委员针对本规则对各队伍进行答疑和解说。

③本规程中已说明或未说明的各种重量和尺寸的允许误差均为± 5%，以现场测量为准。

④ 竞赛组织方将在比赛现场统一提供测量重量、尺寸的工具。所有尺寸和重量以现场测量为准。

⑤ 本竞赛规则的解释权属于本项目技术委员会。

参考文献

[1] [英]梅隆. 机器人[M]. 刘荣,译. 北京:科学普及出版社, 2008.
[2] [美]哈里·亨德森. 现代机器人技术[M]. 管琴,译. 上海:上海科学技术文献出版社, 2008.
[3] [美]琼斯. 机器人编程:基于行为的机器人实战指南[M]. 原魁,译. 北京:机械工业出版社, 2006.
[4] [美]库克. 机器人制作入门篇[M]. 崔维娜,译. 北京:北京航空航天大学出版社,2005.
[5] 张福学. 智能机器人传感技术[M]. 北京:电子工业出版社,1997.
[6] 中国电子学会. 传感器与执行器大全(年卷) [M]. 北京:机械工业出版社,2004.
[7] [日]清弘智昭,铃木升. 机器人制作宝典[M]. 刘本伟,译. 北京:科学出版社,2002.
[8] 张福学. 智能机器人传感技术[M]. 北京:电子工业出版社,1997.
[9] 郭巧. 现代机器人学:仿生系统的运动感知与控制[M]. 北京:北京理工大学出版社, 1999.
[10] [日]高桥友一. 小型机器人的基础技术与制作[M]. 宗光华,译. 北京:科学出版社, 2004.
[11] [日]日本机器人学会. 新版机器人技术手册[M]. 宗光华,等,译. 北京:科学出版社, 2008.
[12] [美]Fundamentals of Machine Vision[M]. Automated Vision Systems, Inc., 2006.
[13] [美]Paul E. Sandin. Robot Mechanisms And Mechanical Devices[M]. McGraw - Hill Companies, Inc., 2003.
[14] [美]Pete Miles. Build Your Own Combat Robot[M]. McGraw - Hill Companies, Inc., 2002.